芳香蔬菜

Aromatic Vegetables

主编 王羽梅

中国·武汉

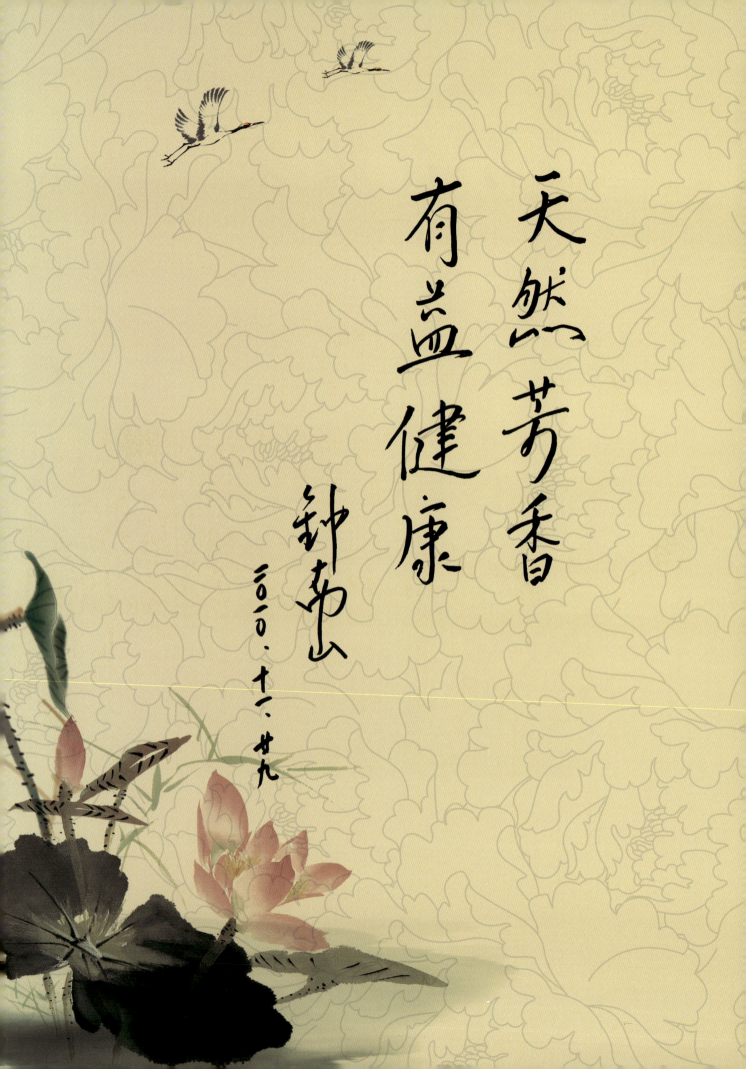

编委会

主　编：王羽梅
副主编：任　飞　任安祥
编委会：王羽梅　韶关学院
　　　　任　飞　韶关学院
　　　　任安祥　韶关学院
　　　　任晓强　韶关学院
　　　　潘春香　韶关学院
　　　　何金明　韶关学院
　　　　肖艳辉　韶关学院
　　　　崔世茂　内蒙古农业大学
　　　　宛　涛　内蒙古农业大学
　　　　宋　阳　内蒙古农业大学
　　　　庞玉新　中国热带农业科学院热带作物品种资源研究所
　　　　陈振夏　中国热带农业科学院热带作物品种资源研究所
　　　　叶育石　华南植物园
　　　　马丽霞　韶关学院
　　　　易思荣　重庆三峡医药高等专科学校
　　　　王　斌　广州百彤文化传播有限公司
　　　　朱　强　宁夏银川植物园
　　　　李洪波　东莞市香蕉蔬菜研究所

内容简介

芳香蔬菜共收录了食用部位含有精油等芳香物质的282种栽培和野生蔬菜，按食用器官分5章对306个食用器官进行了介绍。其中食根类及地下茎类芳香蔬菜36种，食地上茎类的芳香蔬菜14种，食叶、嫩茎叶、嫩芽类芳香蔬菜197种，食花类芳香蔬菜43种，食果实和种子类芳香蔬菜16种。每种蔬菜分概况（包括拉丁学名、别名、所属科属、分布）、植物学特征、生物学特性或生境、栽培技术要点、主要芳香成分、营养与功效和食用方法等几个栏目。

本书是国内首部以"芳香"为主题的蔬菜类书籍，选取的蔬菜涵盖了有芳香成分分析的所有蔬菜，既有日常生活中经常食用的大宗栽培蔬菜，也有野生植物中不同地区作为蔬菜食用的珍稀野生蔬菜。本书既可作为蔬菜研究者、生产者的参考书，也可供广大烹饪爱好者、家庭主妇等使用。

前言

　　我国既是蔬菜的生产和消费大国，也是蔬菜的出口大国。除大宗常用蔬菜外，据调查我国可食用的野菜植物资源达1000余种。随着人们生活水平的提高，人们对蔬菜的多样性要求也越来越高，及时开发多种野生蔬菜是适应人们需求的必然趋势。

　　芳香蔬菜是含有较多芳香成分的一类蔬菜，包括我们日常生活中经常食用的蔬菜，如芹菜、苦瓜、韭菜等，也包括许多可以食用的野生蔬菜。芳香蔬菜以风味独特、营养丰富、具有一定的保健作用而受到人们的喜爱。

　　本书作者从事蔬菜教学和研究工作30多年，从事芳香植物的资源与代谢研究近20年，在韶关学院形成了一支以芳香植物为研究对象的研究团队。该团队围绕芳香植物，先后出版了《中国芳香植物》（上、下）、《芳香植物栽培学》《芳香药用植物》《中国芳香植物精油成分手册》（上、中、下）等系列芳香类图书。本书是在原系列图书的基础上组织编写的新作。

　　本书植物种类的选择范围：一是某一种或几种器官可以作为蔬菜食用的栽培或野生植物，只作为调味料而使用的如花椒的果实和肉桂的树皮等没有选入。二是食用部位有芳香成分分析报道的植物，有些蔬菜虽然也是芳香蔬菜，但已有资料中找不到食用部位的芳香成分的也没有选入。

　　希望本书的出版能为从事蔬菜生产和研究的专业人士有所帮助，也希望能为广大的烹饪爱好者提供参考。如果本书能为丰富广大消费者的餐桌有所贡献将是作者们最大的欣慰。由于篇幅所限，参考文献只列出了第一作者和发表年份，在此表示感谢并致歉。由于受编写时间和资料来源的局限，选择的蔬菜种类难免有所遗漏，错谬之处在所难免，敬请广大读者批评指正。

《芳香蔬菜》编委会

2018年4月

目录

第一章　食根类、地下茎类芳香蔬菜

土茯苓	001	沙参	019
多花黄精	002	毛大丁草	020
黄精	003	牛蒡	021
玉竹	004	华北鸦葱	022
麦冬	005	徐长卿	023
川续断	006	打破碗花花	024
地笋	007	大蝎子草	025
葛	008	蕺菜	026
黄耆	009	三白草	027
白茅	010	川芎	028
栝楼	011	藁本	029
姜	012	胡萝卜	030
姜花	013	前胡	031
圆瓣姜花	014	紫花前胡	032
党参	015	珊瑚菜	033
羊乳	016	芜菁	034
桔梗	017	大叶三七	034
轮叶沙参	018	地黄	035

第二章　食地上茎类芳香蔬菜

百合	036	龟甲竹	043
卷丹	037	茎用莴苣	044
薤头	038	石斛	045
蒜	039	鸡矢藤	046
薤白	040	食用仙人掌	047
洋葱	041	仙人掌	048
石刁柏	042	慈姑	049

第三章　食叶、嫩茎叶、嫩芽类芳香蔬菜

小果野蕉	050	水香薷	080
葱	051	香薷	081
多星韭	052	野草香	082
火葱	053	东北堇菜	082
韭菜	054	薰衣草	083
韭葱	055	益母草	084
蒙古韭	056	紫苏	085
吉祥草	057	地锦	086
白花败酱	058	守宫木	087
败酱	059	铁苋菜	088
车前	060	叶下珠	089
百里香	061	白车轴草	090
薄荷	062	葛	091
辣薄荷	063	胡卢巴	092
留兰香	064	截叶铁扫帚	093
地笋	065	羽叶金合欢	094
裂叶荆芥	065	小叶锦鸡儿	095
硬毛地笋	066	紫苜蓿	096
藿香	067	银合欢	097
活血丹	068	豆瓣绿	098
荆芥	069	假蒟	099
罗勒	070	绞股蓝	100
迷迭香	071	黄水枝	101
香蜂花	072	蘘荷	102
甘牛至	073	银线草	103
牛至	074	紫花地丁	104
丹参	075	黄槿	105
夏枯草	076	垂盆草	106
蓝萼香茶菜	077	费菜	107
尾叶香茶菜	078	桔梗	108
香茶菜	078	紫斑风铃草	109
吉龙草	080	小蓬草	110

苍术	111	兔儿伞	142
风毛菊	112	蹄叶橐吾	143
阿尔泰狗娃花	113	莴苣	144
鬼针草	114	华北鸦葱	145
狼把草	115	野茼蒿	146
艾	116	一点红	147
白苞蒿	117	佩兰	148
黄花蒿	118	狗肝菜	149
龙蒿	119	九头狮子草	150
柳叶蒿	120	牛耳朵	151
蒌蒿	120	苦树	152
青蒿	121	辣木	153
牡蒿	122	藜	154
茵陈蒿	123	香椿	155
蓟	124	萹蓄	156
黄鹌菜	125	赤胫散	157
野菊	126	红蓼	158
白子菜	127	水蓼	159
红凤菜	128	香蓼	160
菊三七	129	金荞麦	161
木耳菜	130	獐牙菜	162
长裂苦苣菜	130	徐长卿	163
苣荬菜	131	臭牡丹	164
苦苣菜	132	海州常山	165
鳢肠	133	马鞭草	166
马兰	134	马齿苋	167
泥胡菜	135	牻牛儿苗	168
牛膝菊	136	五味子	169
蒲公英	137	黄连木	170
乳苣	138	狭叶荨麻	171
鼠麴草	139	苎麻	172
茼蒿	140	白马骨	173
南茼蒿	141	鸡矢藤	174
鱼眼草	141	龙芽草	175

猪殃殃	176	甘蓝	209
路边青	177	羽衣甘蓝	210
少花龙葵	178	芥菜	211
柔毛路边青	179	芥蓝	212
接骨草	180	油菜	213
忍冬	181	繁缕	214
蕺菜	182	瞿麦	215
三白草	183	黄海棠	216
刺芹	184	赤苍藤	217
川芎	185	掌叶梁王茶	218
野胡萝卜	186	无梗五加	218
茴香	187	棘茎楤木	219
球茎茴香	188	白簕	220
前胡	189	刺五加	221
积雪草	190	三枝九叶草	222
旱芹	191	淫羊藿	223
珊瑚菜	192	地黄	224
水芹	193	细叶婆婆纳	225
天胡荽	194	大叶石龙尾	226
鸭儿芹	195	阴行草	227
香芹	196	番薯	228
芫荽	197	马蹄金	229
葎草	198	旱柳	230
大果榕	199	小叶杨	231
苹果榕	200	阴地蕨	232
桑	201	花椒	233
茶	202	樟树	234
商陆	203	白花酸藤果	235
播娘蒿	204	小花琉璃草	236
豆瓣菜	205	紫萁	237
长蕊石头花	205	角蒿	238
荠	206		
菥蓂	207		
白菜	208		

第四章　食花类芳香蔬菜

百合	239	菊花	260
韭菜	240	野菊	261
细叶韭	241	蜡梅	262
黄花菜	242	春兰	263
藿香	243	建兰	264
裂叶荆芥	244	臭牡丹	265
阳荷	244	牡丹	266
迷迭香	245	玉兰	267
刺槐	246	桂花	268
葛	247	女贞	269
合欢	248	茉莉花	270
白刺花	249	迎春花	271
槐	250	栀子	272
紫藤	251	月季花	273
南瓜	252	玫瑰	274
鸡蛋花	253	桃	275
蘘荷	254	青花菜	276
姜花	255	薹菜	277
玫瑰茄	256	石榴	278
木槿	257	莲	279
菜蓟	258	量天尺	280
红花	259		

第五章　食果实、种子类芳香蔬菜

油豆角	281	西瓜	289
大豆	282	黄瓜	290
番木瓜	283	女贞	291
玉米	284	番茄	292
冬瓜	285	樱桃番茄	293
苦瓜	286	辣椒	294
南瓜	287	无花果	295
西葫芦	288	芡实	296

中文索引 .... **297**　　**拉丁文索引** **307**

第一章 食根类、地下茎类芳香蔬菜

土茯苓

百合科菝葜属

学名：*Smilax glabra* Roxb.

别名：光叶菝葜、冷饭团、红土苓、山猪粪、毛尾薯、山遗量、山奇量

分布：甘肃、台湾、海南、安徽、浙江、江西、福建、湖南、湖北、广东、广西、四川、云南

【植物学特征与生境】

多年生常绿攀援灌木；根状茎粗厚，块状，常由匍匐茎相连接，粗2~5 cm。茎长1~4 m，枝条光滑，无刺。叶薄革质，狭椭圆状披针形至狭卵状披针形，长6~12 cm，宽1~4 cm。伞形花序通常具10余朵花；在总花梗与叶柄之间有一芽；花序托膨大，连同多数宿存的小苞片多少呈莲座状，宽2~5 mm；花绿白色，六棱状球形，直径约3 mm。浆果直径7~10 mm，熟时紫黑色，具粉霜。花期7~11月，果期11月至次年4月。

喜温暖湿润气候，耐干旱和荫蔽。

【栽培技术要点】

选地、整地：土茯苓比较粗生、适应性强，山地、平地均可种植。为了高产，以土质疏松、肥沃、排水良好的土地种植比较好。繁殖方法：用种子繁殖，播种期春季3月下旬至4月上旬，条播法，按行距20 cm开条沟，将种子均匀播下，覆土厚1 cm左右，保持土壤湿润。待苗高10 cm左右移栽。定植：按行、株距各25 cm开穴，每穴栽1株。待苗高30 cm左右，应搭架，将茎藤引上，以利生长。注意松土除草，施追肥1~2次。

【主要芳香成分】

水蒸气蒸馏法提取的贵州贵阳产土茯苓干燥根茎精油的主要成分依次为：棕榈酸（17.87%）、萜品烯-4-醇（7.53%）、亚油酸（6.78%）、正壬烷（4.51%）、8,11-十八碳二烯酸甲酯（2.22%）、α-雪松醇（1.81%）、甲基棕榈酯（1.29%）等（霍昕等，2006）。

【营养与功效】

根茎富含淀粉，干品可达70%；还含有糖类、蛋白质、生物碱、鞣质、多种甾体皂苷，主要有菝葜皂苷类和提果皂苷元等。具健脾胃，强筋骨，祛风湿，利关节，止泄泻的功效。

【食用方法】

根茎去须根和残茎，洗净，可生食，也可炖肉、做汤、煮粥或切片晒干备用。

多花黄精

百合科黄精属

学名：*Polygonatum cyrtonema* Hua

别名：黄精、长叶黄精、白芨黄精、鸡头黄精、鸡头根、山姜、山捣臼、老虎姜

分布：四川、贵州、湖北、湖南、河南、江西、安徽、江苏、浙江、福建、广东、广西

【植物学特征与生境】

多年生草本，植株高50～100 cm，茎直立。根状茎肥厚，通常连珠状或结节成块，直径1～2 cm。茎高50～100 cm，通常具10～15枚叶。叶互生，椭圆形、卵状披针形至矩圆状披针形，长10～18 cm，宽2～7 cm。花序具2～7花，伞形；花被黄绿色，全长18～25 mm。浆果黑色，直径约1 cm，具3～9颗种子。花期5～6月，果期8～10月。

阴性植物，喜温暖湿润环境，稍耐寒，以疏松、肥沃、湿润而排水良好的砂质壤土或腐殖质土为宜。

【栽培技术要点】

选地整地：选择质地疏松、保水力好、pH值5.8左右的壤土或砂壤土，播种前深翻并结合整地施农家肥2000～2500 kg/667 m^{2}作基肥，耙细整平作畦，畦宽1.2～1.4 m。根状茎繁殖：于晚秋或早春3月下旬前后选1～2年生健壮、无病虫害的植株根茎先端幼嫩部分，截成数段，每段有3～4节，带1～2个顶芽，按行距22～24 cm，株距10～16 cm，深5～7 cm挖穴栽种，栽后每隔3～5 d浇水1次，保持土壤湿润。秋末种植时，应注意防冻保暖。施肥时不要使用含氯复合肥。种子繁殖：出苗率一般只有35%～55%，将清洗好的种子阴干沙藏，待第二年3月下旬筛出种子，按行距12～15 cm均匀撒播，盖土约1.2～1.5 cm，稍压后浇水，并盖一层草保湿。出苗前去掉盖草，苗高6～9 cm时可适当间苗，1年后移栽。在畦埂上搭遮阳网或者种植玉米等荫蔽。田间管理：生长前期要经常中耕除草，宜浅锄并适当培土，后期拔草即可。干旱时需及时浇水。每年结合中耕除草进行追肥，注意排水和遮阳。病虫害防治：生产上主要病害有叶斑病、黑斑病、炭疽病、软腐病、枯萎病，易受小地老虎、蛴螬、飞虱、叶蝉等害虫危害。

【主要芳香成分】

水蒸气蒸馏法提取的安徽九华山产多花黄精根茎精油的主要成分依次为：莰烯（14.20%）、棕榈酸（13.80%）、亚油酸（8.53%）、1,7,7-三甲基三环[2.2.1.0(2,6)]庚烷（7.57%）、正己醛（3.99%）、10S,11S-雪松-3(12),4-二烯（3.99%）、油酸酰胺（2.80%）、蒎烯（2.37%）、2-正戊基呋喃（2.24%）、芥酸酰胺（2.17%）、D-樟脑（1.67%）、(R)-2,4a,5,6,7,8-六羟基-3,5,5,9-四甲基-1-氢-苯并环庚烯（1.66%）、十五烷酸（1.47%）、月桂酸（1.25%）、4-乙烯基-2-甲氧基苯酚（1.05%）等（王进等，2011）。

【营养与功效】

每100 g根状茎含淀粉25 g，蛋白质8.4 g，还原糖5 g；还含有多种氨基酸、维生素等。具补气养阴，健脾，润肺，益肾的功效。

【食用方法】

秋冬季挖取根状茎，去须根和皮，洗净，切片炒食、煮粥、炖肉等。

黄精

百合科黄精属

学名：*Polygonatum sibiricum* Delar.ex Redoute

别名：鸡头黄精、鸡头根、黄鸡菜、笔管菜、爪子参、鸡爪参、土灵芝、救命草、老虎姜

分布：黑龙江、吉林、辽宁、河北、陕西、山西、内蒙古、宁夏、甘肃、河南、山东、安徽、浙江

【植物学特征与生境】

多年生草本，株高100 cm左右，根状茎圆柱状，由于结节膨大，因此"节间"一头粗、一头细，直径1~2 cm。茎高50~100 cm，有时呈攀援状。叶轮生，每轮4-6枚，条状披针形，长8~15 cm，宽6~16 mm，先端拳卷或弯曲成钩。花序通常具2~4朵花，似成伞形状；花被乳白色至淡黄色，全长9~12 mm。浆果直径7~10 mm，黑色，具4~7颗种子。花期5~6月，果期8~9月。

喜温暖、阴湿环境，较为耐寒。

【栽培技术要点】

种子繁殖：将秋季采收的种子冬前进行湿沙低温处理，次年春季4月筛去湿沙播种。苗床按15 cm行距开沟，深3~5 cm，覆土厚度2.5~3 cm，稍加踩压，播后保持土壤湿润，扣小拱棚保湿增温。秋后或第二年春按行距30 cm，株距15 cm挖穴移栽。根茎繁殖：挖取健壮根茎于4月栽种，按行距25 cm开沟，沟深8~10 cm，将种根芽眼向上顺垄沟摆放，株距10~12 cm，覆盖细肥土5~6 cm，踩压紧实，浇一次透水。生长期间注意经常中耕除草，宜浅锄防伤根，结合中耕进行追肥。保持土壤湿润，雨季注意排水防涝。在花蕾形成前及时摘除花蕾。

【主要芳香成分】

水蒸气蒸馏法提取的安徽青阳产黄精新鲜根精油的主要成分依次为：β-乙烯基苯乙醇（12.26%）、1,2,3-三甲基苯（11.67%）、1,4-二乙基苯（9.99%）、4-乙基-1,2-二甲基苯（6.13%）、1-乙基-3,5-二甲基苯（5.41%）、1-甲基-3-丙基-苯（4.78%）、3,3-二甲基辛烷（4.54%）、蓝烃（3.85%）、2-乙基-1,4-二甲基苯（3.72%）、2-烯丙基苯酚（3.55%）、2,2,6-三甲基辛烷（3.16%）、1-乙基-2,3-二甲基苯（2.93%）、1-甲基-3-(1-甲基乙基)苯（2.91%）、1,3-二乙基苯（2.51%）、3,反-(1,1-二甲基乙基)-4,反-甲氧基环己醇（2.22%）、α-甲基-苯乙醛（2.17%）、1-甲基-2-(2-丙烯基)苯（1.51%）、丙酸环己甲酯（1.45%）、二环[4,4,1]十一碳-1,3,5,7,9-五烯（1.45%）、1-乙基-2,4-二甲基苯（1.01%）等（吕杨等，2010）。

【营养与功效】

含天门冬氨酸、毛地黄糖甙、蒽醌类化合物、粘液质、糖类、烟酸、锌、铜、铁等。具有补气养阴，健脾，润肺，益肾功能；有抗缺氧、抗疲劳、抗衰老作用；能增强免疫功能，增强新陈代谢；有降血糖和强心作用。

【食用方法】

根茎洗净切片，可煎、煮、炒食、炖肉、炖鸡、做粥，也可沸水煮过后晒干或烘干食用。

玉竹

百合科黄精属

学名：*Polygonatum odoratum*（**Mill.**）Druce

别名：葳蕤、地管子、尾参、铃铛菜、连竹、女萎、玉参、甜根草、灯笼菜、靠山竹、黄脚鸡

分布：黑龙江、吉林、辽宁、河北、山西、内蒙古、甘肃、青海、山东、湖南、湖北、河南、安徽、江苏、江西、台湾

【植物学特征与生境】

多年生草本，高35～65 cm。根状茎圆柱形，黄白色，肥大肉质，横生，直径0.5～1.5 cm，根状茎具明显的节，密生细小须根。茎单一，光滑无毛，具棱。单叶互生于茎的中部以上，叶片略革质，椭圆形或卵状长圆形，全缘，上面绿色，下面带灰白色，叶脉隆起。花腋生，1朵或2朵生长于长梗顶端，花被筒状，绿白色。浆果球形，成熟后紫黑色。花期6～7月，果期7～9月。

喜凉爽潮湿荫蔽环境，耐寒，生命力较强，多生长于山野阴湿处。以土层深厚，排水良好肥沃的黄沙壤土或红壤土生长较好。

【栽培技术要点】

用块茎播种。种植密度为10000～15000株/667 m^2。播种时必须浇透底水，出苗80%以前一般不再浇水，出齐苗后第一水应及时。幼苗期生长缓慢，需水不多，以早晚浇小水为宜。旺盛生长期，一般每5～7 d浇1次水，保持土壤湿润状态。苗期应适度遮光。除应重施基肥外还应按需肥特点进行追肥，幼苗期每667 m^{2}施硫酸铵等速效氮肥10～15 kg。开花期过后开始进入旺盛营养生长期，此时块茎开始肥大，需水需肥量增加，每667 m^{2}可施豆饼70～80 kg或优质厩肥3000 kg，另加复合肥或硫酸铵15～20 kg，追肥可开沟施入，然后覆土封沟。及时进行中耕、锄草。主要病害有叶斑病、紫轮病、褐斑病；主要虫害是蛴螬。

【主要芳香成分】

水蒸气蒸馏法提取的玉竹干燥根茎的得油率为0.03%～0.15%，超临界CO_2萃取法提取的辽宁产玉竹根茎的得油率为1.92%。水蒸气蒸馏法提取的吉林敦化产玉竹干燥根茎精油的主要成分依次为：4,5,5a,6,6a,6b-六氢化-4,4,6b-三甲基-2H-环丙基[g]苯丙呋喃（10.50%）、α-荜澄茄油烯（7.16%）、1,2,3,5,6,8a-六氢化-4,7-二甲基-1-(1-甲基乙基)环烷（6.83%）、3-甲氧基-2,5,6-三甲基酚（6.31%）、9-柏木烷酮（4.88%）、1,7,7-三甲基-二环[2.2.1]七-2-基酯（4.37%）、11-二十一碳酮（4.05%）、9β-乙酸基-4-羟基-3,4,8-三甲基-5α-H-三环[6.3.1.0^{1,5}]（3.48%）、E-10,13,13-三甲基-11-十四烯-1-乙酸酯（3.46%）、十五烷酸（3.04%）、亚油酸乙酯（2.67%）、长叶烯（2.33%）、E,E,Z-1,3,12-十九碳三烯-5,14-二醇（2.26%）、荜澄茄醇（2.15%）、8,11-十八碳二烯酸甲酯（1.66%）、n-十六烷酸（1.59%）、1,2,3,4a,7,8,8a-八羟基-1,6-二甲基-4-(1-亚甲基)-萘醇（1.44%）、异丙基肉豆蔻酸酯（1.33%）、2-(1,1-二甲基乙基-1,4-二甲氧基苯（1.27%）等（张沐新等，2008）。湖南邵东产玉竹干燥根茎精油主要成分为：十六酸（40.77%）、9,12-二烯十八酸（22.31%）、雪松醇（6.92%）等（竺平晖等，2010）。

【营养与功效】

根茎含黏质玉竹多糖，玉竹果聚糖A、B、C、D，吖啶酸、维生素A等成分。有改善干裂、粗糙皮肤，使之柔软润滑的护肤作用；具有润肺滋阴，养胃生津的功效。适宜体质虚弱、免疫力降低的人和阴虚燥热、食欲不振、肥胖的人。

【食用方法】

根茎除去须根，洗净切片，可炒食、蒸食、做粥、做汤。

麦冬

百合科沿阶草属

学名：*Ophiopogon japonicum*（Linn.f.）Ker-Gawl.

别名：麦门冬、寸冬、沿阶草、细叶沿阶草

分布：河北、河南、陕西、山东、安徽、江苏、浙江、江西、福建、台湾、湖北、湖南、广东、广西、四川、贵州、云南

【植物学特征与生境】

常绿多年生草本，高15～40cm。须根较粗，顶端或中部膨大成纺锤状肉质小块根；小块根长1～1.5cm，宽5～10mm，淡褐黄色，地下走茎细长。茎很短，叶基生成丛，禾叶状，长10～50cm，宽1.5～3.5mm，具3～7条脉，边缘具细锯齿。总状花序顶生，具几朵至十几朵花；花被片常稍下垂而不展开，披针形，长约5mm，白色或淡紫色。浆果蓝黑色，种子球形，直径7～8mm。花期5～8月，果期8～9月。

喜温暖湿润和半阴环境，耐寒性较强，怕强光暴晒和忌干旱，宜疏松，排水良好的沙壤土。

【栽培技术要点】

常用分株繁殖，每年4月将老株掘起，剪去上部叶片，保留下部5～7cm长，以2～3株丛栽一穴，深6～8cm。每隔4～5年植株拥挤时再分株。栽植前施足基肥，生长期施肥2～3次。夏季保持土壤湿润，冬季低温时可干一些。盆栽每年换盆1次。主要病害有叶斑病和炭疽病。主要虫害有介壳虫和蚜虫。

【主要芳香成分】

水蒸气蒸馏法提取的浙江慈溪产麦冬干燥块根的得油率为0.09%，精油主要成分依次为：长叶烯（18.52%）、β-绿叶烯（9.64%）、愈创木醇（5.23%）、莎草烯（2.69%）、α-葎草烯（1.89%）、α-绿叶烯（1.78%）、4-羟基-茉莉酮（1.52%）、松油-4-醇（1.35%）等（朱永新等，1991）。同时蒸馏萃取法提取的麦冬块根精油的主要成分依次为：愈创醇（20.06%）、γ-松油烯（10.79%）、α-葎草烯（5.33%）、γ-芹子烯（4.64%）、莰烯（4.24%）、γ-古芸烯（3.79%）、β-愈创木烯（3.50%）、刺柏烯（3.39%）、β-芹子烯（2.92%）、亚油酸乙酯（1.70%）、β-榄香烯（1.06%）等（沈宏林等，2009）。

【营养与功效】

块根含β-谷甾醇，氨基酸，多量葡萄糖及葡萄糖甙，甾体皂苷、麦冬黄酮、多种沿阶草苷A、B、C、D，多种低聚糖等成分。具养阴润肺，止咳，益胃生津，清心除烦的功效。有抗缺氧、改善心绞痛及抗菌的作用。

【食用方法】

秋季采挖块根，洗净后可炖鸡、炖肉食用，具保健作用；块根可加入红枣煮粥，有益脾胃、益寿作用。

川续断

川续断科川续断属
学名：*Dipsacus asperoides* C.Y.Cheng et T.M.Ai
别名：川断、续断、山萝卜、和尚头
分布：湖北、江西、广西、四川、贵州、云南、湖南、西藏

【植物学特征与生境】

多年生草本，株高50～60 cm。主根长圆锥形，外皮淡褐色或黄褐色。茎直立，中空，多分支。叶对生，基生叶有长柄，叶片通常作琴形羽状分裂；茎生叶椭圆形至卵状披针形。头状花序顶生或腋生，每花外有一苞片；花小，色白或淡黄色。瘦果长倒卵状柱形，通常外被萼片，有四棱，淡褐色。花期7～8月，果期9～10月。

喜温暖而较凉爽气候，能耐寒，忌高温。

【栽培技术要点】

可用种子及分株繁殖。对土壤要求不严，但以土层深厚，疏松肥沃，含腐殖质丰富的砂壤土或粘壤土为佳。气候炎热，干燥，土壤黏重板结的地方生长不良。宜在海拔1000 m以上的山区种植。在低海拔地区栽培，当夏季气温高达35℃以上时，生长停止，茎叶枯萎。如遇多雨潮湿年份，地下部分还易发病腐烂，造成减产。容易发生根腐病，忌连作。

【主要芳香成分】

有机溶剂（乙醚）萃取后再水蒸气蒸馏提取的湖北长阳产川续断新鲜根精油的主要成分依次为：香芹鞣酮（8.54%）、2,4,6-三-t-丁基-苯酚（5.46%）、3-乙基-5-甲基苯酚（4.15%）、酚+1,3,3-三甲基-2-氧杂双环[2.2.2]辛烷+（S）-1-甲基-4-（1-甲基乙烯基）环己烯+2-甲基-苯酚（4.00%）、4-甲基-苯酚（3.98%）、$\alpha,\alpha,4$-三甲基-3-环己烯-1-甲醇（3.71%）、丙酸乙酯（3.44%）、2,6-双（1,1-二甲基乙基）-4-甲基苯酚（2.35%）、（R）-4-甲基-1-（1-甲基乙基）-3-环己烯-1-醇（2.34%）、二苯并呋喃（2.34%）、3-甲基-苯酚（2.29%）、2,4-二甲基苯（1.73%）、1,2-二甲氧基苯（1.47%）、菲（1.43%）、2-乙基-4-甲基苯酚（1.32%）、4-（3-甲基-2-丁烯基）-4-环戊烯-1,3-二酮（1.18%）、2'-羟基-4'-甲氧基乙酰苯（1.08%）、甲苯+二异丁基醚（1.01%）等（吴知行等，1994）。

【营养与功效】

根含挥发油、龙胆碱、三萜皂苷等成分；每100 g肉质根含维生素A微量，维生素B_1 0.035 mg，维生素B_2 0.213 mg，维生素C 5.15 mg。有行血消肿、生肌止痛、续筋接骨、补肝肾、强腰膝、安胎的功效。

【食用方法】

肉质根除去根头和须根，洗净，切片，炒食、煮稀饭食或炖肉食，具一定的滋补作用。

地笋

唇形科地笋属

学名：*Lycopus lucidus* Turcz.

别名：毛叶地笋、毛叶地瓜儿苗、泽兰、地瓜儿苗、地参、地瓜儿、地笋子、地藕、提娄

分布：黑龙江、吉林、辽宁、河北、陕西、四川、贵州、云南

【植物学特征与生境】

多年生草本，株高40～200 cm。地下根状茎横走，白色，先端肥大，肉质，圆柱形或纺锤形。地上茎直立，四棱形，中空。叶对生，长圆状披针形。轮伞花序，密集，生于叶腋处，多花密集呈圆球形；花冠白色，唇形。小坚果暗褐，倒卵圆形。花期7～9月，果期9～10月。

喜温暖湿润气候和肥沃土壤。地下茎耐寒，适应性很强。耐阴，怕干旱，不怕涝。

【栽培技术要点】

主要用根状茎繁殖。施基肥适量，作宽约120 cm地畦。于3月下旬至4月上旬刨出根状茎，截成10～15 cm的小段，按行距30～35 cm开深约10 cm的沟，每隔15 cm放根茎1～2段，覆土，浇水，栽后10 d左右出苗。幼苗期及时除草松土2～3次。苗高10 cm左右时，追施稀薄腐熟的人畜粪，施后要用清水1次。早春或晚秋采挖根状茎。

【主要芳香成分】

水蒸气蒸馏法提取的陕西产地笋根茎精油的主要成分依次为：邻苯二甲酸二丁酯（20.19%）、(Z,Z,Z)-9,12,15-十八碳三烯酸乙酯（6.69%）、亚油酸乙酯（5.69%）、邻苯二甲酸二异辛酯（4.82%）、9-十八碳炔（4.20%）、1,1-二甲基十六酸乙酯（2.67%）、8,11-十八碳二烯酸甲酯（2.55%）、十六烷酸乙酯（2.38%）、1,2,3-三甲氧基-5-(2-丙烯基)苯（2.31%）、十六酸甲酯（2.27%）、2,3-二甲基菲（2.24%）、(Z,Z,Z)-9,12,15-十八碳三烯-1-醇（1.96%）、细辛脑（1.94%）、1,4,7,10-四氮-2,6-吡啶并环烷（1.79%）、(Z,Z)-9,12-十八碳二烯酸（1.72%）、3,4-二甲基-3-环己烯-1-甲醛（1.62%）、2,2′,5,5′-四甲基-1,1′-联苯（1.56%）、2-甲基菲（1.49%）、1-甲基蒽（1.45%）、1,4-二甲基蒽（1.28%）、丁子香烯氧化物（1.27%）、邻苯二甲酸二异丁酯（1.14%）、二(对甲苯基)乙炔（1.03%）、5-十二烷基二氢-2(3H)-呋喃酮（1.00%）等（聂波等，2007）。

【营养与功效】

根状茎富含淀粉、蛋白质、矿物质、挥发油、氨基酸等成分。有活血、通经、利尿、益气的功效。脾胃虚弱，腹泻腹痛者不宜食用。

【食用方法】

根状茎洗净，刮去表皮，切片，可鲜食、凉拌、炒食、炖汤；切段，可炖肉食；还可腌渍、泡菜。

葛

豆科葛属

学名：*Pueraria lobata* (Willd.) Ohwi

别名：野葛、葛藤

分布：除新疆、青海及西藏外，几乎遍及全国

【植物学特征与生境】

落叶性多年生草质缠绕藤本，茎长达10 m，常铺于地面或缠于它物而向上生长。块根肥厚，富含淀粉。三出羽状复叶。总状花序腋生，花两性，蝶形花冠，蓝紫色或紫红色，有香气；花萼钟状，披针形。荚果条形，扁平，密生黄色长硬毛。种子卵形而扁，红褐色，有光泽。花及果期8～11月。

喜生于温暖潮湿而向阳的地方，不择土质，以富含有机质肥沃湿润的土壤生长最好。

【栽培技术要点】

在平坦地块种植宜采用高畦栽培。可扦插繁殖、压条繁殖和种子繁殖。多采用压条繁殖，7～8月份，选生长良好，无病虫害的粗壮老长蔓，自叶节处，每隔1～2节呈波状弯曲压入土中。生根前保持土壤湿润，清除杂草；生根后于第2年萌发前，自生根节间切断，连根挖起，按行距1.5 m，株距0.8～1 m移栽。除草要坚持"除早、除小、除净"，每年追肥3次。畦上搭架，苗高30 cm时引蔓上架，尽量减少藤与地面的接触。生长盛期控制茎藤的生长，藤长1.5 m以上时及时打顶，每株留3～4根主藤外，剪除多余的侧蔓、枯藤和病残枝。

【主要芳香成分】

水蒸气蒸馏法提取的葛干燥根精油的主要成分依次为：二十酸（28.83%）、(Z,Z)-9,12-十八碳二烯酸（14.05%）、苯亚甲基丙二醛（4.60%）、9,12-十八碳二烯酸乙酯（4.51%）、己醛（3.52%）、(E)-3,7-二甲基-2,6-辛二烯醛（2.29%）、水芹烯（1.91%）、松油醇（1.72%）、2-异丙烯基-5-甲基-4-己烯醛（1.55%）、十七烷（1.45%）、2-戊基呋喃（1.42%）、莰醇（1.42%）、二十一烷（1.40%）、4,6-二甲基十二烷（1.36%）、右旋柠烯（1.26%）、二十二烷（1.02%）等（张斌，2010）。

【营养与功效】

块根含异黄酮成分、葛根素、葛根素木糖甙、大豆黄酮、大豆黄酮甙及β-谷甾醇、花生酸；新鲜葛根含淀粉19～20%，还含有钙、锌、硒等矿物质。具解表退热，生津止渴，透疹，升阳止泻功效。老少皆宜，特别适用于高血压、高血脂、高血糖及偏头痛等心脑血管病患者、更年期妇女、易上火人群、常饮酒者等的日常饮食调理。

【食用方法】

块根洗净，切片后可蒸食；切块后可与肉炖汤。

黄耆

豆科黄耆属

学名：*Astragalus membranaceus*（Fisch.）Bunge

别名：黄芪、绵芪、绵黄芪、北芪、东北黄芪、膜荚黄芪、宁古黄芪、蒙古黄芪、膜荚黄耆

分布：东北、华北、西北

【植物学特征与生境】

多年生草本，高50～150 cm。主根肥厚，圆柱形。茎直立，上部多分枝，有细棱，被白色柔毛。羽状复叶，有小叶13～27枚，长5～10 cm，卵状披针形。总状花序稍密，有10～25朵花，花萼钟状，蝶形花冠，淡黄色或白色。荚果薄膜质，稍膨胀，半椭圆形。种子3-8颗。花期6～8月，果期7～9月。

喜干旱，适应性强。

【栽培技术要点】

播种繁殖，直播或育苗。种子硬实，播前必须用硫酸或机械处理；直播可在春、夏、秋三季播种。春播在"清明"节前后，15 d左右即可出苗；夏播在6～7月份，播后7～8 d出苗；秋播在"白露"前后，新籽低温处理，冬季防止冻伤。条播，行距20 cm左右，沟深3 cm。播种至出苗期要保持地面湿润或加覆盖物。育苗在春夏季，将种子撒播在平畦内，覆土2 cm。秋季挖取栽苗贮藏或在田间越冬，翌春移栽。忌日晒，一般采用斜栽，行株距为20 cm×7 cm。5片小叶片时，按株距6～8 cm间苗。定苗后要追施氮肥和磷肥。在7月份折顶或在开花期摘去花蕾。主要病虫害有白粉病和蚜虫、豆荚螟等。

【主要芳香成分】

水蒸气蒸馏法提取的黄耆根的得油率在0.43%～0.64%之间。陕西子洲产黄耆新鲜根精油的主要成分依次为：正己醇（27.50%）、邻二甲苯（13.62%）、（E）-2-己烯-1-醇（10.39%）、（E）-2-己烯醛（8.67%）、正己醛（5.40%）、乙苯（4.99%）、对-甲乙苯（4.51%）、间-甲乙苯（2.76%）、（E,E）-2,4-癸二烯醛（2.12%）、1,2,4-三甲苯（1.94%）、己酸（1.47%）、己-2-烯醛（1.17%）、（Z）-2-戊烯醇（1.12%）、1-辛烯-3-醇（1.06%）、2,2,4-三甲基-5-己基-3-醇（1.04%）等（徐怀德等，2011）。

【营养与功效】

根含黄酮类、多糖、多种氨基酸、苦味素、黄芪皂苷、甜菜碱、胆碱、叶酸及硒、硅、锌、钴、铜、钼等多种微量元素。具补气固表，利尿排毒，活络益肝，排脓，敛疮生肌的功效。

【食用方法】

春、秋季采收4年生以上的根，除去根颈后晒干，切片，生食或与肉类煮食或做汤。

白茅

禾本科白茅属
学名：*Imperata cylindrica*（Linn.）Beauv.
分布：辽宁、河北、山西、山东、陕西、新疆

【植物学特征与生境】

多年生草本，具粗壮的长根状茎。秆直立，高30～80 cm。叶鞘聚集于秆基，质地较厚；分蘖叶片长约20 cm，宽约8 mm，扁平，质地较薄；秆生叶片长1～3 cm，窄线形，通常内卷，质硬，被有白粉。圆锥花序稠密，长20 cm，宽达3 cm，小穗长4.5～5.0 mm，基盘具长12～16 mm的丝状柔毛。颖果椭圆形，长约1 mm，胚长为颖果之半。花果期4～6月。

适应性强，喜温暖湿润气候，喜阳耐荫，喜湿润疏松土壤，耐瘠薄和干旱。

【栽培技术要点】

宜选一般坡地或平地栽培，用根茎繁殖。春季，挖取地下根茎，按行株距30 cm×30 cm栽种。春、秋季采挖，除去地上部分和鳞片状的叶鞘，洗净，鲜用或扎把晒干。

【主要芳香成分】

水蒸气蒸馏法提取的白茅干燥根茎精油的主要成分依次为：亚油酸（44.99%）、棕榈酸（35.23%）、顺-7-十四烯醛（13.82%）、邻苯二甲酸二辛酯（2.58%）等（宋伟峰等，2012）。

【营养与功效】

根茎含有芦竹素（0.1%）、白茅素（0.001%）、薏苡素、羊齿烯醇、异乔木萜醇、西米杜鹃醇、羊齿烯酮、乔木萜醇、无羁萜，还含甾醇类、糖类、酸类等成分。具有凉血，止血，清热利尿的功效。

【食用方法】

根茎洗净可生食，也可晒干切成短节生用或切段与猪肉煮食。

栝楼

葫芦科栝楼属

学名：*Trichosanthes kirilowii* Maxim.

别名：瓜蒌、药瓜、瓜楼

分布：辽宁、华北、华东、中南、陕西、甘肃、四川、贵州、云南

【植物学特征与生境】

多年生草质藤本，块根圆柱形，黄色；茎无毛，长可达10 m，茎卷须腋生，2～5分叉。单叶互生，叶近圆形或心形，浅裂至中裂，边缘有疏齿。雌雄异株，雄花数朵呈总状花序，雌花单生；花冠白色，花瓣边缘流苏状。果实圆球形，直径约10 cm，成熟时由橙黄色到赭黄色。花期6～8月，果熟9～11月。

喜温暖湿润，阳光充足环境，较能耐寒，耐阴，耐瘠。对土壤要求不严，在排水良好的沙质壤土中生长良好。深根性，忌水涝和通风不良。

【栽培技术要点】

播种、分根、压条均可繁殖。种子繁殖在9～10月采收果实取种，干藏过冬，第二年早春床播或4月直播，南方地区可2～3月直播，约半月出苗。分根繁殖易于选择植株性别，通常北方3～4月，南方10～12月，取3～5年生粗根，分截成7～10 cm小段埋穴，约10 d出苗。压条可在5月进行，易生根。定植就施基肥，栽培老株在秋末或春初就在穴旁开沟补充施肥，保证生长旺盛，开花，结果多。丰产的关键在多种雌株，重施基肥，进行人工授粉。在结果期加强肥水管理，以及整枝打杈，使蔓不挤压，不重叠，通风透光良好。主要虫害有守瓜、蚜虫等。

【主要芳香成分】

石油醚萃取后再水蒸气蒸馏提取的浙江余杭产栝楼根精油的主要成分依次为：十六酸乙酯（24.49%）、9,12-二烯十八酸乙酯（11.70%）、9-烯十八酸乙酯（9.45%）、丁二酸二乙酯（7.60%）、十四酸乙酯（2.97%）、十二烷酸乙酯（2.81%）、己酸乙酯（2.47%）、苯丙酸乙酯（2.20%）、3,5-二烯-6-辛酮（1.76%）、2,6-二叔丁基-4-甲基苯酚（1.52%）、2-二乙氧基-3-甲基-丁醛（1.37%）、9-烯十六酸乙酯（1.18%）等（胡合姣等，2005）。

【营养与功效】

根含天花粉蛋白、多种氨基酸；含具有降血糖作用、抗癌和免疫活性的多糖。具清热泻火，生津止渴，排脓消肿的功效。

【食用方法】

块根洗净，去须根、外皮，纵剖成2～4瓣，粗大者再横切，鲜食时切片，炖肉食。

姜

姜科姜属
学名：*Zingiber officinale* Rosc.
别名：生姜、山姜
分布：中部、东南部至西南部各省栽培

【植物学特征与生境】

多年生草本，高0.5～1 m；根茎肥厚，多分枝，有芳香辛辣味。叶无柄，披针形或线状披针形，长15～30 cm，宽2～2.5 cm，无毛；叶舌膜质，长2～4 mm。总花梗粗壮，长达25 cm；穗状花序球果状，长4～5 cm；花冠黄绿色。温室中7～9月开花。

喜温暖不耐霜，发芽需黑暗，幼苗期不耐强光，旺盛生长期则需要较强的光照。根茎的膨大需要黑暗。

【栽培技术要点】

根茎繁殖。4月份晚霜过后，将土中贮存的根茎切成数块，深度5 cm，株距25 cm进行种植。适宜种植密度为5500株/667 m²左右，行距60～65 cm，株距不小于20 cm。在播种前浇透底水的基础上，适宜在向阳、土壤保水力强、肥沃的土地栽培。移栽后覆盖黑膜，保湿，促进根茎生长。一般在出苗前不进行浇水，到姜苗70%出土后再浇水；姜出苗达50%时及时进行遮阴。除施足基肥外，还须进行追肥，追肥后及时浇水。

【主要芳香成分】

水蒸气蒸馏法提取的姜根茎的得油率在0.04～2.40%之间。山东产姜根茎精油的主要成分为：α-姜烯（29.50%）、β-倍半水芹烯（13.10%）、α-姜黄烯（10.20%）、γ-杜松烯+α-金合欢烯（7.40%）、β-红没药烯（7.10%）、β-水芹烯+1,8-桉叶素+苧烯（6.50%）、莰烯（5.20%）等（崔俭杰等，2011）。重庆产姜新鲜根茎精油的主要成分为：α-姜烯（19.75%）、β-倍半水芹烯（9.88%）、姜黄烯（8.68%）、β-红没药烯（6.83%）、E,E-α-金合欢烯（5.39%）、β-水芹烯（5.31%）等（林茂等，2008）。贵州水城产姜新鲜根茎精油的主要成分为：β-姜烯（25.51%）、β-侧柏烯（17.52%）、金合欢烯（10.62%）、莰烯（10.59%）、倍半水芹烯（10.39%）、α-姜黄烯（5.39%）等（张宏志等，2001）。

【营养与功效】

除含有姜油酮、姜酚等生理活性物质外，还含有蛋白质、多糖、维生素和多种微量元素，集营养、调味、保健于一身，自古被医学家视为药食同源的保健品，具有祛寒、祛湿、暖胃、加速血液循环等多种保健功能。

【食用方法】

根茎是各种菜肴不可缺少的调味料，也可切片与肉、鱼等炖食。

姜花

姜科姜花属

学名：*Hedychium coronarium* Koen.
别名：蝴蝶花、白蝴蝶、白草果、白姜花、夜寒苏
分布：广东、台湾、湖南、广西、云南、四川、海南

【植物学特征与生境】

陆生或附生草本，株高1~2m，丛生，地下有肥大的根茎。茎直立，叶无柄，叶片矩圆状或披针形，长20~50cm，宽3~12cm，先端渐尖，绿色，叶背疏被短柔毛，叶基部有茸毛。茎顶着生棒槌形穗状花序，花序由绿色苞片组成，每一苞片内可先后生出2~3朵白色蝴蝶形花朵，花序从下至上，花朵依次开放。极少见到结实。

喜高温多湿，生性强健。生育期适宜温度约22~28℃。

【栽培技术要点】

通常采用分株繁殖，一般在春季挖取地下根茎，分成数蔸，每蔸皆带芽2~3枚，穴植时施足底肥。土壤以富含有机质的疏松、排水良好的砂质壤土为佳。生育期间可追肥，以腐熟人粪尿为主。中耕除草2~3次。在田间花谢后及时剪除穗状花序，以减少营养消耗，促进根茎萌发新株。植株病虫害少。

【主要芳香成分】

水蒸气蒸馏法提取的姜花根茎的得油率为0.09%。贵州黔南产姜花新鲜根茎精油的主要成分为：L-里哪醇（18.06%）、1,8-桉树脑（14.25%）、β-蒎烯（10.23%）等（彭炳先等，2008）。固相微萃取法提取的贵州龙里产姜花干燥根茎精油的主要成分依次为：β-蒎烯（21.73%）、1,8-桉叶素（11.80%）、香桧烯（11.32%）、醋酸-α-萜品醇酯（6.69%）、α-蒎烯（4.67%）、柠檬烯（3.78%）、α-水芹烯（2.98%）、反式-丁香烯（2.44%）、γ-松油烯（2.10%）、β-倍半水芹烯（2.06%）、樟脑萜（1.99%）、苦橙油醇（1.96%）、月桂烯（1.94%）、聚伞花素（1.93%）、芳樟醇（1.79%）、ar-芳姜黄烯（1.31%）、α-萜品醇（1.18%）、4-松油烯醇（1.16%）等（赵超等，2010）。

【营养与功效】

根茎含姜黄素类化合物，菜油甾醇、豆甾醇、β-谷甾醇、胆甾醇等甾醇类化合物，脂肪酸及钾、钠、镁、钙、锰、铁、铜、锌等微量元素。具温中健胃、解表、祛风散寒、温经止痛、散寒等功效。血虚无气滞血瘀者慎用，孕妇忌用。

【食用方法】

根状茎去纤维根，刮去表皮，洗净切片，可炖猪肉、猪脚、鸡肉等食用；切成薄皮或丝状炒猪肉食用。

圆瓣姜花

姜科姜花属

学名：*Hedychium forrestii* Diels

别名：夜寒苏、玉寒舒

分布：西藏、四川、云南、贵州、重庆、广西

【植物学特征与生境】

陆生或附生草本，茎高1～1.5 m。叶片长圆形，披针形或长圆状披针形，长35～50 cm，宽5～10 cm，顶端具尾尖，基部渐狭，两面均无毛。穗状花序圆柱形，长20～30 cm，花序轴被短柔毛；苞片长圆形，长4.5～6 cm，宽约1.5 cm，边内卷，被疏柔毛，每一苞片内有花2～3朵；花白色，有香味。蒴果卵状长圆形，长约2 cm。种子红色，具桔红色假种皮。花期8～10月，果期10～12月。

生活环境为有荫蔽环境的阳坡或林中空地。

【栽培技术要点】

生于海拔600～2100 m的山谷密林、疏林或灌丛中。种子播在土中一般需要2个月左右才能萌发，将其成熟的胚分离出来培养时只需8～11 d就能萌发。栽培技术参考姜花。

【主要芳香成分】

水蒸气蒸馏法提取的圆瓣姜花干燥根茎的得油率为0.60%～0.67%，云南西双版纳产圆瓣姜花干燥根茎精油的主要成分依次为：芳樟醇（34.21%）、β-蒎烯（12.72%）、(±)-反式-橙花叔醇（9.35%）、桉叶油素（5.94%）、α-蒎烯（5.21%）、α-松油醇（5.06%）、γ-松油烯（4.17%）、4-松油醇（3.60%）、冰片（2.93%）、对-聚伞花素（2.89%）、莰烯（1.57%）、柠檬烯（1.54%）等（纳智，2006）。贵州凯里产圆瓣姜花干燥根茎精油的主要成分依次为：β-蒎烯（27.21%）、桉油精（19.54%）、α-萜品醇（18.24%）、1S-α-蒎烯（13.98%）、4-松油醇（5.76%）、龙脑（3.49%）、γ-松油烯（2.11%）、β-芳樟醇（1.72%）、α-松油醇酯（1.60%）、D-柠檬烯（1.30%）、石竹烯（1.16%）、小茴香醇（1.12%）等（杨秀泽等，2011）。

【营养与功效】

根茎含圆瓣姜花素A，具抗肿瘤、人体鼻咽癌等作用。有祛风散寒、敛气止汗的功效。

【食用方法】

根茎去纤维根，刮去表皮，洗净，切片或切块，可炖猪肉、猪脚、鸡肉食用。

党参

桔梗科党参属

学名：*Codonopsis pilosula* (Franch.) Nannf.

别名：三叶菜、臭参、叶子单、臭党参、潞党参、西党、台参

分布：西藏、山西、陕西、宁夏、青海、甘肃、四川、云南、贵州、湖北、河南、河北、内蒙古、辽宁、黑龙江、吉林

【植物学特征与生境】

多年生蔓生草本植物，高1.5～2 m。根圆锥形，外皮淡灰棕或乳黄色。茎缠绕，多分枝。枝叶花有异香味。有白色乳汁，具浓臭。叶卵形，长1～6.5 cm，宽0.5～5 cm，先端钝或微尖，基部近心形，边缘具波状钝齿，两面被疏或密的伏毛。花单生于枝端；花萼贴生至子房中部；花冠阔钟状，黄绿色。蒴果短圆锥状，有宿存萼。种子小，卵形，褐色有光泽。花期7～9月，果期9～10月。

抗寒性、抗旱性、适生性都很强。喜欢气候温和凉爽的地方。苗期喜潮湿、阴凉。大苗喜光，高温高湿易烂根。

【栽培技术要点】

直播或育苗移栽。春播为4月下旬至5月上旬，秋播为10月下旬至冻土为止。播种方法有散播、条播，条播行距为10～20 cm。种子和细沙混匀后选择无风天气播种。覆土材料为过筛的有机肥和旱田土（混合比例1:2），覆土深度为1 cm左右。播后用干草覆盖畦面，开始出苗时及时撤掉覆盖物。每1000 m²施腐熟的农家肥1200 kg，可溶性磷肥35 kg，草木灰55 kg，全层施肥。中耕除草每年进行三次，特别是发芽初期需彻底进行除草。第二年5月，结合整地每公顷施腐熟有机肥30000 kg和复合肥500 kg。起苗时，去掉须根，留主根，按种根的大小分组定植，以便管理。定植行距17 cm，株距15 cm，深度20 cm。定植后浇透水，每公顷保苗25万株左右。定植时，可以用地膜覆盖或铺一层稻草等措施，保持水分，提高地温，抑制杂草生长。当株高25 cm左右时及时设立支架，有利于通风透光。主要病害有立枯病、斑点病、锈病等。

【主要芳香成分】

水蒸气蒸馏法提取的党参干燥根的得油率为0.12%～0.32%。甘肃文县产党参干燥根精油的主要成分依次为：十六酸（38.00%）、11,14-二十碳二烯酸甲酯（9.89%）、邻位-邻甲氧酚氧基苯酚（5.74%）、邻苯二甲酸二正丁酯（3.60%）、β-(4-羟基-甲氧基苯基)(丙烯酸)(3.43%)、9,12-十八碳二烯酸（3.31%）、1-甲基-1-乙烯基-2-甲基乙烯基-4-甲基亚乙基环己烷（1.53%）、蒲勒烯（1.35%）等（谭龙泉等，1991）。同时蒸馏萃取法提取的云南曲靖产党参根茎精油的主要成分依次为：1,2-苯二羧酸二丁酯（12.45%）、十七碳酸（8.10%）、2,4,5-三丙基苏合香烯（7.62%）、(-)-gyinnomitrone（6.66%）、油酸（5.88%）、γ-榄香烯（4.75%）、β-花柏烯（3.38%）、(E)-β-金合欢烯（3.13%）、罗汉柏烯（3.00%）、十六碳酸甲酯（2.74%）、9H-呋喃基-9-酮（1.74%）、4-乙基酚（1.64%）、反式-β-石竹烯（1.29%）、菲（1.09%）等（李聪等，1993）。

【营养与功效】

含多种糖类、氨基酸、酚类、甾醇、挥发油、黄芩素、葡萄糖苷、皂甙及微量生物碱。有补中益气、和胃生津的功效。具有增强免疫力、扩张血管、降压、改善微循环、增强造血功能等作用。对化疗放疗引起的白细胞下降有提升作用。

【食用方法】

根挖出后除杂，边晒边搓，晒干后多做药膳，如党参蒸老鸡、参芪炖羊肉等。

羊乳

桔梗科党参属

学名：*Codonopsis lanceolata*（Sieb.et Zucc.）Trautv.

别名：轮叶党参、山胡萝卜、四叶参、四味参、白莽肉、山地瓜、羊奶参、上党人参

分布：东北、华北、华东、中南

【植物学特征与生境】

多年生缠绕草本，全株含有白色乳汁，并有异味，根肥大肉质，近圆锥或纺锤形。茎细长，缠绕，具分枝。叶卵形，先端微尖或钝，基部叶近心形，边缘有波状钝齿，两面有伏毛。花单生于叶腋或枝端，具细长花梗，花萼绿色，花冠淡黄绿色带紫斑，宽钟状。蒴果短圆锥形，宿存花萼。种子长圆形，棕褐色，具光泽。花期7~8月份，果期8~9月份。

喜凉爽气候，苗期喜阴，成株期喜充足的光照。要求排水良好，富含腐殖质，肥沃疏松的砂壤土。

【栽培技术要点】

宜采用种子育苗移栽的方式，播种期以3月土地解冻后，秋季上冻前为宜。条播或撒播。条播：在整好的畦面上按行距10~13cm开深约1cm的浅沟，将种子用1~2倍细沙拌匀撒在沟内，播后覆一层细土。撒播：将用沙拌匀的种子均匀地撒在畦面上，用扫帚在畦面上来回扫2~3次，使细土盖住种子，再轻镇压畦面。播后用覆盖物适当保湿，保持土壤湿润，出苗后及时去除覆盖物，苗高5cm时，进行荫棚遮荫，及时除草。苗高10cm时揭去荫棚。秋植育苗当年秋季10月中旬至封冻前定植，春植育苗次年春季3月下旬至4月上旬定植。幼苗期松土拔草，松土宜浅，并培土，保持地表土疏松，下面湿润。苗高3~7cm时，追施粪水，封垄后不再追肥。苗高30cm左右时，搭架引蔓。主要病害有锈病、根腐病；虫害有蛴螬、蝼蛄、地老虎、蚜虫、红蜘蛛等。

【主要芳香成分】

水蒸气蒸馏法提取的吉林磐石产羊乳根的得油率为0.15%，精油主要成分依次为：甲基硫杂丙环（9.66%）、苯甲醇（5.57%）、十四烷酸甲酯（4.43%）、二十烷（4.28%）、E-2-己烯-1-醇（4.05%）、1,2-二乙氧基-乙烷（3.79%）、1,2-苯二羧酸丁基酯（2.73%）、3-甲基-丁酸（2.66%）、2,6,10-三甲基-二十二烷（2.60%）、4-甲基-1-戊烯-3-醇（2.49%）、酞酸二丁酯（2.42%）、十七烷（2.41%）、1-乙基-2,3-二甲基苯（2.34%）、苯噻唑（2.34%）、己酸-3-乙烯酯（2.30%）、2,5-二甲基-苯酚（2.24%）、蒽（2.19%）、2,6-壬二烯-4-酮（1.93%）、十五烷酸乙酯（1.92%）、10-甲基-十九烷（1.80%）、E,E-2,4-癸二烯醛（1.74%）、萘（1.64%）、2,6,11,15-四甲基十六烷（1.48%）、十四烷酸（1.40%）、十八烷（1.32%）、丁基羟基茴香醚（1.31%）、异丙基联苯（1.30%）、癸二酸二癸酯（1.25%）、壬醛（1.24%）、十三烷（1.08%）等（尹建元等，1999）。

【营养与功效】

每100g鲜根含粗蛋白11.89g，粗脂肪3.83g，碳水化合物4.5g，粗纤维2.4g，维生素A 14.4mg，维生素B_2 0.49mg，维生素C 59.0mg，赖氨酸0.8mg；每100g干燥根含钾237mg，钙3240mg，镁352mg，磷137mg，钠22mg，铁9.1mg。锰15.4mg，锌3.0mg，铜0.9mg。具有养阴润肺、祛痰排脓、清热解毒的功效。

【食用方法】

肉质根去须根，洗净，去外皮，可生食或切片凉拌、炒食、煮食，也可腌渍；将肉质根放在1%的碱水中浸泡3~5小时捞出，用竹片刮去表皮后再放入1%的盐水中浸泡1~2天，换水1~2次，将泡过的根用棒捶或手撕成条状，在阳光下暴晒1天，然后阴干或烘干备用。食用时取出洗净，用温水泡开，沥水后可炒食或炝拌。

桔梗

桔梗科桔梗属
学名：*Platycodon grandiflorus* (Jacq.) A.DC.
别名：铃当花、包袱草、绿花梗、梗草、僧冠帽、六角荷
分布：广东、广西、贵州、云南、四川、陕西、黑龙江

【植物学特征与生境】

多年生草本，高20~120 cm，有白乳汁。叶全部轮生、部分轮生至全部互生，卵形、卵状椭圆形至披针形，长2~7 cm，宽0.5~3.5 cm，两面无毛，背面有白粉，边具细锯齿。花单朵顶生或数朵集成假总状花序，或有集成圆锥花序，花冠宽漏斗状钟形，蓝色或紫色。蒴果下部半球状，上部有喙，直径约2~2.5 cm。种子多数，卵形，有翼，细小，棕色。

喜凉爽湿润环境，喜阳光充足或侧方蔽荫。适栽于排水良好，含腐殖质的砂质壤土中。

【栽培技术要点】

用分株或播种方法繁殖。种子繁殖在3月下旬采用直播法，对其根生长有益，实生苗第二年就可开花。分株法在春、秋季均可进行。6~7月于开花前后可追施液肥1~2次，以利开花和长根。秋后，欲继续留根，则剪去枝干，露地越冬。挖根入药，可于春、秋两季进行，通常播种后2~3年即可收根。

【主要芳香成分】

水蒸气蒸馏法提取的安徽产桔梗干燥根的得油率为0.12%，精油主要成分依次为：棕榈酸（51.10%）、十八碳二烯酸甲酯（5.18%）、9-十六碳烯酸（4.16%）、十六酸甲酯（4.01%）、十四烷酸（3.93%）、对-薄荷酮（3.73%）、胡薄荷酮（3.16%）、甲基丁子香酚（2.11%）、顺-11-十八碳烯酸甲基酯（1.95%）、六氢法尼基丙酮（1.34%）、十五烷酸（1.18%）、2-羟基-环十五烷酮（1.06%）、石竹烯氧化物（1.06%）等（周玲等，2009）。

【营养与功效】

每100 g肉质根含维生素B_2 0.44 mg，维生素B_5 2.7 mg，维生素C 10 mg。具有宣肺气，祛痰排脓的功效。阴虚久嗽、气逆及咳血者忌用。

【食用方法】

肉质根去杂洗净，刮去外皮，在热水中泡去苦味，用手撕成细丝可凉拌、炒食、烧、腌渍、做粥、做汤或做糕点；朝鲜族用根制作狗宝咸菜。

轮叶沙参

桔梗科沙参属

学名：*Adenophora tetraphylla* (Thunb.) Fisch.
别名：南沙参、四叶沙参、龙须沙参、铃儿草、明叶菜
分布：东北、内蒙古、河北、山西、山东、广东、广西、云南、贵州、四川

【植物学特征与生境】

多年生草本，植株内有白色乳汁。根胡萝卜状。茎直立，高可达1.5 m，不分枝。茎生叶3~6枚轮生，近无柄，叶片卵圆形至条状披针形，长2~14 cm，边缘有锯齿，两面疏生短柔毛。花序狭圆锥状，花序分枝（聚伞花序）大多轮生，细长或很短，生数朵花或单花；花萼筒部倒圆锥状；花冠筒状细钟形，蓝色、蓝紫色，长7~11 mm。蒴果球状圆锥形或卵圆状圆锥形，长5~7 mm，直径4~5 mm。种子黄棕色，矩圆状圆锥形，稍扁，有一条棱，长1 mm。花期7~9月。

喜温暖湿润的气候，最适生长温度为20~30℃，较耐寒，对土壤要求不严格，但以壤土或沙质壤土为佳。喜光，忌积水。

【栽培技术要点】

宜选择土壤肥沃、土层深厚、排水良好、沙质弱酸性土壤栽培，深翻后做畦，畦宽1.2~1.4 m，高15 cm。种子条播或撒播，覆土1 cm厚，喷水后覆盖落叶或秸秆保墒，20天内出苗。幼苗生长1年后于10月中旬至封冻或第2年解冻后、幼苗萌芽前移栽。定植行距20 cm，株距6~10 cm，定植沟深15~20 cm，将种根斜摆，注意芽苞向上，种根上覆土3~5 cm，干旱地方应稍深些。移栽时边起边栽，移栽后及时灌水，促进出苗。秋后长出第2年生长的芽头可剪下留作种用，先埋在沙土里过冬，封冻前或第2年春栽种。幼苗生长缓慢，要及时松土除草。当苗高5~15 cm时逐渐揭掉盖草，当苗高20 cm时搭架，长至半架时进行追肥。主蔓达到2 m高，有18~20个节位时可进行摘心封顶。注意排涝。春、夏季采收嫩茎叶，播种后1~2年可收获肉质根。

【主要芳香成分】

乙醇浸提水蒸气蒸馏法提取的轮叶沙参根精油的主要成分依次为：镰叶芹醇（63.49%）、n-十六碳酸（5.50%）、十六碳酸乙酯（4.67%）、(E)-2-壬烯醛（3.21%）、9,12-十九碳二烯酸乙酯（2.05%）、(R)-1-甲基-4-(1,2,2-三甲基环戊基)苯（1.87%）、四环[$3.3.0.0^{2,4}.0^{3,6}$]十八碳-7-烯-4-甲酯（1.59%）等（王淑萍等，2010）。

【营养与功效】

根含沙参皂甙、植物甾醇及淀粉，并含有生物碱、黄酮类、树脂及胡萝卜素。具清热养阴，润肺止咳的功效。

【食用方法】

肉质根煮熟后在清水中浸泡除去苦味做菜食用，可除去外皮，洗净后切成小块或撕成条状，拌入调味料制成小菜食用，也可腌制；干品用于汤料。

沙参

桔梗科沙参属
学名：*Adenophora stricta* Miq.
别名：南沙参、杏叶沙参
分布：江苏、安徽、浙江、江西、湖南

【植物学特征与生境】

多年生草本，有白色乳汁。茎高50～100 cm。茎生叶互生，狭卵形，长3～9 cm，宽1.5～4 cm，边缘有不整齐锯齿。花序狭长；萼钟状；花冠紫蓝色，宽钟形，长约1.8 cm。蒴果球形。花期8～9月，果期9～10月。

喜温和气候和充足的阳光，能耐旱。

【栽培技术要点】

种子繁殖。春播于4月上中旬，秋播于11月封冻前播种；按行距30～40 cm开浅沟4～6 cm，撒播后用细土覆平，轻轻压实后浇水，可盖一层草。幼苗2～3片真叶时间苗，苗高12～15 cm时定苗，株距10～15 cm。间苗后浇水，适当追肥。植株封畦后，应停止除草。阴雨天应注意排水，干旱时可适当浇水，株高40～50 cm时打顶。主要病害有根腐病、褐斑病；主要虫害有蚜虫、地老虎等。

【主要芳香成分】

水蒸气蒸馏法提取的沙参干燥根精油的主要成分依次为：镰叶芹醇（43.75%）、己醛（8.21%）、辛醛（7.33%）、1,1-二乙氧基己烷（3.49%）、壬醛（3.08%）、(E)-2-壬烯醛（2.51%）、1,1-二乙氧基辛烷（2.38%）、(R)-1-甲基-4-(1,2,2-三甲基环戊基)苯（1.91%）、庚醛（1.61%）、4-异丙基-1-环己烯基-1-烃基乙二醛（1.29%）、1-壬烯-3-醇（1.20%）、(E,E)-2,4-癸二烯醛（1.14%）、(Z)-2-癸烯醛（1.09%）、9(10H)-吖啶酮（1.07%）等（王淑萍等，2008）。

【营养与功效】

根含有棕榈酰、β-谷甾醇、羽扇豆烯酮、24-亚甲基-环阿尔廷醇及多酚等成分；有清热养阴，润肺止咳的功效。

【食用方法】

将肉质根去杂，洗净，经水泡后剥去外皮，用手撕成条丝状，用水浸泡后可凉拌生食或与鸡肉炖食，也可晒干备用。

毛大丁草

菊科大丁草属

学名：*Gerbera piloselloides* (Linn.) Cass.

别名：白薇、白眉、白头翁、毛丁白头翁、兔耳风、爬地香、踏地香、一支箭

分布：西藏、云南、四川、贵州、广西、广东、湖南、湖北、江西、江苏、浙江、福建

【植物学特征与生境】

多年生，被毛草本。根状茎短，粗直或曲膝状，为残存的叶柄所围裹。叶基生，莲座状，纸质，倒卵形，长6～16 cm，宽2.5～5.5 cm，全缘，被毛。花葶单生或有时数个丛生，通常长15～30 cm，无苞叶，密被毛。头状花序单生于花葶之顶，花期直径达2.5～4 cm；总苞盘状，总苞片2层；花托裸露，蜂窝状；外围雌花2层，外层花冠舌状，倒披针形或匙状长圆形；内层雌花花冠管状二唇形。中央两性花多数。瘦果纺锤形。花期2～5月及8～12月。

喜阳光充足，排水良好的环境，一般土壤均可栽培。

【栽培技术要点】

3～4月播种，开1.3 m宽的畦，按行、株距各约26 cm开穴，深约6 cm，施人畜粪水后，混到草木灰里，匀撒穴里，盖草木灰至不见种子。播种后，天旱要浇水。播种当年中耕除草、追肥4次。第1次苗高3～4 cm时，追施清淡人畜粪水提苗；第2次在苗高10～13 cm时进行，并匀苗、补苗，每穴留苗4～5根；第3次在7～8月；第4次在10～11月。病虫防治：虫害有蛞蝓、蜗牛和蚜虫，可在早晨撒鲜石灰粉防治。

【主要芳香成分】

水蒸气蒸馏法提取的广东罗霄山产毛大丁草根的得油率为0.15%，精油主要成分依次为：四甲基环戊烷[c]环戊烯（37.45%）、氧化石竹烯（6.78%）、β-石竹烯（6.11%）、1,2,3,4-四氢-2,6-二甲基-7-辛基-萘（5.68%）、4a-羟基-12-甲氧基-18-正罗汉（2.93%）等（唐小江等，2003）。

【营养与功效】

根含毛大丁草醛、毛大丁草酮、羟基异毛大丁草酮、环毛大丁草酮和去氧去氢环毛大丁草醛等成分。具清热解毒，理气和血的功效。

【食用方法】

根状茎洗净，可炖肉、炖鸡，味香，具补体、止咳、抗结核等作用。

牛蒡

菊科牛蒡属

学名：*Arctium lappa* Linn.

别名：大力子、恶实、万把钩、黍粘子、牛子、鼠粘子、牛菜、山牛蒡、黑萝卜、老母猪耳朵

分布：全国各地

【植物学特征与生境】

二年生草本植物，肉质根圆柱形，长可达60～100 cm，直径3～4 cm，外皮粗糙，暗黄褐色，肉灰白色。茎直立，粗壮，高1～2 m。叶呈三角形或心脏形，长约60 cm，宽约45 cm，淡绿色，背面密生灰白色茸毛，叶缘具粗锯齿，叶柄长约70 cm，有纵沟，基部微红。花为头状花序丛生或排列成伞房状，有梗；总苞球形，总苞片披针形，顶端钩状内弯。花筒状，淡紫色。瘦果椭圆形或倒卵形，灰褐色。种子纺锤形，有棘刺，暗灰色。花期5～8月，果期7～9月。

喜温暖略干燥和阳光充足环境，适应性强，抗旱，耐寒能力较强，怕潮湿积水，对土质要求不严，以疏松、肥沃的沙质壤土为宜，忌连作。

【栽培技术要点】

主要播种繁殖。春秋夏三季均可播种，一般以春播为好，播种期3月下旬到4月初。播种时按行距45 cm开沟，沟深3 cm；按12 cm穴距点播种子，每穴3～4粒。苗生出2～3片真叶时灌小水防止干旱；间苗一般进行3次，第一次在子叶展开时，第二次在2～3片真叶时，第三次在3～4片真叶时进行，最后定苗每穴1株。生长期每月施肥1次，现蕾前施用磷钾肥1次。注意中耕除草，开花结实期如天气干旱，应适当浇水，梅雨季节雨水过多，注意排水，可减少发病。主要病害有黑斑病、角斑病、菌核病、麦类白粉病、炭疽病等；主要地上害虫为蚜虫，地下害虫有线虫、地老虎和蝼蛄等。

【主要芳香成分】

同时蒸馏萃取法提取的山东苍山产牛蒡新鲜肉质根的得油率为0.10%，精油主要成分依次为：亚麻酸甲酯（17.81%）、亚油酸（9.26%）、三甲基-8-亚甲基-十氢化-2-萘甲醇（7.69%）、苯甲醛（7.39%）、棕榈酸（6.80%）、1,8,11-十七碳三烯（4.46%）、乙酸乙酯（3.00%）、桉叶二烯（2.76%）、1-十五醇（2.13%）、α-蛇床烯（1.68%）、苯（1.36%）、己醛（1.35%）、9,10-脱氢异长叶烯（1.14%）、乙二酸二乙酯（1.13%）、3-甲基丁醛（1.12%）、苯甲醇（1.09%）、亚油酸甲酯（1.08%）等。超临界CO_2萃取法提取的牛蒡干燥根的得油率为2.70%，精油主要成分依次为：亚油酸（65.04%）、硬脂酸己酯（18.67%）、9-十八烯酸甲酯（5.65%）、亚油酸甲酯（4.18%）、邻苯二甲酸二丁酯（2.81%）、肉豆蔻酸异丙酯（2.09%）、棕榈酸乙酯（1.56%）等（陈世雄等，2011）。

【营养与功效】

每100 g新鲜肉质根含蛋白质2.8 g，脂肪0.1 g，碳水化合物16.2 g，粗纤维1.4 g；胡萝卜素390 mg；维生素B_1 0.04 mg，维生素B_2 0.07 mg，维生素B_5 0.6 mg，维生素C 4 mg；钙49 mg，磷60 mg，铁0.8 mg。有疏散风热、宣肺透疹、清热解毒的功效；具降血压、减肥、美容护肤、防癌抗癌等作用。脾虚便溏者禁用。

【食用方法】

肉质根洗净，切片，清水浸泡去涩味后，凉拌、炖、炸、炒、腌制均可。

华北鸦葱

菊科鸦葱属

学名：*Scorzonera albicaulis* Bunge

别名：笔管草、白茎鸦葱、细叶鸦葱、倒扎草、水风、茅草细辛、独角茅草

分布：黑龙江、吉林、辽宁、内蒙古、河北、山西、陕西、山东、江苏、安徽、浙江、河南、湖北、贵州

【植物学特征与生境】

多年生草本，高达120 cm。根圆柱状或倒圆锥状，直径达1.8 cm。茎单生或少数茎成簇生，上部伞房状或聚伞花序状分枝，全部茎枝被白色绒毛，茎基被棕色的残鞘。基生叶与茎生叶同形，线形、宽线形或线状长椭圆形，宽0.3～2 cm，全缘，两面光滑无毛。头状花序在茎枝顶端排成伞房花序，总苞圆柱状，花期直径1 cm，果期直径增大；总苞片约5层。舌状小花黄色。瘦果圆柱状，长2.1 cm，有多数高起的纵肋。冠毛污黄色，大部羽毛状，基部连合成环，整体脱落。花果期5～9月。

属耐阴植物。

【栽培技术要点】

生于山谷或山坡杂木林下或林缘、灌丛中，或生荒地、火烧迹地或田间。海拔250～2500 m。尚无人工栽培。

【主要芳香成分】

水蒸气蒸馏法提取的山东威海产华北鸦葱新鲜根精油的主要成分依次为：正十五烷酸（62.18%）、亚油酸（17.55%）、2-丙酰基苯甲酸甲酯（6.91%）、棕榈酸三甲基硅基酯（4.62%）、亚麻醇（4.31%）、邻苯二乙酸二乙酯（2.53%）、2,4-癸二烯醛（1.30%）等（赵瑞建等，2010）。

【营养与功效】

根含多种维生素、挥发油、菊糖、胆碱等成分。具清热、解毒、消炎、通乳的功效。

【食用方法】

根可炖肉食。

徐长卿

萝藦科鹅绒藤属

学名：*Cynanchum paniculatum* (Bunge) Kitag.

别名：鬼督邮、尖刀儿苗、铜锣草、黑薇、蛇利草、药王、绒线草、牙蛀消、一枝香、土细辛、柳叶细辛、竹叶细辛、钩鱼竿、逍遥竹、一枝箭、白细辛、对节莲、对月莲

分布：辽宁、内蒙古、山西、河北、陕西、甘肃、四川、贵州、云南、江西、江苏、浙江、安徽、山东、湖北、湖南、河南、广东、广西

【植物学特征与生境】

多年生直立草本，高约1 m；根须状；茎不分枝。叶对生，纸质，披针形至线形，长5~13 cm，宽5~15 mm。圆锥状聚伞花序生于顶端的叶腋内，长达7 cm，着花10余朵；花冠黄绿色。种子长圆形，长3 mm；种毛白色绢质，长1 cm。花期5~7月，果期9~12月。

对气候的适应性较强，耐热、耐寒能力强，喜湿润环境，忌积水。在肥沃、疏松的沙质壤土、粘壤土上生长较好。种子易萌发。

【栽培技术要点】

做成长10 m、宽1.3 m的高畦。2~4月播种，种子用草木灰或细沙拌匀，均匀撒入2 cm左右深的播种沟内，上面撒一层草木灰或腐殖土，再盖草保湿，行距12~15 cm。出苗前应注意喷水。出苗后拿走盖草。通过间苗、定苗、松土、追肥、除草等一系列管理。冬季倒苗后至第2年春季幼苗萌发前采挖种根，按行距20~25 cm、株距10~12 cm移栽，移栽后立即浇水定根。分株繁殖：在秋末或早春把地下根茎挖出，保留长约5 cm的根，然后按牙嘴多少把根茎剪断，将母蔸分成数株，每株保证有1~2个牙嘴。种植方法与育苗移栽相同。苗高5 cm时间苗，7~8 cm时定苗，株距5~6 cm，行距15 cm。结合中耕进行2~3次除草。植株达20 cm左右时，结合追肥，在植株的四周培2~3 cm厚细碎的堆肥。定苗后及时追肥。雨季注意排水。搭支架防止倒伏。主要病害为根腐病，害虫主要有蚜虫和十字长蝽。

【主要芳香成分】

水蒸气蒸馏法提取的徐长卿新鲜根及根茎的得油率为0.71%，干燥根及根茎的得油率为1.00%~1.60%。山东平邑产徐长卿干燥根及根茎精油的主要成分为：丹皮酚（88.45%）、邻羟基苯乙酮（8.89%）等（徐小娜等，2011）。同时蒸馏萃取法提取的徐长卿根及根茎精油的主要成分依次为：芍药酚（47.55%）、棕榈酸（19.81%）、油酸（18.99%）、硬脂酸（4.38%）、2-乙酰苯酚（2.66%）、肉豆蔻酸（1.52%）、6,10,14-三甲基-2-十五烷酮（1.34%）等（杜跃中等，2011）。

【营养与功效】

根茎含丹皮酚、多种甾体化合物、苷类、糖类和少量生物碱等。具通经活络、镇静止痛、壮体的功效。

【食用方法】

秋末和初春挖取根，洗净后鲜用或晒干备用，可炖猪肉、猪骨或鸡，具补肾虚等作用。

打破碗花花

毛茛科银莲花属

学名：*Anemone hupehensis* Lem.

别名：野棉花、遍地爬、五雷火、霸王草、满天飞、盖头花、山棉花、火草花、大头翁

分布：四川、陕西、湖北、贵州、云南、广西、广东、江西、浙江

【植物学特征与生境】

多年生草本，植株高30～120 cm。根状茎斜或垂直，长约10 cm，粗4～7 mm。基生叶3～5片，有长柄，通常为三出复叶；小叶片卵形或宽卵形，长4～11 cm，宽3～10 cm，边缘有锯齿，两面有疏糙毛；侧生小叶较小。花葶直立，聚伞花序2～3回分枝，有较多花；苞片3，为三出复叶，似基生叶；花梗长3～10 cm，有密或疏柔毛；萼片5，紫红色或粉红色，倒卵形，长2～3 cm，宽1.3～2 cm，外面有短绒毛。聚合果球形，直径约1.5 cm；瘦果长约3.5 mm，有细柄，密被绵毛。花期7月～10月。

喜凉爽潮湿温暖气候，耐寒。

【栽培技术要点】

以含腐殖质丰富的砂质壤土最好，其次是石灰质壤土和粘壤土，贫瘠和过于干旱的地区不宜栽种。用种子或分根繁殖。种子繁殖：早春3月进行苗床育苗。条播，行距9 cm，开浅沟播入，覆薄土一层，以盖没种子为度。当温度在18～20℃时，约15 d出苗，苗出齐后，可间苗1次，至5月上旬，即可移植于大田。分根繁殖：早春植株未萌芽以前，挖掘母根旁所生之幼株，作种用，按行株距30 cm×24 cm穴栽，栽后浇水。

【主要芳香成分】

固相微萃取法提取的贵州贵定产打破碗花花新鲜根挥发油的主要成分依次为：3-甲基丁醛（13.69%）、2-甲基丁醛（11.34%）、3-甲基丁醇（9.20%）、3-辛酮（6.37%）、十九烷（5.95%）、二十一烷（5.15%）、2-甲基丁醇（4.92%）、2-正戊基-呋喃（4.86%）、1-己醇（4.21%）、乙醛（3.43%）、异丁醛（2.41%）、二甲基硫醚（2.27%）、（Z）-顺式-3-乙烯醇（1.94%）、壬醛（1.89%）、苯乙醛（1.76%）、2-甲基-1-丙酮（1.28%）、5-甲基-2-己酮（1.07%）等；同时蒸馏萃取法提取的新鲜根精油的主要成分依次为：豆甾-4-烯-3-酮（32.09%）、α-蒎烯（13.14%）、甲氧基-苯基-肟（5.00%）、柠檬烯（3.68%）、1，2，3，4-四羟基-2，2，5，7-四甲基萘（3.60%）、28-降齐墩果-17-烯-3-酮（3.55%）、豆甾醇（3.32%）、1，4，6-三甲基萘（3.31%）、E-罗勒烯（3.14%）、甘油三癸酸酯（3.10%）、穿贝海绵甾醇（2.75%）、邻苯二甲酸二异辛酯（2.46%）、1，1，6，8-四甲基-1，2-二氢萘（1.53%）等（李香等，2015）。

【营养与功效】

根含白头翁素、三萜皂甙，齐墩果酸。具清热利湿、杀虫、化积、消肿、散瘀的功效。

【食用方法】

根与猪脚炖食。

大蝎子草

荨麻科蝎子草属

学名：*Girardinia diversifolia* (Link) Friis

别名：大荨麻、虎掌荨麻、掌叶蝎子草、红禾麻、钱麻、蝎子草

分布：西藏、云南、贵州、四川、湖北

【植物学特征与生境】

多年生高大草本，茎下部常木质化；茎高达2 m，具5棱，生刺毛和细糙毛或伸展的柔毛，多分枝。叶片轮廓宽卵形、扁圆形或五角形，茎干的叶较大，分枝上的叶较小，长和宽均8～25 cm，基部宽心形或近截形，具5-7深裂片；托叶大，长圆状卵形，长10～30 mm，外面疏生细糙伏毛。花雌雄异株或同株，雌花序生上部叶腋，雄花序生下部叶腋，多次二叉状分枝排成总状或近圆锥状，长5～11 cm；雌花序总状或近圆锥状，稀长穗状，在果时长10～25 cm。雄花近无梗，花被片4，卵形，内凹。瘦果近心形，稍扁，长约2.5～3 mm，熟时变棕黑色，表面有粗疣点。花期9～10月，果期10～11月。

喜林下散射光、凉爽、湿润的环境与疏松、排水良好的微酸性和中性土壤，耐寒，不耐酷暑和干旱。

【栽培技术要点】

采种后低温干藏，春播，播前种子用温水浸泡1 d，苗床浸透水，播后可不覆土。苗高10～15 cm时定植。因植株接触后会引起烧痛感，定植地应选择常人不宜接近而需要保护之处。也可采用春初秋末分株、花前剪取嫩枝扦插的方法繁殖。高温干旱季节适时浇水。

【主要芳香成分】

水蒸气蒸馏法提取的贵州贵阳产大蝎子草根的得油率为1.60%，精油主要成分依次为：己醛（22.11%）、E-松苇醇（15.34%）、异丁基邻苯二甲酸酯（9.66%）、2-正戊基呋喃（8.37%）、芫荽醇（4.10%）、丁基邻苯二甲酸酯（3.70%）、β-紫罗兰酮（2.65%）、菲（2.45%）、荧蒽（2.38%）、苯甲醛（1.72%）、反式-2,4-癸二烯醛（1.70%）、壬醛（1.67%）、2-辛醛（1.57%）、6,10,14-三甲基-2-十五烷酮（1.50%）、2-庚酮（1.48%）、癸醛（1.45%）、桃金娘烷醇（1.31%）、嵌二萘（1.25%）、反式-2-己醛（1.16%）、薄荷脑（1.13%）、香叶基丙酮（1.09%）等（陶玲等，2009）。

【营养与功效】

具祛痰，利湿，解毒的功效。

【食用方法】

根茎去杂，洗净，可炖肉、炖鸡食用。

蕺菜

三白草科蕺菜属

学名：*Houttuynia cordata* Thunb.

别名：蕺草、鱼腥草、侧耳根、狗贴耳、臭腥草、臭根草、鱼鳞草、辣子草、折耳根

分布：中部、东南至西南各省区，东起台湾，西南至云南、西藏，北达陕西、甘肃

【植物学特征与生境】

多年生宿根草本，有腥臭味。茎下部伏地，节上轮生小根，上部直立，高30~60 cm，叶卵形或阔卵形，长4~10 cm，宽2.5~6 cm，全缘，有时带紫红色，具柄；托叶贴生于叶柄上，膜质；叶具腺点，背面尤甚。花小，排成顶生或与叶对生的穗状花序，花序基部有4片白色花瓣状的总苞片。蒴果近球形，顶端开裂。种子卵形，有条纹。花期4~7月。

对温度的适应范围广，喜湿耐涝，要求土壤湿润，喜弱光和阴雨环境，在强光下生长缓慢。

【栽培技术要点】

选择肥沃疏松的沙壤土。可用种子繁殖，但一般采用地下根茎切段繁殖方式。选用粗壮的老根茎作为种茎，剪成长4~6 cm，有2~3个节的小段，每667 m²需种茎80~100 kg。华北地区一般于冬前或早春土壤解冻时进行，西南地区一般于2~4月进行。幼苗成活后到封垄前，中耕除草2~3次。5~6月是地上部旺盛生长期，可追肥2~3次，并保持土壤湿润。生长中期叶面可喷施2~3次磷酸二氢钾溶液。生长中及时摘除花蕾和生长过旺的顶部，严寒到来地上部枯萎后要对根部进行培土防寒，并适时浇冻水。高温多雨季节要注意排涝。夏秋季采摘长10~20 cm、具5~8片叶的嫩茎叶供食用，冬季可挖地下嫩茎食用。采收地下茎时不要捡净，留下断头和细小根茎翌年可萌芽出苗。

【主要芳香成分】

水蒸气蒸馏法提取的蕺菜根或根茎的得油率在0.04%~0.07%之间。云南大理产野生蕺菜新鲜根精油的主要成分依次为：癸酸（25.38%）、软脂酸（23.09%）、甲基正壬酮（9.63%）、硬脂酸（5.36%）、十二酸（3.63%）、亚油酸（3.10%）、亚麻酸（3.01%）、油酸（2.65%）、十一酸（1.98%）、β-松油醇（1.56%）、β-蒎烯（1.33%）、柠檬烯（1.24%）、2-十三烷酮（1.08%）、癸酸乙酯（1.07%）、4-松油醇（1.03%）等（姜博海等，2011）。四川雅安产'W01-100'蕺菜根茎精油主要成分为：甲基正壬酮（30.58%）、β-蒎烯（18.18%）、β-水芹烯（10.28%）、α-蒎烯（9.08%）、1,13-十四烷酮（6.30%）、α-柠檬烯（6.09%）、β-月桂烯（5.96%）等（黄春燕等，2007）。湖南平江产栽培蕺菜根茎精油的主要成分为：十一烷酮（11.47%）等（陈胜璜等，2005）。

【营养与功效】

根营养价值较高，每100 g干根含蛋白质2.5 g，碳水化合物3 g，粗脂肪2.2 g，粗纤维18.35 g，钙660 mg，磷540 mg，铁40 mg。有抑菌抗菌作用，并能提高人体免疫调节功能；具有清热解毒、化痰排脓消痈、利尿消肿、通淋的功效。

【食用方法】

根状茎食法多样，可烹饪成多种菜肴，适于凉拌、炒食、做汤或腌渍。

三白草

三白草科三白草属

学名：*Saururus chinensis*（Lour.）Baill.

别名：五路叶白、塘边藕、白花莲、假蒌、沟露、过山龙、白舌骨、白面姑

分布：河北、山东、河南和长江流域及其以南各省区

【植物学特征与生境】

多年生草本，茎下部伏地，上部直立，高达1 m，无毛，叶互生，纸质，宽卵形或卵状披针形，长9～14 cm，宽4～7 cm，先端急尖或渐尖，基部心形或斜心形，花期时茎顶2～3叶常为白色；叶柄基部与托叶合成鞘状，稍抱茎。总状花序长10～15 cm，序轴密短柔毛，基部无总苞片。果近球形，径约3 mm，表面多疣状突起；种子球形。花期4～8月，果期8～9月。

喜温暖湿润气候，耐阴，凡塘边、沟边、溪边等浅水处或低洼地均可栽培。

【栽培技术要点】

种子繁殖：未脱落但充分成熟时采下果实，搓出种子，除去杂质，开浅沟条播，覆土1～1.5 cm。发芽需7.6～12.4℃的低温，有光照条件下，经过34 d发芽。分株繁殖：4月份挖取地下茎，切成小段，每段具有2～3个芽眼，按行、株距各30 cm栽下，每穴栽1株。田间管理：生长期间，注意浇水，保持土壤湿润，并注意清除杂草。

【主要芳香成分】

水蒸气蒸馏法提取的三白草根茎精油的主要成分依次为：n-十六烷酸（25.50%）、榄香脂素（17.70%）、（Z,Z）-9,12-十八碳二烯酸（15.20%）、肉豆蔻醚（12.80%）、（Z）-9,17-十八碳二烯醛（7.76%）、（-）-匙叶桉油烯醇（3.04%）、1-亚甲基八氢雌酮-7a-甲基-（1Z,3aα,7aβ）-1H-茚（2.47%）、异榄香素（1.64%）、1,5-二甲基-8-(1-甲基亚乙基)-(E,E)-1,5-环癸二烯（1.46%）、二十七烷（1.10%）等（陈宏降等，2011）。

【营养与功效】

根含有氨基酸、有机酸、糖类，以及可水解鞣质（0.48%）等。具清热解毒、补气，健脾，除湿的功效。

【食用方法】

秋、冬季挖取粗嫩根状茎，洗净，切段，可凉拌或炖肉食。

川芎

伞形花科藁本属

学名：*Ligusticum chuanxiong* Hort.

别名：芎䓖

分布：四川、贵州、云南、广西、浙江、陕西、湖北、上海、江苏、甘肃、内蒙古、河北、福建、江西、山东、广东

【植物学特征与生境】

多年生草本，高40～70 cm，全株有香气。根茎呈不整齐结节状拳形团块。茎丛生，直立，表面有纵沟，茎节膨大成盘状。二至三回羽状复叶，互生，小叶3～4对，边缘成不整齐羽状全裂或深裂。复伞形花序，顶生。花白色。双悬果卵形。

喜温暖湿润和充足的阳光，幼苗怕烈日高温。宜在土质疏松肥沃、排水良好、富含腐殖质的砂质壤土中栽培，忌涝洼地，不可重茬。

【栽培技术要点】

一般在8月上中旬栽植。栽植前翻耕1～2次，整细整平。栽插时，要选用茎节粗壮、节间短的健壮苗用剪刀按每个茎节剪成5 cm长作插穗，并把插穗放入50%托布津或多菌灵可湿性粉剂800倍液中浸5～10 min，以消毒灭菌。栽插深度以茎节入土1～2 cm为宜。插后半月追肥。生长过程中培土除草。

【主要芳香成分】

水蒸气蒸馏法提取的川芎根茎的得油率在0.20%～1.30%之间。四川都江堰产川芎干燥根茎精油的主要成分为：(Z)-藁本内酯（49.63%）、4-双缩松油醇（12.34%）、丁烯基苯酞（6.02%）等（曾志等，2011）。四川灌县产川芎新鲜根茎精油的主要成分为：藁本内酯（58.00%）、桧烯（6.08%）、3-丁叉苯酞（5.29%）等（黄远征等，1988）。闪蒸法提取的河北安国产川芎根茎精油的主要成分为：川芎内酯（28.45%）、9-十八碳酸（16.41%）、3-丁烯基酞内酯（9.42%）、乙酸（7.57%）、9,12-十八碳二烯酸甲酯（5.86%）、1-(2,4-二甲基苯基)-1-丙酮（5.74%）、4-甲基-2-氨基吡啶（5.61%）等（张聪等，2009）。超临界CO_2萃取法提取的川芎根茎的得油率在2.63%～8.24%之间。

【营养与功效】

根除含挥发油外，还含有生物碱、有机酸、维生素A、蔗糖、脂肪油等成分。具活血行气、祛风止痛的功效。

【食用方法】

根茎洗净，可炖肉食。

藁本

伞形花科藁本属
学名：*Ligusticum sinense* Oliv.
别名：大叶川芎、西芎、藁板、蔚香茶芎
分布：湖北、四川、湖南、河南、江西、浙江、陕西

【植物学特征与生境】

多年生草本，高达1m。茎直立，圆柱形，中空，有纵直沟纹。叶互生，叶柄长9～20cm，基部抱茎，扩展成鞘状，二至三回羽状复叶；茎上部叶近无柄，基部膨大成卵形的鞘而抱茎。复伞形花序顶生或侧生，总苞片6～10，羽状细裂至线形，伞辐14～30，有短糙毛；小伞花序有小总苞片约10片，线形或窄披针形。花小，无萼齿，花瓣白色，雄蕊5，花柱长而外曲。双悬果长圆卵形，长约4mm，宽约2～2.5mm，顶端狭，分生果背棱突起，侧棱有狭翅。花期7～9月，果期9～10月。

喜冷凉湿润气候，耐寒，忌高温，怕涝，对土壤要求不严格，以疏松肥沃、排水良好的砂壤土为佳。忌连作。

【栽培技术要点】

可种子繁殖或根芽繁殖。苗期注意及时浇水，并中耕除草、松土。苗高3～4cm时可适当间苗、补苗，待苗高7～8cm时定苗。早春返青后，可适当施入土杂肥。

【主要芳香成分】

水蒸气蒸馏法提取的藁本干燥根茎的得油率在0.17%～0.85%之间。安徽亳州产藁本根茎精油的主要成分为：2-甲基苯并唑（16.80%）、4-乙基-苯甲酸甲酯（16.80%）、2-甲基-6-(2-烯丙基)-苯酚（16.41%）、肉豆蔻醚（9.22%）、亚丁基苯酞（5.55%）等；云南思茅产藁本根茎精油的主要成分为：肉豆蔻醚（36.29%）、榄香素（11.80%）、2-甲基-6-(2-烯丙基)-苯酚（9.11%）、2-甲基苯并唑（7.29%）等（冷天平等，2008）。江西遂川产藁本干燥根茎精油的主要成分为：苯氧基乙酸烯丙基酯（11.79%）、2-甲基苯并唑（9.85%）、对甲苯酚（8.36%）、1,3,5-十一碳三烯（7.74%）、2-甲基-6-(2-烯丙基)-苯酚（6.89%）、乙烯基-2-己烯基环丙烷（6.65%）、肉豆蔻醚（5.10%）等（张凌等，2007）。

【营养与功效】

根茎含挥发油、生物碱等成分。具有祛风，散寒，除湿，止痛的功效。

【食用方法】

根状茎洗净，切片，可炖肉食。

胡萝卜

伞形花科胡萝卜属

学名：*Daucus carota* Linn.var.*sativa* Hoffm.

别名：红萝卜、黄萝卜、番萝卜、丁香萝卜、黄根、土人参、金笋、金参

分布：全国各地均有栽培

【植物学特征与生境】

二年生草本植物，高60～90 cm。直根系，直根上部包括少部分胚轴肥大，形成肉质根，深入土面以下，其上着生四列纤细侧根，肉质根形状有圆、扁圆、圆锥、圆筒形等，根色有紫红、橘红、粉红、黄、白青绿等，直根外部光滑。叶丛生于短缩茎上，为三回羽状复叶，叶柄细长，叶色浓绿，叶面密生茸毛。肉质根贮藏越冬后抽薹开花，先发生主薹，再生侧枝，每一花枝都由许多小的伞形花序组成一个大的复伞形花序，一株上常有千朵以上小花，完全花，白色或淡黄色，虫媒花。双悬果成熟时分裂为2，椭圆形，皮革质，纵棱上密生刺毛。花期4～5月，果期5～6月。

为半耐寒性蔬菜，喜冷凉多湿的环境条件。种子在4～6℃即可萌动，发芽最适温度为20～25℃，幼苗能忍耐短时间-3～-4℃的低温，也能在27℃以上的高温条件下正常生长。叶生长的适宜温度为白天20～25℃，夜间15～18℃；肉质根膨大以20～22℃为适宜。喜光、长日照植物。

【栽培技术要点】

一般夏、秋播种，秋冬采收。施肥以基肥为主，追肥为辅，肥料须充分腐熟。追肥主要在生长前期施用，氮肥不宜过多，以防徒长。选用发芽率高的种子，搓去刺毛，浸种。在雨后或灌水后条播或撒播，条播行距20～30 cm，沟深2～3 cm；撒播后覆土0.6～1 cm，播后镇压。经7～10 d出土。可混播出苗快的白菜等防止土壤板结，也可为胡萝卜幼苗遮阴。及时间苗，4～5叶时定苗。条播者株距5～10 cm，撒播者株距8～12 cm。幼苗期和叶生长盛期，见干见湿；幼苗7～8叶时深锄蹲苗；肉质根膨大期均匀浇水，保持土壤湿润；采收前10～15 d停止浇水。结合间苗进行中耕除草，或采用化学除草。

【主要芳香成分】

冷磨法提取的来凤产胡萝卜新鲜直根的得油率为0.20%～0.40%，精油主要成分依次为：胡萝卜次醇（20.05%）、β-蒎烯（10.31%）、α-蒎烯（7.79%）、β-石竹烯（4.38%）、氧化石竹烯（3.91%）、柠檬烯（3.53%）、丙酸香叶酯（3.17%）、α-雪松烯（3.10%）、乙酸橙花醇酯（2.71%）、雪松醇（2.58%）、罗汉柏烯（1.87%）、胡萝卜脑（1.74%）、β-古芸烯（1.67%）、橙花醇（1.42%）、对-伞花烃（1.21%）、莰烯（1.04%）等（李丛民等，2000）。固相微萃取法提取的北京产'京红五寸'胡萝卜新鲜肉质根挥发油的主要成分依次为：石竹烯（32.22%）、α-金合欢烯（16.24%）、α-蒎烯（10.66%）、(+)-4-蒈烯（8.65%）、反式-α-甜（红）没药烯（5.50%）、反式-α-香柑油烯（4.71%）、β-蒎烯（3.81%）、乙酸冰片酯（3.51%）、β-水芹烯（1.41%）、D-柠檬烯（1.31%）、顺式-α-甜（红）没药烯（1.24%）、莰烯（1.07%）、β-月桂烯（1.01%）等（唐晓伟等，2010）。胡萝卜新鲜肉质根精油的主要成分为：反-γ-红没药烯（9.98%）、反石竹烯（9.62%）、对伞花烃（7.35%）、AR-姜黄烯（7.31%）、γ-萜品烯（6.79%）、V1-葎草烯（5.13%）等（李瑜，2009）。

【营养与功效】

是一种质脆味美、营养丰富的家常蔬菜，有"小人参"之称。富含糖类、脂肪、挥发油、胡萝卜素、番茄烃、维生素A（9 mg/100 g）、维生素B_1、维生素B_2、花青素、钙、铁等人体所需的营养成分。对美容健肤有独到的作用。有健脾和胃、补肝明目、清热解毒、壮阳补肾、透疹、降气止咳等功效。

【食用方法】

肉质根可生食，也可凉拌、炒食、炖食、做汤、做馅等。

前胡

伞形花科前胡属

学名：*Peucedanum praeruptorum* Dunn

别名：白花前胡、官前胡、山独活、水前胡、野芹菜、岩风、南石防风、鸡脚前胡、岩川芎、土当归

分布：甘肃、河南、贵州、广西、四川、湖北、湖南、江西、安徽、江苏、浙江、福建

【植物学特征与生境】

多年生草本，高1 m左右，主根粗壮，根呈不规则圆柱形；长3～15 cm，直径1～2 cm，根头部粗短，表面凹凸不平。茎直立，上部叉状分枝。基生叶为二至三回三出式羽状分裂，最终裂片菱状倒卵形；边缘有圆锯齿，叶柄基部有宽鞘。茎生叶较小，具短柄。复伞形花序，伞幅12～18，小总苞片7，线状披针形，花白色。双悬果椭圆形或卵形，侧棱有窄而厚的翅。花期8～10月，果期10～11月。

喜寒冷湿润气候，多生长在土壤肥沃深厚的山坡林下或向阳的荒坡草丛中。

【栽培技术要点】

常用分株繁殖：春初，将生长3年的成株挖出，分苗。畦宽1.5 m，高20 cm，按行距40 cm，穴距30 cm开穴，施入腐熟的农家肥后与土壤拌匀，每穴栽1株，压实浇水。发叶后可追施人畜粪水1～2次，适当追施磷、钾肥。也可种子繁殖：春季将种子撒播或条播于苗床，浇水保持土壤湿润，出苗后培育1年，第2年春季移栽大田。

【主要芳香成分】

水蒸气蒸馏法提取的前胡根的得油率在0.01%～0.50%之间。安徽宁国、浙江临安、江西婺源、江西上饶产前胡干燥根精油的主要成分均为：α-蒎烯（31.40%～48.50%）、桧醇（11.02%～21.26%）、萜品烯（3.40%～6.87%）、香木兰烯（2.06%～6.54%）、α-金合欢烯（1.24%～4.39%）、长叶烯（1.20%～3.99%）等（俞年军等，2007）。

【营养与功效】

根含香豆精类化合物、D-甘露醇、β-谷甾醇、半乳糖醇、胡萝卜苷及紫花前胡皂甙V、当归酰基邪蒿素、白花前胡素A、B、C、D等成分，有清热除风，消痰止咳的功效。

【食用方法】

嫩根洗净，切段，炖肉、炖猪心肺食可治虚汗等。

紫花前胡

伞形花科前胡属

学名：*Peucedanum decursiva*（Miq.）Franch.et Sav.

别名：前胡、土当归、野当归、独活、麝香菜、鸭脚前胡、鸭脚当归、老虎爪

分布：辽宁、河北、陕西、河南、四川、湖北、安徽、江苏、浙江、江西、广西、广东、台湾

【植物学特征与生境】

多年生草本。根圆锥状，有少数分枝，径1~2 cm，外表棕黄色至棕褐色，有强烈气味。茎高1~2 m，直立，单一，中空，光滑，常为紫色，有纵沟纹。根生叶和茎生叶有长柄，基部膨大成圆形的紫色叶鞘，抱茎；叶片三角形至卵圆形，坚纸质，长10~25 cm，一回三全裂或一至二回羽状分裂；茎上部叶简化成囊状膨大的紫色叶鞘。复伞形花序顶生和侧生，花序梗长3~8 cm，有柔毛；总苞片1~3，卵圆形，阔鞘状，宿存，反折，紫色；小总苞片3~8，线形至披针形，绿色或紫色；花深紫色，线状锥形或三角状锥形，花瓣倒卵形或椭圆状披针形。果实长圆形至卵状圆形，长4~7 mm，宽3~5 mm，无毛，背棱线形隆起，尖锐，侧棱有较厚的狭翅。花期8~9月，果期9~11月。

喜冷凉湿润气候，耐旱、耐寒。适应性较强，在山地及平原均可生长。

【栽培技术要点】

以肥沃深厚的腐殖质壤土生长最好，黏土及过于低湿地方不宜栽种。用种子和分根繁殖。种子繁殖：种子采收后，立即播种，撒播或条播，播后覆土以不见种子为度，稍加镇压，浇水。苗出土后40 d即可移栽，按行株距60 cm×45 cm开穴栽植。分根繁殖：春季挖出老根，有新芽的作种栽，按行株距60 cm×45 cm开穴种植。田间管理：移栽成活后，及时松土除草，夏季雨后须松土，8月中旬可追施磷肥和钾肥。

【主要芳香成分】

水蒸气蒸馏法提取的湖南长沙产紫花前胡根精油的主要成分依次为：α-蒎烯（32.44%）、D-柠檬烯（16.05%）、壬烷（4.85%）、α-石竹烯（3.85%）、β-水芹烯（2.70%）、(-)-β-蒎烯（2.33%）、大牻牛儿烯D（1.74%）、α-水芹烯（1.65%）、石竹烯（1.62%）、正十一烷（1.57%）、莰烯（1.56%）、2-萘甲醚（1.43%）、衣兰油烯（1.35%）、δ-杜松烯（1.31%）、3-蒈烯（1.25%）、佛术烯（1.05%）、百里香酚甲醚（1.01%）等（鲁曼霞等，2015）。

【营养与功效】

根含挥发油及香豆素类化合物，有紫花前胡素、紫花前胡苷、印枳树皮素、前胡次素、前胡林和佛手苷内脂等。具降气化痰，散风清热的功效。

【食用方法】

嫩主根洗净，切段，可炖肉食。

珊瑚菜

伞形花科珊瑚菜属
学名：*Glehnia littoralis* Fr.Schmidt ex Miq.
别名：莱阳参、莱阳沙参、辽沙参、北沙参、海沙参
分布：山东、辽宁、河北、江苏、浙江、广东、福建、台湾

【植物学特征与生境】

多年生草本植物，株高30 cm。主根细长，圆柱形，长约40 cm。茎直立，少分枝。根生叶鞘带革质，有长柄；叶片羽状分裂，小叶卵圆形，边缘有锯齿。花小，白色，密聚于枝顶成复伞形花序，花枝密生白色绒毛。有棕色粗毛，果棱有翅。花期4～7月，果熟期6～8月。

喜阳光、温暖、湿润环境，能抗寒、耐干旱、耐盐碱，忌水涝，忌连作和花生茬。喜排水良好的砂质壤土。

【栽培技术要点】

用当年种子繁殖，可秋播和春播。秋播在11月上旬，春播在早春开冻后进行。播时开沟4 cm深，沟底要平，播幅宽12～15 cm，行距20～25 cm，种子均匀撒播沟内，开第二沟时将土覆盖前沟，覆土约3 cm。每公顷用种量75～125 kg。留种选健壮、无病虫、无花的一年生参根作种。于9月栽植，按行距25～30 cm，株距20 cm，斜放沟内，盖土3～5 cm。栽后十余天长出新叶。翌年4月返青、抽薹，7月种子成熟，随熟随采。

【主要芳香成分】

水蒸气蒸馏法提取的珊瑚菜干燥根的得油率为0.06%，山东莱阳产珊瑚菜干燥根精油的主要成分依次为：反，反-2,4-癸二烯醛（21.27%）、反-2-辛烯-1-醇（8.53%）、人参炔醇（8.15%）、β-柏木烯（6.10%）、壬醛（5.17%）、γ-榄香烯（3.08%）、α-姜黄烯（2.91%）、(Z)-14-甲基-8-十六碳烯-1-缩醛（2.51%）、4-甲基己醛（2.14%）、β-雪松烯（2.12%）等（王红娟等，2010）。超临界CO_2萃取法提取的山东莱阳产珊瑚菜干燥根的得油率为4.85%，精油主要成分为：镰叶芹醇（36.23%）、黄葵内酯（12.49%）、3,3,6,6-四环丙基-三环$[3.1.0.0^{2,4}]$己烷（6.81%）、角鲨烯（3.94%）、1-氯二十二烷（2.11%）、2-异氧基-1-丙醇（1.64%）、丹皮酚（1.26%）、樟脑（1.04%）等（冯蕾等，2010）。

【营养与功效】

根、根茎含多种香豆精类化合物（补骨脂素、香柑内酯），还含珊瑚菜素、珊瑚菜多糖、生物碱、磷脂（约140～150 mg/100 g），其中卵磷脂约占51%。具养阴清肺、祛痰止咳、养胃生津的功效。

【食用方法】

根洗净，炖肉食，也可做汤。

芜菁

十字花科芸苔属

学名：*Brassica rapa* Linn.

别名：蔓菁、诸葛菜、圆菜头、圆根、盘菜、卜留克

分布：全国各地均有栽培

【植物学特征与生境】

二年生草本。块根肉质，球形、扁圆形或长圆形，外皮白色、黄色或红色，根肉质白色或黄色。茎直立，有分枝。基生叶大头羽裂或为复叶，长20～34 cm，顶裂片或小叶很大，向下渐变小；中部及上部茎生叶长圆披针形，无柄。总状花序顶生；花直径4～5 mm；萼片长圆形，花瓣鲜黄色，倒披针形。长角果线形。种子球形，浅黄棕色。花期3～4月，果期5～6月。

喜冷凉，不耐暑热，生育适温15～22℃。

【栽培技术要点】

播种前整地，施足基肥。生长期间氮肥不要施用过多。可根据市场需要，合理排开播种期，露地栽培可在3月中下旬至5月中下旬播种，夏秋栽培可在8～10月份播种，播前浇足底水，保墒保温，出苗后间苗1～2次。土壤保持干湿均匀，全生育期浇水4～5次。播种后50 d开始收获。

【主要芳香成分】

水蒸气蒸馏法提取的新疆产芜菁阴干肉质根精油的主要成分依次为：二甲基四硫醚（22.28%）、苯代丙腈（13.35%）、邻苯二甲酸二甲氧乙酯（7.04%）、3-甲基-3-已醇（5.90%）、2-甲基-2-已醇（5.72%）、1H-茚（5.41%）、甲基[1-(甲硫基)]乙基（5.12%）、5-甲硫基戊腈（5.00%）、异硫腈酸苯乙基酯（4.01%）、邻苯二甲酸二丁酯（2.85%）、9-十八碳烯酸（2.37%）、9,12-十八碳二烯酸（2.31%）、9-亚甲基-9H-芴（2.02%）、甲基硫代磺酸甲酯（1.86%）、1-甲氧基-1H-茚（1.58%）等（古娜娜·对山别克等，2013）。

【营养与功效】

肉质根富含维生素A、叶酸、维生素C、维生素K和钙，每100 g鲜重含糖类3.8～6.4 g、粗蛋白0.4～2.1 g、纤维素0.8～2.0 g、维生素C 19.2～63.3 mg，以及其他矿物盐。开胃下气，利湿解毒。

【食用方法】

肉质根可鲜食、炒食、凉拌、煮食，也可腌渍。

大叶三七

五加科人参属

学名：*Panax pseudo-ginseng* var. *japonicus*（C. A. Mey）Hoo et Tseng

别名：竹节参、汉中参、竹节三七、扣子七、钮子七、白三七、蜈蚣七、萝卜七

分布：陕西、河南、甘肃、安徽、浙江、江西、福建、河南、湖北、宁夏、湖南、广西、四川、重庆、贵州、云南、西藏

【植物学特征与生境】

多年生草本。根状茎细长，横走，节部膨大，呈串珠状。茎直立，单一，无毛。叶为掌状复叶，3～4片轮生于茎顶，小叶5～7，倒卵状椭圆形。伞形花序单个顶生；苞片小，三角状披针形；花萼杯状，边缘具5个三角形小齿；花瓣5，黄绿色；雄蕊5；子房2室，花柱2。花期6～7月。

喜肥喜湿，怕热怕涝。喜阴植物，多生于阴坡林下。

【栽培技术要点】

选土壤疏松肥沃，不易积水的园地，整地翻地，生石灰消毒，畦宽1.8 m，高0.2 m，畦高略呈龟背形。搭棚，棚高2 m，上覆以遮阴网，遮阴度控制在30%～60%之间，棚下通风。组织培养或分株繁殖小苗，株行距30 cm×20 cm。移栽后覆土1～2 cm，并覆以枯草，浇透水。苗期杂草易生长蔓延，结合松土，需要早除、勤除。苗期施以稀释的有机肥及磷肥、复合肥，定植时下底肥，5～7月追施稀释肥1～2次，夏季高温注意浇水，以保持土壤湿润为度。有枯萎病和蚜虫、红蜘蛛、蛴螬、地老虎为害，注意防治。

【主要芳香成分】

乙醚萃取法提取的湖北宜昌产大叶三七干燥根茎精油的主要成分依次为：斯巴醇（9.22%）、2,5-十八碳二炔酸甲酯（4.68%）、八氢-1,4-二甲基乙烯薁（4.53%）、4（14），11-桉叶二烯（4.41%）、人参炔醇（4.12%）、4,11-十四碳二烯-环氧醚（4.06%）、9,12-十八碳二烯酸（2.23%）、γ-谷甾醇（2.20%）、二十二烷（2.17%）、1,7-二甲基-7-（4-甲基-3-戊烯基）-三环[2,2,1,0]庚烷（2.11%）、β-古甾醇醋酸酯（2.03%）、8-己基-十五烷（1.96%）、棕榈酸乙酯（1.82%）、亚麻酸乙酯（1.71%）、乙苯（1.62%）、1,2-二甲基苯（1.58%）、八氢-1,1,7,7a-四甲基-1H-环丙萘烯（1.38%）、八氢-4,8-二甲基-1-甲乙烯萘烯（1.16%）、三十一烷（1.09%）、5,22-二烯-3-豆甾醇（1.04%）等（刘朝霞等，2007）。

【营养与功效】

根茎含竹节参皂苷（5%～14%）和多糖等成分，有滋补和提高机体免疫的功能。具滋补强壮、活血化瘀、止痛的功效。

【食用方法】

根茎洗净，切段，可炖猪肉、鸡肉食用。

地黄

玄参科地黄属

学名：*Rehmannia glutinosa*（Gaert.）Libosch.ex Fisch.et Mey.

别名：酒壶花、山烟、山白菜、生地、怀庆地黄、地髓、野生地、怀地黄

分布：辽宁、河北、河南、山东、山西、陕西、甘肃、内蒙古、江苏、湖北

【植物学特征与生境】

多年生直立草本，高10~30 cm，全株密被白色长腺毛和长柔毛。叶基生，莲座状，有时于茎下部互生，叶片纸质，倒卵状长圆形至倒卵状椭圆形，长3~11 cm，宽1.5~4.5 cm，顶端钝或近于圆，基部渐狭，边缘有钝齿，叶面皱缩。花通常紫红色，排成顶生总状花序；苞片生于下部的大，比花梗长，有时叶状，上部的小；花梗多少弯垂；花冠长约4 cm，雄蕊4，两两成对。蒴果卵形，长约1 cm，含多数淡棕色的种子。花期4~5月，果期5~6月。

喜温暖气候，较耐寒，以阳光充足、土层深厚、疏松、肥沃中性或微碱性的砂质壤土栽培为宜。忌连作。喜不干不湿的土壤。

【栽培技术要点】

栽种前，每667 m²撒施栏肥750~1000 kg或饼肥50 kg，钙镁磷肥50 kg翻入土中。一般结合中耕除草进行追肥，生长期一般需追肥2次。第1次于齐苗至苗高10~15 cm时追施，每667 m²施复合肥50 kg、尿素15 kg；第2次于8月份茎膨大增长期追施，以利根茎生长膨大。7月份之前应适当浇水，7月份之后根茎开始形成，应减少浇水，待地皮发白时再浇水，以免温度过高引起烂根，遇伏天雨后暴晴地温增高，应浇水降温。雨后应及时排水。病虫害一般很少，常见的有斑枯病、枯萎病、胞囊线虫病、红蜘蛛、地老虎等。

【主要芳香成分】

水蒸气蒸馏法提取的地黄根茎精油的主要成分依次为：2-甲基亚丁基戊烷（46.90%）、邻苯二甲酸二丁酯（9.56%）、2,5-二甲基环己醇（7.86%）、3-乙基苯酚（4.79%）、十六烷酸（4.71%）、癸酸（3.58%）、十五烷酸（2.98%）、2-特丁基苯酚（2.48%）、3,5-二特丁基苯酚（2.26%）、5-羟基异喹啉（1.93%）、十四烷酸（1.63%）、3-氨基苯酚（1.32%）、十二烷酸（1.18%）等（袁文杰等，1999）。

【营养与功效】

根茎含β-谷甾醇、甘露醇、豆甾醇、油菜甾醇、地黄素、水苏糖（3.21%~48.30%）、梓醇、维生素A、生物碱和多种氨基酸。具清热凉血，生津润燥的功效。

【食用方法】

秋季挖取块根，除去芦头和须根，洗净，可炖食。

第二章　食地上茎类芳香蔬菜

百合

百合科百合属
学名：*Lilium brownii* var.*viridulum* Baker
别名：博多百合、白花百合
分布：河北、山西、河南、陕西、湖北、江西、安徽、浙江

【植物学特征与生境】

多年生草本，球根植物。鳞茎球形，径2.0~4.5 cm，鳞片披针形，长1.8~4 cm，宽0.8~1.4 cm，白色。地上茎可高达2 m。叶散生，倒披针形至倒卵形，长7~15 cm，宽1~2 cm，先端渐尖，基部渐狭，全缘，无毛。花单生或几朵排成近伞形；花梗长3~10 cm，稍弯；苞片披针形，长3~9 cm，宽0.6~1.8 cm；花喇叭形，有香气，乳白色，外面稍带紫色，长13~18 cm；外轮花被片宽2~4.3 cm，先端尖；内轮花被片宽3.4~5 cm；柱头3裂。蒴果矩圆形，长4.5~6 cm，宽约3.5 cm，有棱，具多数种子。花期5~6月，果期9~10月。

喜花荫环境，既耐寒也耐热。适宜栽植在半阴地，具有丰富腐殖质，土层深厚的轻松沙壤土，并排水良好的土壤中。

【栽培技术要点】

可采用鳞片繁殖、子球繁殖和珠芽繁殖。选择排水、保水性能良好的疏松土壤和通风好的场所栽种，忌连作。秋季栽植，栽种深度约3倍于鳞茎的高度。生长期注意松土除草。春季生长初期及蕾期各施肥2次，加少量磷钾肥。夏季高温干燥天气应适当浇水。花期采鳞茎者则摘除花蕾，土壤保持湿润。入秋后植株枯萎，挖出鳞茎重新栽种或贮藏催芽，进行室内促成栽培。主要病害有立枯病、软腐病、病毒病；主要虫害有蚜虫。

【主要芳香成分】

水蒸气蒸馏法提取的甘肃榆中产百合干燥鳞茎精油的主要成分依次为：二十五烷（3.80%）、二十二烷（3.51%）、二十烷（3.09%）、7-异丙基-1,1,4a-三甲基-1,2,3,4,4a,9,10,10a-八氢菲（3.00%）、十八烷（2.69%）、十六烷（1.67%）等（姜霞等，2013）。超临界CO_2萃取法提取的湖南邵阳产百合干燥鳞茎的得油率为0.65%，精油主要成分依次为：正癸酸（23.88%）、新植二烯（5.76%）、邻苯二甲酸二辛酯（5.28%）、二十三烷（3.38%）、正碳十九酸（3.19%）、角鲨烷（2.88%）、乳酸乙酯（2.40%）、乙基新戊基邻苯二甲酸酯（1.92%）、二十八烷（1.72%）、十五烷（1.45%）、油酸（1.33%）、二十四烷（1.13%）、二十七烷（1.01%）等（傅春燕等，2015）。

【营养与功效】

鳞茎含多种生物碱和蛋白质、脂肪、淀粉、多糖、黏质、钙、磷、铁及维生素B_1、维生素B_2、维生素C、β-胡萝卜素等营养物质，有良好的营养滋补之功，特别是对病后体弱、神经衰弱等症大有裨益。具养阴清热、滋补精血、清火、润肺、安神的功效。

【食用方法】

鳞茎可鲜食或焯水后晒干备用，食法多样，可拌、腌、炒、炖、烧、蒸、做粥、做馅、做汤。

卷丹

百合科百合属

学名：*Lilium lancifolium* Thunb.

别名：卷丹百合、虎皮百合、倒垂莲、药百合、黄百合、宜兴百合

分布：江苏、浙江、安徽、江西、湖南、湖北、广西、四川、青海、西藏、甘肃、陕西、山西、河南、河北、山东、吉林

【植物学特征与生境】

多年生草本球根植物。鳞茎近宽球形，高约3.5 cm，直径4～8 cm；鳞片宽卵形，长2.5～3 cm，宽1.4～2.5 cm，白色。茎高0.8～1.5 m，带紫色条纹，具白色绵毛。叶散生，矩圆状披针形或披针形，长6.5～9 cm，宽1～1.8 cm，边缘有乳头状突起，上部叶腋有珠芽。花3～6朵或更多；苞片叶状，卵状披针形，长1.5～2 cm，宽2～5 mm，先端钝，有白绵毛；花梗长6.5～9 cm，紫色；花下垂，花被片披针形，反卷，橙红色，有紫黑色斑点。蒴果狭长卵形，长3～4 cm。花期7～8月，果期9～10月。

喜温暖稍带冷凉而干燥的气候，耐阴性较强。耐寒，生长发育温度以15～25℃为宜。能耐干旱。最忌酷热和雨水过多。为长日照植物，生长前期和中期喜光照。宜选向阳、土层深厚、疏松肥沃、排水良好的砂质土壤栽培，低湿地不宜种植。忌连作。

【栽培技术要点】

无性繁殖和有性繁殖均可。生产上主要用鳞片、小鳞茎和珠芽繁殖。鳞片繁殖：秋季采挖鳞茎，剥取里层鳞片，选肥大者在1:500的苯菌灵或克菌丹水溶液中浸30 min，取出，阴干，基部向下插入苗床内，第2年9月挖出，按行株距15 cm×6 cm移栽，经2～3年培育可收获。小鳞茎繁殖：采收时，将小鳞茎按行株距15 cm×6 cm播种，经2年培育可收获。珠芽繁殖：夏季采收珠芽，用湿沙混合贮藏于阴凉通风处，当年8-9月播于苗床上，第2年秋季地上部枯萎后，挖取鳞茎，按行株距20 cm×10 cm播种，到第3年秋采收，较小者再培育1年。苗出齐后和5月间，各中耕除草1次，同时追肥、培土。5月下旬去顶，并打珠芽，6～7月孕蕾期间，应及时摘除花茎。夏季高温多雨季节，要注意排水。

【主要芳香成分】

水蒸气蒸馏法提取的卷丹鳞茎的得油率在0.42%～0.55%之间。陕西汉中露地栽培的卷丹鳞茎精油的主要成分依次为：1,3-二甲基苯（36.94%）、1-乙基-3-甲苯（14.67%）、乙苯（12.34%）、硬脂炔酸（8.40%）、棕榈酸（5.17%）、辛烷（3.12%）、2,4-二-三-丁苯（3.11%）、1,2,4-三甲基苯（2.47%）、硬脂酸（1.45%）、香草醛（1.24%）、丙基苯（1.16%）、二甲基癸酸（1.14%）、油酸（1.08%）等（李红娟等，2007）。

【营养与功效】

是主要的食用种，鳞茎含有大量的淀粉和蛋白质。具养阴润肺、清心安神的功效。

【食用方法】

鳞茎可凉拌、烧炸、炒食、蒸炖。

薤头

百合科葱属

学名：*Allium chinense* G.Don

别名：薤子、荞头、薙

分布：长江流域及以南各省均有栽培

【植物学特征与生境】

多年生宿根草本，茎为盘状短缩茎，叶着生其上。叶片丛生，基叶数片，长50 cm左右，细长、中空，横断面呈三角形，有3～5棱，不明显。叶色浓绿色，稍带蜡粉。着生于短缩茎上，数枚聚生，外皮白色或带红色，膜质，不破裂，膨大的鳞茎为短纺锤形，长3～4 cm，横径1～2 cm。花葶侧生，圆柱状，高20～40 cm，下部被叶鞘；总苞2裂，比伞形花序短；伞形花序近半球状，较松散；花淡紫色至暗紫色；花被片宽椭圆形至近圆形，顶端钝圆，长4～6 cm，宽3-4 mm；花柱伸出花被外。花果期10～11月。

生长期分蘖力很强，耐寒性强，耐热性和耐旱性中等，不耐涝。

【栽培技术要点】

选择连续3a以上未种过薤头的沙壤土整地作畦，结合整地施基肥，每667 m²施腐熟厩肥2000 kg加三元复合肥10 kg。做宽85 cm的畦。用鳞茎繁殖，一般是秋栽夏收。按20 cm行距开沟，沟深10 cm，覆盖2 cm厚细土。每667 m²栽1～1.2万穴，每穴放2个薤种，每667 m²用种量90 kg左右。播种后浇足定根水。在整个生长期需要追肥3～4次，出苗后施有机肥1000 kg左右。翌年2月上中旬结合锄草松土，每667 m²施尿素20 kg加氯化钾10 kg；3月底进入鳞茎膨大期，每667 m²施三元复合肥25 kg，每次结合施肥松土除草。在"小满"前后进行培土，连续2～3次，把根茎部裸露的鳞茎全部深盖。病虫害发生较轻，但长期连作易加重病虫为害。

【主要芳香成分】

水蒸气蒸馏法提取的湖南怀化产野生薤头新鲜鳞茎的得油率为1.60%，精油主要成分依次为：甲基烯丙基三硫化物（23.06%）、二甲基三硫化物（19.82%）、正丙基甲基三硫化物（7.96%）、二甲基二硫醚（6.55%）、甲基烯丙基二硫化物（5.39%）、二烯丙基二硫化物（3.91%）、甲基丙烯三硫化物（3.64%）、二甲基四硫化物（3.64%）、正丙基烯丙基二硫化物（2.83%）、甲基丙基二硫化物（2.70%）、1,3-二噻烷（2.70%）、己二烯二硫化物（2.30%）、丙基烯丙基三硫化物（2.02%）、异丙基烯丙基二硫化物（1.89%）、2-丁烯-1-醇（1.62%）、二烯丙基三硫化物（1.21%）等（彭军鹏等，1994）。

【营养与功效】

每100 g鳞茎含蛋白质1.6 g；胡萝卜素1.46 mg，维生素B_1 0.02 mg，维生素B_2 0.12 mg，维生素B_5 0.8 mg，维生素C 14 mg；钙64 mg，磷52 mg，铁2.1 mg。可以增食欲、助消化、解疫气、健脾胃；可以帮助抑制胆固醇合成和降低血压，从而预防动脉硬化症和心血管疾病。

【食用方法】

鳞茎可凉拌、炒食，常作调味料或以盐渍、醋渍、糖浸制食用。

蒜

百合科葱属
学名：*Allium sativum* Linn.
别名：胡蒜、葫、大蒜、蒜头、独蒜
分布：全国各地均有栽培

【植物学特征与生境】

多年生宿根草本，高约70 cm，全株具浓烈蒜臭气味。鳞茎多为扁圆形或扁球形，具肉质蒜瓣6～10，全部包藏于灰白色或淡紫色的膜质鳞被内。叶片10～16，扁平，基生，线形，长达50 cm，宽约2.5 cm，先端尖。花葶圆柱形，高50～100 cm；苞片1～3，膜质，外露部分绿色；伞形花序生于花葶顶端，花苞片有长喙；花灰白或浅绿至浅紫色，花被6，子房长圆状卵形，常不实。花期5～6月，果期6～7月。

喜冷凉、喜湿、耐肥、怕旱。适应温度范围的低限为-5℃，高限为26℃。在0～5℃低温范围，经过30～40 d完成春化作用。完成春化的蒜在13 h以上的长日照及较高的温度下才开始花芽和鳞芽分化。对土壤要求不严格，但以富含腐殖质而肥沃的壤土为最好。

【栽培技术要点】

播种期分为秋播和春播。一般秋播多在9～10月间播种，经露地越冬，第二年5～6月收获。春播在2月下旬～4月上旬播种，6月下旬～7月上中旬收获。在适宜的栽培季节内宁早勿晚。忌连作或与其他葱属类植物重茬。在萌芽期，一般不需要较多水肥，主要是中耕松土，提高地温，促根催苗。幼苗前期要适当控制灌水。采收蒜薹前应停止灌水，提高蒜薹韧性。

【主要芳香成分】

不同方法提取的蒜鳞茎的得油率在0.10%～2.80%之间，多数研究的得油率在0.20%～0.40%之间。水蒸气蒸馏法提取的湖北宜昌产'百合蒜'鳞茎精油的主要成分为：二烯丙基二硫醚（70.62%）、二烯丙基三硫醚（12.63%）、甲基烯丙基二硫醚（5.51%）等；'三峡紫皮蒜'鳞茎精油的主要成分为：二烯丙基二硫醚（76.99%）、二烯丙基三硫醚（9.62%）等（杨进等，2009）。山东金乡产'白皮蒜'新鲜鳞茎精油的主要成分为：二烯丙基三硫化合物（32.21%）、二烯丙基二硫化合物（26.41%）、甲基烯丙基三硫化合物（13.31%）、二烯丙基四硫化合物（5.78%）、1,2-二硫化物-3-环戊烷（5.42%）、甲基烯丙基二硫化物（5.01%）等（郭晓斐等，2005）。

【营养与功效】

蒜鳞茎含有含硫挥发物43种，硫化亚磺酸酯类13种、氨基酸9种、肽类8种、甙类12种、酶类11种。具有消除疲劳、增强体力的奇效，能促进新陈代谢，降低胆固醇和甘油三酯的含量，并有降血压、降血糖的作用。可阻断亚硝胺类致癌物在体内的合成，具有明显的防癌效果。

【食用方法】

鳞茎可用以佐餐，还能作各种腌渍品，常作为多种菜肴的调料。

薤白

百合科葱属

学名：*Allium macrostemon* Bunge

别名：小根蒜、密花小根蒜、山蒜、苦蒜、泽蒜、野蒜、小根菜

分布：除新疆、青海外、全国各地均有栽培

【植物学特征与生境】

多年生草本，高30～60 cm。鳞茎近球形，直径1～2 cm，旁侧常有1～3个小鳞茎附着。叶3～5枚，半圆柱状，中空，上面具沟槽。花葶圆柱状，1/4～1/3被叶鞘；总苞2裂；伞形花序半球状至球状，具多而密集的花，基部具小苞片；珠芽暗紫色，基部亦具小苞片；花淡紫色或淡红色；花被片矩圆状卵形至矩圆状披针形。蒴果倒卵形，先端凹入。花果期5～7月，果期8～9月。

喜温暖湿润的环境，但地下鳞茎极耐寒。对土壤要求不严，一般土壤均可种植。怕涝。

【栽培技术要点】

鳞茎繁殖，收获时选用大鳞茎食用，小的作种用。北方于5月栽种，南方8～9月栽种。在畦上按行距25 cm开沟，沟深5 cm，按株距10 cm，把小鳞茎芽嘴向上摆好，覆土后浇水。苗出齐后，及时松土除草。中耕宜浅松土，并稍加培土。

【主要芳香成分】

水蒸气蒸馏法提取的薤白新鲜鳞茎的得油率为0.10%，干燥鳞茎的得油率在0.30%～1.72%之间。四川峨眉产薤白鳞茎精油的主要成分依次为：甲基烯丙基三硫醚（20.73%）、二甲基三硫醚（16.01%）、二甲基四硫醚（9.25%）、二甲基二硫醚（5.62%）、甲基丙基三硫醚（4.03%）、二烯丙基三硫醚（3.30%）、丙基丙烯基二硫醚（2.04%）、丙基烯丙基三硫醚（1.84%）、甲基异丙基二硫醚（1.29%）、甲基丙烯基三硫醚（1.21%）、二烯丙基二硫醚（1.19%）、二丙基三硫醚（1.11%）、甲基丙基二硫醚（1.08%）等（林琳等，2008）。

【营养与功效】

鳞茎含有蒜氨酸、甲基蒜氨酸、大蒜糖；每100 g鳞茎含蛋白质3.4 g，脂肪0.4 g，粗纤维0.9 g；胡萝卜素0.09 mg，维生素B_1 0.08 mg，维生素B_2 0.14 mg，维生素B_5 1.0 mg，维生素C 36 mg，钙100 mg，磷53 mg，铁4.9 mg。具有理气，宽胸，通阳，散结，导滞的功效。

【食用方法】

嫩鳞茎去须根洗净，可直接蘸酱生食，香辣可口，增进食欲；切碎可凉拌、炒食或腌渍；与蛋黄可烹饪成"金海银珠"药膳。

洋葱

百合科葱属

学名：*Allium cepa* Linn.

别名：葱头、圆葱、胡葱、球葱、玉葱

分布：全国各地均有栽培

【植物学特征与生境】

二年生草本，具强烈的香辛气。根为弦状根，无主根，分枝力弱，无根毛。鳞茎粗大，近球状至扁球状；鳞茎外皮紫红色、褐红色、淡褐红色、黄色至淡黄色，纸质至薄革质，内皮肥厚，肉质，均不破裂。叶分叶身，叶鞘两部分，叶身暗绿色，圆筒状，中空，腹部有明显凹沟；肥厚的叶鞘基部层层抱合而成鳞茎。花葶粗壮，高可达1 m，中空的圆筒状，在中部以下膨大，向上渐狭，下部被叶鞘；总苞2～3裂；伞形花序球状，具多而密集的花；花粉白色；花被片具绿色中脉，矩圆状卵形，长4～5 mm，宽约2 mm。果为两裂蒴果，内含6粒种子，种子盾形，断面为三角形，外皮坚硬多皱。花果期5～7月。

耐寒，长光照下形成鳞茎，低温下通过春化。根系浅，吸水能力弱，需较高的土壤湿度。属喜肥作物，适于种植在肥沃、疏松，保水保肥力强的中性土壤上。

【栽培技术要点】

适宜的播种期是培育壮苗的关键。洋葱属于绿体春化作物，必须把播种期安排在适期范围内。播种过早，虽然产量高些，但抽苔率也高。播种过晚，产量低，抗寒能力也差。定植的株行距13 cm×17 cm，栽植深度以盖住小鳞茎，浇水不倒秧为宜，覆土后及时灌水。定植后气候逐渐降低，应控制灌水，同时加强中耕保墒。洋葱成熟后，应及时收获。

【主要芳香成分】

不同方法提取的洋葱鳞茎精油的得油率在0.01%～1.78%之间。水蒸气蒸馏法提取的辽宁鞍山产黄皮洋葱鳞茎精油的主要成分依次为：二苯酮（8.63%）、α-萘胺（5.04%）、二十二烷（2.21%）、三十二烷（1.62%）、十九烷（1.21%）、十八烷（1.08%）等；紫皮洋葱鳞茎精油的主要成分依次为：二甘醇（15.46%）、联苯（1.22%）等（孙小媛，2008）。同时蒸馏萃取法提取的洋葱新鲜鳞茎精油的主要成分依次为：2,3,4-三杂硫戊烷（14.49%）、甲基丙基三硫化物（9.66%）、顺-甲基烯丙基硫化物（8.26%）、二甲基四硫化物（7.28%）、1,3-二噻烷（6.20%）、甲基丙基二硫化物（5.93%）、1-(甲硫基)-1丙烯（5.42%）、甲基-2-烯丙基二硫化物（5.38%）、2-甲基-2-戊烯醛（5.20%）、3,5-二乙基-1,2,4-硫环戊烷（3.33%）、1,2-二(甲硫基)乙烯（3.04%）、甲基烯丙基二硫化物（2.43%）、八聚硫化物（2.08%）、二丙基三硫化物（1.94%）、3,4-二甲基噻吩（1.83%）、烯丙基丙基二硫化物（1.77%）、1,2-二噻戊环（1.68%）、1,2-二硫杂环戊烷（1.39%）、甲氧基乙酸环戊酯（1.23%）、2,3,4-三杂硫戊烷（1.22%）、2,4-二酮酸戊二酸-二甲酯（1.20%）、2,3-二(异丙氧基)-1,4-二氧六环（1.18%）、1,1-硫代双-1-丙烯（1.10%）、1,3-二(硫代丙基)丙烷（1.00%）等（谭宇涛等，2010）。

【营养与功效】

肥大的肉质鳞茎是常用蔬菜，有特殊的香辣味。鳞茎营养丰富，富含多种蛋白质、糖类、纤维素、胡萝卜素、维生素、含硫化合物、钙、镁、铁等营养成分。具有发散风寒，增进食欲，促进消化，提神降压，防癌抗癌的作用。

【食用方法】

生、熟食均可，可以凉拌、炒食、做汤、做配料、作调料，不宜加热过久。

石刁柏

百合科天门冬属

学名：*Asparagus officinalis* Linn.

别名：小百合、芦笋、门冬薯、山文竹、细叶百部、龙须菜

分布：全国各地均有栽培

【植物学特征与生境】

多年生草本，高1～2 m。根肉质，粗壮；茎直立，光滑无刺，分枝，绿色而稍带粉白；嫩茎粗厚，有紧贴的鳞片状叶；叶状枝成束，丝状，圆柱形，长5～15 mm。叶（即鳞片）极小。花单性，具柄，1～4朵簇生于叶状枝的腋内，钟形；花被片6；雄蕊6；花柱3。浆果球形，肉质，直径约5～8 mm，红色。花期5～6月，果期7～8月。

耐寒，又耐热，以夏季温暖、冬季冷凉的气候最适宜生长。耐旱，但不耐湿；需要疏松透气，土层深厚，地下水位低，排水良好的土壤，能适应微酸性到微碱性的土壤，以pH值6.0～6.7最适宜。

【栽培技术要点】

大面积栽培时用种子播种。当4～5 cm处的土温达10℃以上时播种，或先行保护地育苗，再移植到苗圃地。一般一年可春、秋两次播种，春播在3～4月，秋播在10月至11月上旬，以秋播为好。出苗后适时浇水，保持土壤见干见湿。苗期结合中耕培土2～3次，追肥2～3次。采笋期间保持土壤湿润，高温雨季注意排水防涝、防倒伏。

【主要芳香成分】

水蒸气蒸馏法提取的广东广州产石刁柏嫩茎精油的主要成分依次为：2,6-二叔丁基-对甲酚（13.15%）、己醇（13.08%）、柠檬烯（5.94%）、榄香醇（4.73%）、己醛（2.01%）、橙花叔醇（1.64%）、β-桉叶醇（1.50%）、3-甲基丁醇（1.18%）等（朱亮锋等，1993）。超临界CO_2萃取法提取的湖北产石刁柏干燥嫩茎的得油率为4.41%，精油主要成分依次为：姥鲛烷（8.99%）、壬酸乙酯（8.04%）、正十六烷（7.63%）、正十七烷（6.41%）、正十五烷（6.00%）、2,4-二叔丁基苯酚（5.24%）、十四烷（4.32%）、正十八烷（4.32%）、β-紫罗兰酮（4.18%）、十二烷（4.03%）、反式-2-癸烯醛（3.71%）、癸酸乙酯（3.65%）、反-2-辛烯醛（3.44%）、正己酸乙酯（3.33%）、壬醛（3.23%）、1-十四烯（2.60%）、反式-2-庚烯醛（2.33%）、庚酸乙酯（1.94%）、2,4-二甲基苯甲醛（1.69%）、2,3,5,6-四甲基吡嗪（1.67%）、(E,E)-2,4-庚二烯醛（1.49%）、十三烷（1.49%）、正辛醛（1.42%）、癸醛（1.14%）、正辛醇（1.03%）、反式-2-壬烯醛（1.00%）等（康旭等，2011）。

【营养与功效】

嫩茎是一种高档而名贵的蔬菜，被誉为"世界十大名菜之一"。每100 g可食用部分含蛋白质1.4 g、脂肪0.1 g、膳食纤维1.9 g、碳水化合物3 g、胡萝卜素100 μg、视黄醇当量17 μg、硫胺素0.04 mg、核黄素0.05 mg、尼克酸0.7 mg；维生素C 45 mg；钾213 mg、钠3.1 mg、钙10 mg、镁10 mg、铁1.4 mg、锰0.17 mg、锌0.41 mg、铜0.07 mg、磷42 mg、硒0.21 μg。特别是天冬酰胺和微量元素硒、钼、铬、锰等，具有调节机体代谢，提高身体免疫力的功效，对心血管病、水肿、膀胱炎、白血病均有疗效，也有抗癌的效果。

【食用方法】

嫩茎食用方法多种多样，可凉拌生食，也可炒、煎、蒸、煮、炖、煲、煨、烧等，可荤炒、素炒、做汤、做馅，根据各自的食用习惯可烹调出多种佳肴。

龟甲竹

禾本科刚竹属
学名：*Phyllostachys heterocycla*（Carr.）Mitford
别名：毛竹、南竹、猫头竹
分布：长江以南大部分地区有栽培

【植物学特征与生境】

常绿乔木，秆直立，高达20余米，粗者可达20余厘米，幼秆密被细柔毛及厚白粉，由绿色渐变为绿黄色；基部节间甚短而向上则逐节较长，壁厚约1 cm。箨鞘背面黄褐色或紫褐色，具黑褐色斑点及密生棕色刺毛；箨耳微小；箨片较短，长三角形至披针形，有波状弯曲，绿色。末级小枝具2～4叶；叶耳不明显，叶舌隆起；叶片较小较薄，披针形。花枝穗状，长5～7 cm，基部托以4～6片逐渐稍较大的微小鳞片状苞片；佛焰苞通常在10片以上，常偏于一侧，呈整齐的复瓦状排列。小穗仅有1朵小花；颖1片，长15～28 mm，顶端常具锥状缩小叶有如佛焰苞，内稃稍短于其外稃；鳞被披针形。颖果长椭圆形，长4.5～6 mm，直径1.5～1.8 mm，顶端有宿存的花柱基部。笋期4月，花期5-8月。

喜温暖湿润的气候和肥沃疏松的土壤。

【栽培技术要点】

选择坡度小于20°、土层深厚肥沃、排灌方便、通风、光照充足的圃地。母竹移竹在12月至翌年2月大量发笋前进行。挖取母竹时要多带宿土，并带70 cm左右的竹鞭。来鞭留20～30 cm截断，去鞭留40～50 cm截断，然后沿鞭两侧逐渐挖掘。如竹枝较多，挖出后留5～7盘枝，砍去竹尾。栽植时先在穴底垫上表土10～15 cm，将母竹放入穴中，使鞭根舒展，填土踏实，防止损伤鞭根和笋芽。填土深度要比母竹原入土深度高3～5 cm，成馒头状形。栽后浇足"定蔸水"。清除杂草，铺5～10 cm厚的秸秆，再在上面覆盖1层薄土。埋青覆土每年进行1～2次。谨慎挖取冬笋，精心管理春笋，适时疏除小笋、病虫笋、歪笋及退笋等。严禁挖鞭笋。每年秋冬季在埋青覆土的基础上，进行全面垦覆，垦覆深为20～25 cm。结合埋青覆土挖穴或挖沟施用有机肥，每年施饼肥2.25～3.00 t/hm²，有机肥750～1500 kg/hm²，施肥应选择氮、磷肥为主的复合肥。注意病虫害防治。

【主要芳香成分】

超临界CO_2萃取法提取的龟甲竹干燥嫩茎（竹笋）精油的主要成分依次为：β-谷甾醇（26.00%）、9,12-十八碳二烯酸（12.88%）、9,12,15-十八碳三烯酸（9.83%）、9,12,15-十八碳三烯-l-醇（6.07%）、9,12,15-十八碳三烯二醇（3.74%）、十六烷酸甲酯（3.72%）、十四烯（2.43%）、正十二烷酸（1.88%）、己二酸（1.11%）、琥珀酸（1.04%）等（陆柏益等，2009）。

【营养与功效】

竹笋含有丰富的植物甾醇。每100 g鲜笋中含蛋白质2.6 g、脂肪0.2 g、糖类0.4 g，还含有维生素B_1、维生素B_2、磷76 mg、铁0.5 mg、钙10 mg和18种氨基酸、胡萝卜素等成分。具有减肥、降血脂、抗衰老等多种保健功能。为优良的保健蔬菜。有利九窍、通血脉、化痰、消食、发痘疹等功效。

【食用方法】

肉质茎（笋）可炒丝、煎片、炖肉、煲汤、熬粥、做羹。

茎用莴苣

菊科莴苣属

学名：*Lactuca sativa* Linn.var.*angustana* Irish.

别名：莴笋、莴苣笋、嫩茎莴苣、莴苣茎、青笋、莴菜、白笋、生笋

分布：全国各地均有栽培

【植物学特征与生境】

一年生或二年草本，高25～100 cm。根垂直直伸。茎直立，单生，全部茎枝白色。基生叶及下部茎叶大，倒披针形、椭圆形或椭圆状倒披针形，长6～15 cm，宽1.5～6.5 cm，无柄，基部心形或箭头状半抱茎，边缘波状或有细锯齿，向上的渐小，圆锥花序上的叶极小，卵状心形，无柄，基部心形或箭头状抱茎，全缘，无毛。头状花序多数或极多数，在茎枝顶端排成圆锥花序。总苞果期卵球形，长1.1 cm，宽6 mm；总苞片5层，顶端急尖。舌状小花约15枚。瘦果倒披针形，长4 mm，宽1.3 mm，压扁，浅褐色，喙细丝状，长约4 mm。冠毛2层，纤细，微糙毛状。花果期2～9月。

对土壤的酸碱性反应敏感，适合在微酸性的土壤中种植。根系浅，吸收能力弱，对氧气要求较高，土壤以砂壤土、壤土为佳。

【栽培技术要点】

夏、秋选用耐热的早熟品种，越冬、春播选用耐寒、适应性强、抽薹迟的品种。春莴笋12～3月大棚育苗，2月中旬至3月下旬露地育苗；夏莴笋4～5月上中旬露地栽培，5月下旬至7月遮阳网覆盖栽植；秋莴笋7～9月遮阳网覆盖播种，育苗移栽；越冬莴笋10～11月露地育苗。选地势高燥、排水良好的地块作苗床，每667 m² 施腐熟有机肥4000～5000 kg作基肥，整平整细后覆盖塑料薄膜。5～9月播种的播前需低温催芽。播后覆土3～5 mm，盖严薄膜，夜间加盖遮阳网或草苫保温。露地育苗加盖小拱棚。2～3片真叶时间苗1次，苗距4～5 cm。移栽前5～6天加大通风炼苗。定植株行距10 cm左右。每次间苗、定苗和移栽缓苗后，结合浇水施腐熟稀粪水。定植时每667 m² 施腐熟的有机肥4000～5000 kg，深翻整平，做成1.2～1.5 m宽的高畦。5～6片叶时定植，株行距20×27 cm。定植后中耕1～2次，适时浇水追肥，前期淡粪勤浇，保持畦面湿润。病害有霜霉病、炭疽病、菌核病、白粉病；虫害发生较少，主要有蚜虫、白粉虱、菜青虫、美国斑潜蝇。

【主要芳香成分】

固相微萃取法提取的甘肃兰州产茎用莴苣新鲜肉质茎挥发油的主要成分依次为：己醇（23.75%）、己醛（16.57%）、3-己烯醛（11.74%）、α-蒎烯（1.77%）、5-己烯醛（1.77%）、（Z）-2-庚烯醛（1.62%）、3,7-二甲基-1,6-辛二烯-3-醇醋酸酯（1.31%）、柠檬烯（1.24%）、樟脑（1.08%）、十六烷（1.08%）、棕榈酸异丙酯（1.08%）、莰烯（1.03%）、（E）-2-辛烯醛（1.03%）等（杨晰等，2010）。

【营养与功效】

肉质茎含有丰富的糖类、大量膳食纤维、铁、钾、磷、钙、钠、镁、叶酸、维生素C、维生素A、维生素B_1、维生素B_2、维生素B_6、维生素E、维生素K等成分。含有少量的碘元素，具有镇静作用，经常食用有助于消除紧张，帮助睡眠。宜与黑木耳、胡萝卜、蒜苗同食，对高血压、高血脂、糖尿病、心血管病有很好的预防和辅助治疗作用。忌与乳酪、石榴同食，容易导致消化不良，引起腹痛、腹泻。

【食用方法】

肉质茎可凉拌、炒食、烧、炝、晒干盐渍、酱制等；也可用它做汤和配料等。

石斛

兰科石斛属

学名：*Dendrobium nobile* Lindl.

别名：林兰、禁生、杜兰、吊兰花、金钗石斛、黄草、细黄草、扁黄草、中黄草、石遂、千年润、金耳环

分布：台湾、湖北、香港、海南、贵州、广西、四川、广东、云南、西藏

【植物学特征与生境】

多年生草本。茎直立，丛生，肉质状肥厚，稍扁的圆柱形，长10~60cm，粗达1.3cm，不分枝，具多节，节有时稍肿大；节间多少呈倒圆锥形，长2~4cm，干后金黄色。叶革质，长圆形，长6~11cm，宽1~3cm，基部具抱茎的鞘。总状花序从具叶或落了叶的老茎中部以上部分发出，长2~4cm，具1~4朵花；白色带淡紫色先端，稍有香气，直径3~4cm；花苞片膜质，卵状披针形，长6~13mm；萼片长圆形；花瓣多少斜宽卵形，长2.5~3.5cm，宽1.8-2.5cm，唇瓣宽卵形，唇盘中央具1个紫红色大斑块；药帽紫红色，圆锥形。花期4~5月。

喜温暖，潮湿和半阴环境。

【栽培技术要点】

栽培上分为温带型落叶种（春石斛）和热带型常绿种（秋石斛）。春石斛的花一般生于茎节间，花期约20 d。而秋石斛的花一般着生于茎顶部，花期超过一个月。繁殖用分株、茎段扦插或无菌播种。用疏松，透气的基质，如蕨根，苔藓或树皮块栽培。生长季节保持潮湿和半阴，适当施肥；冬季需适当干燥和较强的阳光。越冬温度10℃以上。

【主要芳香成分】

水蒸气蒸馏方法提取的贵州赤水产3年生石斛新鲜茎精油主要成分依次为：桉叶油素（18.68%）、β-蒎烯（7.31%）、莰烯（5.76%）、莰烯（5.38%）、罗汉柏烯（5.13%）、樟脑（3.38%）、雪松烯（2.05%）、环丁烷（1.81%）、β-芳樟醇（1.68%）、咪唑（1.41%）、雪松醇（1.41%）、甲安菲他明（1.32%）、碘化百里香酚（1.28%）、罗勒烯（1.19%）、龙脑（1.11%）等；贵州独山产石斛茎精油的主要成分为：芳樟醇氧化物（15.76%）、乙酰胺（12.55%）、环己醇（12.50%）、茴香醚（7.64%）等；贵州兴义产石斛茎精油的主要成分为：咪唑（20.10%）、雪松烯（9.27%）、罗汉柏烯（6.35%）等（黄小燕等，2010）。

【营养与功效】

嫩茎含石斛碱、石斛胺、石斛次碱、石斛辛碱、石斛因碱等多种生物碱，黏液质、淀粉、多糖等。具益胃生津，滋阴清热的功效。

【食用方法】

茎可作菜肴食用，常用于煲汤、炖肉。

鸡矢藤

茜草科鸡矢藤属

学名：*Paederia scandens* (Lour.) Merr.

别名：牛皮冻、避暑藤、狗屁藤、臭藤、昏治藤、清风藤、鸡屎藤、鸡屎蔓、解暑藤

分布：陕西、甘肃、山东、江苏、安徽、江西、浙江、福建、台湾、河南、湖南、广东、香港、海南、广西、四川、贵州、云南

【植物学特征与生境】

多年生草质藤本，茎无毛或稍有微毛，基部木质化，揉碎有臭味。叶片形状和大小变异很大，宽卵形至披针形，顶端渐尖基部楔形、圆形至心形；托叶早落。聚伞花序在主轴上对称着生，组成大型的圆锥花丛；花萼钟状，萼齿三角形；花冠筒长约1 cm，外面灰白色，内面紫红色，有茸毛；雄蕊5，花柱2，基部连合。果实球形，熟时淡黄色。光亮，径约6 mm。花期8月，果期9～10月。

适应性强，喜较温暖环境，既喜光又耐阴。耐寒，对土壤要求不严，但以肥沃的腐殖质土壤和砂壤土生长较好。

【栽培技术要点】

用种子和扦插繁殖。种子繁殖：在10～11月采成熟果实，堆积腐烂，搓去果皮，用湿沙贮藏备用。3～4月播种，整地开1.3 m宽的畦，按行、穴距各约33 cm挖穴，深约7 cm，每穴播种子10粒左右，浇人、畜粪水后，覆盖草木灰或细土约1 cm厚。扦插繁殖：2～3月选2年生的老茎藤，剪成25～30 cm长，有3节以上的插条，在1.3 m畦上按行、穴距各33 cm挖穴，深20～25 cm，每穴栽3根插条，每根要有1个芽节露出畦面，填土压紧，注意淋水，保持土壤湿润。当苗高5 cm时匀苗、补苗，每穴留苗2～3株，并中耕除草，追肥。藤长30 cm左右时，再中耕除草、追肥1次，同时插设支柱，以供攀援。9～10月收割后，再行中耕除草，追肥1次过冬。以后每年管理与第一年相同，肥料春夏可用人畜粪水，冬季可用堆肥。

【主要芳香成分】

微波辅助有机溶剂（环己烷）萃取法提取的鸡矢藤茎的得油率为1.32%，精油主要成分为：邻苯二甲酸异丁基壬酯（24.243%）、n-棕榈酸（18.424%）、油酸（15.131%）、十八烷酸（11.915%）、联氨丙基肼（8.232%）、邻苯二甲酸丁基异己酯（6.886%）、9-油酸（5.854%）等（林雪容等，2011）。

【营养与功效】

茎含猪殃殃甙、鸡矢藤甙、鸡矢藤次甙、鸡矢藤甙酸、去乙酰猪殃殃甙，还含有γ-谷甾醇、熊果甙等成分。具祛风除湿，消食化积，解毒消肿，活血止痛的功效。

【食用方法】

秋、冬季采老茎，洗净，去皮层，切段，炖猪肉食，可治风湿。

食用仙人掌

仙人掌科仙人掌属

学名：*Opuntia milpa* Alta

别名：米邦塔仙人掌

分布：全国各地有栽培

【植物学特征与生境】

多年生常绿植物，株高2～3 m。无明显的主根，属须根系，分布浅，一般为5～15 cm，侧根伸展远；较大龄的根其周皮外层木栓化；根无汁。茎肉质绿色，掌片大，肥厚扁平，呈卵形、椭圆形，长15～40 cm。有节，无刺或少刺，叶刺短而软。花后结果（称仙人果），果实外观整齐，主要有红、黄、绿、白几种。

喜干燥、喜光、喜热；怕水湿，耐瘠薄。我国南方冬季气温保持在0℃以上可露天种植，北方采用大棚种植。

【栽培技术要点】

一次引种后可连续收获15年。选地整地：土壤不能富水、滞水，地下水位要在1 m以下，防止下雨时积水。土壤以沙质土壤、含有机钙质和腐殖质、pH值中性或微酸性、排水良好为宜。整地时要全面深耕1～2次，犁深40 cm为好，并将土耙平耙细，作畦开沟，将腐熟的有机肥用穴施或沟施法施基肥，最好再拌入适量草木灰。扦插：插植时间以春、秋季为宜，插植适宜温度为20～30℃，土壤不宜过湿。插植前将割植的新片置于阳光下晾晒，直到伤口失水变干，再用波尔多液消毒杀菌。栽种时，将苗垂直于地面，茎面朝东西方向置于穴内，然后培土，深度一般为种片长度的2/5～3/5。株距40 cm，行距67 cm。

【主要芳香成分】

顶空固相微萃取法收集的"米邦塔"食用仙人掌肉质茎挥发油的主要成分依次为：乙酸（28.01%）、2,3-丁二醇（8.99%）、己醛（7.66%）、己酸（5.39%）、辛烯-2-醇（5.30%）、3-甲基丁酸（4.86%）、3-甲基正丁醛（2.65%）、2-己烯醛（2.22%）、戊酸（2.20%）、二氢猕猴桃（醇酸）内酯（2.08%）、2-丁烯醛（1.96%）、2-庚烯醛（1.80%）、丙酸（1.53%）、苯甲醛（1.24%）、糠醛（1.07%）、3-羟基2-丁酮（1.05%）、顺式-2-戊烯醛（1.00%）等（季慧等，2007）。

【营养与功效】

嫩茎是一种新兴的绿色保健蔬菜，含有丰富的蛋白质、维生素、胡萝卜素及18种氨基酸，还含有丰富的钾、钙、铁、铜、多糖、黄酮类物质。长期食用能有效降低血糖、血脂和胆固醇，具化淤、消炎、润肠、美容之功效。

【食用方法】

食用部位为嫩茎，切成丝状可与多种食品凉拌；切成块、片、丝、条、丁等形状煎、炒、炸、煮均可。也可加工成腌（盐）渍菜，其味酸甜可口，略带清香，脆嫩滑爽。还是制作罐头、色拉的原料。

仙人掌

仙人掌科仙人掌属

学名：*Opuntia stricta*（Haw.）Haw.var. *dillenii*（Ker-Gawl.）Benson

别名：仙巴掌、霸王树、火焰、火掌、玉芙蓉、牛舌头、观音掌

分布：全国各地有栽培

【植物学特征与生境】

多年生丛生肉质灌木，高1.5~3 m。上部分枝宽倒卵形、倒卵状椭圆形或近圆形，长10~40 cm，宽7.5~25 cm，厚1.2~2 cm，先端圆形，边缘通常为不规则波状，绿色至蓝绿色，成长后刺常增粗增多。叶钻形，长4~6 mm，绿色，早落。花辐状，直径5~6.5 cm；花托倒卵形，绿色；萼状花被片宽倒卵形至狭倒卵形，黄色，具绿色中肋；瓣状花被片倒卵形或匙状倒卵形。浆果倒卵球形，长4~6 cm，直径2.5~4 cm，紫红色，每侧具5~10个突起的小窠。种子多数，扁圆形，长4~6 mm，宽4~4.5 mm，厚约2 mm，边缘稍不规则，淡黄褐色。花期6~12月。

喜强烈光照，耐炎热、干旱、瘠薄。生命力顽强，生长适温为20~30℃，生长期要有昼夜温差。

【栽培技术要点】

扦插或嫁接繁殖。扦插温度以25~35℃发根最好，插穗宜用较老而坚实的茎节，阴干10 d左右，待切口处表层长出一层愈伤组织再插。扦插可用粗沙、锯末等透水透气的疏松基质，有利发根。嫁接一般以抗旱性强、易亲和的三棱箭做砧木，5~6月或9月嫁接。春、秋季节浇水要掌握"不干不浇，不可过湿"的原则；6~8月是生长旺盛时期，一般每晨浇透水1次，希望多生子株的，应多浇水。浇水时，忌淋湿茎体。生长期每10~15 d施稀薄液肥1次，10月后停肥。11月~翌年3月是休眠期，在5℃以上可安全越冬。应控制浇水。

【主要芳香成分】

水蒸气蒸馏法提取的仙人掌干燥根及茎精油的主要成分依次为：植醇（36.57%）、雪松烯（10.89%）、匙叶桉油烯醇（8.35%）、香树烯（7.24%）、石竹烯（5.90%）、棕榈酸（5.45%）、愈创木烯（3.05%）、苯乙醛（2.74%）、己醛（2.36%）、榄香烯（1.94%）、α-荜澄茄烯（1.81%）、杜松烯（1.42%）等（金华等，2010）。仙人掌干燥根及茎精油的主要成分依次为：异丁基邻苯二甲酸酯（27.49%）、棕榈酸（16.72%）、丁基邻苯二甲酸酯（11.26%）、薄荷脑（6.72%）、亚油酸（6.00%）、壬醛（4.55%）、己醛（3.61%）、十二酸（3.24%）、十五烷酸（1.91%）、癸醛（1.84%）、6,10,14-三甲基-2-十五烷酮（1.16%）、反-2-壬烯醛（1.15%）、樟脑（1.06%）等（汪凯莎等，2009）。

【营养与功效】

营养十分丰富，每100 g可食仙人掌中约含维生素A 220 μg，维生素C 16 mg，蛋白质1.6 g，铁2.7 mg。具有降血糖、降血脂、降血压的功效；可以清热解毒，散瘀消肿，健胃止痛，镇咳。刺内含有毒汁，人体被刺后，易引起皮肤红肿疼痛、瘙痒等过敏症状。脾胃虚弱者少食，虚寒者忌用。

【食用方法】

嫩茎供食用，削去皮、刺后，可采用煎、炒、炸、煮、凉拌等多种烹制方法。切成小块，可炖肉、猪肝、猪脚；洗净切碎后可煮汤、烧烤，或是做成饼馅；也可腌制。

慈姑

泽泻科慈姑属
学名：*Sagittaria trifolia* Linn.var. *sinensis*（Sims.）Makino
别名：野慈姑、慈菇、剪刀草、白地栗
分布：东北、华北、西北、华东、华南

【植物学特征与生境】

多年生水生或沼生草本。根状茎横走，较粗壮，匍匐茎末端膨大呈球茎，球茎卵圆形或球形，可达5～8×4～6 cm。叶片宽大，肥厚，顶裂片先端钝圆，卵形至宽卵形。圆锥花序高大，长20～80 cm，着生于下部，具1～2轮雌花，主轴雌花3～4轮，位于侧枝之上；雄花多轮，生于上部，组成大型圆锥花序，果期常斜卧水中；果期花托扁球形，直径4～5 mm，高约3 mm。瘦果两侧压扁，长约4 mm，宽约3 mm，倒卵形，具翅。种子褐色。花果期5～10月。

有很强的适应性，在陆地上各种水面的浅水区均能生长，但要求有光照充足、气候温和、较背风的环境。

【栽培技术要点】

选择背风向阳、靠近水源的肥沃壤土地作育苗地。结合整地施河底淤泥作基肥。于3月上中旬将选好的粗壮顶芽，按行株距5×5 cm栽入育苗地，栽植深度为顶芽长的一半，每667 m²需顶芽20 kg左右。栽后及时搭架、覆膜。植株萌芽期保持浅水层。2～3叶期追施1～2次稀粪水。后期注意通风炼苗。选择肥沃低洼田作栽植大田。移栽前每667 m²施优质厩肥2500 kg或绿肥3000 kg，加氨化磷肥35～40 kg，耕翻入土，整平后上浅水。4月上中旬起苗，将外围叶片摘去，留叶柄20 cm长，然后按行距1 m，株距16～20 cm定植，栽植深度10 cm。栽后灌一层薄水，以后浅水勤灌。植株移栽7～10 d活棵后追肥1次，7月上中旬再追肥1次。植株生长前期要适当搁田，以田不陷脚为宜。及时除草和剥除植株上的老黄叶及部分侧芽。主要病虫害有黑粉病、蚜虫、螟虫。

【主要芳香成分】

顶空固相微萃取法提取的江苏产新鲜冷冻慈姑球茎挥发油的主要成分依次为：泪柏醚（22.87%）、石竹烯（17.73%）、己醛（6.13%）、二甲基硫醚（4.81%）、壬醛（4.00%）、戊醛（2.88%）、α-石竹烯（2.66%）、（Z）-石竹烯（2.63%）、辛醛（2.13%）、邻苯二甲酸二乙酯（1.93%）、乙醇（1.92%）、苯甲酸（1.81%）、α,2-二甲基苯乙烯（1.53%）、戊醇（1.48%）、D-柠檬烯（1.30%）、庚醛（1.27%）等（刘春泉等，2015）。

【营养与功效】

球茎含淀粉、蛋白质和多种维生素，富含铁、钙、锌、磷、硼等多种微量元素，对人体机能有调节促进作用，具有生津润肺，补中益气的功效。

【食用方法】

食用部位为球茎，去掉外皮和顶芽，可以生食，也可炒食、烧汤和红烧，宜和肉类同煮，不宜素炒。

第三章 食叶、嫩茎叶、嫩芽类芳香蔬菜

小果野蕉

芭蕉科芭蕉属

学名：*Musa acuminata* Colla

别名：芭蕉、芭蕉花、阿加蕉、木桂根雷、甘蕉癸藤、天宝香蕉、香蕉、香牙蕉、小果野芭蕉、牙蕉、山蕉、小野芭蕉、野蕉

分布：云南、广西等地

【植物学特征与生境】

多年生草本，假茎高约4.8 m，油绿色，带黑斑，被有蜡粉。叶片长圆形，长1.9～2.3 m，宽50～70 cm，基部耳形，不对称，叶面绿色，被蜡粉，叶背黄绿色。雄花合生花被片先端3裂。果序长1.2 m，被白色刚毛。浆果圆柱形，长约9 cm，内弯，绿色或黄绿色，先端收缩而延成长0.6 cm的喙，基部弯，果内具多数种子，种子褐色，不规则，多棱形，直径5～6 mm，高3 mm。

适应性强，耐阴植物。多生于阴湿的沟谷、沼泽、半沼泽及坡地上，海拔1200 m以下。

【栽培技术要点】

目前尚未见人工引种栽培。

【主要芳香成分】

水蒸气蒸馏法提取的湖北恩施产小果野蕉新鲜叶精油的主要成分依次为：双环[2.2.1]-1，7，7-三甲基-（1R）-2-庚酮（10.88%）、丁子香酚（3.32%）、1，2-二甲氧基-4-（2-丙烯基）-苯（2.24%）、3-己烯醇（2.09%）、双环[2.2.1]-1，7，7-三甲基-（1S-内）-2-庚醇（1.49%）等（杨春海等，2007）。超临界CO_2萃取法提取的小果野蕉阴干叶精油的主要成分依次为：新植二烯（60.58%）、十六烷酸（12.84%）、二十七烷（5.33%）、2-仲丁基环戊酮（4.16%）、六氢法呢基丙酮（1.95%）、二十五烷（1.43%）、3-[（E）-4'，8'-二甲基-3'，7-壬二烯基-3-环己烯-甲基酮（1.41%）、十六烷酸乙酯（1.25%）、吡啶-2-酮（1.13%）等（肖锋等，2009）。

【营养与功效】

叶具清热，利尿，解毒的功效。

【食用方法】

嫩叶炒食或腌酸食用。

葱

百合科葱属

学名：*Allium fistulosum* Linn.

别名：木葱、汉葱、大葱、四季葱、小葱、菜葱、冬葱、红葱头、大头葱、珠葱

分布：全国各地均有栽培

【植物学特征与生境】

二年生植物，高40 cm。根为白色弦线状须根，粗度均匀，侧根少。茎扁球状，黄白色；叶由叶身和叶鞘组成，分化初期的幼叶，叶身比叶鞘的生长比重大，以后两个部分的比重逐渐接近。每朵花有萼片、花瓣各3个，雄蕊6枚，3长3短相间排列。种子盾形，内侧有棱。花期5~6月。

对温度、光照、水分和土壤的适应性均较广，喜冷凉不耐炎热。忍耐温度的下限为-20℃，上限为45℃左右。适宜生长的温度范围为7~35℃。耐旱不耐涝，以土层深厚、排水良好、富含有机质的壤土栽培为最好。

【栽培技术要点】

播种繁殖。忌连作，无论育苗或定植田，均需实行3年以上的轮作。播种可撒播或条播。出苗到三叶期以前控制浇水，促进根系发育。进入三叶期后浇水追肥，促进葱苗迅速生长。定植时，土壤不宜深耕，否则沟背易倒塌，并易积水受涝。定植后生长缓慢，管理的重点是中耕除草、松土保墒、防涝保苗，并注意防治蓟马、潜叶蝇等虫害。

【主要芳香成分】

水蒸气蒸馏法提取的葱白的得油率在0.004%~0.010%之间，葱叶的得油率为0.31%。吉林长春产新鲜葱白精油的主要成分依次为：2-甲基-2-戊烯醛（24.95%）、甲基丙基三硫醚（14.27%）、二甲基三硫醚（14.00%）、甲基丙烯基三硫醚（11.25%）、甲基丙烯基二硫醚（4.18%）、丙基丙烯基三硫醚（4.09%）、二丙基三硫醚（3.59%）、甲基丙基二硫醚（3.56%）、反式-丙基丙烯基二硫醚（2.26%）、十三酮-2（2.09%）、顺式-丙基丙烯基二硫醚（1.81%）、二甲基四硫醚（1.37%）、二甲基二硫醚（1.13%）等；新鲜叶精油的主要成分依次为：2-甲基-2-戊烯醛（22.51%）、二甲基三硫醚（12.23%）、甲基丙基三硫醚（8.00%）、甲基丙烯基二硫醚（5.17%）、甲基丙基二硫醚（4.50%）、十三酮-2（4.23%）、二甲基二硫醚（4.17%）、甲基丙烯基三硫醚（4.04%）、丙基丙烯基三硫醚（2.55%）、二丙基三硫醚（2.42%）、十一酮-2（2.15%）、反式-丙基丙烯基二硫醚（1.34%）、2,4-二甲基噻吩（1.28%）等（郭海忱等，1996）。

【营养与功效】

每100 g可食用部分含蛋白质1.7 g，脂肪0.3 g，膳食纤维1.3 g，碳水化合物5.2 g，胡萝卜素60μg，视黄醇当量10μg，硫胺素0.03 mg，核黄素0.05 mg，尼克酸0.5 mg，维生素C 17 mg，维生家E 0.3 mg，钾144 mg，钠4.8 mg，钙29 mg，镁19 mg，铁0.7 mg，锰0.28 mg，锌0.4 mg，铜0.08 mg，磷38 mg，硒0.67μg。叶汁中含20%纤维素、65%果胶和3%半纤维素。有增进食欲、缓解疲劳、降血脂、降血压、降血糖的作用。

【食用方法】

叶是生、熟、荤、素菜肴常用的调味料，也可与肉炒食、做馅。

多星韭

百合科葱属

学名：*Allium wallichii* Kunth.Enum.

分布：四川、西藏、云南、贵州、广西、湖南

【植物学特征与生境】

多年生草本。鳞茎圆柱状，具稍粗的根；鳞茎外皮黄褐色，片状破裂或呈纤维状，有时近网状，内皮膜质，仅顶端破裂。叶狭条形至宽条形，具明显的中脉，宽10～50 cm。花葶三棱状柱形，具3条纵棱，高20～50 cm，下部被叶鞘；总苞单侧开裂，或2裂，早落；伞形花序扇状至半球状，具多数疏散或密集的花；花红色、紫红色、紫色至黑紫色，星芒状开展；花被片矩圆形至狭矩圆状椭圆形，花后反折。花果期7～9月。

主要生长于海拔2300～4800 m的湿润草坡、林缘、灌丛下或沟边。

【栽培技术要点】

目前尚未见人工栽培。

【主要芳香成分】

固相微萃取法提取的贵州赫章产多星韭新鲜叶挥发油的主要成分依次为：烯丙基丙基二硫醚（27.11%）、二烯丙基二硫醚（17.10%）、二丙基二硫醚（13.27%）、二烯丙基三硫醚（5.26%）、反式丙烯基丙基二硫醚（4.39%）、甲基烯丙基二硫醚（3.77%）、甲基丙基二硫醚（2.33%）、二异丙基三硫醚（2.24%）、基烯丙基三硫醚（1.15%）等（赵超等，2015）。

【营养与功效】

叶具活血散瘀，祛风止痒的功效。

【食用方法】

春季采嫩叶，烫后凉拌或炒食。

火葱

百合科葱属

学名：*Allium ascalonicum* Linn.

别名：胡葱、香葱、细香葱、青葱、蒜头葱、瓣子葱、亚实基隆葱

分布：华南、西南地区栽培

【植物学特征与生境】

二年生草本植物，植株高30～44 cm。鳞茎聚生，矩圆状卵形，狭卵形或卵状圆柱形；鳞茎外皮膜质或薄革质，不破裂。茎段缩呈盘状，叶由叶鞘和圆锥管状叶片构成，着生于茎盘上，叶较短而柔软，一般长25 cm，叶为中空的圆筒状，向顶端渐尖，深绿色，常略带白粉。种子黑色，盾状。

喜冷凉，抗寒力强，不耐炎热，不耐涝。

【栽培技术要点】

一般多用分株繁殖。7～9月间栽植。北方露地栽培于春季种植，或就地留茬，秋季收获小鳞茎。也可留茬露地越冬，翌春收获青苗，但是不能长期留茬，否则鳞茎越长越小。用鳞茎种植可按行距20 cm，穴距10 cm，每穴播放鳞茎2～3粒。用分株种植，行距24 cm，株距18 cm。每穴放一株分蘖苗。生长前期要及时除草，松土保墒。植株开始分蘖后追肥，并结合追肥浇水，浅培土。每采收一次分蘖苗后均应追肥一次，并浇水，浅培土。病害较少，有时会发生锈病；虫害有蓟马、潜叶蝇等。

【主要芳香成分】

同时蒸馏萃取法提取的火葱茎叶精油的主要成分依次为：二丙基二硫醚（47.28%）、二丙基三硫醚（12.09%）、1,3-二(丙硫基)-丙烷（6.15%）、1-丙硫醇（5.58%）、2-甲基-2-丙烯酸-2-羟基丙酯（4.71%）、1-甲乙基丙基二硫醚（4.20%）、反式-3,5-二乙基-1,2,4-三噻吩（2.95%）、甲基丙基二硫醚（2.45%）、5-羟基-1,3-二氧杂环己烷（2.24%）、3-甲氧基-戊烷（1.75%）、2,4-二甲基-2-二氢噻唑（1.16%）、2-丁烯酸-2-丙烯酯（1.11%）、顺式-3,5-二乙基-1,2,4-三噻吩（1.02%）等（何洪巨等，2004）。

【营养与功效】

每100 g新鲜火葱苗含维生素C 87.4 mg、钾435.0 mg、钠6.8 mg、钙187.0 mg、镁42.2 mg、磷51.9 mg、铜0.2 mg、铁2.4 mg、锌0.4 mg、锰0.8 mg、锶1.0 mg。含氨基酸、类黄酮、类固醇、葡萄糖、果糖、麦芽糖等。对头痛、动脉硬化有一定作用。还具驱虫解毒，发汗解表的功效。

【食用方法】

嫩叶及鳞茎一般都作调味料用，如蒸鱼、汤面、汤粉等煮好后撒上火葱葱花，可促进食欲。也可与肉炒食或腌渍。注意：火葱和蜂蜜不能混着吃，吃了会中毒。

韭菜

百合科葱属

学名：*Allium tuberosum* Rottl.ex Spreng.

别名：韭、起阳草、草钟乳

分布：全国各地均有栽培

【植物学特征与生境】

多年生草本，茎叶有异臭。鳞茎狭圆锥形。叶基生，扁平，狭线形，长15～30 cm，宽1.5～6 mm。花茎长30～50 cm，顶生伞形花序，具20～40朵花；总苞片膜状，宿存；花被基部稍合生，白色，长圆状披针形，长5～7 mm。蒴果倒卵形，有三棱。种子6，黑色。花期7～8月，果期8～9月。

对温度适应范围广，喜冷凉气候，耐低温，能抵抗霜害。对干旱有一定的抵抗能力。对土壤适应能力较强，沙土，壤土，黏土及其他土壤均可栽培。

【栽培技术要点】

可以直播和育苗。东北各省多用直播，其他地区以育苗为主。苗床选择中性沙壤土，精细整地，春秋均可播种。长江以南四季均可露地栽培；长江以北冬季休眠。南方用高畦栽植，华北用平畦，东北多采用垄栽。株高18～20 cm为适宜定植的生理苗龄，定植期应避开高温雨季。从第二年开始抽薹，开花，结子，一般选择3～4年生韭菜采种。采种田与生长田应定期轮换，连年采种长势难恢复。

【主要芳香成分】

水蒸气蒸馏法提取的不同品种的韭菜叶精油出油率在5.99%～8.23%之间，新鲜叶精油的主要成分依次为：2-甲基-2-戊烯醛（22.54%）、二甲基三硫醚（12.50%）、甲基丙基三硫醚（7.96%）、甲基丙烯基二硫醚（5.10%）、甲基丙基二硫醚（4.50%）、二甲基二硫醚（4.10%）、十三酮-2（4.10%）、甲基丙烯基三硫醚（4.05%）、丙基丙烯基三硫醚（2.50%）、二丙基三硫醚（2.39%）、十一酮-2（2.10%）、顺式-丙基丙烯基二硫醚（1.25%）、2,4-五甲基噻吩（1.20%）等（王鸿梅等，2002）。

同时蒸馏萃取法提取的"紫根韭菜"叶精油的主要成分依次为：二甲基三硫化物（24.55%）、E-甲基-丙烯基硫化物（20.17%）、甲基-丙烯基-二硫化物（8.42%）、二-2-丙烯基三硫化物（7.49%）、甲基-2-丙烯基-二硫化物（6.05%）、2-丙烯基-硫代乙腈（4.83%）、二甲基四硫化物（4.72%）、烯丙基-甲基硫化物（3.51%）、Z-甲基-丙烯基硫化物（2.86%）、1,3-二噻烷（2.77%）、己二烯二硫化物（2.62%）、3,3'-二硫丙烯（2.03%）、3,7-二甲基-1,6-辛二烯-3-醇（1.92%）、二-2-丙烯基四硫化物（1.66%）、3-甲硫基丙醛（1.17%）、4-羟基-3-甲基苯乙酮（1.12%）等（陈贵林等，2007）。

【营养与功效】

含挥发油及硫化物、蛋白质、脂肪、糖类、维生素B、维生素C等成分，每100克可食用部分含纤维素0.6～3.2 g，胡萝卜素0.08～3.26 mg，核黄素0.05～0.8 mg，尼克酸0.3～1 mg，维生素C10～62.8 mg，含有丰富的钙、磷、铁等矿质元素。性温，能够起到温肾助阳、益脾健胃、散瘀解毒、降脂的作用。可以促进肠胃的蠕动，保持大便的通畅。

【食用方法】

是经常食用的一种蔬菜，叶片可炒食，凉拌，多做饺子和包子的馅料。

韭葱

百合科葱属

学名：*Allium porrum*.Linn.

别名：扁葱、扁叶葱、洋蒜、洋大蒜、洋蒜苗、葱蒜、海蒜

分布：广西、北京、上海、山东、河北、安徽、湖北、陕西、四川等省市有栽培

【植物学特征与生境】

二年生植物，鳞茎单生，矩圆状卵形至近球状；鳞茎外皮白色，膜质，不破裂。叶宽条形至条状披针形，实心，深绿色，常具白粉。花葶圆柱状，实心，近中部被叶鞘；总苞单侧开裂，早落；伞形花序球状，具多而密集的花；小花基部具小苞片；花白色至淡紫色。花果期5～7月。

耐寒、生长势强。能经受38℃高温和-10℃低温。不耐干旱，也不耐涝。对土壤适应性广。

【栽培技术要点】

种子繁殖，可全年栽培，以春秋种植为主。春播在3～4月，秋播在7月份进行。播种前结合整地，施入腐熟的有机肥，做成长6～8 m，宽1～1.5 m的育苗畦，浇足底水，撒播或条播，覆盖0.8～1 cm厚的细土。播种后保持表土湿润。苗出齐后保持见干见湿，并及时除草。第一片复叶展开前适当间苗，在第二片复叶展开后定苗，同时查田补种。定植前1～2 d灌1次水。做成1 m宽的畦，每畦按20 cm行距栽3行，每行并排栽3株，株距7 cm，定植深度以不埋到心叶为宜，定植后立即灌水。当心叶开始生长时，灌1次水，进行松土，保持见干见湿。9月份以后，应及时灌水追肥，保持土壤湿润，并培土2次，软化假茎。主要病虫害有灰霉病、腐败病、红蜘蛛和葱蓟马、根蛆。

【主要芳香成分】

同时蒸馏萃取法提取的韭葱叶精油的主要成分依次为：二丙基三硫醚（30.73%）、二丙基二硫醚（14.28%）、1，2-二噻吩（9.91%）、1-甲乙基丙基二硫醚（8.09%）、反式-3，5-二乙基-1，2，4-三噻吩（5.98%）、3，5-二乙基-1，2，4-三噻吩（5.35%）、1-丙硫醇（4.96%）、3-己烯-1-醇（3.20%）、反式-3，5-二甲基-噻烷（2.78%）、3-甲基-3-戊烯酸甲酯（2.06%）、2-甲基-1-十二醇（1.72%）、3-甲氧基-戊烷（1.31%）、甲基丙基二硫醚（1.16%）等（何洪巨等，2004）。

【营养与功效】

主要的营养成分是蛋白质、糖类、维生素A原、食物纤维以及磷、铁、镁等矿物质。每100 g生韭葱中含蛋白质1.5 g，碳水化合物14 g。有除菌、利尿、防癌、增进食欲、降低血脂等作用。

【食用方法】

嫩叶可蘸酱生食，也可烹食，可炒食、炖制、做汤或作调料。

蒙古韭

百合科葱属

学名：*Allium mongolicum* Regel

别名：野葱、蒙古葱、山葱、沙葱

分布：新疆、青海、内蒙古、宁夏、甘肃、陕西、辽宁

【植物学特征与生境】

多年生草本，植株呈直立簇状，株高15～20 cm。根为白色（新根）或黄白色（老根）；茎为缩短鳞茎，根茎部略膨大；叶片呈细长圆柱状，叶色浓绿，叶表覆1层灰白色薄膜；叶鞘白色，圆桶状。花苔长15～25 cm，白色伞房花序。种子呈半椭圆形。

在降雨时生长迅速，干旱时停止生长。耐旱抗寒能力极强。叶片可忍受-4～5℃的低温，地下根茎在-45℃也不致受冻。生长适宜温度12～26℃。属长日照，强光照植物。要求较低的空气湿度和通透性较强的湿润土壤。耐瘠薄能力极强。

【栽培技术要点】

可用种子繁殖，但以分株栽植为多。在春季或秋季把野生植株尽量多带根的挖回，淘汰老弱劣苗，叶子在分枝处以上剪留2～3 cm。在垄上按行距10～15 cm开沟，将苗以20～25株为一撮按10 cm撮距成撮栽上，深度以不超过叶鞘为宜。栽后随即浇浅水，之后地干就浇。出苗后，勤浇浅灌，锄草松土，苗高约10 cm时，每667 m²追施硝铵10 kg左右，以后适当控制浇水，中耕松土，促进生根。每年5～9月需水较多，见干就浇，并且隔水追施1次氮肥。10月份以后，逐渐控制浇水，不旱不浇。遇雨要及时排水。结合施肥，在收割后的垄上分期撒1层2～5 cm厚的河沙，以防止植株倒伏和土壤板结。每次培沙厚度以不埋没叶分枝为宜。病虫害很少，有灰枯病。

【主要芳香成分】

水蒸气蒸馏法提取的内蒙古包头产蒙古韭干燥茎叶的得油率为0.46%。宁夏盐池产蒙古韭叶精油的主要成分依次为：肉桂酸乙酯（22.60%）、二乙基二缩醛（22.10%）、草酸二丁酯（11.00%）、2-丙二烯环丁烯（9.22%）、异辛烷（6.37%）、正丁腈（5.37%）、dl-苯甲基羟基丁二酸（5.27%）、烯丙基溴（3.67%）、反丁烯二腈（3.39%）、甲基乙腈-6-苄氧基（2.42%）等（刘世巍等，2007）。

【营养与功效】

富含多种维生素和矿质元素，每100 g含碳水化合物3.8 g，蛋白质2.4 g，纤维素1.8 g，硫胺素0.05 mg，核黄素0.18 mg，烟酸0.4 mg；钙457 mg，镁98 mg，钾604 mg，硒3.9 μg，磷10 mg。具有助消化、健胃、降血压、消食、杀虫等功效。

【食用方法】

叶可凉拌、炒食、做馅、调味、腌渍。

吉祥草

百合科吉祥草属
学名：*Reineckia carnea* (Andr.) Kunth
别名：松寿兰、小叶万年青、观音草、瑞草、佛顶珠、竹叶青、竹根七、小九龙盘、地蜈蚣
分布：江苏、浙江、安徽、江西、湖南、湖北、河南、陕西、四川、云南、贵州、广东、广西

【植物学特征与生境】

多年生常绿草本，地下根茎匍匐，节处生根。株高约20 cm，茎粗2～3 mm，蔓延于地面，逐年向前延长或发出新枝，每节上有一残存的叶鞘，顶端叶簇有3～8枚，条形至披针形，长10～38 cm，宽0.5～3.5 cm，先端渐尖，深绿色。花葶长5～15 cm；穗状花序长2～6.5 cm，上部的花有时仅具雄蕊；苞片长5～7 mm；花芳香，粉红色；裂片矩圆形，先端钝，稍肉质；雄蕊短于花柱，花柱丝状。浆果直径6～10 mm，熟时鲜红色。花果期7～11月。

喜温暖、湿润、半阴的环境，对土壤要求不严格，以排水良好肥沃壤土为宜。耐寒性较强，冬季长江流域一带可露地越冬。耐阴性强。

【栽培技术要点】

宜在3月萌发前进行分株。每丛3～5株，盆栽时可用腐叶土2份，园土和砂各1份配制盆土。在全日照处和浓荫处均可生长，以半阴湿润处为佳。注意保持土壤湿润，空气干燥时要进行喷水，夏季要避免强光直晒。待新叶发出后，每月施一次粪肥，可使其生长更加茂盛。

【主要芳香成分】

同时蒸馏萃取法提取的贵州贵阳产吉祥草茎叶精油的主要成分依次为：反式-石竹烯（7.01%）、L-芳樟醇（6.97%）、松油酮（5.45%）、(-)-桃金娘醛（5.36%）、Berkheyaradulen（5.32%）、石竹烯氧化物（4.62%）、三十烷（4.35%）、樟脑（4.00%）、大根香叶烯D（2.58%）、1-辛烯-3-醇（2.48%）、4-乙烯基-2-甲氧(基)-苯酚（2.48%）、二十九烷（2.35%）、L-香芹酮（2.27%）、三环烯（2.06%）、β-金合欢烯（1.56%）、1,2,4-麦那龙-1-氢-茚（1.54%）、α-荜草烯（1.28%）、α-芹子烯（1.20%）、二十八(碳)烷（1.16%）、壬醛（1.15%）、3-辛醇（1.05%）、α-姜倍半萜（1.04%）等（刘海等，2008）。

【营养与功效】

具润肺止咳，凉血止血，解毒利咽等功效。

【食用方法】

嫩茎叶洗净，切段，炖肉食。

白花败酱

败酱科败酱属

学名：*Patrinia villosa* Juss.

别名：攀倒甑、败酱、胭脂麻、苦菜、萌菜、苦斋草、苦斋、鹿肠、毛败酱

分布：台湾、江西、浙江、江苏、安徽、河南、湖北、湖南、广东、广西、贵州、四川

【植物学特征与生境】

多年生草本，高50～100 cm。根状茎细长横走，偶在地表匍匐生长；基生叶簇生，卵圆形，长4～10 cm，宽2～5 cm，边缘有粗齿，叶柄长；茎生叶对生，卵形或长卵形，先端渐尖，基部楔形，边缘具粗齿。伞房状圆锥聚伞花序，分枝达5～6级；花萼不明显，花冠钟形，白色，直径4～6 mm。瘦果倒卵形，基部贴生在增大的圆翅状膜质苞片上，苞片近圆形。花期8～10月，果期9～11月。

喜较湿润和稍阴的环境，较耐寒。喜微酸性土壤，土壤pH以6左右为宜。

【栽培技术要点】

种前深耕土壤20～30 cm，每667 m²施土杂肥2000～3000 kg，混匀后开沟作畦，畦高20～30 cm，宽1.0～1.2 m。整地要松细，平整。可种子繁殖或根状茎繁殖两种，以播种为主。3～10月均可播种，但以春播为好。种子有休眠期，春播需冬藏或低温处理。播前用钙镁磷肥或草木灰拌匀种子，进行条播或撒播，覆细土0.5～1.0 cm，轻轻镇压，并适量浇水。早春育苗要进行薄膜覆盖。每667 m²用种量0.5 kg左右。当苗长至5～7片叶时，进行移栽，适当密植，按株距20～30 cm，行距30～35 cm开穴，每穴1株。定植后，要浇足定根水，在生长期间要及时追肥，浇水和中耕除草。生长前期需浇水1～2次，结合浇水进行中耕松土；生长旺盛期施速效性氮肥，促进叶片迅速生长。

【主要芳香成分】

水蒸气蒸馏法提取的湖北恩施产白花败酱茎叶精油的主要成分依次为：2-甲基-5-乙基呋喃（50.97%）、己二硫醚（9.47%）、1-己硫醇（6.97%）、紫苏醛（3.65%）、葎草烷-1,6-二烯-3-醇（2.65%）、（Z,E）-α-法呢烯（2.62%）、反-石竹烯（2.41%）、亚麻酸甲酯（2.03%）、紫苏醇（1.63%）、邻苯二甲酸二异丁酯（1.43%）、樟脑（1.21%）、α-雪松醇（1.16%）、邻苯二甲酸单-2-乙基酯（1.07%）、冰片（1.06%）、6-氨基异喹啉（1.03%）等（刘信平等，2008）。

【营养与功效】

是我国的传统救荒野菜。每100 g鲜嫩茎叶含17种氨基酸，总量达14995.69 mg，维生素C 42.65 mg，维生素B 20.22 mg，β-胡萝卜素8.36 mg，乙酸75.8 mg，苹果酸92.77 mg，同时富含铁、锰、钾、钙、镁等多种微量元素。具清热利湿、解毒排脓、活血化瘀、清心安神等功效。

【食用方法】

嫩苗或嫩叶洗净，沸水焯过，捞入清水内浸泡去苦味，挤干水分后可凉拌、炒食、做馅、和面煮食或晒成干菜。

败酱

败酱科败酱属

学名：*Patrinia scabiosaefolia* Fisch.

别名：黄花龙芽、败酱草、黄花败酱、黄花苦菜、野黄花、野芹、将军草、黄花香、大吊花

分布：除宁夏、青海、新疆、西藏、海南外，全国均有分布

【植物学特征与生境】

多年生草本植物，高60~120 m。根茎粗壮，横卧或斜生；根较粗，有特殊臭气。茎基叶长大，有长柄，花时枯落；茎生叶对生，叶片披针形或窄卵形，长5~15 cm，2~3对羽状深裂，椭圆形或卵圆形；叶柄长1~2 cm，上部叶渐无柄。聚散圆锥花序在枝端常5~9聚集成疏状伞房状；苞片小，花小，直径2~4 mm；花萼极小；花冠5裂，冠筒状，内侧生白色长毛。瘦果长方椭圆形，长3~4 mm。花期7~9月。

喜稍湿润环境，耐亚寒，一般土地均可栽培，但以较肥沃的砂质壤土为佳。

【栽培技术要点】

分株、扦插、播种繁殖均可。分株繁殖：取匍匐茎节部生根且生长健壮而有萌芽枝芽的枝条，剪去过长的枝条与须根，每丛留2~3条健壮茎枝。分株繁殖萌芽多，生长快，能较早获得效益。扦插：用嫩枝与老枝均可，以选老枝较好。扦插的基质可用疏松的壤土，湿沙或水，以健壮枝条顶端上部带2~3节的枝段作为插穗。在壤土上扦插，要随插随培土，并浇水至苗床湿润。插后10 d左右开始在节部发根。播种育苗：适用于大面积栽培，缺乏无性繁殖种源时采用。播前先用清水浸种24 h，播种量1 g/m²，播后用少许细土覆盖。播种育苗种子发芽率低，只有15%左右。

【主要芳香成分】

水蒸气蒸馏法提取的辽宁千山产败酱干燥茎叶的得油率为1.80%，精油主要成分依次为：5,6,7,7a-四氢-4,4,7-三甲基-2(4氢)-苯并呋喃酮（16.50%）、3,4,5,7-四氢-3,6-二甲基-2(氢)-苯并呋喃酮（15.90%）、1-(2,6,6-三甲基-1,3-环己烯-1-基-2-丁烯-1-酮（7.22%）、二(2-甲基丙基)-邻苯二甲酸（6.62%）、法呢醇（6.08%）、1-甲基-4-(5-甲基-1-亚甲基-4-已烯基环已烯（5.59%）、6,10,14-三甲基-2-十五烷酮（5.42%）、甲基-二(1-甲基丙基)-丁二酸（5.14%）、桉叶油素（4.73%）、十九烷（3.48%）、二十烷（3.15%）、十八烷（2.72%）、十六酸（2.55%）、2,6,10,14-四甲基-十五烷（2.49%）、十七烷（2.34%）、1,2,4,5-四甲基-苯（1.99%）、十六烷（1.92%）、二(1-甲基丙基)-丁二酸（1.90%）、1,2,3,5,6,8a-六氢-4,7-二甲基-1-(1-甲基乙基)-萘（1.71%）、5-甲基-4-已烯-3-酮（1.68%）、4-(2,6,6-三甲基-1-环己烯-1-基)-3-丁烯-2-酮（1.21%）、3-叔丁基-4-羟基苯甲醚（1.07%）等（回瑞华等，2011）。

【营养与功效】

嫩茎叶含有皂苷类、环烯醚萜类、黄酮类、香豆素类、挥发油和有机酸类等化学成分；每100 g嫩苗和嫩茎叶含蛋白质1.5 g，脂肪1 g，维生素A 6.02 mg，维生素B₂ 0.78 mg，维生素C 52 mg。具清热解毒，利尿，镇痛，镇静，抗肿瘤，抗菌，抗病毒等作用。

【食用方法】

嫩苗或嫩叶洗净，沸水焯过，捞入清水内浸泡去苦味，挤干水分后可凉拌、炒食、做馅、和面煮食或晒成干菜。

车前

车前科车前属

学名：*Plantago asiatica* Linn.

别名：车前菜、车前草、牛甜菜、田菠菜、当道、蛤蟆草、牛耳朵、虾蟆衣、牛舌、车轮菜、鱼草、车过路、野甜菜

分布：全国各地

【植物学特征与生境】

多年生草本。高20～60 cm，全体光滑或稍有短毛。根茎短而肥厚，着生多数须根。根出叶外展，长4～12 cm，宽4～9 cm，全缘或有波状锯齿，叶柄和叶片几等长，基部彭大。花茎较叶片短或超出，有浅槽；穗状花序排列不紧密，长20～30 cm，花绿白色。苞片呈三角形，比萼片短。二者都有绿色的龙骨状突起；花冠裂片披针形。蒴果椭圆形，近中不开裂，基部有不脱落的花萼，果内有种子6～8粒，细小，黑色，腹面平坦。花期6～9月，果期6～10月。

适应性强，喜温耐寒，喜湿耐旱，喜光耐阴，喜沙耐黏，喜肥耐瘠，在温暖、潮湿、向阳、沙质沃土上生长良好。种子发芽的适宜温度为20～24℃，茎叶在5～28℃内都能正常生长。

【栽培技术要点】

种子播种繁殖，播种以4月下旬为宜，定植667 m²的用种量为50 g左右，覆土厚0.3～0.5 cm，盖草保湿保温，播种后至出苗期间要保持土壤湿润，齐苗后及时揭除盖草，苗期间苗除草2次，株距10 cm左右留1株，视生长情况浇水追肥。当幼苗长至6～7片叶，苗高13～17 cm时可采收。

【主要芳香成分】

同时蒸馏-萃取法提取的辽宁千山产车前干燥茎叶的得油率为2.79%，精油主要成分依次为：2,6-二叔丁基对甲酚（12.25%）、3-叔丁基-4-羟基茴香醚（9.33%）、6,10,14-三甲基-2-十五烷酮（9.01%）、1-壬烯-3-醇（6.32%）、2,6,10,14-四甲基-十六（碳）烷（5.65%）、十九（碳）烷（5.41%）、3,7-二甲基-1,6-辛二烯-3-醇（4.67%）、二十（碳）烷（4.64%）、2,6-双（1,1-二甲基（乙基）-2,5-环己二烯-1,4-二酮（4.42%）、5,6,7,7a-四氢-4,4,7a-三甲基-2(4H)-苯并呋喃酮（3.98%）、十七（碳）烷（3.91%）、2-(2,6,6-三甲基-1--环己烯-1-基)-2-丁烯-2-酮（3.87%）、2,6,11,15-四甲基-十六（碳）烷（3.62%）、十八（碳）烷（3.17%）、6-甲基-3-(1-甲基（乙基）-7-含氧二环[4.1.0]庚-2-酮（3.05%）、桉叶油素（2.70%）、D-苧烯（2.59%）、2-莰酮（2.35%）、2-乙基-1-己醇（2.10%）、1-(2,6,6-三甲基-1,3-环己二烯-1-基)-2-丁烯-1-酮（2.04%）等（回瑞华等，2004）。

【营养与功效】

叶含果胶质等成分，每100 g嫩茎叶含蛋白质4 g，脂肪1 g，碳水化合物10 g；维生素A 5.85 mg，维生素C 23 mg；钙309 mg，磷175 mg，铁25.3 mg。具有止泻、利尿、祛痰、镇咳、平喘等作用。

【食用方法】

嫩茎叶沸水烫过，清水浸泡几小时去苦味，挤干水，可凉拌、炒食或做汤等。

百里香

唇形科百里香属

学名：*Thymus mongolicus* Ronn.

别名：麝香草、千里香、地角花、地椒、地薑、地椒叶、野百里香、野麝香草、欧百里香

分布：内蒙古、河北、河南、山东、山西、陕西、甘肃、青海

【植物学特征与生境】

多年生常绿小灌木。茎多数，匍匐至上升，营养枝被短柔毛；花枝长达10 cm，上部密被倒或稍平展柔毛，下部毛稀疏。具2～4对叶，叶卵形，长0.4～1.0 cm，宽2.0～4.5 mm，先端钝或稍尖，基部楔形，全缘或疏生细齿，两面无毛，被腺点。花序头状。花萼管状钟形或窄钟形，长4.0～4.5 mm；花冠紫红、紫或粉红色，长6.5～8.0 mm，疏被短柔毛，冠筒长4～5 mm，向上稍增大。小坚果近球形或卵球形，稍扁。花期7～8月。

喜凉爽气候，耐寒，北方可越冬，半日照或全日照均适应。喜干燥的环境，对土壤的要求不高，但在排水良好的石灰质土壤中生长良好。

【栽培技术要点】

可用种子播种，分株或扦插繁殖。4月或9月播种，育苗定植或直播。第1年生长速度比较缓慢，第2年生长加快，并于5～7月开花。分株在3～4月，分株后即行种植。扦插在6月进行定植。不要过密，注意浇水，但不要让土壤过于湿润。定植前要施足基肥。高温栽培困难，高湿则易产生腐烂。7月开始采收。植株过于茂盛时可稍加修剪枝叶，有助于生长。

【主要芳香成分】

水蒸气蒸馏法提取的百里香叶的得油率在0.72%～1.12%之间。甘肃镇原产百里香新鲜茎叶精油的主要成分依次为：百里香酚（22.72%）、香荆芥酚（15.40%）、香芹酚（11.57%）、对-聚伞花素（9.13%）、α-松油醇（5.48%）、反-石竹烯（3.50%）、樟脑（2.86%）、2-甲氧基-4-甲基-1-（1-甲基乙基）苯（2.30%）、柠檬醛（2.01%）、石竹烯氧化物（1.56%）、4-松油醇（1.47%）、莰烯（1.19%）、1-甲氧基-4-甲基-2-异丙基-苯（1.18%）、1-甲基-4-异丙基苯（1.09%）、2-异丙基-5-甲基茴香醚（1.05%）等（张有林等，2011）。宁夏六盘山产野生百里香茎叶精油的主要成分为：牻牛儿醇（26.95%）、香荆芥酚（18.40%）、百里香酚（17.72%）、p-聚伞花烃（6.65%）、γ-松油烯（5.54%）等（陈耀祖等，1988）。

【营养与功效】

每100 g食用部分含维生素E 0.11 mg，维生素A 585μg，胡萝卜素3510μg，纤维素0.20 g；钙218 mg，铁27.9 mg，锰0.94 mg，磷42 mg，镁104 mg，钾470 mg。具有温中散寒，祛风止痛的功效，有镇咳、消炎、防腐等作用。

【食用方法】

叶片可结合各式肉类，鱼贝类料理做菜，如涂在肉和鱼的表面进行烘烤等。

薄荷

唇形科薄荷属

学名：*Mentha haplocalyx* Briq.

别名：仁丹草、土薄荷、苏薄荷、野薄荷、升阳菜、南薄荷、夜息花、夜息香、薄荷叶、水薄荷、通之草、蕃荷菜、见肿消、水益母、接骨草、鱼香草、亚洲薄荷

分布：全国各地

【植物学特征与生境】

多年生草本，高60 cm。茎多分枝，上部被微柔毛。具根茎。叶卵状披针形或长圆形，长3～7 cm，先端尖，基部楔形或圆形，基部以上疏生粗牙齿状锯齿，两面被微柔毛。轮伞花序腋生，球形，径约1.8 cm，花序梗长不及3 mm。花梗细；花萼管状钟形，长约2.5 mm，被微柔毛及腺点，萼齿窄三角状钻形；花冠淡紫或白色，稍被微柔毛，上裂片2裂，余3裂片近等大，长圆形，先端钝。小坚果黄褐色。花期7～9月，果期9～11月。

喜温，耐热。耐寒，适宜生长温度为20～30℃，除极其寒冷的地区外，都可种植。喜湿不耐涝，性较耐阴，在阳光充足及日光不直射的明亮处均能生长良好。对土壤要求不严。

【栽培技术要点】

常用扦插和分株繁殖，扦插在5～7月，分株在4～5月或11月进行。宜疏松、肥沃和排水良好的沙质土壤。在梅雨季至盛夏，应对茎叶进行修剪，以便通风，顺便收获。株行距35 cm×50 cm，每穴1株。生长期间保持土壤湿润，及时中耕除草。当株高20 cm时开始采收嫩茎叶，采收应在晴天露水干后进行。温暖季节15～20 d采收1次，冷凉季节30～40 d采收1次。

【主要芳香成分】

水蒸气蒸馏法提取的薄荷新鲜茎叶的出油率一般在0.30%～1.00%之间，超临界萃取的茎叶得油率在2.00%～2.50%之间。野生薄荷的精油成分有多种化学型，栽培薄荷茎叶精油的主要成分均为薄荷醇，相对含量在69.36%～81.86%之间，含量较高的成分还有：薄荷酮（8.54%～15.19%）、异薄荷酮（2.17%～3.12%）等（沈海等，1997；程传格等，1991）。超临界CO_2萃取法提取的江苏东台产薄荷茎叶精油的主要成分依次为：薄荷醇（61.80%）、2S-反式-5-甲基-2-(1-甲基乙烯基)-环己酮（13.49%）、5-甲基-2-(1-甲基乙烯基)-环己酮（4.31%）、[S-(E,E)]-1-甲基-5-亚甲基-8-(1-甲基乙基)-1,6-环癸二烯（3.08%）、2-异丙基-5-甲基-3-环己烯-1-酮（2.66%）、3-辛烯（1.56%）、石竹烯（1.52%）等（梁呈元等，2007）。

【营养与功效】

主要含挥发油，还含有葡萄糖苷及多种游离氨基酸；每100 g嫩茎叶含维生素A 7.26 mg，维生素B_2 0.14 mg，维生素C 62 mg。有疏散风热、清利咽喉、透疹止痒、消炎镇痛的作用。

【食用方法】

嫩茎叶可凉拌、炒食、油炸、做汤、做粥等。

辣薄荷

唇形科薄荷属

学名：*Mentha piperita* Linn

别名：椒样薄荷、欧洲薄荷、胡椒薄荷、胡薄荷、黑薄荷

分布：新疆、河北、江苏、浙江、安徽、陕西、四川

【植物学特征与生境】

多年生草本，高80～100 cm；分枝四棱形，微具槽。单叶对生，具短柄，披针形至卵状披针形，长2.5～3.0 cm，宽0.8～2.0 cm，基部近圆或浅心形，两面无毛或背面脉上被短刚毛，边缘具不等大锐锯齿。轮伞花序在茎、枝顶端组成穗状花序；苞片线状披针形；花萼管状，萼齿5，边缘具缘毛；花冠白色，长4 mm，冠筒几与花萼等长；花柱伸出花冠很多；花盘平顶。小坚果倒卵圆形，长0.7 mm，褐色，顶端具腺点。花期7月，果期8月。

喜生于气候温和，阳光充足，土壤湿润，土质疏松肥沃，排水良好的地方。

【栽培技术要点】

栽培管理可参照薄荷进行，但须注意：辣薄荷的茎秆较细软，易倒伏，因此注意适当控制氮肥；田间密度大和雨水多时，易发生烂叶病，因此应根据土壤肥力和施肥水平，适当控制密度，改善株间通风透光条件；第一次收割后及时锄去地面上的残茎和匍匐茎，使二刀苗从土中根茎上长出来。

【主要芳香成分】

水蒸气蒸馏法提取的辣薄荷茎叶的出油率在0.20%～1.00之间。不同产地精油共同的主要成分为：薄荷醇（32.53%～42.90%）、薄荷酮（17.70%～26.54%），此外，浙江台州产精油主要成分还有：3,7,7-三甲基二环[4.4.0]庚烷（10.38%）、右旋柠檬烯（7.50%）、桉叶醇（4.05%）、2-异丙基-5-甲基-3-环己烯-1-酮（2.43%）、八氢-7-甲基-3-亚甲基-4-（1-甲基乙基）-1H-环戊基[1,3]环丙基[1,2]苯（2.19%）、4-亚甲基-1-（1-甲基乙基）环己烯（1.56%）、(E)-3,7-二甲基-1,3,6-辛三烯（1.12%）等（陆长根等，2008）；新疆产精油主要成分还有：异薄荷酮（6.84%）、苧烯（4.53%）、薄荷呋喃（3.14%）、新薄荷醇（3.01%）、1,8-桉叶油素（2.88%）、乙酸薄荷酯（2.77%）、β-蒎烯（2.41%）、胡薄荷酮（1.88%）、α-蒎烯（1.84%）、石竹烯（1.09%）等；陕西西安产精油主要成分还有：异戊醇（9.68%）、乙酸薄荷酯（5.20%）、1,8-桉叶油素（4.38%）、新薄荷醇（4.00%）、薄荷呋喃（2.90%）、新异薄荷醇（1.67%）、4-松油醇（1.25%）、苧烯（1.06%）等（苟兴文等，2002）。

【营养与功效】

叶含天冬酰胺、甘氨酸、天冬氨酸、谷氨酸、丙氨酸等氨基酸，精油及熊果酸、薄荷异黄酮甙、异野漆树甙等成分。具疏散风热，解毒散结的功效。

【食用方法】

叶片常用来调理汤类，也是炖肉、沙拉的原料。

留兰香

唇形科薄荷属

学名：*Mentha spicata* Linn.

别名：香花菜、四香菜、绿薄荷、香薄荷、青薄荷、血香菜、狗肉香、土薄荷、鱼香菜、鱼香、鱼香草、荷兰薄荷、假薄荷、狗肉香菜、心叶留兰香

分布：河北、江苏、浙江、广东、广西、四川、贵州、云南、新疆

【植物学特征与生境】

多年生草本。高约3m，有分枝。根茎蔓延。茎方形，呈紫色或深绿色。叶对生；披针形至椭圆状披针形，长1~6cm，宽3~17mm，先端渐尖或急尖，基部圆形或楔形，边缘有疏锯齿，两面均无毛，下面有腺点；叶无柄。轮伞花序密集成顶生的穗状花序；苞片线形，有缘毛；花冠紫色或白色，冠筒内面无毛环，有裂片，上面的萼片大；雄蕊4，伸出冠筒外；花柱顶端2裂，伸出花冠外。小坚果卵形，黑色，有微柔毛。种子非常小，近圆形，褐色，但通常不容易结成种子。花期7~8月，果期8~9月。

喜温暖、湿润气候。较耐干旱不耐涝。对土壤适应性强，但偏酸性（pH值5.5~6.5）为好。

【栽培技术要点】

以选择疏松肥沃有机质含量丰富的土壤种植为佳。地下根茎，匍匐茎，带根的地上茎，种子均可繁殖。无性繁殖较简单，一般采用根茎繁殖法，春季或10月至11月为留兰香的栽种时期。种植时，利用根茎要随挖随栽。选择节间短，粗壮，无病虫害的根茎做种用。干旱季节要适当灌溉，特别是花期要避免干旱，雨天要及时排除积水。一年可收割数次，除需施足底肥外，还需合理进行追肥。每次收获后要追施氮肥，并辅以磷钾肥。注意锈病和白星病的防治。

【主要芳香成分】

水蒸气蒸馏法提取的留兰香新鲜茎叶的得油率在0.08%~0.90%之间。江苏东台产留兰香阴干茎叶精油的主要成分依次为：香芹酮（52.50%）、柠檬烯（30.80%）、β-蒎烯（2.10%）、α-蒎烯（1.80%）、二氢香芹酮（1.70%）、桧烯（1.50%）、新二氢香芹醇（1.10%）等（梁呈元等，2011）。安徽歙县产留兰香新鲜茎叶精油的主要成分为：胡椒烯酮醚（30.51%）、1,8-桉叶油素（28.79%）、柠檬烯（9.97%）、β-月桂烯（8.48%）等（许鹏翔等，2003）。

【营养与功效】

主要有效成分为挥发油，每100g嫩茎叶还含维生素C 51.21 mg，维生素D 34.7μg，维生素K 24.68μg。具解表、和中、理气的功效。

【食用方法】

嫩茎叶可作调料食用和入肴调味，可赋香矫臭，增进食欲。多用于甜菜、面点、汤类之中。

地笋

唇形科地笋属

学名：*Lycopus lucidus* Turcz.

别名：毛叶地笋、毛叶地瓜儿苗、泽兰、地瓜儿苗、地参、地瓜儿、地笋子、地藕、提娄

分布：黑龙江、吉林、辽宁、河北、陕西、四川、贵州、云南

【植物学特征与生境】

多年生草本，株高40～200 cm。地下根状茎横走，白色，先端肥大，肉质，圆柱形或纺锤形。地上茎直立，四棱形，中空，一般不分枝。叶对生，长圆状披针形。轮伞花序，密集，生于叶腋处，多花密集呈圆球形；花冠白色，唇形。小坚果暗褐，倒卵圆形。花期7～9月，果期9～10月。

喜温暖湿润气候和肥沃土壤。地下茎耐寒，适应性很强。耐阴，怕干旱，不怕涝。

【栽培技术要点】

主要用根状茎繁殖。施基肥适量，深耕，作宽约120 cm地畦。于3月下旬至4月上旬刨出根状茎，截成10～15 cm的小段，按行距30～35 cm开深约10 cm的沟，每隔15 cm放根茎1～2段，覆土，浇水。幼苗期及时除草松土2～3次，封垄以后不再除草。苗高10 cm左右时，追施稀薄腐熟的人畜粪，施后要用清水1次。当株高10～15 cm时可开始采收嫩茎叶，每采摘嫩茎叶以后再追施人粪尿1次。一般很少发生病虫为害，有时会有锈病发生；主要虫害有尺蠖。

【主要芳香成分】

不同方法提取的地笋干燥地上部分的得油率在0.12%～2.18%之间。水蒸气蒸馏法提取的湖南产地笋茎叶精油的主要成分依次为：石竹烯氧化物（44.38%）、喇叭烯氧化物（17.05%）、α-石竹烯（5.60%）、α-法尼烯（4.88%）、植醇（2.43%）、石竹烯（2.22%）、γ-杜松烯（2.05%）、六氢法尼基丙酮（1.77%）、β-芹子烯（1.28%）、法尼基丙酮（1.02%）等。（王英锋等，2011）。

【营养与功效】

茎叶含糖类、虫漆蜡、白桦脂酸、熊果酸等；每100 g嫩茎叶含蛋白质4.3 g，脂肪0.7 g，碳水化合物9 g；维生素A 6.33 mg，维生素B_1 0.04 mg，维生素B_2 0.25 mg，维生素B_5 1.4 mg，维生素C 7 mg；钙297 mg，磷62 mg，铁4.4 mg。有活血化瘀、利水消肿的功效，可降血脂、通九窍、利关节、养气血。

【食用方法】

嫩苗或嫩茎叶洗净，用沸水烫过，清水漂洗后，可凉拌、做汤、炒食。

裂叶荆芥

唇形科裂叶荆芥属

学名：*Schizonepeta tenuifolia* (Benth.) Brig.

别名：香荆芥、假苏、鼠蓂、鼠实、小茴香、姜芥、稳齿菜、四棱杆蒿、荆芥

分布：黑龙江、辽宁、河北、河南、山西、陕西、甘肃、青海、四川、贵州、江苏、浙江、江西、湖北、福建、云南

【植物学特征与生境】

一年生草本，高达1 m。茎多分枝。叶指状三裂，长1～3 cm，裂片披针形，中间较大，两侧较小，全缘。轮伞花序疏散，组成顶生间断穗状花序；苞片叶状，小苞片线形。花萼管状钟形；花冠紫色，被柔毛。小坚果褐色，长圆状三棱形，长约1.5 mm，被瘤点。花期7～9月，果期8～10月。

适应性强，喜温暖，也较耐热，耐阴，耐贫瘠，耐旱而不耐渍。

【栽培技术要点】

用种子繁殖，直播或育苗移栽。一般夏季直播而春播采用育苗移栽。种子细小，整地必须细致同时施足基肥。幼苗期应经常浇水，以利生长，成株后抗旱能力增强，但忌水涝，故如雨水过多，应及时排除积水。春播者，当年8～9月采收；夏播者，当年10月采收；秋播者，翌年5～6月收获。

【主要芳香成分】

水蒸气蒸馏法提取的湖北红安产裂叶荆芥叶精油的主要成分依次为：(＋)-胡薄荷酮（29.26%）、α-蛇麻烯（17.09%）、薄荷酮（15.09%）、(－)-胡薄荷酮（4.21%）、乙基-(E)-9-十六碳烯酯（3.98%）、柠檬油精（2.98%）、薄荷呋喃（2.43%）、α-菖蒲二烯（2.38%）、乙酸-1-辛烯基酯（2.26%）、(E)-β-金合欢烯（1.73%）、异胡薄荷酮（1.49%）、(Z,E)-α-金合欢烯（1.31%）、异戊酸乙酯（1.28%）等（谢练武等，2009）。水蒸气蒸馏法提取的裂叶荆芥地上部分的得油率在0.20%～1.30%之间，江苏产裂叶荆芥干燥地上部分精油的主要成分依次为：对-薄荷酮（52.50%）、胡薄荷酮（28.80%）、对-薄荷-3-酮（3.37%）、优葛缕酮（2.41%）、石竹烯（1.35%）等（周玲等，2009）。超临界CO_2萃取法提取的裂叶荆芥茎叶的得油率在1.80%～6.31%之间。

【营养与功效】

茎叶含挥发油、单萜式、黄酮类化合物。具疏风解表，透疹，止痉，止血等功效。

【食用方法】

嫩茎叶洗净，沸水烫过，凉拌，也可炒食或做汤。

硬毛地笋

唇形科地笋属

学名：*Lycopus lucidus* Turcz.var.*hirtus* Regel

别名：硬毛地瓜儿苗、毛叶地瓜儿苗、地瓜儿苗、地笋、泽兰、矮地瓜苗

分布：黑龙江、吉林、辽宁、内蒙古、河北、山东、山西、陕西、甘肃、浙江、江苏、江西、安徽、福建、台湾、湖北、湖南、广东、广西、贵州、四川、云南

【植物学特征与生境】

多年生草本，高40～120cm；根茎横走，先端肥大呈圆柱形。茎直立，通常不分枝，四棱形。叶对生，披针形，长2.5～12cm，暗绿色。轮伞花序无梗，轮廓圆球形，花时径1.2～1.5cm，多花密集，小苞片卵圆形至披针形，先端刺尖。花萼钟形，外面具腺点；花冠白色，具腺点；花柱伸出花冠；花盘平顶。小坚果倒卵圆状四边形，褐色，有腺点。花期6～9月，果期8～11月。

适宜温暖湿润的气候，不怕涝，耐寒，喜肥，生长适温18～30℃，冬季地上部分枯死。

【栽培技术要点】

宜选择土层深厚、疏松、肥沃的砂壤土种植。做龟背形畦，畦宽170cm，高15～20cm，沟宽25～30cm。于12月选择当年种植、新鲜健壮、无病虫害、直径2.5cm以上的根茎为种苗。穴栽株距60～70cm，行距45～50cm，覆土厚7～10cm。出苗后及时揭膜，5～6月中耕、除草、培土、清沟1～2次，结合培土追施复合肥。立秋前后及时摘除花蕾，以减少养分消耗。对生长高大的植株用竹枝、竹片等固定扶正，以防倒伏。病虫害主要有蚜虫、地下害虫和斑枯病、根腐病。

【主要芳香成分】

水蒸气蒸馏法提取的硬毛地笋茎叶精油的主要成分依次为：月桂烯（26.92%）、蛇麻烯（14.34%）、反式-丁香烯（10.24%）、β-蒎烯（5.37%）、γ-松油烯（4.49%）、丁香烯氧化物（2.44%）、α-蒎烯（2.30%）、β-水芹烯（1.90%）、橙花叔醇（1.55%）、γ-荜澄茄烯（1.50%）、对-聚伞花素（1.41%）、苯甲醛（1.20%）等（韩淑萍等，1992）。浙江温州产硬毛地笋叶精油的主要成分为：Z,Z,Z-1,5,9,9-四甲基-1,4,7-环十一碳三烯（15.90%）、反式石竹烯（11.19%）、葎草烯环氧化物Ⅱ（9.11%）、月桂烯（8.71%）等（郑勇龙等，2012）。

【营养与功效】

地上部分含有挥发油和单宁等成分，具有活血、行水、益气的功效，多用于活血化瘀。

【食用方法】

嫩茎叶可炒食或做汤。

藿香

唇形科藿香属

学名：*Agastache rugosus*（Fisch.et Meyer）Kuntze.

别名：茴藿香、川藿香、苏藿香、野藿香、土藿香、山茴香、家茴香、拉拉香、猫巴蒿

分布：全国各地

【植物学特征与生境】

多年生草本，茎直立，高0.5~1.5 m，四棱形，上部被极短的柔毛，下部无毛。叶纸质，心状卵形至长圆状披针形，长4.5~11 cm，宽3.0~6.5 cm，基部心形，边缘具粗齿，橄榄绿色，被微柔毛及腺点；叶柄长1.5~3.5 cm。轮伞花序多花，组成顶生，长5~12 cm，圆筒形穗状花序；苞叶长5 mm，宽1~2 mm，被腺质微柔毛及黄色小腺点，多少染成淡紫色或紫红色；花冠淡紫蓝色，长约8 mm，外面被微柔毛。成熟小坚果卵状长圆形，长约1.8 mm，宽约1.1 mm，腹面具棱，顶端具短硬毛，褐色。花期6~9月，果期9~11月。

喜温暖湿润的气候，有一定的耐寒性。对土壤要求不严，一般土壤均可生长，以砂质壤土为好。

【栽培技术要点】

种子繁殖。选择排水良好的沙质土壤或壤土地，每667 m²施厩肥2500 kg左右，翻入地里耕平做畦。气温13~18℃，10 d左右出苗。苗高6~10 cm时间苗，条播按株距10~15 cm留苗。穴播的每穴留苗3~4株，经常松土锄草。苗高25~30 cm时培土，结合施肥，一般6~8月施2~3次，以人粪尿或充分腐熟的粪肥为主，每次酌施稀薄的人畜粪水1000 kg左右，也可每667 m²施硫酸铵10~13 kg，施后浇水。病害主要有褐斑病；虫害主要有银蚊夜蛾、豆毒蛾及黄腹灯蛾、叶跳甲、蟋蟀等。

【主要芳香成分】

水蒸气蒸馏法提取的藿香叶的得油率在0.10%~1.90%之间，湖北巴东产藿香盛花期阴干叶精油的主要成分依次为：甲基胡椒酚（69.12%）、d-柠檬烯（7.90%）、丁香烯（6.69%）、十氢-7-甲基-3-甲烯基-4-（1-甲基乙基）-1H-环戊基[1,3]环丙基[1,2]苯（5.45%）、大根香叶烯B（1.86%）、十氢-3a-甲基-6-甲烯基-（1-甲基乙基）-环丙基[1.2.3.4]二环戊烯（1.65%）等（杨得坡等，2000）。超临界萃取的叶的得油率为2.53%。

【营养与功效】

茎叶是高钙、高胡萝卜素食品，每100 g嫩叶含蛋白质8.6 g、脂肪1.7 g、碳水化合物10 g、胡萝卜素6.38 mg、维生素B_1 0.1 mg、维生素B_2 0.38 mg、尼克酸1.2 mg、维生素C 23 mg、钙580 mg、磷104 mg、铁28.5 mg。对多种致病性真菌都有一定的抑制作用，具有祛暑解表，化湿脾，理气和胃的功效。

【食用方法】

嫩苗或嫩茎叶焯水，清水浸泡1 d后，可凉拌、腌渍、炒食、做汤、做粥；嫩叶配以淀粉、蛋清可油炸。

活血丹

唇形科活血丹属
学名：*Glechoma longituba* (Nakai) Kupr.
别名：透骨消、连钱草、金钱草、佛耳草、遍地香、连金钱、大金钱草、对叶金钱
分布：除青海、甘肃、西藏、新疆外，全国各地均有分布

【植物学特征与生境】

多年生草本，高30 cm。茎基部带淡紫红色，幼嫩部分疏被长柔毛。叶草质，下部叶较小，心形或近肾形，上部叶较大，心形，具粗圆齿或粗齿状圆齿，上面疏被糙伏毛或微柔毛，下面带淡紫色；下部叶柄较长。轮伞花序，具2~6花；苞片及小苞片线形；花萼管形，被长柔毛；花冠蓝或紫色，下唇具深色斑点，长筒花冠长1.7~2.2 cm，短筒花冠长1.0~1.4 cm，稍被长柔毛及微柔毛。小坚果长约1.5 mm，顶端圆，基部稍三棱形。花期4~5月，果期5~6月。

喜阴湿，对土壤要求不严。适宜在温暖、湿润的气候条件下生长。

【栽培技术要点】

以疏松、肥沃、排水良好的砂质壤土为佳。可用种子和匍匐茎扦插繁殖，多采用扦插繁殖。每年3~4月，将匍匐茎剪下，每3~4节剪成一段作插条。在畦面距边20 cm处各开1条浅沟，沟深6~8 cm，将插条按株距10 cm扦插在浅沟内，插条入土2~3节，插后盖一层薄土轻轻压实，浇定根水。扦插后若天旱要经常淋水保苗，促使生根成活。在插条发出新叶时和茎蔓长到12~15 cm时，每667 m² 施浇清淡腐熟人畜粪水1500~2000 kg。夏秋季每次收获后，均要追肥。每2个月左右采收1次，采收时用镰刀在离地面6~8 cm处割下地上部分植株，留下根蔸以利继续萌发。

【主要芳香成分】

水蒸气蒸馏法提取的活血丹干燥茎叶的得油率为0.03%，重庆产活血丹新鲜茎叶精油的主要成分依次为：6,10-二甲基-2-异丙烯基螺[4,5]-6-癸烯-8-酮（16.40%）、松茨酮（16.37%）、(+)-喇叭烯（7.63%）、β-荜澄烯（7.51%）、[1S-(1α,7α,8aα)]-1,2,3,5,6,7,8,8a-八氢-1,8a-二甲基-7-(1-甲基乙烯基)-萘（4.05%）、石竹烯（4.05%）、1-辛烯-3-醇（2.96%）、双环大根香叶烯（2.69%）、大根香叶烯D（2.44%）、月桂烯（2.42%）、二十四烷（2.09%）、大根香叶烯D-4-醇（1.93%）、二十烷（1.75%）、十八烷（1.72%）、α-杜松醇（1.64%）、香桧烯（1.61%）、3-己烯-1-醇（1.58%）、α-荜草烯（1.52%）、[1R-(1α,7β,8aα)]-1,2,3,5,6,7,8,8a-八氢-1,8a-二甲基-7-(1-甲基乙烯基)-萘（1.41%）、δ-杜松烯（1.09%）、T-木罗醇（1.00%）等（樊钰虎等，2010）。浙江温州产活血丹新鲜茎叶精油的主要成分为：β-石竹烯（14.66%）、早熟素Ⅰ（11.25%）、喇叭烯（10.60%）、异松漾酮（10.50%）、石竹素（7.02%）、β-荜澄茄油烯（6.34%）等（周子晔等，2011）。

【营养与功效】

茎叶含挥发油，尚含熊果酸、β-谷甾醇、棕榈酸、琥珀酸、咖啡酸、阿魏酸、胆碱、维生素C、水苏糖等；每100 g嫩茎叶含维生素A 4.15 mg，维生素B_2 0.13 mg，维生素C 56 mg。具有利湿通淋、清热解毒、散瘀消肿等功效。

【食用方法】

春、夏季采摘嫩茎叶，洗净，沸水烫过，换清水浸泡30 min，滤干后可炒食、做汤等。

荆芥

唇形科荆芥属

学名：*Nepeta cataria* Linn.

别名：樟脑草、薄荷、凉薄荷、土荆芥、大茴香、香薷、假苏、小荆芥、小薄荷、猫薄荷

分布：新疆、山西、河南、山东、江苏、湖北、贵州、广西、云南、四川、陕西、甘肃

【植物学特征与生境】

多年生草本，高达1.5 m。被白色短柔毛。叶卵形或三角状心形，长2.5~7 cm，先端尖，基部心形或平截，具粗圆齿或牙齿，上面被微硬毛，下面被短柔毛，脉上毛较密；叶柄细，长0.7~3 cm。聚伞圆锥花序顶生；苞片及小苞片钻形；花萼管状，被白色短柔毛，萼齿内面被长硬毛，钻形，长约1.5~2 mm；花冠白色，下唇被紫色斑点，长约7.5 mm，被白色柔毛。小坚果三棱状卵球形，长约1.7 mm。花期7~9月，果期9~10月。

生命力强，容易种植。适应性强，耐寒，喜温暖，也较耐热，耐阴，耐贫瘠，耐旱而不耐渍。

【栽培技术要点】

适合于向阳、排水良好的地块栽培。种子、扦插和分株繁殖。种子繁殖，4月下旬至6月均可播种。种子小，苗床土要细碎，平整。播种时拌细沙或细土，均匀撒播于苗床，再覆盖厚约1 cm的细土。保持畦面不积水。出苗后及时间苗，保持株间距约8 cm。幼苗具2~3片真叶即可移栽。扦插繁殖6~7月。分株繁殖3~4月。一般行株距为40 cm×20~25 cm。定植后浇足定根水。苗期要及时浇水，缓苗后及时中耕除草。

【主要芳香成分】

水蒸气蒸馏法提取的荆芥茎叶的得油率在0.05%~1.40%之间。河南开封产荆芥新鲜茎叶精油的主要成分依次为：反-柠檬醛（17.80%）、顺-柠檬醛（15.38%）、对烯丙基茴香醚（14.76%）、α-法呢烯（5.60%）、古巴烯（3.91%）、莳醇（3.81%）、α-石竹烯（2.49%）、反-3,7-二甲基-2,6-辛二烯-1-醇（2.22%）、异石竹烯（2.15%）、6-甲基-5-庚烯-2-酮（1.76%）、β-法呢烯（1.71%）、石竹烯氧化物（1.58%）、1-甲基-4-[5-甲基-1-甲叉-4-己烯基]环己烯（1.13%）等（方明月等，2007）。青海大通产荆芥茎叶精油的主要成分为：葛缕酮（52.24%）、柠檬烯（16.03%）、α-石竹烯（9.53%）等（朱亮锋等，1993）。

【营养与功效】

茎叶除含挥发油外，还含有荆芥甙A、B、C、D、E以及荆芥醇、荆芥二醇等单萜类化合物，葡萄糖甙、橙皮甙、香叶木素、橙皮素和黄色黄素等黄酮类成分。能镇痉、祛风、凉血，具有解表散风、透疹功效。

【食用方法】

嫩茎叶作凉拌菜，可防暑，增进食欲，与鱼同食可去鱼腥味；常被用作调味品，可做汤和寿司的香味品。

罗勒

唇形科罗勒属

学名：*Ocimum basilicum* Linn.

别名：气香草、矮糠、零陵香、毛罗勒、甜罗勒、九层塔、省头草、家薄荷、小叶薄荷

分布：新疆、吉林、河北、浙江、江苏、江西、湖北、湖南、广东、广西、福建、台湾、贵州、云南、四川、河南、安徽

【植物学特征与生境】

一年生草本植物。株高20～100 cm，有特殊香气。茎直立，四棱形，多分枝密被柔毛。叶互生，有柄；叶片卵形或长卵形，长2～7 cm，宽1～4 cm，全缘或有疏锯齿，背面有腺点。轮伞花蔟集成间断的顶生总状花序，每一花茎一般有轮伞花序6～10层；花萼筒状，宿萼，花冠唇形，白色、淡紫色或紫色，雌蕊4枚，柱头1枚。每花能形成小坚果4枚，坚果黑褐色，椭圆形，遇水后种子表面形成黏液物。花期7～9月。

喜温暖，生长适温为25～28℃，低于18℃时生长缓慢，低于10℃时停止生长。在低温和短日照条件下易抽薹。

【栽培技术要点】

选通风、向阳的地块栽培。种子和扦插繁殖。种植季节以收获嫩苗食用的于无霜期内均可露地直播。以采收嫩茎叶的主要在春季播种，南方3～4月，北方4月下旬至5月初播种。扦插繁殖适期7月。种植方法条播按行距35 cm左右开浅沟，穴播按穴距25 cm开浅穴。每667 m²用种子0.2～0.3 kg。北方也可育苗移栽，3～5月阳畦育苗，苗高10～15 cm时带土移栽，株行距30 cm×40～50 cm。直播的苗高6～10 cm时进行间苗，补苗，间拔的幼苗也可食用。一般中耕除草2次，第一次于出苗后10～20 d，第二次5月上旬到6月上旬。生长期间应保持土壤湿润。一般无病虫害。当苗高20 cm时先采收主茎的嫩茎叶，再采收侧枝的嫩茎叶。

【主要芳香成分】

水蒸气蒸馏法提取的罗勒茎叶或叶的得油率在0.11%～2.66%之间，超临界萃取的茎叶或茎叶的得油率在0.37%～4.96%之间。水蒸气蒸馏法提取的海南产罗勒新鲜茎叶精油主要成分依次为：草蒿脑（64.55%）、甲基丁香酚（12.16%）、1,8-桉叶素（8.36%）、T-荜澄茄醇（1.51%）、E-细辛脑（1.41%）、（E）-β-罗勒烯（1.03%）等（任竹君等，2011）。新疆吐鲁番产罗勒新鲜茎叶精油的主要成分为：芳樟醇（47.98%）、茴香脑（14.50%）、表圆线藻烯（7.57%）、杜松烯醇（7.40%）等（帕丽达等，2006）。河南开封产罗勒新鲜茎叶精油的主要成分为：1,7-二甲基-1,6-辛二烯-3-醇（29.87%）、1-己烯（10.50%）、3-己酮（5.64%）等（汪涛等，2003）。

【营养与功效】

茎叶除含挥发油外，每100 g新鲜叶含蛋白质12.93 g，维生素C 2.76 mg，钾1860.8 mg，钙352.7 mg，镁89.8 mg。有疏风行气、化湿消食、活血、解毒的功效。

【食用方法】

嫩叶或嫩茎叶沸水烫后可炒食、凉拌、油炸或做汤。鲜叶入肴调味，可敷香，增进食欲。

迷迭香

唇形科迷迭香属

学名：*Rosmarinus officinalis* Linn.

别名：油安草

分布：云南、新疆、贵州、广西、北京等地有栽培

【植物学特征与生境】

多年生常绿灌木，高达2m。茎及老枝圆柱形，皮层暗灰色，不规则的纵裂，块状剥落，幼枝四棱形，密被白色星状细绒毛。叶常常在枝上丛生，具极短的柄或无柄，叶片线形，长1~2.5cm，宽1~2mm，先端钝，基部渐狭，全缘，向背面卷曲，革质，上面稍具光泽，近无毛，下面密被白色的星状绒毛。花近无梗，对生，少数聚集在短枝的顶端组成总状花序；苞片小，具柄；花萼卵状钟形，长约4mm，外面密被白色星状绒毛及腺体；花冠蓝紫色，长不及1cm，外被疏短柔毛；花盘平顶。花期11月。

喜温暖气候，但高温期生长缓慢，较能耐旱。生长期要有充足的阳光，避免高温多湿。

【栽培技术要点】

可以种子繁殖，但发芽缓慢且发芽率低。以扦插繁殖为主，在50格穴盘内装培养土，取顶芽扦插。扦插前在基部蘸生根粉，插后放在荫凉的地方大约一个月后即可移植。以富含砂质、排水良好土壤为宜，移栽株行距为40×40 cm，每667 m²种植4000~4300株。移栽后要浇足定根水。栽种季节在南方一年四季均可，春秋季最佳。栽后5d浇第二次水。待苗成活后，可减少浇水。发现死苗要及时补栽。在种植后开始生长时要剪去顶端，侧芽萌发后再剪2~3次，每次修剪时不要剪超过枝条长度的一半，剪掉过多和老化的枯枝叶。采收须戴手套并穿长袖服装防止伤口所流出的汁液粘到皮肤。

【主要芳香成分】

水蒸气蒸馏法提取的迷迭香茎叶的得油率在0.40%~2.90%之间，超临界萃取的得油率在1.18%~8.87%之间。水蒸气蒸馏法提取的上海产迷迭香干燥叶精油的主要成分依次为：樟脑（31.21%）、1,8-桉叶油素（27.51%）、α-蒎烯（4.94%）、1-亚甲-4-（1-甲基乙烯基）-环己烷（4.73%）、2-莰醇（4.51%）、左旋乙酸龙脑酯（3.79%）、对伞花烃（3.52%）、莰烯（2.74%）、3-辛酮（2.72%）、α-松油醇（2.30%）、芳樟醇（1.72%）、马鞭草烯醇（1.28%）、降莰烷（1.26%）、（-）-4-萜品醇（1.14%）等（孔静思等，2011）。广西百色产迷迭香干燥叶精油的主要成分为：1,8-桉叶素（29.50%）、α-蒎烯（29.25%）、樟脑（9.51%）、莰烯（8.09%）等（黄景荣等，2009）。贵州产迷迭香叶精油主要成分为：α-蒎烯（28.73%）、1,8-桉叶油素（18.24%）、莰烯（7.23%）、樟脑（7.19%）等（许鹏翔等，2003）。

【营养与功效】

全草除含挥发油外，还含葡萄糖甙、迷迭香碱、鼠尾草酸、熊果酸等多种化合物。有助消化脂肪、杀灭病菌、抗氧化的作用。对消除胃气胀、增强记忆力、提神醒脑、减轻头痛症状、伤风、腹胀、肥胖等亦很有功效。

【食用方法】

广泛运用于烹调，新鲜嫩枝叶可消除肉类腥味，用于香烤排骨、烤鸡等；也可作为沙拉用的生菜，在川烫时加点叶片，则特殊香气很易入菜。

香蜂花

唇形科蜜蜂花属

学名：*Melissa officinalis* Linn.

别名：柠檬香蜂草、柠檬香薄荷、蜜蜂花

分布：我国间有引种栽培

【植物学特征与生境】

多年生草本。茎直立或近直立，多分枝，分枝大多数在茎中部或以下作塔形开展，四棱形，具四浅槽，被柔毛。叶具细柄，叶片卵圆形，先端急尖或钝，基部圆形至近心形，边缘具锯齿状圆齿或钝锯齿，近膜质或草质，上面被长柔毛。轮伞花序腋生，具短梗，2～14花；苞片叶状，比叶小很多，被长柔毛及具缘毛；花梗长约4 mm，被长柔毛。花萼钟形，长约8 mm，二唇形；花冠乳白色，长12～13 mm，被柔毛。小坚果卵圆形。花期6～8月。

既耐热又耐寒，对土壤要求不严格，耐干旱，但不耐水涝。

【栽培技术要点】

宜选用肥沃的沙壤土种植。种子繁殖：种子细小，可直播或育苗移栽。直播可撒播、条播或点播，移苗多在立春前后进行，待苗高5 cm左右，具有4～6片真叶时移栽，株行距为50 cm×35 cm，单株定植。分株移栽：多在冬季至早春进行，选新鲜、粗壮、白嫩的匍匐茎和地下茎剪成5～6 cm长的茎段，注意不要从茎节处剪。种植地块深翻后施足有机底肥，每667 m²施腐熟有机肥2000～3000 kg及适量的磷钾肥，南方宜做高畦，北方宜做平畦，沟距40～50 cm，深20 cm左右，铺2 cm左右的细土，将剪好的茎段按35 cm放入沟中，覆土8 cm，浇透水。田间管理：定植后及时浇水并进行中耕除草，保持土壤湿润，每次采收后需追施氮肥。及时进行去劣、疏拔、摘心等工作。采收：主茎高20～30 cm左右时即可采收嫩尖食用，栽植一次可连续采收2～3年，一般20～40 d采收一次。

【主要芳香成分】

同时蒸馏萃取法提取的云南德宏产香蜂花新鲜叶精油的主要成分依次为：香叶醛（24.54%）、橙花醛（21.98%）、β-石竹烯（8.94%）、反式马鞭草烯醇（4.59%）、1,3,4-三甲基-3-环己烯-1-甲醛（4.10%）、檀香醇（2.78%）、苯乙酸香叶酯（2.24%）、苯乙醛（1.50%）、马鞭草烯基乙基醚（1.47%）、邻苯二甲酸二丁酯（1.47%）、三十六烷（1.44%）、丁酸芳樟酯（1.34%）、α-葎草烯（1.23%）、棕榈酸（1.21%）、长叶烯（1.10%）、6-甲基-5-庚烯-2-酮（1.09%）、反式香芹醇（1.05%）、三十二烷（1.00%）等（刘劲芸等，2012）。

【营养与功效】

嫩茎叶含有丰富的复原糖、粗蛋白质、纤维素、钾、钙、镁、铁、锌、锰、锶、硒、维生素C、胡萝卜素和挥发油等营养成分，还含有苦味素、黄酮类等有益化合物。具备强身、抗病毒、安静止痛、驱风湿、镇定痉挛等效果。

【食用方法】

新鲜嫩茎叶洗净切碎后凉拌生食，幽香可口；或放入肉汤中调味，也可用于烹鱼。

甘牛至

唇形科牛至属

学名：*Origanum marjorana* Linn.

别名：马郁兰、甜牛至、花薄荷、马月兰花、马郁草、马约兰草、甜墨角兰、多节墨角兰

分布：广东、广西、上海等地有栽培

【植物学特征与生境】

多年生草本。高约35～65 cm，茎直立，棱形或四方形，草绿色。浅根系，主、侧根不明显。叶对生，具叶柄，倒卵形至阔椭圆形，长0.6～2.5 cm，先端宽钝形，全缘有光泽，被毛。花序圆锥状，小穗长圆形，3～5成一簇；苞片被白色毛；花萼倾斜；花冠白色至粉红色或紫色，长约4 mm。小坚果卵球状，光滑；种子长椭圆形，光滑，黑褐色。

喜冷凉气候，但耐寒力较差。喜肥沃排水良好的沙质壤土或土质深厚壤土，以中性至碱性土壤为佳。

【栽培技术要点】

宜选疏松肥沃，避风向阳，地势较低又不积水的地块种植。种子繁殖和扦插繁殖。种子繁殖在短期内繁殖大量的苗木，生产上多被采用。繁殖用的种子于秋、冬季节采集，春季播种。扦插繁殖是剪取当年生长发育充实健壮的枝条做插条，插条长约8～10 cm，粗0.2～0.3 cm并带有2～3个节的枝条。不论扦插还是实生苗都必须细心的抚育管理，注意喷水保湿，适当施肥，避免烈日直射，防寒防风，中耕除草等几个关键措施。定植于春季进行，尽量带土不伤根，通常6～8株种在一起。定植后的田间管理要注意中耕除草；培土；合理施肥；浇水几个环节。

【主要芳香成分】

水蒸气蒸馏法提取的不同月份采收的甘牛至新鲜茎叶的得油率在0.05%～0.42%之间。茎叶精油的主要成分依次为：1,8-桉叶油素（62.38%）、芳樟醇（15.17%）、α-蒎烯（4.28%）、龙脑（2.63%）、α-松油醇（2.33%）、β-蒎烯（2.06%）、莰烯（2.04%）、乙酸芳樟酯（1.54%）、樟脑（1.37%）、桧烯（1.09%）等（朱亮锋等，1993）。上海不同月份采收的甘牛至新鲜茎叶精油的主要成分依次为：4-松油醇（20.80%～32.46%）、芳樟醇（7.43%～26.66%）、β-松油烯（5.11%～12.94%）、α-松油醇（3.13%～5.76%）、α-松油烯（1.28%～6.67%）、桧烯（1.38%～5.84%）、水合桧烯（1.07%～5.89%）、异松油烯（1.32%～2.89%）、对蓋二烯-醇（1.29%～5.35%）、β-石竹烯（1.77%～3.08%）、二环大根香叶烯（1.05%～2.64%）、月桂烯（1.09%～2.02%）等（朱雯琪等，2010）。

【营养与功效】

叶除含挥发油外，还含有丰富的其他活性物质，每百克鲜叶中含超氧化物歧化酶18.78 mg、钾442 mg、钠16.2 mg、钙218 mg、镁66.5 mg、磷51.1 mg、铜0.9 mg、铁10.7 mg、锌0.89 mg、锰0.6 mg、锶1.1 mg。具有清热解表、利尿消肿的功效。现代药理学研究表明，甘牛至具有抗菌、消炎、镇痛、调节免疫等方面作用。

【食用方法】

用鲜叶或干叶做肉类的芳香调料、家禽烤制时的填馅，也可做色拉、做汤、腌渍等。

牛至

唇形科牛至属

学名：*Origanum vulgare* Linn.

别名：山薄荷、小叶薄荷、满坡香、野荆芥、白花茵陈、土香薷、地藿香、土茵陈

分布：河南、湖北、湖南、江西、云南、贵州、四川、甘肃、新疆、陕西、广东、广西、上海、安徽、江苏、浙江、福建、台湾、西藏

【植物学特征与生境】

多年生草本或半灌木，芳香；根茎斜生，其节上具纤细的须根，多少木质。茎直立或近基部伏地，通常高25～60 cm，多少带紫色，四棱形。叶具短柄，被柔毛，卵圆形或长圆状卵圆形，绿色，常带紫晕，具腺点；苞叶大多无柄，常带紫色。伞房状圆锥花序，开张，多花密集；苞片长圆状倒卵形至倒卵形或倒披针形，锐尖，绿色或带紫晕；花萼钟状；花冠紫红、淡红至白色，管状钟形；花盘平顶。花柱略超出雄蕊。小坚果卵圆形，褐色，无毛。花期7～9月，果期10～12月。

喜温暖、光照，较耐寒、耐湿、抗干旱，适宜微酸疏松的土壤生长。

【栽培技术要点】

以土层深厚，土壤肥沃，排灌方便的壤土或砂壤土为好。用种子繁殖和分株繁殖。种子繁殖可直播或育苗移栽。在寒冷地区露地作一年生栽培时于春季播种。冬季保护地栽培。温暖地区为多年生栽培，春播、秋播均可。苗高10 cm左右可移栽，按50 cm×30 cm的行株距穴栽。分株繁殖于早春或晚秋进行，挖起老根，选择较粗壮并带2～3芽的根剪开种植。小苗时要注意除草，干旱时及时灌水，每次采收枝叶后要追施氮肥。第一年要不断进行摘心。梅雨季节到夏季高温，要注意整枝，使其通风透光。干燥地区冬前灌一次冻水。第三年开始可以利用其进行分株繁殖。

【主要芳香成分】

水蒸气蒸馏法提取的牛至茎叶的得油率在0.12%～3.20%之间。山东产牛至叶精油的主要成分依次为：香芹酚（69.78%）、麝香草酚（16.08%）、红没药烯（2.01%）、邻伞花烃（1.64%）等（李荣等，2011）。贵州贵阳产牛至新鲜叶精油的主要成分为：香荆芥酚（32.51%）、枯茗酸（12.70%）、△4-蒈烯（11.23%）、月桂烯（9.18%）、β-丁香烯（6.33%）、3-辛酮（6.20%）、对-聚伞花素（5.42%）等（袁果等，1997）。

【营养与功效】

茎叶含挥发油，每1 mg中含抗衰老素超氧化物岐化酶187.80μg，是蔬菜中含量最高者，其抗氧化功能非常强；叶含熊果酸和水苏糖。具有清热解表、理气化湿、利尿消肿之功效。

【食用方法】

嫩叶洗净，煮熟，蘸辣椒酱食用；鲜叶或干叶做肉类的芳香调料、家禽烤制时的填馅；也可做色拉、做汤、腌渍等。

丹参

唇形科鼠尾草属

学名：Salvia miltiorrhiza Bge

别名：葛公菜、赤参、逐乌、山参、木羊乳、血参根、野苏子根、紫丹参、红根、血参、夏丹参

分布：四川、山西、陕西、山东、河南、河北、江苏、浙江、安徽、江西、湖南

【植物学特征与生境】

多年生直立草本；根肥厚，肉质，外面朱红色，内面白色，长5~15 cm，直径4~14 mm，疏生支根。茎直立，高40~80 cm，四棱形，具槽，密被长柔毛。叶常为奇数羽状复叶，叶柄长1.3~7.5 cm，密被长柔毛，小叶3~7，长1.5~8 cm，宽1~4 cm，卵圆形或椭圆状卵圆形或宽披针形，边缘具圆齿，草质。轮伞花序6花或多花，组成长4.5~17 cm具长梗的顶生或腋生总状花序；苞片披针形，全缘；花萼钟形，带紫色，长约1.1 cm，花后稍增大；花冠紫蓝色，长2~2.7 cm，外被具腺短柔毛。小坚果黑色，椭圆形，长约3.2 cm，直径1.5 mm。花期4~8月，花后见果。

喜气候温和，光照充足，空气湿润，土壤肥沃。生育期光照不足，气温较低，幼苗生长慢，植株发育不良。年平均气温为17.1℃，平均相对湿度为77%的条件下，生长发育良好。适宜在土质肥沃的沙质壤土上生长，土壤酸碱度适应性较广。

【栽培技术要点】

选择地势向阳的斜坡地，土壤要求深厚疏松，排水良好的中等地块。每667 m²施腐熟农家肥3500 kg，深耕25~30 cm。垄高20 cm，垄顶宽40 cm，覆膜。秋栽在10月中旬~11月上旬，选根直径0.3 cm、叶片数10片以上、苗高10 cm以上的大苗，切主根2 cm长并用50%多菌灵溶液浸根10 min，促分根和杀菌。按株行距20 cm×25 cm栽植，挖9 cm左右深的穴，每穴栽2~3株，及时浇水稳根，浇水后覆土至平穴。育苗田要经常保持土壤湿润，至少拔草2~3次。结合除草追肥2~3次。注意排水。除了留种株外，抽出的花薹应及时摘除。主要有根腐病、叶斑病、根结线虫，注意防治。

【主要芳香成分】

水蒸气蒸馏法提取的山东泰安产丹参叶精油的主要成分依次为：大根香叶烯D（15.93%）、2,4-二叔丁基苯酚（10.58%）、(+)-环异洒剔烯（3.20%）、草烷-1,6二烯-3-醇（2.33%）、异石竹烯（2.14%）、4-羟基-2-甲氧基苯乙烯（1.40%）等（冯蕾等，2010）。顶空固相微萃取法提取的陕西西安产栽培丹参干燥叶挥发油的主要成分依次为：大根香叶烯D（16.76%）、β-波旁烯（13.05%）、β-石竹烯氧化物（10.84%）、β-石竹烯（5.41%）、棕榈醛（4.49%）、α-石竹烯（3.09%）、十六酸甲酯（2.77%）、古巴烯（2.10%）、乙酸龙脑酯（2.09%）、β-荜澄茄烯（2.01%）、石竹烯氧化物（1.50%）、α-紫穗槐烯（1.41%）、δ-杜松烯（1.25%）、β-榄香烯（1.03%）、癸醛（1.00%）等（陈康健等，2011）。

【营养与功效】

叶中主要含有黄酮类、酚酸类、皂苷类、香豆素类和微量元素等成分，还含有鞣质、多糖及苷类、多肽、迷迭香酸甲酯等芳香酯类、熊果酸等甾体类、异槲皮苷等黄酮类等物质。有活血、养心、去淤止痛等功效，有预防心脑血管疾病的作用。

【食用方法】

春季采嫩叶，沸水焯熟，换水清洗干净，去苦味后拌食。

夏枯草

唇形科夏枯草属

学名：*Prunella vulgaris* Linn.

别名：棒槌草、灯笼草、金疮小草、春夏枯、百花草、铁色草、铁线夏枯、小本蛇药草

分布：陕西、甘肃、新疆、河南、湖北、湖南、江西、浙江、福建、台湾、广东、广西、云南、贵州、四川、山东、山西、安徽、西藏

【植物学特征与生境】

多年生草本。茎高30 cm，基部多分枝，紫红色，疏被糙伏毛或近无毛。叶卵状长圆形，先端钝，基部圆，平截或宽楔形下延，具浅波状齿或近全缘；叶柄长0.7～2.5 cm。穗状花序长2～4 cm；苞叶近卵形，苞片淡紫色，宽心形，先端骤尖，脉疏被糙硬毛。花萼钟形，长约1 cm，疏被糙硬毛，上唇近扁圆形，下唇齿先端渐尖；花冠紫、红紫或白色，长约1.3 cm，稍伸出，无毛，冠筒长约7 mm。小坚果长圆状卵球形，长1.8 mm，微具单沟纹。花期4～6月，果期7～10月。

适应性较强。喜温暖湿润和阳光充足环境，略耐阴，对土壤要求不严。

【栽培技术要点】

以疏松、肥沃和排水良好的沙质壤土为宜。常用种子和分株繁殖。播种可春播或秋播。分株在冬季或早春。生长期注意中耕、除草、浇水，加施磷钾肥以促花穗多而长，初夏收获。

【主要芳香成分】

水蒸气蒸馏法提取的夏枯草茎叶的得油率为0.31%，精油主要成分依次为：薄荷酮（25.99%）、紫苏醛（7.05%）、麝香草酚（5.01%）、β-异丙基苯（4.94%）、胡薄荷酮（2.06%）、香芹酚（1.87%）、土曲霉酮（1.75%）、石竹烯（1.74%）、广藿香醇（1.60%）、桉油精（1.01%）等（贺莉娟等，2007）。

【营养与功效】

每100 g嫩茎叶含蛋白质2.5 g，脂肪0.7 g，碳水化合物11 g；维生素A 3.76 mg，维生素B_2 0.21 mg，维生素B_5 1.2 mg，维生素C 28 mg；还含有皂甙、芦丁、夏枯草甙、金丝桃甙及挥发油等。具有清泄肝火、散结消肿、清热解毒、祛痰止咳、凉血止血的功效。

【食用方法】

嫩茎叶洗净，用沸水烫过，清水浸泡片刻去苦味，可凉拌、做汤、炒食，荤素均宜。

蓝萼香茶菜

唇形科香茶菜属

学名：*Rabdosia japonica*（Burm.f.）Hara var. *galaucocalyx*（Maxin）Hara

别名：山苏子

分布：黑龙江、吉林、辽宁、山东、河北、山西

【植物学特征与生境】

多年生草本，植株高150 cm左右；根茎木质，粗大。茎直立，钝四棱形，多分枝，分枝具花序。茎叶对生，卵形或阔卵形。圆锥花序在茎及枝上顶生，由3～7朵花组成聚伞花序；苞叶卵形，叶状，向上变小。花萼常带蓝色，钟形；花冠淡紫、紫蓝至蓝色，上唇具深色斑点；花盘环状。成熟小坚果卵状三棱形，黄褐色，无毛，顶端具疣状凸起。花期7～8月，果期9～10月。

阳性耐阴植物，略喜阴；抗寒性强，耐干旱、瘠薄，萌蘖力强，适应性广，一般能耐-20℃的低温和50℃的高温，适宜生长温度为10～40℃。对土壤要求不严。

【栽培技术要点】

冬播或春播，冬播在11月中旬，春播在3月上旬。播前温水浸种，播种沟深2 cm，行距20 cm，以3～5倍于种子的细沙土或草木灰、稻糠等拌匀后撒播，覆土1～2 cm。播种后保持土壤表层湿润，出苗后在行间盖草可遮阳保苗，保持田间湿润。注意间苗、定苗、中耕除草。一年后按50 cm等行距栽植。扦插繁殖：每年的6～8月份采集无病虫的枝条，中下部剪成10～15 cm长的插穗，每穗保留2～3个芽节，顶芽带2～3个叶片，株、行距3～4 cm。插好后保持土壤湿润，并适当遮阳，待芽长出2片叶时撤去遮阳物。待苗长50～80 cm时移植大田。分根育苗：2月将整丛挖出后分根，1～3株栽种一穴，每667 m²栽3500～4000穴，栽后浇水保墒。2～3年后继续分根复壮。

【主要芳香成分】

水蒸气蒸馏法提取的甘肃天水产蓝萼香茶菜干燥茎叶的得油率为0.60%，精油主要成分依次为：2-乙氧基丙烷（15.49%）、2-甲基己烷（8.06%）、水杨酸甲酯（3.58%）、甲基丁二酸双（1-甲基丙基）酯（3.08%）、丁二酸二乙基酯（2.80%）、正己烷（2.71%）、α-石竹烯（2.39%）、丁子香酚（2.30%）、2,3,3-三甲基-环丁酮（2.24%）、十六烷酸乙酯（2.13%）、6,10-二甲基-2-十一酮（2.11%）、3-羟基-1-辛烯（1.81%）、乙基环戊烷（1.75%）、亚油酸乙酯（1.68%）、(Z,Z,Z)-9,12,15-十八碳三烯酸甲酯（1.60%）、十八烷酸乙酯（1.57%）、3-乙基-戊烷（1.56%）、3,7-二甲基-1,6-辛二烯-3-醇（1.50%）、2,2,4-三甲基-戊烷（1.32%）、2,2-二甲基-己烷（1.25%）、4-（2,6,6-三甲基-1-环己烯-1-基）-3-丁烯-2-酮（1.12%）、苯二甲酸二（2-甲基丙基）酯（1.10%）等（丁兰等，2004）。

【营养与功效】

茎叶含有二萜类、β-谷甾醇、熊果酸、齐墩果酸、胡萝卜苷等化合物，叶中含有较丰富的铁、铜、锰、硒等矿质元素。具有健胃、清热解毒、活血、抗菌消炎和抗癌活性。

【食用方法】

嫩茎叶洗净，沸水焯过，换清水浸泡2～4 h后，可炒食、和面食、做汤。

尾叶香茶菜

唇形科香茶菜属

学名：*Rabdosia excisa*（Maxim.）Hara

别名：龟叶草、狗日草、高丽花、野苏子

分布：黑龙江、吉林、辽宁、河南

【植物学特征与生境】

多年生草本；根茎粗大，木质，疙瘩状，横走。茎直立，多数，黄褐色，有时带紫色。茎叶对生，圆形或圆状卵圆形。圆锥花序顶生或于上部叶腋内腋生，由3～5朵花组成聚伞花序；苞叶与茎叶同形，较小，苞片卵状披针形至披针形或线形，小苞片线形，微小；花萼钟形，外被微柔毛及腺点；花冠淡紫、紫或蓝色，外被短柔毛及腺点；花盘环状。成熟小坚果倒卵形，褐色。花期7～8月，果期8～9月。

耐寒，耐瘠薄，适应性强。

【栽培技术要点】

生于林缘、路旁、杂木林下和草地。可播种或分株繁殖。分株在春、秋季进行，栽培容易。

【主要芳香成分】

水蒸气蒸馏法提取的吉林临江产尾叶香茶菜地上部分的得油率为0.10%，精油主要成分依次为：正十六碳酸（36.95%）、1,2-苯二酸-丁基-2-甲基丙酯（25.82%）、叶绿醇（11.13%）、十九烷（5.99%）、亚麻酸（3.63%）、香橙烯（2.80%）、棕榈酸（1.99%）、顺-4-甲基-β-环己烯醇（1.58%）、6,10,14-三甲基-2-十五烷酮（1.50%）、二丁基邻苯二甲酸（1.39%）、亚油酸（1.34%）、棕榈酸丁酯（1.27%）、十八醛（1.18%）、蓝桉醇（1.15%）、二十七烷（1.14%）、环辛烯（1.08%）等（那微等，2005）。超临界CO_2萃取法提取的吉林烟筒山产尾叶香茶菜阴干茎叶的得油率为0.21%。

【营养与功效】

地上部分的主要化学成分为二萜类化合物、三萜类化合物、黄酮类成分、挥发油等。具有清热解毒、活血化瘀、止痛健胃的功效。

【食用方法】

春季采嫩苗、嫩梢，沸水焯过，凉水浸泡2～4h，炒食和面食。

香茶菜

唇形科香茶菜属

学名：*Rabdosia amethystoides*（Benth.）Hara

别名：铁稜角、稜角三七、四稜角、铁角稜、铁丁角、铁龙角、铁钉头、铁称锤、石哈巴、铁生姜、蛇总管、山薄荷、痱子草

分布：广东、广西、贵州、福建、台湾、江西、浙江、江苏、安徽、湖北

【植物学特征与生境】

多年生直立草本，茎高0.3～1.5m，四棱形，具槽。根茎肥大，疙瘩状，木质。叶卵状圆形，卵形至披针形，大小不一，草质，榄绿色。花序为由聚伞花序组成的顶生圆锥花序，疏散，聚伞花序多花；苞叶与茎叶同型，较小。花萼钟形，满布白色或黄色腺点；花冠白、蓝白或紫色，上唇带紫蓝色；花盘环状。成熟小坚果卵形，黄栗色。花期6～10月，果期9～11月。

喜温暖湿润的环境，适应性强。以疏松、土层深厚的砂质壤土为佳。

【栽培技术要点】

种子繁殖或分株繁殖，多采用分株繁殖。种子繁殖：播种时掺上细砂土混合后撒播或条播。春季温度升到15℃便可育苗。先浇透水，待水完全渗下后播种，用稻草或薄膜覆盖保温、保湿。出苗后及时揭去覆盖物。2叶1心时间苗，6片真叶后移植大田。分株繁殖：春季在植株萌芽前将老株连根挖起，分割成多株，每株至少应有一个芽眼及多条小根，直接栽植。翌春，气温升到20℃时移栽。畦宽1.4m，沟宽0.4m，沟深0.3m。将育好的苗或分好的植株直接栽到田里，覆土厚5cm。株距40cm，行距60cm。要及时中耕除草，株高达0.5m时培土除草。

【主要芳香成分】

水蒸气蒸馏法提取的浙江永嘉产香茶菜新鲜叶精油的主要成分依次为：植物醇（25.75%）、二十一烷（7.86%）、植酮（7.05%）、顺,顺,顺-7,10,13-十六碳三烯醛（6.84%）、棕榈酸（6.53%）、二十八烷（4.43%）、十四醛（4.24%）、三十四烷（3.48%）、四十四烷（3.38%）、二十四烷（3.37%）、8-庚基-十五烷（3.24%）、邻苯二甲酸二异丁酯（2.98%）、5-十六碳炔（2.44%）、细辛醚（2.19%）、法尼基丙酮（2.16%）、8-十七碳烯（2.07%）、邻苯二甲酸二异辛酯（2.06%）、2-蒈烯（1.82%）、顺-7-十二烯-1-醇（1.81%）、10,12-十八碳二炔酸（1.79%）、（E）-9-二十碳烯（1.53%）、正十八烷（1.24%）等（许可等，2013）。

【营养与功效】

地上部分主含二萜类化合物、三萜类化合物、黄酮类成分、香茶菜甲素、熊果酸、β-谷甾醇、挥发油等成分。具有清热利湿、活血、解毒、消肿止痛等功效。

【食用方法】

嫩茎叶洗净，调味食用。

芳香蔬菜 香茶菜

吉龙草

唇形科香薷属

学名：*Elsholtzia communis*（Coll.et Hemsl.）Diels

别名：木姜花、狗尾草、野苏麻

分布：云南、贵州

【植物学特征与生境】

一年生草本，高约60 cm，有柠檬香气。茎直立，带紫红色，密被倒向白色短柔毛，基部多分枝。叶卵形或长圆形，先端钝，基部稍圆或宽楔形，具锯齿，上面被白色柔毛，下面被短柔毛及淡黄色腺点；叶柄长2～5 mm，密被白色短柔毛。轮伞花序具多花，组成穗状花序，长1～4.5 cm，花序轴密被白色柔毛；苞片线形，密被白色柔毛。花梗长约1 mm，密被白色柔毛；花萼管形，密被灰白绵状长柔毛；花冠漏斗形，被柔毛及腺点，具缘毛。小坚果长圆形，疏被褐色毛。花、果期10～12月。

生长期需要较高的温度和雨量。以土壤较疏松且肥厚的缓坡、丘陵地为宜，忌排水不良的低地或洼地。发芽适温19～23℃。生育期210～240 d。

【栽培技术要点】

主要以种子繁殖。在常温下种子发芽力的保存期只有5～6个月，种子发芽率55%左右。5～6月上旬为适宜播种期，海拔800 m以上的热带山地和亚热带地区为适宜生长环境，热带低海拔地区可早播早收，也宜种于排水良好，中午后可自然遮阴的小环境。

【主要芳香成分】

水蒸气蒸馏法提取的吉龙草叶片的得油率在0.56%～2.91%之间。云南西双版纳产吉龙草阴干茎叶精油的主要成分依次为：牻牛儿醛（40.85%）、橙花醛（29.56%）、牻牛儿醇（5.27%）、莳萝烯（4.00%）、橙花醇（3.78%）、顺-石竹烯（3.26%）、石竹烯氧化物（1.10%）、芳樟醇（1.06%）等（朱甘培等，1990）。

【营养与功效】

幼嫩茎含有富含柠檬醛的精油。有清热解毒、清热解表、助消化的功效。

【食用方法】

嫩苗或嫩茎叶洗净，用沸水烫过后可凉拌。

水香薷

唇形科香薷属

学名：*Elsholtzia kachinensis* Prain

别名：湿地香薷、水薄荷、猪菜草、安南木、水香菜、桃花菜

分布：云南、广东、广西、四川、江西、湖南

【植物学特征与生境】

柔弱平铺草本，长10～40 cm。茎平卧，被柔毛，常于下部节上生不定根，有分枝。叶卵圆形或卵圆状披针形，长1～3.5 cm，宽0.5～2 cm，先端急尖或钝，基部宽楔形，边缘在基部以上具圆锯齿，草质，密布腺点。穗状花序于茎及枝上顶生，开花时常作卵球形，长1.5～2.5 cm，宽达2 cm，果时延长成圆柱形，由4～6花朵组成轮伞花序，密集而偏向一侧；苞片阔卵形；花萼长约1.5mm，管状，外被疏柔毛及腺点；花冠白至淡紫或紫色，长约7 mm。小坚果长圆形，栗色，被微柔毛。花、果期10～12月。

喜温暖湿润环境。

【栽培技术要点】

在肥沃疏松的沙质壤土上生长良好。生于河边、路旁、林下、山谷或水中，常见于湿润处。尚未见人工栽培。

【主要芳香成分】

水蒸气蒸馏法提取的云南西双版纳产水香薷阴干茎叶的得油率为0.50%，精油主要成分依次为：β-去氢香薷酮（78.33%）、乙酸辛烯酯（5.43%）、香芹酮（4.87%）、反式-丁香烯（3.16%）、反式-石竹烯（2.10%）、石竹烯氧化物（1.03%）等（吉卯祉，1990）。同时蒸馏萃取法提取的云南产水香薷新鲜茎叶精油的主要成分依次为：油酸乙酯（24.22%）、乙酸丁香酚酯（11.71%）、邻苯二甲酸丁基酯-2-乙基己基酯（11.43%）、十六酸乙酯（8.66%）、邻苯二甲酸二丁酯（5.51%）、α-愈创木烯（3.97%）、3-烯丙基-6-甲氧基苯酚佳味备酚（3.24%）、棕榈酮（2.80%）、脱氢香薷酮（2.21%）、肉豆蔻酸（1.70%）、硬脂酸乙酯（1.50%）等（白晓莉等，2011）。

【营养与功效】

茎叶除含挥发油外，每100 g干燥叶片含维生素C 38.56 mg。具有消食健胃、祛风解表、清热解毒、止痒的功效。

【食用方法】

食用部位为嫩茎叶或茎叶，是云南省众多少数民族推崇的一种野生蔬菜，一年四季可采收。可煮汤、炒食、凉拌、素炒、荤炒均可；凉拌可生拌，也可在沸水中焯熟后拌食，还可作为火锅料食用。

香薷

唇形科香薷属

学名：*Elsholtzia ciliata*（Thunb.）Hyland.

别名：半边苏、臭荆芥、山苏子、蜜蜂草、鱼香草、土香薷、小苏子、排香草、野坝子

分布：除新疆和青海外，全国各地均有分布

【植物学特征与生境】

一年生草本，高50 cm。茎无毛或被柔毛，老时紫褐色。叶卵形或椭圆状披针形，长3～9 cm，先端渐尖，基部楔形下延，具锯齿，上面疏被细糙硬毛，下面疏被腺点；叶柄长0.5～3.5 cm，具窄翅，疏被细糙硬毛。穗状花序长2～7 cm，偏向一侧，花序轴密被白色短柔毛；苞片宽卵形或扁圆形，先端芒状突尖，疏被腺点，具缘毛。花梗长1.2 mm；花萼长约1.5 mm，被柔毛；花冠淡紫色，长约4.5 mm，被柔毛，上部疏被腺点；花药紫色。小坚果黄褐色，长圆形，长约1 mm。花期7～11月，果期10月至翌年1月。

喜温暖气候，对环境适应能力强。怕旱，不宜重茬。

【栽培技术要点】

一般土壤均可栽培，但在肥沃疏松，排水良好的砂质土壤中长势良好。种子繁殖，播种方式有条播和撒播。播种前将种子与过筛的细沙混合均匀。春播于4月上、中旬，夏播可在5月下旬至6月上旬，播种后及时覆土，以盖住种子为度，稍加镇压。苗高4～6 cm时间苗一次，株距5 cm，及时中耕除草。苗高12～15 cm时，施硝酸铵一次。干旱时适当浇水。主要病害有锈病。

【主要芳香成分】

水蒸气蒸馏法提取的香薷茎叶得油率在0.10%～1.30%之间。甘肃庆阳产香薷开花前期新鲜茎叶精油的主要成分为：百里香酚（8.87%）、香荆芥酚（5.56%）等（郑旭东等，2005）。同时蒸馏萃取法提取的东北野生香薷叶精油的主要成分依次为：去氢香薷酮（50.31%）、香薷酮（20.39%）、1,5,9,9-四甲基-1,4,7-环十一烷三烯（6.41%）、棕榈酸（6.03%）、亚麻酸（1.88%）、芳樟醇（1.72%）、苯乙酮（1.22%）、叶绿醇（1.11%）等（金哲等，2008）。

【营养与功效】

含有黄酮类化合物，茎叶含挥发油，具有广谱抗菌和杀菌作用，并有直接抑制流感病毒的作用。具发汗解表、化湿和中、利水消肿的功效。

【食用方法】

嫩茎叶可炒食、凉拌、做汤，也可作为调料植物，用于炖鱼、鸡、猪肉等。

野草香

唇形科香薷属

学名：*Elsholtzia cypriani* (Pavol.) S.Chow

别名：狗尾草、木姜花、鱼香菜、野狗芝麻、野香苏、野白木香、满山香、牛膝、野薄荷、鱼香草、野木姜花

分布：陕西、河南、安徽、湖北、湖南、贵州、四川、广西、云南

【植物学特征与生境】

一年生草本，在湿热的亚热带地区为多年生草本，高0.1～1 m。茎、枝绿色或紫红色，钝四棱形，具浅槽，密被下弯短柔毛。叶卵形至长圆形，长2～6.5 cm，宽1～3 cm，先端急尖，基部宽楔形，下延至叶柄，边缘具圆齿状锯齿，草质，绿色，被短柔毛及腺点；叶柄长0.2～2 cm，上部具三角形狭翅。穗状花序圆柱形，长2.5～10.5 cm，花时径达0.9 cm，顶生，由多数密集的轮伞花序组成；苞片线形；花萼管状钟形，长约2 mm；花冠玫瑰红色，长约2 mm；雄蕊4，伸出；花柱外露。小坚果长圆状椭圆形，黑褐色。花、果期8～11月。

生于田边、路旁、河谷两岸、林中或林边草地，海拔400～2900 m。

【栽培技术要点】

于清明前后，选邻近住宅的湿地、凹田，翻耕耙细，理墒整平，保持薄层浅水，然后像插秧一样，以5～6株苗为一丛，保持22 cm×25 cm株行距定植。约1个月，从叶腋生出的新蔓即可串满田面。待苗高20 cm左右时，可进行首次采收，之后每10～15 d采收一次，持续不断，可受益数年。

【主要芳香成分】

水蒸气蒸馏法提取的不同产地的野草香茎叶精油的得油率在1.90%～2.65%之间，四川南部产野草香阴干茎叶精油的主要成分依次为：对聚伞花素甲醇（20.61%）、5-甲基糠醛（10.43%）、糠醛（10.13%）、α-石竹烯（5.22%）、苯酚（5.22%）、桉叶油素（4.50%）、芳樟醇（4.04%）、苯乙酮（3.38%）、3-辛酮（2.87%）、麝香草酚（2.36%）、乙酸（2.31%）、乙酸-1-（1-辛烯）酯（1.95%）、2,2-二甲基-1,3-二氧五环（1.90%）、4-乙酰基-1,（6),2,（4）-二脱水-β-（D)-吡喃甘露糖（1.75%）、香芹酮（1.48%）、呋喃（1.17%）、1-（2-呋喃基）-乙酮（1.02%）、2-呋喃甲醇（1.02%）等（郑尚珍等，2004）。云南大理产野草香阴干茎叶精油主要成分为：β-去氧香薷酮（86.82%）等（朱甘培，1990）。

【营养与功效】

茎叶主要有效成分为挥发油和黄酮类化合物，有透骨散寒、止头痛、筋骨痛、退烧、截疟、治疗疮、蛾子之效。

【食用方法】

嫩茎叶用沸水烫过后可凉拌、做汤，也可加豆豉煎、炒，是傣族人民喜食的传统蔬菜。

东北堇菜

堇菜科堇菜属

学名：*Viola mandshurica* W.Beck.

别名：紫花地丁、地丁草、独行虎、紫地丁

分布：辽宁、黑龙江、吉林、内蒙古、河北、山东、陕西、山西、甘肃、台湾

【植物学特征与生境】

多年生草本，无地上茎，高6～18 cm。根状茎缩短，垂直，长5～12 mm，节密生，呈暗褐色。叶3或5片以至多数，皆基生；叶片长圆形、舌形、卵状披针形，长2～6 cm，宽0.5～1.5 cm，花期后叶片渐增大，先端钝或圆，基部截形或宽楔形，下延于叶柄，边缘具疏生波状浅圆齿，叶柄较长，上部具狭翅；托叶膜质，下部者呈鳞片状，褐色，上部者淡褐色、淡紫色或苍白色。花紫堇色或淡紫色，直径约2 cm；花梗细长；萼片卵状披针形或披针形，长5～7 mm；上方花瓣倒卵形，侧方花瓣长圆状倒卵形。蒴果长圆形，长1～1.5 cm，无毛，先端尖。种子多数，卵球形，长1.5 mm，淡棕红色。花果期4月下旬至9月。

生长于海拔700 m至1,400 m的地区，见于疏林下、草坡、林缘、灌丛、田野荒地、草地以及河岸沙地。

【栽培技术要点】

栽培技术参考紫花地丁。

【主要芳香成分】

同时蒸馏-萃取法提取的东北堇菜干燥茎叶的得油率为1.65%，精油主要成分依次为：棕榈酸（29.56%）、植醇（6.70%）、（Z,Z,Z)-9,12,15-十八碳三烯-1-醇（6.50%）、（Z,Z)-9,12-十八碳二烯酸（3.72%）、D-柠檬烯（3.39%）、苯乙醇（2.90%）、5,6,7,7a-四氢化-4,4,7a-三甲基-2（4H)-苯半呋喃酮（2.32%）、二十一烷（2.02%）、苯乙醛（1.96%）、5-甲基-2-（1-亚异丙基)-环己酮（1.34%）、二十二烷（1.29%）、（1S)-1,7,7-三甲基-二环[2.2.1]庚-2-酮（1.24%）、二十烷（1.21%）等（白殿罡，2008）。

【营养与功效】

嫩苗含多种粗蛋白、脂肪酸类、多糖、维生素C、维生素E、氨基酸等成分。有清热解毒、消肿排脓的功效。

【食用方法】

春、夏季采摘嫩苗食用。鲜用或盐渍，可蘸酱、做汤、炒食，味道鲜香，软嫩可口。

薰衣草

唇形科薰衣草属

学名：*Lavandula angustiolia* Mill.

别名：拉文达香草、穗状薰衣草、狭叶薰衣草、菜薰衣草

分布：新疆、陕西、江苏等地有栽培

【植物学特征与生境】

半灌木或矮灌木，茎直立，株高约60～100 cm。多分枝，互相紧靠成簇或丛生，被星状绒毛；老枝灰褐色或暗褐色。叶线形或披针状线形，花枝上的叶较大，长3～5 cm，宽0.3～0.5 cm，更新枝上的叶小，簇生，被灰白色星状绒毛，先端钝，基部渐狭成极短柄，全缘。轮伞花序通常具6～10花，多数，在枝顶聚集成间断或近连续的穗状花序；长约3 cm，密被星状绒毛；苞片菱状卵圆形，先端渐尖成钻状，小苞片不明显；花具短梗，蓝色，密被绒毛。花萼卵状管形或近管形，长4～5 mm；花冠长约花萼的2倍；雄蕊4；花盘4浅裂。小坚果椭圆形，光滑发亮，褐色，种子末端有一白色斑点。花期6月。

喜阳光、耐热、耐旱、极耐寒、耐瘠薄、抗盐碱，栽培的场所需日照充足，通风良好。

【栽培技术要点】

繁殖方法有性和无性均可，通常以种子繁殖为主。育苗移栽：温暖地区随时可播种，寒冷地区宜春季播种。当苗高10 cm以上时进行定植，北方作香料栽培可适当密植，行距30～50 cm，株距30 cm；在温暖地区种植采收年限可连续6～7年，株行距可按90 cm稀植。分株繁殖：在春季3～4月将生长多年的老株挖出，然后将整个株丛用利刀劈成数丛，使每丛带有1～2个枝芽和较多的根系，按育苗移栽的株行距栽植。田间管理：注意除草，中耕，灌溉。较寒冷的地区，冬前需浇透过冬水，培土及适当覆盖。

【主要芳香成分】

水蒸气蒸馏法提取的薰衣草茎叶的得油率在0.86%～2.30%之间，新疆霍城产薰衣草茎叶精油的主要成分依次为：乙酸乙酯（28.74%）、香豆素（14.24%）、壬烷（9.11%）、辛烷（3.78%）、1-甲基环己烷（3.54%）、龙脑（3.12%）、乙基环己烷（2.74%）、乙基苯（2.61%）、3,7-二甲基-1,6-二烯-3-醇（2.29%）、4,7-亚甲基-1H-八氢茚（2.22%）、1,2-二甲基苯（2.17%）、乙基环戊烷（1.93%）、环己烷（1.86%）、1,3-二甲基环己烷（1.64%）、Tau-杜松醇（1.62%）、1,3-二甲基苯（1.59%）、橙花醇乙酸酯（1.49%）、3-庚烯（1.48%）、庚烷（1.45%）、1-乙基-2-甲基-环戊烷（1.25%）、丙基环己烷（1.25%）、2-乙基-双环[2.2.1]庚烷（1.22%）、1,1,2,3-四甲基环己烷（1.21%）、1,1,3-三甲基环己烷（1.17%）、4,5-二甲基-2-十一烯（1.05%）等（王新玲等，2010）。

【营养与功效】

叶片含挥发油。有健胃、发汗、止痛之功效，具有舒缓压力、安定神经、改善睡眠、降血压的作用。

【食用方法】

叶片鲜用作沙拉的配菜和芳香调味，干制后备贮作调料。

益母草

唇形科益母草属

学名：*Leonurus artemisia* (Lour.) S.Y.Hu

别名：野麻、九塔花、红花艾、益母蒿、益母艾、铁麻子、三角胡麻、九重楼、野天麻

分布：全国各地

【植物学特征与生境】

一年生或二年生直立草本，高达2.2 m。茎被倒向糙伏毛，节及棱上毛密。下部茎叶卵形，掌状3裂，小裂片线形，上面被糙伏毛，下面被腺点；中部茎叶菱形，掌状分裂，裂片长圆状线形。轮伞花序腋生，具8~12花，径2~2.5 cm，多花密集，苞叶线形或线状披针形，全缘或疏生牙齿，小包片刺状，被平伏微柔毛。花萼倒圆锥形或筒状钟形；花冠白、粉红或淡紫红色，被柔毛。小坚果淡褐色，长圆状三棱形，长约2.5 mm，平滑。花期6~9月，果期9~10月。

喜温暖湿润环境，耐严寒，喜阳光，以较肥沃的土壤为佳，需要充足水分条件，但不宜积水，怕涝。

【栽培技术要点】

一般土壤均可栽种，但以土层深厚，富含腐殖质的壤土及排水好的砂质壤土栽培为宜。一般用种子繁殖。在春分至芒种节，选地施足基肥，翻耕整地做畦，顺畦挖浅沟直播，定苗后，适时松土锄草，小水勤浇。注意培土，以防倒状。抽茎开花时要追肥。

【主要芳香成分】

水蒸气蒸馏法提取的益母草新鲜茎叶的得油率为0.08%，贵州贵阳产益母草新鲜茎叶精油的主要成分依次为：1-辛烯-3-醇（18.96%）、吉马烯D（10.78%）、α-蒎烯（9.57%）、β-石竹烯（7.31%）、双环吉马烯（3.37%）、石竹烯氧化物（3.28%）、芳樟醇（2.38%）、壬醛（1.70%）、α-荜澄茄烯（1.54%）、苯甲醛（1.34%）、别雪松醇（1.31%）、δ-杜松烯（1.20%）、水杨酸甲酯（1.06%）、六氢金合欢基丙酮（1.01%）等（雷培海等，2005）。同时蒸馏萃取法提取的益母草茎叶精油的主要成分依次为：3-叔丁基-4-羟基苯甲醚（17.90%）、2,6-二叔丁基-对甲苯酚（15.27%）、氧化石竹烯（8.79%）、1-辛烯-3-醇（8.54%）、斯巴醇（6.78%）、丁香醛（4.48%）、2-甲基-4-（1-甲基乙基）-2-环己酮（3.91%）、2-甲氧基-4-乙烯基苯酚（2.40%）、4,4,7a-三甲基-5,6,7,7a-四氢化-2(H)-苯基呋喃酮（2.26%）等（回瑞华等，2007）。

【营养与功效】

嫩茎叶含有蛋白质、碳水化合物、维生素A等多种营养成分和益母草碱、水苏碱等多种生物碱及益母草素、苯甲酸、氯化钾等成分。具有利尿消肿、清肝明目、活血祛瘀、调经、强健心肺等功效。

【食用方法】

嫩苗或嫩茎叶可炒食、凉拌、做汤、煮粥、做馅等。

紫苏

唇形科紫苏属

学名：*Perilla frutescens*（Linn.）Britton

别名：赤苏、赤紫苏、苏、荏、白苏、红苏、鸡苏、香苏、野苏、红紫苏、皱苏、白紫苏

分布：全国各地

【植物学特征与生境】

一年生直立草本。茎高0.3～2 m，绿色或紫色，钝四棱形，具凹槽，密被长柔毛。叶对生，有长柄；叶阔卵形或圆形，长7～13 cm，宽4.5～10 cm，先端突尖或渐尖，基部圆形或阔楔形，边缘有锯齿，膜质或草质，两面绿色或紫色，或上面青色而下面紫色；叶柄长3～5 cm。轮伞花序2花，组成长1.5～15 cm、密被长柔毛、偏向一侧的顶生及腋生总状花序；苞片宽卵圆形或近圆形，长宽约4 mm；花萼钟形；花冠白色至紫红色，长3～4 mm；花盘前方呈指状膨大。小坚果近球形，灰褐色，直径约1.5 mm，具网纹。花期8～11月，果期8～12月。

喜温耐寒，苗期可耐1～2℃的低温，比较耐湿，对土壤要求不严格。

【栽培技术要点】

选择阳光充足，排灌方便，疏松肥沃的壤土种植为好。种子繁殖，直播和育苗移栽均可。直播北方地区4月中下旬，南方3月下旬。条播、穴播均可，条播按行距50 cm，开0.5～1 cm浅沟播种。每公顷用种子11.25 kg。穴播按株行距30 cm×50 cm挖穴，播后覆薄土。注意间苗和补苗；植株封垄前必须勤锄。需肥量大，出苗后隔周施一次化肥，每次每公顷施20～300 kg。雨季注意排涝。注意斑枯病、锈病、欧洲菟丝子，小地老虎、紫苏野螟等病虫害的防治。

【主要芳香成分】

水蒸气蒸馏法提取的紫苏新鲜叶的得油率一般在0.01%～0.18%之间；超临界萃取的干燥叶或茎叶的得油率在2.50%～5.13%之间。水蒸气蒸馏法提取的山东泰安产野生紫苏（白苏）阴干叶精油的主要成分依次为：2,6-二甲基-6-(4-甲基-3-戊烯基)-双环[3.1.1]庚-2-烯（18.23%）、紫苏酮（18.16%）、戊基苯酚（17.30%）、石竹烯（14.79%）、芳樟醇（7.69%）、大牻牛儿烯D（3.22%）、1-辛烯-3-醇（2.44%）、2-(1-丁烯基-3-基-双环[2,2,1]庚烷)（2.33%）、荜草烯（2.03%）、3,7,11-三甲基-1,6,10-十二烷三烯-3-醇（1.45%）、丁香酚（1.40%）、α-法尼烯（1.37%）、2,2,5-三甲基-3-己酮（1.36%）、1,1-二甲基-2-戊烯基-1-丙烷（1.10%）等（姜红霞等，2011）。江苏产紫苏叶精油的主要成分为：紫苏醛（49.21%）、1,3-二甲基-1-环己烯（16.60%）、芹菜脑（14.88%）、α-荜澄茄油烯（8.48%）等（徐群等，2009）。河北安国产紫苏叶精油的主要成分为：反式-丁香烯（18.95%）、紫苏醛（11.45%）、柠檬烯（11.25%）等（潘炯光等，1992）。超临界CO_2萃取法提取的山东产白苏叶精油的主要成分为：甲基紫苏酮（22.40%）、甲基十六碳三烯酸酯（22.06%）、棕榈酸（12.60%）、戊基苯酚（8.08%）等（邱琴等，2006）。

【营养与功效】

每100 g嫩茎叶含蛋白质3.8 g，脂肪1.3 g，粗纤维1.5 g；维生素A 9.09 mg，维生素B_1 0.02 mg，维生素B_2 0.35 mg，维生素B_5 1.3 mg，维生素C 47 mg；钙3 mg，磷44 mg，铁23 mg；含有18种氨基酸。具有解表散寒、行气和胃的功能。

【食用方法】

嫩叶或嫩茎叶沸水烫过后可炒食、凉拌或做汤，也可生食。

地锦

大戟科地锦属

学名：*Euphorbia humifusa* Willd.ex Schlecht.

别名：地锦草、铺地锦、田代氏大戟

分布：除海南外，全国各地均有分布

【植物学特征与生境】

一年生草本。根纤细，常不分枝。茎匍匐，多分枝，基部常红色或淡红色，长20 cm，直径1~3 mm，被柔毛。叶对生，矩圆形或椭圆形，长5~10 mm，宽3~6 mm，先端钝圆，基部偏斜，略渐狭，边缘具细锯齿；绿色，有时淡红色，被疏柔毛；叶柄极短。花序单生于叶腋，基部具短柄；总苞陀螺状，高与直径各约1 mm，边缘具白色或淡红色附属物。雄花数枚，雌花1枚。蒴果三棱状卵球形，长约2 mm，直径约2.2 mm，成熟时分裂为3个分果爿，花柱宿存。种子三棱状卵球形，长约1.3 mm，直径约0.9 mm，灰色，每个棱面无横沟，无种阜。花果期5~10月。

喜温暖湿润气候，稍耐荫蔽，较耐湿。

【栽培技术要点】

以疏松肥沃、排水良好的砂质壤土或壤土栽培为宜。用种子繁殖。秋季9~10月待果实成熟时，采收，晒干，贮藏备用。春播3~4月，种子与草木灰拌匀，条播，按行距15 cm开条沟，将种子均匀播入沟内，薄覆细土，稍加镇压。出苗后，要及时拔除杂草。施肥以人粪为主。要加强田间管理，促使植株旺盛生长。

【主要芳香成分】

顶空固相微萃取法提取的河南开封产地锦阴干茎叶挥发油的主要成分依次为：棕榈酸（20.35%）、植醇（16.41%）、2-甲氧基-4-乙烯苯酚（10.98%）、合金欢丙酮（8.10%）、N-[9-硼杂双环[3.3.1]-9-基]-丙胺（6.72%）、棕榈酸甲酯（4.28%）、吡喃酮（3.53%）、二氢猕猴桃内酯（3.25%）、α-紫罗酮（2.66%）、α-亚麻酸（2.63%）、亚麻酸甲酯（2.49%）、邻苯二甲酸二丁酯（2.20%）、月桂酸（1.54%）、可巴烯（1.48%）、邻苯二甲酸异壬酯（1.34%）、脱氢紫罗酮（1.13%）等（张伟等，2012）。

【营养与功效】

茎叶含没食子酸、焦性没食子酸、焦性儿茶酚、没食子甲酯、槲皮甙、槲皮素、内消旋肌醇、鞣酸、黄酮甙、香豆精类成分。有祛风解毒、利尿止血、利湿通乳、杀虫、治赤痢的功效。

【食用方法】

嫩苗或嫩茎叶洗净，切段，炖肉食。

守宫木

大戟科守宫木属

学名：*Sauropus androgynus*（Linn.）Merr.

别名：越南菜、泰国枸杞、树豌豆尖、同序守宫木、树仔菜、甜菜

分布：云南、海南、广东、福建、四川等省区有栽培

【植物学特征与生境】

多年生灌木。株高1.5～2.0 m，全树无毛，茎直立，小枝茎绿色，略有棱角。叶互生，卵形、披针状卵形或卵状矩圆形，长3～8 cm，宽1.5～3.5 cm，先端钝或急尖，基部钝或圆形，边为全缘，托叶微小，锥状。雌雄同株异花，数朵簇生于叶腋。花小，无花瓣。雄花花萼盘状，淡紫红色，直径0.5～1.2 cm，雌花花萼6深裂。蒴果扁球形。种子三棱形，黑色，每果4～6粒。

适应性强，耐热、耐旱、耐贫瘠，但不耐霜冻和0℃以下低温，适宜生长温度为25～30℃。对土壤适应性广，能在贫瘠的土壤中生长。

【栽培技术要点】

种子繁殖：10～12月种子成熟后要随采随播，忌晒种。用手搓开果壳，播入沙床，盖沙2～3 cm，轻度镇压。播后保持沙床湿润，一般25 d出苗，苗高15～20 cm时移栽。扦插繁殖：可在3～9月进行，以3～4月为佳。选用健壮充实的一年生枝条作插条，长20～25 cm，留2～3个节，将上部剪平，下部削成斜口，用20 mg/L萘乙酸或15 mg/L吲哚丁酸溶液浸泡15～30 min。将插条按株距10 cm，行距15 cm扦插于沙床，搭盖遮阳网遮荫，插条35 d长根，60～80 d可以移栽。定植：选择有排灌条件，土质肥沃的田块。每667 m² 施腐熟农家肥2000～4000 kg，三元复合肥120 kg。按行距1.0～1.2 m，株距45～50 cm定植。定植后浇足定根水。田间管理：苗高20 cm时摘心，每年12月进行树枝修剪。每年在2～3月、6月、8月各追肥1次，冬季结合修剪中耕施基肥1次，并进行清园。雨季注意排水，旱季注意浇水。每年3～11月可采收，每隔5～7 d采摘1次。极少病虫害。

【主要芳香成分】

水蒸气蒸馏法提取的广东广州产守宫木叶的出油率为0.01%，精油主要成分依次为：香芹酚甲醚（49.35%）、百里香酚（14.67%）、丁基化羟基甲苯（10.50%）、乙酸水合桧烯酯（5.11%）、柏木烯醇（3.10%）、1,8-桉叶油素（1.51%）、乙酸-α-松油酯（1.34%）、松油醇-4（1.33%）、伞花醇-8（1.27%）等（林初潜等，1999）。

【营养与功效】

每100 g嫩叶含有蛋白质6.8 g，碳水化合物11.6 g，粗纤维2.5 g，胡萝卜素4.94 mg，维生素C 185 mg，维生素B_2 0.18 mg，钙441 mg，镁61 mg，铁28 mg。

【食用方法】

主要采食植株的嫩芽、嫩叶、嫩梢，可炒食、煮汤、作火锅料或作甜食，味道鲜美、清香。过量或长期食用或生食均可中毒。

铁苋菜

大戟科铁苋菜属

学名：*Acalypha australis* Linn.

别名：海蚌含珠、蚌壳草、止血菜、人苋、血见愁、铁苋、野芝麻、叶里藏珠

分布：长江和黄河中下游以及东北、华北、华南等大部省区

【植物学特征与生境】

一年生草本。高0.2～0.5 m，小枝细长，被贴毛柔毛。叶膜质，长卵形、近菱状卵形或阔披针形，长3～9 cm，宽1～5 cm，顶端短渐尖，基部楔形，稀圆钝，边缘具圆锯；托叶披针形，具短柔毛。雌雄花同序，花序腋生，稀顶生，长1.5～5 cm，花序梗长0.5～3 cm，花序轴具短毛，雌花苞片1～2枚，卵状心形；苞腋具雌花1～3朵；雄花生于花序上部，排列呈穗状或头状，苞片卵形，苞腋具雄花5～7朵，簇生。蒴果直径4 mm，具3个分果爿，果皮具疏生毛和毛基变厚的小瘤体；种子近卵状，长1.5～2 mm，种皮平滑，假种阜细长。花期4～7月，果期7～11月。

喜温暖、湿润、光照充足的生长环境，不耐干旱、高温、渍涝和霜冻，较耐阴，生长适温15～25℃。对土壤要求不严格，以向阳、土壤肥沃和偏碱性的潮湿地种植为宜。

【栽培技术要点】

选择土壤肥沃、排灌方便的田地，整地前深翻晒土3～5 d，撒施有机肥或腐熟农家肥、复合肥，起平畦，畦面宽100～120 cm。可直播或育苗移栽，南方在3～4月或9月中下旬播种，北方在早春地温达15℃时播种。播前用1%～2%石灰水浸种24 h，清洗干净后晾干播种。用3～4倍体积的细沙或草木灰拌匀后，按行距25 cm进行条播，不用盖土，保持土壤湿润，7～10 d即可出苗。育苗移栽的待苗长到5～6叶时移栽，按行、株距各约25 cm、每穴2～3株定植，移栽前5～7 d施1%清淡尿素水1次。直播田分别在齐苗后、苗高10 cm时、开花前中耕、除草、追肥1次，并进行匀苗、补苗。育苗的在移栽后15～20 d、开花前各行中耕、除草、追肥1次。保持土壤湿润，雨季要及时排水。进行摘心修剪，促进侧枝萌发和分枝生长。病虫害较少。当苗高15～20 cm时可陆续采收。

【主要芳香成分】

石油醚浸提法提取的福建闽侯产铁苋菜干燥地上部分的得膏率为1.60%，再经水蒸气蒸馏提取的精油主要成分依次为：乙酸龙脑酯（10.71%）、龙脑（10.34%）、棕榈油酸乙酯（8.70%）、亚油酸（8.15%）、棕榈酸（7.92%）、柏木烷酮（6.19%）、γ-石竹烯（3.25%）、α-亚麻酸乙酯（3.20%）、α-松油醇（3.02%）、十四碳烷（2.77%）、十三碳烷（2.76%）、十五碳烷（2.47%）、亚油酸乙酯（2.43%）、十六碳烷（2.27%）、植物蛋白胨（2.01%）、α-金合欢烯（1.60%）、硬脂酸（1.56%）、沉香萜醇（1.50%）、肉豆蔻酸乙酯（1.46%）、石竹烯氧化物（1.46%）、金合欢醇（1.42%）、十七碳烷（1.35%）、植物醇（1.28%）、柠檬烯（1.21%）、棕榈酸甲酯（1.02%)等（王晓岚等，2006）。

【营养与功效】

每100 g鲜草含粗蛋白3.27 g，粗脂肪1.28 g，粗纤维3.50 g；含多种维生素和矿物质，所含胡萝卜素比茄果类高2倍以上，铁的含量是菠菜的1倍，钙的含量则是3倍，不含草酸，所含钙、铁进入人体后很容易被吸收利用；茎叶含铁苋菜碱等生物碱、黄酮甙、酚类等。有利于强身健体，提高机体的免疫力，有"长寿菜"之称。有清热止泻、化痰止咳、收敛止血的功效。

【食用方法】

采摘开花前的嫩茎叶沸水烫过，清水浸泡片刻后可炒食、凉拌、炖食或做汤。

叶下珠

大戟科叶下珠属

学名：*Phyllanthus urinaria* Linn.

别名：珍珠草、阴阳草、假油树、珠仔草、蓖萁草、日开夜闭、叶后珠、假油柑、夜合珍珠、关门草、夜合草、龙珠草、企枝叶下珠、油甘草、小里草、合羞草、五时合、田油甘、田青仔、小人草、凹肚珍珠、塔斗珍珠、鸟麻

分布：河北、山西、陕西、华东、华中、华南、西南

【植物学特征与生境】

一年生草本。高10～60 cm，茎通常直立，基部多分枝，枝具翅状纵棱，上部被疏短柔毛。叶片纸质，因叶柄扭转而呈羽状排列，长圆形或倒卵形，长4～10 mm，宽2～5 mm，顶端圆、钝或急尖而有小尖头，下面灰绿色，边缘有短粗毛；叶柄极短；托叶卵状披针形，长约1.5 mm。花雌雄同株，直径约4 mm；雄花：2～4朵簇生于叶腋，通常仅上面1朵开花；基部有苞片1～2枚；萼片6，倒卵形；雄蕊3，花丝全部合生成柱状。雌花：单生于小枝中下部的叶腋内；萼片6，卵状披针形；花盘圆盘状，边全缘。蒴果圆球状，直径1～2 mm，红色，表面具一小凸刺，有宿存的花柱和萼片。种子长1.2 mm，橙黄色。花期4～6月，果期7～11月。

适宜在相对潮湿、温差较小的环境生长。

【栽培技术要点】

选择疏松透气，较肥沃，土质以森林棕壤和沙质壤土为好。每公顷施入腐熟的农家肥45000 kg，过磷酸钙750 kg，尿素225 kg，深翻混匀后整地作畦，畦面宽1.2 m，操作道宽40 cm，深25 cm。4月中旬播种，每公顷用种量7.5 kg，条播，在畦面每隔20 cm开深2 cm的细沟，将种子与细土拌匀后撒入沟内，用钉耙背轻轻将畦面整平覆盖即可。25 d左右出苗，苗高5 cm时定苗，株距以5～7 cm为宜，发现缺苗应及时移栽补苗。每年集中除草3次，长期干旱时应沟灌，雨季前应清理排水沟，确保田块不积水。7～8月份结合除草每公顷可施入磷酸二铵复合肥300 kg，尿素150 kg。

【主要芳香成分】

超临界CO_2萃取的广东梅州产叶下珠干燥茎叶的得油率为9.00%。无水乙醚超声萃取法提取的广东广州产叶下珠新鲜茎叶浸膏，再用顶空固相微萃取富集挥发物的主要成分依次为：2-己-烯醛（19.75%）、3-己烯-1-醇（13.89%）、苯乙醇（9.76%）、2-己烯-1-醇（8.03%）、正己醇（7.94%）、2-己烯酸（5.11%）、己酸（3.51%）、E-3-己烯酸（3.32%）、水杨酸甲酯（3.29%）、苯甲醇（2.12%）、丁子香酚（2.06%）、叶绿醇（1.60%）、8-羟基芳樟醇（1.45%）、香草醛（1.08%）等（谢惜媚等，2006）。

【营养与功效】

茎叶含没食子酸、槲皮素、黄酮、糅质、生物碱等成分。其中没食子酸为主要活性成分，具有抗病毒作用。有清火解毒、利尿通淋、凉血止血、收敛止泻、排石的功效。

【食用方法】

嫩茎叶洗净，沸水烫过，清水浸泡片刻，可炒食、凉拌、炖食或做汤。

白车轴草

豆科车轴草属

学名：*Trifolium repens* Linn.

别名：白三叶草、白花苜蓿、白荷兰翘摇、三消草、螃蟹花、金花草、荷草翘摇

分布：黑龙江、吉林、辽宁、新疆、四川、云南、贵州、湖北、江西、江苏、浙江

【植物学特征与生境】

短期多年生草本，生长期5年。高10～30 cm。主根短，侧根和须根发达。茎匍匐蔓生，节上生根，全株无毛。掌状三出复叶；托叶卵状披针形，膜质，基部抱茎成鞘状，离生部分锐尖；叶柄长10～30 cm；小叶倒卵形至近圆形，长8～30 mm，宽8～25 mm，先端凹头至钝圆，基部楔形渐窄至小叶柄。花序球形，顶生，直径15～40 mm；总花梗甚长，具花20～80朵，密集；无总苞；苞片披针形，膜质，锥尖；花长7～12 mm；萼钟形；花冠白色、乳黄色或淡红色，具香气。荚果长圆形。种子通常3粒，阔卵形。花果期5～10月。

抗热、抗寒性强，喜光及温暖湿润气候，生长最适宜温度为20～25℃，能耐半荫，有较强的适应性，对土壤要求不严，只要排水良好，各种土壤皆可生长，尤喜富含钙质及腐殖质黏质土壤。

【栽培技术要点】

种子细小，播种前需将地整平耙细，以利出苗。以9～10月秋播为最佳，也可以在3～4月春播，每平方米用种量为10～15 g。撒播或条播，播种深度1～2 cm，条播行距20～30 cm。播后保持土壤湿润，3～5 d即可出苗，10 d后全苗。施肥以磷、钾肥为主，施少量氮肥有利于壮苗。苗期生长缓慢，应勤除杂草。病害少，有褐斑病、白粉病发生，虫害较多，尤其是蛴螬和蜗牛为害严重。冬季去除枯枝、枯叶，在寒冷冬季来临之前，浇1遍越冬水，结合防冻施有机肥料。

【主要芳香成分】

水蒸气蒸馏法提取的山东长清产白车轴草茎叶精油的主要成分依次为：植物醇（39.53%）、4-甲基-2-（2-甲基丙烯基）环庚烷（6.02%）、丙酸乙酯（5.72%）、1,7-二甲基三环[2.2.1.0^{2,6}]庚烷（4.22%）、9-辛基三十烷（4.14%）、香橙烯（4.10%）、十六酸（3.34%）、1-辛烯-3-醇（3.25%）、三十烷（2.65%）、4,6,10-三甲基-2-十五烷酮（2.56%）、7-（4-甲基-3-戊烯）三环[2.2.1.0^{2,6}]庚烷（1.74%）、2,4-庚二烯（1.12%）、二十八烷（1.11%）、亚硫酸-2-丙基十八酯（1.10%）、亚硫酸丁基十七酯（1.06%）、N-苯基-2-萘（1.02%）等（曹桂云等，2009）。

【营养与功效】

茎叶富含多种营养物质和矿物质元素，含有异槲皮甙、亚麻子甙、百脉根甙、香豆雌酚、生育酚、染料木素等成分。有清热凉血，安神镇痛，祛痰止咳的功效。

【食用方法】

嫩叶洗净，做汤。

葛

豆科葛属

学名：*Pueraria lobata* (Willd.) Ohwi

别名：野葛、葛藤

分布：除新疆、青海、西藏外，几乎遍及全国

【植物学特征与生境】

落叶性多年生草质缠绕藤本，茎长达10 m，常铺于地面或缠于它物而向上生长。块根肥厚，富含淀粉。三出羽状复叶。总状花序腋生，花两性，蝶形花冠，蓝紫色或紫红色，有香气；花萼钟状，披针形。荚果条形，扁平，密生黄色长硬毛。种子卵形而扁，红褐色，有光泽。花及果期8～11月。

喜生于温暖潮湿而向阳的地方，不择土质，以富含有机质肥沃湿润的土壤生长最好。

【栽培技术要点】

在平坦地块种植宜采用高畦栽培。可扦插繁殖、压条繁殖和种子繁殖。多采用压条繁殖，在7～8月份，选生长良好，无病虫害的粗壮老长蔓，自叶节处，每隔1～2节呈波状弯曲压入土中。生根前保持土壤湿润，清除杂草，生根后于第2年萌发前，自生根节间切断，连根挖起，按行距1.5 m，株距0.8～1 m移栽。除草要坚持"除早、除小、除净"，每年追肥3次。畦上搭架，苗高30 cm时引蔓上架，尽量减少藤与地面的接触。生长盛期控制茎藤的生长，藤长1.5 m以上时及时打顶，每株留3～4根主藤外，剪除多余的侧蔓、枯藤和病残枝。

【主要芳香成分】

水蒸气蒸馏法提取的河北易县产葛叶的得油率为0.11%～0.12%，精油主要成分依次为：植物醇（30.17%）、六氢金合欢基丙酮（8.61%）、酸二丁酯（3.37%）、顺，反-金合欢醇（2.01%）、十六酸（1.45%）、β-紫罗酮（1.07%）等（王淑惠等，2002）。

【营养与功效】

叶含洋槐甙0.17%～0.35%。有止血功效。

【食用方法】

嫩叶可炒食或做汤等。

胡卢巴

豆科胡卢巴属

学名：*Trigonella foenum-graecum* Linn.

别名：葫芦巴、胡芦巴、芦巴子、苦豆、香耳、香草、芳草、小木夏、香豆、芸香

分布：全国各地

【植物学特征与生境】

一年生草本。高 40～80 cm，茎丛生分枝，疏被长柔毛。三出复叶，互生，中间小叶稍大，小叶倒卵形或卵状披针形，长 1～3.5 cm，宽 0.5～1.5 cm，近顶端边缘具疏锯齿。花 1～2 朵，腋生，无梗；萼筒状，先端 5 裂；花冠蝶形，白色，后渐变淡黄色，基部微带紫色，长 13～18 mm。荚果细长筒形，先端渐尖呈长缘状，直或稍镰状弯曲，长 5～11 cm，宽 0.5 cm，具明显网纹，疏被柔毛。种子 10～20 粒，略成斜方，稍扁，长约 4 mm，宽 3 mm，厚约 2 mm，黄褐色或深棕色，不光滑。花期 4～5 月，果期 7～8 月。

耐寒，喜冷凉干旱气候，苗期需水较多，以夏季凉爽、干燥、日照充足的地方适其生长。对土壤要求不严，耐旱怕涝，适宜土壤 pH5.5～7.5。

【栽培技术要点】

用种子繁殖。以排水良好的壤质土为最好，忌与豆科重茬。每 667 m² 施厩肥 5000 kg。整地时要深耕多耙，随即起垄，垄宽 60 cm。春播以土温通过 6～12℃为宜，东北地区一般在清明前后；南方秋播、冬播要因地而异。播种方式有撒播，条播和穴播三种。播种前 1～2 d 可浸种子 5～6 h，晾干后播种。播后要进行镇压，注意保持土壤湿润。一般 7～12 d 出苗。苗高 3 cm 时间苗、定苗。株距 4～6 cm。苗期生长缓慢，应及早中耕松土，提高地温，促进生长。在整个生育期内应中耕 2～3 次。注重培土，防止倒伏。在梅雨季节要及时排除田间积水。

【主要芳香成分】

水蒸气蒸馏法提取的胡卢巴茎叶的得油率为 0.87%，微波法萃取的茎叶的得油率为 3.37%。水蒸气蒸馏与溶剂萃取相结合的方法提取的胡卢巴茎叶精油的主要成分依次为：(Z,Z,Z)-9,12,15-十八碳三烯酸乙酯(16.32%)、9,12-十八碳二烯酸乙酯(14.56%)、正十六酸(7.61%)、十六酸乙酯(7.54%)、9,12,15-十八碳三烯酸-2-羟基-1-(羟甲基)乙酯(5.75%)、十六酸丁酯(4.52%)、叶绿醇(3.51%)、十八酸乙酯(2.81%)、双(2-甲基丙基)-1,2-苯二甲酸酯(2.63%)、9,12-十八碳二烯酸-2-羟基-1-(羟甲基)乙酯(2.13%)、二十九烷(1.82%)、6,10,14-三甲基-2-十五酮(1.79%)、二十酸乙酯(1.60%)、十八酸甲酯(1.59%)、三十二烷(1.51%)、十九烷(1.29%)、1-甲氧基-4-(1-丙烯基)苯(1.25%)等(姚健等，2006)。

【营养与功效】

嫩茎叶含胡萝卜素、维生素 C、钙、铁等成分。具补肾驱风、助阳止痛作用，有爽人身心、静脑安神、松弛神经、解除疲劳、通络止痛、补肾、滋阴壮阳的功效。

【食用方法】

新鲜嫩茎叶可作蔬菜食用；也可晒干，搓碎，做卤菜的配料或卷入面层中做花卷、烙饼。

截叶铁扫帚

豆科胡枝子属

学名：*Lespedeza cuneata*（Dum.-Cours.）G.Don

别名：截叶胡枝子、绢毛胡枝子、小叶胡枝子、老牛筋、野鸡草、夜关门、铁扫帚

分布：陕西、甘肃、山东、台湾、湖北、河南、湖南、广东、四川、云南、西藏

【植物学特征与生境】

多年生落叶小灌木，高达1 m。茎直立或斜升，被毛，上部分枝。叶密集，柄短；小叶楔形或线状楔形，长1～3 cm，宽2～5 mm，先端截形，具小刺尖，基部楔形。总状花序腋生，具2～4朵花；总花梗极短；小苞片卵形或狭卵形，长1～1.5 mm，先端渐尖，边具缘毛；花萼狭钟形，密被伏毛，5深裂，裂片披针形；花冠淡黄色或白色，旗瓣基部有紫斑，有时龙骨瓣先端带紫色；闭锁花簇生于叶腋。荚果宽卵形或近球形，被伏毛，长2.5～3.5 mm，宽约2.5 mm。花期7～8月，果期9～10月。

适应性强。适生于热带、亚热带和暖温带地区，种子在0～5℃开始萌发，最适温度为20～25℃。较喜热、喜光。对土壤及地形要求不严，从砂壤土至黏土均能正常生长，适应的pH值为4.0～8.0。具有较强的抗旱能力和较强的耐水淹能力，耐热又耐寒，耐瘠。

【栽培技术要点】

栽培较容易，在平地或缓坡地种植，需翻耕和平整土地。主要靠种子繁殖，也能进行扦插繁殖。春秋两季均可播种，以春播为好。春播宜在3～4月，秋播宜在9～10月。播种前用碾米机擦破或剥去种皮，也可用酸液浸泡种皮，以提高其发芽率。撒播，条播和飞播均可，可单播或混播。播种深以2～3 cm为好，播后用耙稍覆细土1～2 cm。撒播播种量每667 m^2 1～2 kg。播后保持土壤湿润。扦插繁殖春秋两季均可，一般以秋插为好。对水肥管理要求不严，可根据条件酌情管理。

【主要芳香成分】

水蒸气蒸馏法提取的福建永春产截叶铁扫帚干燥叶的得油率为0.02%，精油主要成分依次为：4-甲氧基-6-（2-丙烯基)-1,3-苯并间二氧杂环戊烯（6.93%）、6,10,14-三甲基-2-十五烷酮（6.40%）、雪松醇（4.80%）、n-十六酸（3.96%）、丁香烯（3.87%）、叶绿醇（3.66%）、丙酮香叶酯（2.25%）、（Z,Z,Z)-1,5,9,9-四甲基-1,4,7-环十一碳烯（2.03%）、石竹烯氧化物（1.87%）、法尼基丙酮（1.73%）、2-甲氧基-4-乙烯基苯酚（1.71%）、2,6-二甲基-6-（4-甲基-3-戊烯基）-二环[3.1.1]-2-庚烯（1.36%）、（内型)-3-苯基-2-丙烯酸-1,7,7-三甲基二环[2.2.1]庚-2-醇酯（1.24%）、4-（2,6,6-三甲基-1-环己烯-1-基）-2-丁酮（1.18%）、丁香酚甲醚（1.03%）、（1S-顺式）-1,2,3,5,6,8a-六氢-4,7-二甲基-1-（1-甲基乙基)萘（1.02%）等（朱晓勤等，2010）。

【营养与功效】

茎叶含有黄酮类、萜类、β-谷甾醇、多糖等成分。具有止咳、平喘、祛痰、抗菌、清热利湿等作用，有平肝明目，散瘀消肿的功效。

【食用方法】

嫩茎叶洗净，沸水焯一下，捞出切段，炒食。

羽叶金合欢

豆科金合欢属

学名：*Acacia pennata* Willd.

别名：南蛇筋藤、臭菜、蛇藤、加力酸藤

分布：云南、广东、福建、广西

【植物学特征与生境】

攀援、多刺藤本；小枝和叶轴均被锈色短柔毛。羽片8～22对；小叶30～54对，线形。头状花序圆球形，单生或2～3个聚生，排成腋生或顶生的圆锥花序；花萼近钟状。果带状。种子8～12粒，长椭圆形而扁。花期3～10月，果期7月至翌年4月。

喜温耐热。多生于低海拔的疏林中，常攀附于灌木或小乔木的顶部。

【栽培技术要点】

可用种子繁殖，以扦插繁殖为主。扦插育苗主要在1月下旬进行，选中上部健壮、具有2～3个节、半木质化的枝条作插穗，插穗长度为20～25 cm，用ABT生根粉1号浸泡1～2h后进行扦插。插穗插入深度以露出墒面1/3为宜。行距1～1.1 m，株距0.8～0.9 m，每穴插2穗。插后灌足定根水，盖膜。立春后灌水1～2次，雨季要排出地上积水和铲除杂草。每年在春、秋季各追肥1次。每年修剪1次，留稀去密、留嫩去老、留壮去弱，修剪后主枝高度一般为1 m左右。采收：每年的3～10月都可采收，平均5 d采收1次。

【主要芳香成分】

水蒸气蒸馏法提取的云南昆明产羽叶金合欢新鲜嫩茎叶的得油率为2.69%，精油主要成分依次为：噻啶（79.51%）、三硫杂环戊烷（3.63%）、3,5-二甲基-1,2,4-三硫醇烷（异构体）（2.18%）、三硫杂环己烷（2.17%）、1,2,4,6-四硫环庚烷（2.09%）、3,5-二甲基-1,2,4-三硫醇烷（1.96%）、植醇（1.17%）、5-甲基-1,2,4,6-四硫环庚烷（1.15%）、N-甲基-2,5-二甲基-3,4-二硫代吡唑烷（1.08%）等（刘锡葵，2006）。

【营养与功效】

营养非常丰富，含有较高的蛋白质和氨基酸；每100 g食用鲜样中含有胡萝卜素0.82 mg、维生素B_1 0.58 mg、维生素C 121 mg、钾19.2 mg、钙2.6 mg、镁3.0 mg、磷5.6 mg、钠0.2 mg。与鸡蛋炒食可驱小儿蛔虫。

【食用方法】

是傣族群众喜爱的有悠久食用历史的野生蔬菜，也深受邻近的老挝、缅甸和泰国的民众喜爱。嫩茎叶吃法多种多样，可以煎、煮、炒、凉拌、做汤等，也可洗净、切细，与鸡蛋糊一起煎成圆饼食用。

小叶锦鸡儿

豆科锦鸡儿属

学名：*Caragana microphylla* Lam.

别名：雪里洼、小叶柠条、猴獠刺、小柠条、牛筋条

分布：东北、华北及山东、陕西、甘肃

【植物学特征与生境】

多年生灌木，高1～3 m；老枝深灰色或黑绿色，嫩枝被毛，直立或弯曲。羽状复叶有5～10对小叶；托叶长1.5～5 cm，脱落；小叶倒卵形或倒卵状长圆形，长3～10 mm，宽2～8 mm，先端圆或钝，具短刺尖。花梗长约1 cm，近中部具关节，被柔毛；花萼管状钟形，长9～12 mm，宽5～7 mm；花冠黄色，长约25 mm，旗瓣宽倒卵形，先端微凹，基部具短瓣柄，耳短，齿状。荚果圆筒形，稍扁，长4～5 cm，宽4～5 mm，具锐尖头。花期5～6月，果期7～8月。

枝条的萌蘖能力、再生能力极强。具有耐风蚀、不怕沙埋的特点。抗逆性也极强，能耐低温和酷热，在-39℃的低温下可安全越冬，在夏季沙地表面温度高达45℃时也能正常生长。对土壤的适应性很强，耐干旱、怕涝。

【栽培技术要点】

以粉沙壤土和土质疏松、透水性好的黄土为宜。一般采取高床育苗，苗床宽1.2 m，床沟0.4 cm，床高0.2 m。播种一般在5月上旬，条播，行距25 cm，播种宜浅不宜深，覆土厚度2 cm左右，667 m² 播种量30～40 kg，产苗量10万株以上。播种后保持土壤湿润，一般7 d左右出苗。待苗长到10 cm左右时要勤浇水，最好用喷灌，一般7 d左右灌1次水。当苗木长到15 cm时，结合灌水追施1次氮肥。当年可生长到30～50 cm，当基径达到0.3 cm以上时，可当年出圃，用于秋季或来年定植。定植株行距1 m×1.5 m。若苗木根系过长要进行修根，一般保留根长20 cm左右，定植后及时割除杂草，播种出苗后和下雨后应及时松土。

【主要芳香成分】

超临界CO_2萃取法提取的吉林和龙产小叶锦鸡儿茎叶精油的主要成分依次为：麝香内酯（27.20%）、α-雪松醇（3.29%）、亚麻醇（2.32%）、香芹醇（1.09%）、里哪醇（1.06%）、(E,E)-法呢基丙酮（1.06%）、香叶醇基香叶醇（1.06%）等（金亮华等，2007）。

【营养与功效】

每100 g嫩叶含脂肪1.4 g，粗纤维3.1 g，维生素A 1.6 mg，维生素B_1 0.52 mg，维生素B_5 1.4 mg，维生素C 80 mg；钙141 mg，磷102 mg，铁16.4 mg。茎叶入药，有滋阴养血的功效。

【食用方法】

嫩茎叶可炒食或做玉米糊。

紫苜蓿

豆科苜蓿属

学名：*Medicago sativa* Linn.

别名：紫花苜蓿、苜蓿、木粟、分光草

分布：全国各地

【植物学特征与生境】

多年生宿根性草本，高30～100 cm。根粗壮，深入土层，根茎发达。茎直立、丛生以至平卧，四棱形，无毛或微被柔毛。羽状三出复叶；托叶大，卵状披针形，先端锐尖；小叶长卵形、倒长卵形至线状卵形，长10～25 mm，宽3～10 mm，纸质，先端钝圆，基部狭窄，楔形，深绿色。花序总状或头状，长1～2.5 cm，具花5-30朵；总花梗比叶长；苞片线状锥形；花长6～12 mm；萼钟形，长3～5 mm；花冠淡黄、深蓝至暗紫色；花瓣均具长瓣柄，旗瓣长圆形，明显较翼瓣和龙骨瓣长。荚果螺旋状，径5～9 mm，棕色。种子10-20粒，卵形，长1～2.5 mm，平滑，黄色或棕色。花期5～7月，果期6～8月。

喜温暖干燥的气候，抗旱，耐寒，幼苗期能忍受零下3～4℃的低温；根系能经受零下20℃左右的低温。抗盐碱，耐瘠薄，适应性广，抗风沙能力强。对土壤要求不严，在pH值为5.6～8.0壤质土上生长得最好。

【栽培技术要点】

播前应施有机肥做底肥，适当施一些磷、钾肥。播种前要晒种2～3 d，以打破休眠。在从未种过苜蓿的土地播种时，要接种苜蓿根瘤菌5 g菌剂/kg种子，制成菌液洒在种子上，充分搅拌，随拌随播。春、夏、秋季均可播种，春播3～5月，秋播9月。一般采用条播，也可撒播或点播。条播行距30～60 cm。垄播行距15～20 cm。覆土深度2 cm。播种后要及时查苗补种，干旱时可灌溉，雨季低洼地应注意及时排除田间积水。幼苗期、返青后、刈割前后都要除草。播种前、苗前、苗后可施用除草剂。重施磷、钾肥，一般不施氮肥。常见病害有霜霉病、锈病、白粉病、褐斑病、黄斑病、炭疽病、根腐病等；主要虫害有蚜虫、蓟马、潜叶蝇、斜纹夜蛾等。

【主要芳香成分】

同时蒸馏萃取法提取的现蕾期紫苜蓿新鲜茎叶精油的主要成分依次为：植醇（13.36%）、棕榈酸（7.25%）、1-庚烯-3-酮（7.00%）、(E)-2-正己醛（5.59%）、苯基乙醇（5.31%）、β-紫罗兰酮（3.38%）、2-戊基-呋喃（3.04%）、棕榈酸甲酯（2.99%）、苯乙醛（2.53%）、10-乙酰基甲基-(+)-3-蒈烯（2.43%）、5,6-环氧-β-紫罗兰酮（2.42%）、反-2,反-4-庚二烯醛（2.10%）、六氢金合欢基丙酮（2.00%）、亚麻酸（1.94%）、法尼基丙酮（1.82%）、β-芳樟醇（1.79%）、(E,E)-2,4-癸二烯醛（1.68%）、棕榈酸乙酯（1.68%）、4-(2,6,6-三甲基-亚环己基-1,3-二烯基)丁-2-酮（1.42%）、反-香叶基丙酮（1.32%）、5,6,7,7α-四氢化-4,4,7α-三甲基-2(4H)-苯并呋喃酮（1.26%）、2-甲氧基-4-乙烯基苯酚（1.14%）、(-)-樟脑（1.11%）等（刘照娟等，2006）。

【营养与功效】

茎叶粗蛋白质含量高，含有人全部必需氨基酸，以及一些稀有氨基酸如瓜氨酸、刀豆氨酸等；含有糖类、淀粉、纤维素、半纤维素、木质素等碳水化合物；维生素种类多、品种齐全，特别是叶酸、叶绿素、维生素K、生物素、维生素E、维生素B_2、叶黄素、胡萝卜素含量较高；还含有钙、磷、铁、镁、钾、铜、锰等多种矿物质元素。含有紫苜蓿酚、苜蓿内酯、紫花苜蓿醇等香豆素和促生长因子等对人体有益的物质。具有降低胆固醇和血脂含量，消退动脉粥样硬化斑块，调节免疫、抗氧化、防衰老的功能。

【食用方法】

嫩苗或嫩茎叶洗净，入沸水中焯过，捞出后再过几次清水，沥干，切碎凉拌、炒食、做馅或拌面粉蒸食。

银合欢

豆科银合欢属
学名：*Leucaena leucocephala*（Lam.）de Wit
别名：白合欢
分布：福建、广东、广西和海南

【植物学特征与生境】

灌木或小乔木，高2~6 m。幼枝被短柔毛，老枝无毛，具褐色皮孔，无刺。托叶三角形，小；羽片4~8对，长5~9 cm；小叶5~15对，线状长圆形，长7~13 mm，宽1.5~3 mm，先端急尖，基部楔形，边缘被短柔毛。头状花序通常1~2个腋生，直径2~3 cm；苞片紧贴，被毛，早落；总花梗长2~4 cm；花白色；花萼长约3 mm；花瓣狭倒披针形，长约5 mm，背被疏柔毛。荚果带状，长10~18 cm，宽1.4~2 cm，顶端凸尖，基部有柄，纵裂，被微柔毛。种子6~25粒，卵形，长约7.5 mm，褐色，扁平，光亮。花期4~7月，果期8~10月。

喜温暖湿润的气候条件，生长最适温度为25~30℃。阳性树种，稍耐阴，耐旱能力强，不耐水渍。对土壤要求不严，适合于种植在中性或微碱性（pH值6.0~7.7）的土壤。

【栽培技术要点】

种子繁殖，可育苗移栽或直播。移栽法：苗床翻耕后起畦，畦1.5~2.0 m×8~10 m，施适量基肥，pH5.5以下的酸性土壤每667 m²施石灰50~100 kg。种子用82℃热水浸泡3~5 min。气温稳定在15℃以上时播种，在苗床上条播，株行距10 cm×35 cm，覆土2~3 cm。播后保持土壤湿润一周内即出苗。苗高0.2~1.0 m时可以移植，以穴植效果最好，株行距60~80×100~150 cm。移植应在阴雨天或浇足定根水。定植后前期要注意除杂、培土。如根部结瘤太少或未发现根瘤，每667 m²追施尿素2 kg。直播法：撒播前清理杂草灌丛，进行翻耕耙碎。播种量每667 m² 0.5 kg。

【主要芳香成分】

水蒸气蒸馏法提取的广西邕宁产银合欢叶精油的主要成分依次为：叶绿醇（21.78%）、棕榈酸（8.23%）、6,10-二甲基-5,9-十一碳二烯-2-酮（5.00%）、二十八烷（4.91%）、壬醛（4.88%）、二十二烷（4.81%）、15-二十四碳烯酸甲酯（4.59%）、2-己烯醛（4.45%）、6,10,14-三甲基-十五酮（3.97%）、二十一烷（3.33%）、二十四烷（3.22%）、四十四烷（2.84%）、芳樟醇（2.64%）、6-甲基-5-庚烯-2-酮（2.31%）、3-癸烯-5-酮（2.25%）、乙酰金合欢酮（2.11%）、β-紫罗兰酮（2.00%）、三十四烷（1.85%）、十七烷（1.64%）、5,6-二氢-2,4,6-三甲基-4H-1,3,5-三噻嗪（1.59%）、4-羟基-3-甲基苯乙酮（1.54%）、(2,2-二甲基环戊烷)-环己烷（1.20%）等（李学坚等，2005）。

【营养与功效】

嫩叶粗蛋白质含量达25%左右，氨基酸含量与紫苜蓿相近，胡萝卜素含量高达536 mg/kg，并含有维生素K、钙、磷、镁、钾等矿质成分。

【食用方法】

嫩叶洗净，煮熟，再用水淘净，调味食用。

豆瓣绿

胡椒科草胡椒属

学名：*Peperomia tetraphylla* (Forst.f.) Hook.et Arn.

别名：豆瓣菜、豆瓣如意、椒草、青叶碧玉

分布：台湾、福建、广东、广西、贵州、云南、四川、甘肃、西藏

【植物学特征与生境】

肉质、丛生草本；茎匍匐，多分枝，长10～30 cm，下部节上生根，节间有粗纵棱。叶密集，大小近相等，4或3片轮生，带肉质，有透明腺点，阔椭圆形或近圆形，长9～12 mm，宽5～9 mm，两端钝或圆；叶柄长1～2 mm。穗状花序单生，顶生和腋生，长2～4.5 cm；总花梗被疏毛或近无毛，花序轴密被毛；苞片近圆形，有短柄，盾状。浆果近卵形，长近1 mm，顶端尖。花期2～4月及9～12月。

喜温暖湿润的半阴环境，不耐高温，生长适温25℃左右，越冬温度不应低于5℃。忌直射阳光，宜在半阴处生长，耐干旱。

【栽培技术要点】

要求疏松、肥沃、排水良好的土壤，可用河砂、泥面料、腐叶土混合配制。多用扦插和分株法繁殖。扦插：在4～5月选健壮的顶端枝条，长约5 cm为插穗，上部保留1～2枚叶片，待切口晾干后，插入湿润的沙床中。也可叶插，用刀切取带叶柄的叶片，稍晾干后斜插于沙床上，10～15 d生根。在有控温设备的温室中，全年都可进行。分株：床土可用腐叶土、泥炭土加部分珍珠岩或沙配成，并适量加入基肥。生长期每半月施1次追肥，冬季节制浇水。炎夏怕热，冬季置光线充足处，夏季避免阳光直晒。主要有环斑病毒病、根腐烂病、栓痂病为害。

【主要芳香成分】

水蒸气蒸馏法提取的吉林长春产豆瓣绿干燥茎叶的得油率为0.08%，精油主要成分依次为：γ-桉叶醇（32.49%）、(+)-γ-古芸烯（15.53%）、(-)-愈创醇（10.50%）、δ-杜松烯（9.39%）、[1S-(1α,4α,7α)]-1,2,3,4,5,6,7,8-八氢化-1,4-二甲基-7-(1-甲基乙烯基)薁（5.69%）、β-榄香烯（3.46%）、(1aR,4R,7R,7bS)-1a,2,3,4,5,6,7,7b-八氢-1,1,4,7-四甲基-1H-环丙[e]薁（3.46%）、6-异丙烯基-4,8α-二甲基-1,2,3,5,6,7,8,8α-八氢萘-2-醇（3.42%）、2,5-二甲基-8-异丙基-1,2,8,8α-四氢化萘（3.39%）、[3S-(3α,3αβ,5α)]-1,2,3,3α,4,5,6,7-八氢化-α,α-3,8-四甲基-5-薁甲醇（3.34%）、石竹烯（3.22%）、(-)-α-蒎烯（1.60%）、左旋乙酸冰片酯（1.57%）等（孙琦等，2013）。

【营养与功效】

茎叶含马兜铃内酰胺AⅡ、马兜铃内酰胺BⅡ、N-frans-阿魏酰酪胺等成分。具清热解毒、祛风除湿、止咳祛痰、舒筋活络的食疗作用。

【食用方法】

嫩茎叶适于凉拌、炝、蒸、煎等。

假蒟

胡椒科胡椒属

学名：*Piper sarmentosum* Roxb.

别名：荜拔子、蛤蒟、大柄蒌、马蹄蒌、钻骨风、叶子藤、芦子藤、猪拔草、鸽蒟、爬岩香、风气藤

分布：福建、广东、广西、云南、贵州、西藏

【植物学特征与生境】

多年生、匍匐、逐节生根草本，长数至10余m；小枝近直立。叶近膜质，有细腺点，下部叶阔卵形或近圆形，长7～14 cm，宽6～13 cm，顶端短尖；上部叶小，卵形或卵状披针形，基部浅心形、圆、截平或稀有渐狭。花单性，雌雄异株，聚集成与叶对生的穗状花序；雄花序长1.5～2 cm，直径2～3 mm；花序轴被毛；苞片扁圆形，盾状，直径0.5～0.6 mm；雄蕊2枚。雌花序长6～8 mm；花序轴无毛；苞片近圆形，盾状，直径1～1.3 mm。浆果近球形，具4角棱，无毛，直径2.5～3 mm，基部嵌生于花序轴中并与其合生。花期4～11月。

生于山谷密林中或村旁湿润处。

【栽培技术要点】

可用扦插、压条、种子进行繁殖，以扦插繁殖为主。选取当年生半木质化的健壮枝茎，保留2～3个节，剪成长度10～15 cm的插条，下端剪成斜口。苗床宽1.2 m，高30 cm左右，基质以中粒河砂为主要材料。扦插前用0.2%的高锰酸钾溶液喷淋苗床面消毒，用生根剂处理可提高成活率。扦插深度为插条长度的1/3～1/2，插完后马上淋足水，保持苗床湿润。苗床地温保持在20～26℃，如气温低，覆盖塑料薄膜防寒。1月份扦插时注意防雨保温；7月份扦插时注意保湿降温。扦插后2个月左右，待幼苗长到10～15 cm，有3～5对叶子后即可移苗。移植深度为苗木长度的一半。在夏季移栽要采取遮阴措施，待扦插苗抽出新芽后，逐渐增加透光强度。管护期间保持基质土适度湿润。及时除草，每半个月施一次肥，注意病虫害防治。

【主要芳香成分】

水蒸气蒸馏法提取的广西南宁产假蒟干燥叶的得油率为1.50%，精油主要成分依次为：α-细辛脑（40.33%）、2-亚甲基-4,8,8-三甲基-4-乙烯基-环[5.2.0]壬烷（12.65%）、α-可巴烯（8.47%）、8-甲基-2-亚甲基-(1-甲基乙烯基)-双环[5.3.0]癸烷（5.89%）、β-蛇床烯（4.24%）、δ-荜澄茄烯（3.78%）、反式-甲基异丁香酚（3.65%）、桉双烯（2.75%）、β-荜澄茄素（2.61%）、反式-橙花叔醇（2.45%）、荜草烯（2.21%）、反-异榄香脂素（1.67%）等（蔡毅等，2010）。

【营养与功效】

叶除含挥发油外，还含有氢化桂皮酸、β-谷甾醇等成分；每100 g嫩茎叶含维生素A 5.35 mg，维生素B_2 0.98 mg，维生素C 105 mg。具祛风散寒，行气止痛，活络，消肿，暖胃等功效。

【食用方法】

嫩茎叶洗净，沸水烫过后可炒食或做汤；叶还可用来爆炒、红烧、干煸、煲煮各色肉品。常用菜谱有"假蒟牛肉饼"和"假蒟三角肉粽"等。

绞股蓝

葫芦科绞股蓝属

学名：*Gynostemma pentaphyllum*（Thunb.）Makino

别名：七叶参、七叶胆、母猪藤、白味莲、小苦药、玉爪金龙、五叶参、神仙草

分布：陕西南部和长江以南各省区

【植物学特征与生境】

多年生草质攀援藤本，长1~1.5 m。茎细弱，具分枝，具纵棱及槽。叶膜质或纸质，鸟足状，具3~9小叶，小叶片卵状长圆形或披针形，中央小叶长3~12 cm，宽1.5~4 cm，边缘具波状齿或圆齿状牙齿，绿色，被短硬毛。花雌雄异株，圆锥花序。雄花长10~15 cm，基部具钻状小苞片，花萼筒极短，花冠淡绿色或白色；雌花较雄花短小，花萼及花冠似雄花。果实肉质不裂，球形，径5~6 mm，成熟后黑色，光滑无毛，内含倒垂种子2粒。种子卵状心形，径约4 mm，灰褐色或深褐色，顶端钝，基部心形，压扁，两面具乳突状凸起。花期3~11月，果期4~12月。

喜温暖湿润气候。多野生在林下、小溪边等荫蔽处。

【栽培技术要点】

种子繁殖：春、秋冬均可播种，秋冬随采随播。春播在畦面按行距株60 cm×20~25 cm开浅穴，每穴播种5~7粒，覆土1.5~2 cm后再盖地膜，每667 m²用种量1~2 kg。扦插繁殖：春、秋季均可进行，以高温多湿的梅雨季节为宜。取地上粗壮茎，截成15~25 cm长，每段保留3~4个复叶，按行距10 cm，斜插于苗床土中10 cm左右，适当遮阴。当年秋季或次年春季定植。根茎繁殖：3月间挖出、选取鲜嫩、无病虫害根茎，截成3~5 cm小段，在畦面上开3 cm浅沟，行距50~60 cm，将种根首尾相接，顺次摆放于沟内，覆土2~3 cm，盖地膜保温保湿。苗出齐后应及时揭去地膜。苗期勤松土除草，封行后不必除草。生长期内保持土壤湿润，天旱及时浇水，大雨注意排水防涝。每年追肥3~4次。大田栽种苗长30 cm时，用竹竿搭棚，棚高1.5 m，人工辅引植株攀援生长，初期棚顶盖物遮阴，当植株主茎长1~1.5 m时及时除去棚顶盖物。主要病害有花叶病；主要虫害有地老虎、蛴螬等。

【主要芳香成分】

水蒸气蒸馏法提取的陕西秦巴山产绞股蓝新鲜嫩枝叶的得油率为2.41%，精油主要成分依次为：3-己烯-1-醇（22.00%）、1-己醇（14.78%）、3,7-二甲基-1,6-辛二烯-3-醇（9.90%）、石竹烯（9.06%）、十六酸（7.20%）、乙酸丙酯（5.00%）、[2.2.2]-2,3-二羟基十八碳三烯酸丙酯（3.20%）、苯乙醇（3.15%）、异何帕烷（2.60%）、[2R-(2α,4a2α,8αβ)]-十氢-α,α,4a-三甲基-8-亚甲基-2-萘醇（2.10%）、α-萜品醇（1.85%）、十二酸（1.65%）、苯乙醛（1.50%）、噻唑（1.50%）、植醇（1.36%）、香叶醇（1.02%）等（刘存芳，2013）。

【营养与功效】

叶富含绞股蓝皂苷、多糖、黄酮、多种氨基酸和钙、锌、铁、镁、硒等矿质元素；每100 g全株含苏氨酸0.14 mg，蛋氨酸0.33 mg，亮氨酸0.05 mg，异亮氨酸0.21 mg，苯丙氨酸0.98 mg；赖氨酸1.57 mg。有益气、安神、降血压、清热解毒、止咳祛痰的功效。

【食用方法】

嫩茎叶洗净，沸水烫过，除去苦味后沥干水，可炒食、凉拌、烧汤。

黄水枝

虎耳草科黄水枝属
学名：*Tiarella polyphylla* D.Don
别名：博落、水前胡、防风七
分布：陕西、甘肃、江西、台湾、湖北、湖南、广东、广西、四川、贵州、云南、西藏

【植物学特征与生境】

多年生草本，高20～45 cm。根状茎横走，深褐色，直径3～6 mm。茎不分枝，密被腺毛。基生叶具长柄，叶片心形，长2～8 cm，宽2.5～10 cm，先端急尖，基部心形，掌状3～5浅裂，边缘具不规则浅齿，两面密被腺毛；叶柄长2～12 cm，基部扩大呈鞘状，密被腺毛；托叶褐色；茎生叶通常2～3枚，与基生叶同型，叶柄较短。总状花序长8～25 cm，密被腺毛；花梗长达1 cm，被腺毛；萼片卵形，长约1.5 mm，宽约0.8 mm；无花瓣；蒴果长7～12 mm；种子黑褐色，椭圆球形，长约1 mm。花果期4～11月。

耐寒性强，不耐高温，较耐旱，为阴性植物，对土壤要求不严。

【栽培技术要点】

排水良好、不积水、土壤pH6～7.5的土地均可种植，土壤最好是沙质壤土。栽植前将地块深耕15～20 cm，施足底肥，平整地块。可采用播种繁殖和分株繁殖，种子可随采随播。地下根茎也在同步进行自我无性繁殖，分蘖形成新植株。一般引种采用分株繁殖，在春季幼芽萌动之前或秋季冬芽形成之后可将全株挖出，用利刀切成块，每块带2～3个芽进行栽植。一般3年可分株一次。10月下旬以后土壤未结冻前和土壤解冻后次年3月下旬开花前都可栽种。栽种以丛为单位分株栽种，每丛带2～3个芽，根茎若干条。深度大约3～5 cm，灌足底水，回填后压实，再浇水。株距15～20 cm。种植后浇3次水，以后视天气情况可适当浇水，雨季要注意及时排水。

【主要芳香成分】

水蒸气蒸馏法提取的云南产黄水枝叶的得油率为0.20%，精油主要成分依次为：棕榈酸（50.63%）、亚油酸（8.22%）、蒽（7.45%）、植醇（5.60%）、Z,Z,Z-9,12,15-十八碳三烯酸甲酯（3.66%）、六氢金合欢烯酰丙酮（2.07%）、反-δ-9-十八碳烯酸（1.45%）、柏木脑（1.31%）等；茎的得油率为0.15%，精油主要成分依次为：棕榈酸（48.06%）、Z,Z-11,13-十六碳二烯-1-醇乙酸酯（23.07%）、Z,Z,Z-9,12,15-十八碳三烯酸甲酯（6.11%）、蒽（5.06%）、二苯[a,e]7,8-二氮杂[2.2.2]八-2,5-二烯（2.51%）、Z-13-十八烯醛（2.00%）、1a,9b-二氢-1H-环丙[l]戊-萘（1.83%）、2-羟基-环十五酮（1.53%）、R-(-)-14-甲基-8-十六-1-醇（1.17%）等（刘向前等，2010）。

【营养与功效】

全草除含挥发油外，还含有豆甾醇、十七烷酸、没食子酸乙酯、槲皮素、原儿茶酚、杨梅素、没食子酸、山奈酚-O-β-D-芸香糖苷、芦丁等成分。有清热解毒，活血祛瘀，消肿止痛的功效。

【食用方法】

春季采摘嫩茎叶食用，可凉拌、炝、煎。

蘘荷

姜科姜属

学名：*Zingiber mioga*（Thunb.）Rosc.

别名：野姜、猴姜、瓣姜、嘉草、阳藿、阳荷、山姜、观音花、野老姜、莲花姜、茗荷

分布：安徽、江苏、湖南、江西、浙江、贵州、四川、广东、广西

【植物学特征与生境】

多年生草本，株高0.5～1 m。地下有匍匐茎，抽生肉质根，部分肉质根顶端肥大成小球状。叶互生，披针状椭圆形或线状披针形，长20～37 cm，宽4～6 cm，顶端尾尖；叶舌膜质。穗状花序椭圆形，长5～7 cm；总花梗被长圆形鳞片状鞘；苞片覆瓦状排列，椭圆形，红绿色，具紫脉；花萼长2.5～3 cm，一侧开裂；花冠管较萼为长，裂片披针形，长2.7～3 cm，宽约7 mm，淡黄色；唇瓣卵形，中部黄色，边缘白色。果实为蒴果，紫红色，倒卵形，熟时裂成3瓣。种子圆球形，黑色，被白色假种皮。花期8～10月。

喜温怕寒，喜阳光充足，怕干旱，但也不耐水涝，对土质不甚选择，但以含有机质多，疏松，中性或微酸性土壤为宜。

【栽培技术要点】

一般用地下茎繁殖。将地下茎掘起，按每块具有2～3个芽割开，作为播种材料。以冬初种植为好，按行距70 cm，株距50 cm开挖定植穴，种植穴直径40 cm，深26 cm，穴中放入基肥，与穴中土壤充分混合，将切开的地下茎平放穴内，芽朝上，稍镇压，使与土密切接触。生育期中追肥3次，第一次在地下茎出土13～16 cm时；第二次是在5月叶鞘完全展开时；6月再追施一次。中耕宜浅，以免损伤地下茎。冬季地上部枯萎，需要覆膜进行保温。

【主要芳香成分】

水蒸气蒸馏法提取的湖北恩施产蘘荷干燥嫩茎精油的主要成分依次为：正十六烷酸（17.39%）、石竹烯氧化物（11.21%）、4-异丙基-2-环己烯-1-酮（10.93%）、二十三烷（7.81%）、桃金娘烯醇（4.54%）、三环$[5.4.0.0^{1,3}]$十一烷（3.55%）、松香芹醇（3.05%）、1,2-15,16-二环氧十六烷（2.77%）、9,12-十八碳二烯酸（2.41%）、对-1-薄荷烯-8-醇（2.34%）、9-油酸酰胺（2.20%）、对二甲苯（1.85%）、冰片（1.56%）、1,7-二甲基-4-异丙基-螺[4,5]-6-癸烯-8-酮（1.49%）、2(10)-蒎烯-3-酮（1.42%）、枯茗醇（1.28%）、4,6,6-三甲基-双环[3.1.1]-3-庚烯-2-醇（1.21%）、1-甲基-4-(2-甲基环氧乙烷基)-7-氧杂双环[4.1.0]庚烷（1.21%）、7,11-十六碳二烯醛（1.21%）、角鲨烯（1.12%）、环氧香茅醇（1.06%）、4,6,6-三甲基-双环[3.1.1]-3-庚烯-2-酮（1.00%）、4-异丙基-1-环己烯-1-甲醛（1.00%）等（谭志伟等，2008）。

【营养与功效】

嫩芽含有丰富的蛋白质、纤维素、维生素、胡萝卜素等营养成分，每100 g新鲜食用部位含蛋白质0.58 g，粗脂肪0.34 g，膳食纤维2.57 g，锌26.78 mg，钙56.42 mg，维生素C 18.45 mg，β-胡萝卜素0.49 mg，维生素B_2 0.21 mg，叶酸0.25 mg。有活血调经、止咳化痰、解毒消肿的功效。

【食用方法】

春季地下茎萌发出的嫩芽在叶鞘未散开前采收，沸水烫过后切段，可凉拌或炒食。

银线草

金粟兰科金粟兰属

学名：*Chloranthus japonicus* Sieb.

别名：鬼督邮、独摇草、四块瓦、灯笼花、四叶七、白毛七、四叶细辛、四大天王

分布：黑龙江、吉林、河北、山西、山东、陕西、甘肃

【植物学特征与生境】

多年生草本，高20～49 cm。根状茎多节，横走，分枝，生多数细长须根，有香气。茎直立，单生或数个丛生，不分枝，下部节上对生2片鳞状叶。叶对生，通常4片生于茎顶，成假轮生，纸质，宽椭圆形或倒卵形，长8～14 cm，宽5～8 cm，顶端急尖，基部宽楔形，边缘有齿牙状锐锯齿，齿尖有一腺体；鳞状叶膜质，三角形或宽卵形，长4～5 mm。穗状花序单一，顶生，连总花梗长3～5 cm；苞片三角形或近半圆形；花白色。核果近球形或倒卵形，长2.5～3 mm，具长1～1.5 mm的柄，绿色。花期4～5月，果期5～7月。

生长于山林阴湿处。

【栽培技术要点】

宜湿润、肥沃、松软的壤土。春分以后连根挖出，将丛生的小株连宿根剪断，多带须根，开穴栽下。成活后注意浇水，保持土壤湿润，并适时中耕除草。

【主要芳香成分】

水蒸气蒸馏法提取的银线草茎叶的得油率在0.25%～0.61%之间。黑龙江绥棱产银线草阴干茎叶精油的主要成分为：环氧丁香烯（8.49%）、崖柏烯（8.21%）、α-檀香萜烯（5.89%）、3-辛醇（5.71%）、橙花叔醇（5.05%）等（杨炳友等，2010）。陕西南五台产银线草茎叶精油的主要成分为：金合欢醇（22.52%）、十六烷酸（19.08%）、11,14,17-三烯二十酸甲酯（12.58%）等（李松林等，1992）。超临界CO_2萃取法提取的黑龙江产银线草干燥茎叶的得油率为0.83%。

【营养与功效】

主要含有金粟兰内酯、银线草内酯、银线草醇、银线草呋喃醇、银线草螺二烯醇等黄酮甙、酚类、氨基酸、糖类成分。有祛湿散寒、活血止痛、散瘀解毒的功效。

【食用方法】

嫩苗洗净，沸水烫过，清水浸泡1～2 h，调味食用。有毒，不宜多食。

紫花地丁

堇菜科堇菜属

学名：*Viola philippica* Cav.

别名：光瓣堇菜、野堇菜、辽堇菜、地丁草、独行虎、紫地丁

分布：黑龙江、吉林、辽宁、内蒙古、河北、山西、陕西、甘肃、山东、江苏、安徽、浙江、江西、福建、河南、台湾、湖北、湖南、广西、四川、贵州、云南

【植物学特征与生境】

多年生草本，无地上茎，高4~20 cm。根状茎短，垂直，淡褐色，长4~13 mm，粗2~7 mm，节密生。叶多数，基生，莲座状；叶片下部者通常较小，呈三角状卵形或狭卵形，上部者较长，呈长圆形、狭卵状披针形或长圆状卵形，长1.5~4 cm，宽0.5~1 cm，先端圆钝，基部截形或楔形，边缘具较平的圆齿，果期叶片增大，长可达10余cm，宽可达4 cm；托叶膜质，苍白色或淡绿色。花中等大，紫堇色或淡紫色，稀呈白色，喉部色较淡并带有紫色条纹；萼片卵状披针形或披针形；花瓣倒卵形或长圆状倒卵形，侧方花瓣长。蒴果长圆形，长5~12 mm，无毛；种子卵球形，长1.8 mm，淡黄色。花果期4月中下旬至9月。

耐阴、耐盐碱，可在含盐量0.2%的盐碱土中正常生长。

【栽培技术要点】

种子成熟后触果弹落，应随采随播，条播和畦播均可，育苗地应保持土壤湿润，覆土不要太厚，以种子3倍为宜。露地播种10 d即可出苗，应及时拔除杂草。当年8~9月可带土移栽，株行距5 cm×5 cm，也可于翌年开花后移栽。抗病虫能力很强。

【主要芳香成分】

水蒸气蒸馏法提取的紫花地丁新鲜茎叶的得油率在0.06%~0.08%之间，浙江金华产紫花地丁新鲜带根茎叶精油的主要成分依次为：棕榈酸（16.77%）、(5E,6Z)-5,6-二(2,2-二甲基丙烯基)癸烷（15.03%）、4-(2,2,6-三甲基-7-氧代二环[4.1.0]-1-庚基)-3-丁烯-2-酮（9.92%）、(R)-5,6,7,7a-四氢-4,4,7a-三甲基-2(4H)-苯并呋喃（8.22%）、环戊基乙酸乙烯酯（6.55%）、2-甲氧基-4-乙烯基苯酚（6.18%）、2-(1-苯基乙基)-苯酚（5.92%）、6,10,14-三甲基-2-十五碳酮（5.69%）等；吉林长春产紫花地丁新鲜带根茎叶精油的主要成分为：植物醇（26.97%）、6,10,14-三甲基-2-十五碳酮（11.92%）、(5E,6Z)-5,6-二(2,2-二甲基丙烯基)癸烷（9.06%）、苯乙醇（6.72%）等（刘嘉等，2009）。超临界CO_2萃取法提取的紫花地丁干燥茎叶的得油率为2.92%。

【营养与功效】

嫩叶含多种粗蛋白、脂肪酸类、多糖、维生素、氨基酸等成分，每100 g新鲜叶片中含维生素C高达320 mg。有清热解毒，凉血消肿的功效。

【食用方法】

嫩叶洗净，沸水烫过，清水浸泡约2 h去苦味，挤干水后可炒、拌、焓、做汤、做馅，具清热解毒、凉血消肿的食疗作用。

黄槿

锦葵科木槿属

学名：*Hibiscus tiliaceus* Linn.

别名：海麻、糕仔树、右纳、桐花、万年春、盐水面头果

分布：广西、广东、海南、福建、台湾

【植物学特征与生境】

常绿灌木或乔木，高4～10 m，胸径粗达60 cm；树皮灰白色。叶革质，近圆形或广卵形，直径8～15 cm，先端突尖，有时短渐尖，基部心形，全缘或具不明显细圆齿；托叶叶状，长圆形，长约2 cm，宽约12 mm，先端圆，早落，被星状疏柔毛。花序顶生或腋生，常数花排列成聚散花序，总花梗长4～5 cm，花梗长1～3 cm，基部有一对托叶状苞片；小苞片7～10，线状披针形，被绒毛，中部以下连合成杯状；萼长1.5～2.5 cm，基部合生；花冠钟形，直径6～7 cm，花瓣黄色，倒卵形，长约4.5 cm，外面密被黄色星状柔毛。蒴果卵圆形，长约2 cm，被绒毛，果爿5，木质；种子光滑，肾形。花期6～8月。

阳性植物，喜阳光。生性强健，耐旱、耐贫瘠。以砂质壤土为佳。抗风力强，耐盐碱能力好。

【栽培技术要点】

常用播种繁殖和扦插繁殖。播种：种皮坚硬而厚，不易吸水，用浓硫酸拌湿种子，15 min后清洗干净，并置于清水中浸泡24h，然后捞起沥干水便可用于播种。可直接点播在装填了基质的营养袋中，每个袋点播2～3粒种子，然后用细土覆盖，以不见种子为宜。播种后用70%的遮阳网覆盖保湿。幼苗出土并长出真叶后揭开遮阳网。扦插繁殖：剪当年生半木质化枝条每20 cm为一段或锯枝干1～2 m，扦插于湿润园土，浇透水盖上遮阳网，约1～2个月发根。幼株注意水分补给，春至夏季施肥2～3次。成株后管理极粗放。每年早春修剪整枝，以控制植株高度。

【主要芳香成分】

水蒸气蒸馏法提取的广东湛江产黄槿叶片精油的主要成分依次为：苯乙醇（8.25%）、2-乙烯呋喃（7.75%）、3,4,4-三甲基-2-环戊烯-1-酮（7.62%）、邻甲氧基苯酚（5.01%）、吡咯（4.75%）、对甲基苯酚（4.03%）、吲哚（3.44%）、对乙基苯酚（3.14%）、苯甲醇（2.73%）、2-甲基丁醛（2.32%）、对甲基异丙酮-3-环己烯（2.22%）、3-甲基-丁醇（2.21%）、2,6-二叔丁基-4-甲基苯酚（2.13%）、苯甲醛（2.04%）、2-甲氧基-3-乙烯基苯酚（2.02%）、3-甲基丁醛（1.69%）、6,10,14-三甲基十五烷酮（1.64%）、6-甲基-5-烯基-2-庚酮（1.53%）、十二醛（1.52%）、2,6,6-三甲基醌烯（1.46%）、2-甲氧基-4-乙基苯酚（1.32%）、6,10-二甲基-5,9-二乙烯-2-十一烷酮（1.29%）、N-甲基-吡咯（1.19%）、二氢苯并呋喃（1.17%）、2-甲基苯酚（1.17%）、3-甲基-2-戊酮（1.09%）、甲酸乙酯（1.04%）等（李晓菲等，2011）。

【营养与功效】

叶片含3,4-二羟基苯甲酸甲酯、松脂醇、丁香脂素、格橄酮、黄芪苷、植醇、胆甾醇、β-胡萝卜苷等成分，叶片钾、钙、镁含量高。有清热止咳、解毒消肿的功效。

【食用方法】

嫩梢、嫩芽洗净，沸水焯过，清水漂洗去涩味后可炒食或做汤，味道鲜美；也可凉拌。

垂盆草

景天科景天属

学名：*Sedum sarmentosum* Bunge

别名：卧茎景天、豆瓣菜、狗牙瓣、爬景天、火连草、水马齿苋、匐行景天、狗牙草

分布：福建、贵州、四川、湖北、湖南、江西、安徽、浙江、江苏、甘肃、陕西、河南、山东、山西、河北、辽宁、吉林、北京

【植物学特征与生境】

多年生肉质草本，不育枝匍匐生根，结实枝直立，长10～20 cm。叶3片轮生，倒披针形至长圆形，长15～25 mm，宽3～5 mm，顶端尖，基部渐狭，全缘。聚伞花序疏松，常3～5分枝；花淡黄色，无梗；萼片5，阔披针形至长圆形，长3.5～5 mm，顶端稍钝；花瓣5，披针形至长圆形，长5～8 mm，顶端外侧有长尖头；雄蕊10，较花瓣短。种子细小，卵圆形，无翅，表面有乳头突起。花期5～6月，果期7～8月。

喜温暖湿润、半阴的环境；适应性强，较耐旱、耐寒；不择土壤，在疏松的砂质壤土中生长较佳；适宜在中等光线条件下生长，亦耐弱光。生长适温为15～25℃，越冬温度为5℃。生长在山坡岩石石隙、山沟边、河边湿润处，极易栽培。

【栽培技术要点】

常采用分株或扦插繁殖。分株宜在早春进行，扦插随时皆可。在20℃～25℃下，10～15 d即能生根。待幼根由白变为黄褐色时，开始移植。地栽时，可用苇帘遮阴3～5 d；盆栽可放置在凉棚下，缓苗3～5 d，然后移到向阳处进行莳养。

【主要芳香成分】

水蒸气蒸馏法提取的广东产垂盆草干燥茎叶的得油率为0.34%，精油主要成分依次为：6,10,14-三甲基-2-十五烷酮（28.15%）、十六烷酸（6.88%）、9,12-十八碳二烯酸（4.61%）、十五烷（3.59%）、3,7,11,15-四甲基-2-十六碳烯-1-醇（2.67%）、十四烷酸（2.42%）、异植醇（2.13%）、法呢基丙酮（1.92%）、邻苯二甲酸（1.81%）、3,7,11-三甲基十二烷醇（1.80%）、7-甲基-6-十三烯（1.59%）、十六烷酸甲酯（1.50%）、对-甲氧基肉桂酸乙酯（1.04%）等（崔炳权等，2008）。

【营养与功效】

每100 g嫩茎叶含维生素A 1.23 mg，维生素B_2 0.23 mg，维生素C 91 mg；还含有垂盆草苷、景天庚糖、葡萄糖、果糖和蔗糖。有清热解毒、消肿止痛的功效。

【食用方法】

嫩茎叶用沸水烫过，清水漂洗，沥干水后，可凉拌、炒食、炖肉食，也可泡制酸菜食用。

费菜

景天科景天属

学名：*Sedum aizoon* Linn.

别名：养心草、救心草、土三七、景天三七、长生景天、还阳草、豆瓣还阳、六月还阳

分布：四川、湖北、江西、安徽、浙江、江苏、青海、宁夏、甘肃、内蒙古、河南、山西、陕西、山东、河北、辽宁、吉林、黑龙江

【植物学特征与生境】

多年生草本。根状茎短，粗茎高20～50 cm，有1～3条茎，直立，无毛，不分枝。叶互生，狭披针形、椭圆状披针形至卵状倒披针形，长3.5～8 cm，宽1.2～2 cm，先端渐尖，基部楔形，边缘有不整齐的锯齿；叶坚实，近革质。聚伞花序有多花，水平分枝，平展，下托以苞叶。萼片5，线形，肉质，不等长，长3～5 mm，先端钝；花瓣5，黄色，长圆形至椭圆状披针形，长6～10 mm，有短尖；雄蕊10，花柱长钻形。蓇葖星芒状排列，长7 mm。种子椭圆形，长约1 mm。花期6～7月，果期8～9月。

适应性强，非常耐寒、耐旱，-30℃时可安全越冬。

【栽培技术要点】

分根繁殖：早春挖出根部，切下每段带2个以上根芽的根，按株行距30 cm×15 cm挖穴坐水栽植，覆土后踏实。扦插繁殖：夏季选择壮枝，切成10～15 cm的茎段，插入畦内，保持土壤湿润，约20 d后生根成活。种子繁殖：9月采种，翌年春播种。定植地忌盐碱、黏重，施腐熟农家肥，做高畦20 cm以上。小苗4～6片叶时定植，株行距30 cm×15 cm。定植后的水分管理应见干见湿，追肥少量多次，注意中耕除草。可一次定植，连续20年收获新鲜嫩茎叶。

【主要芳香成分】

水蒸气蒸馏法提取的福建连城产费菜新鲜茎叶精油的主要成分依次为：2-十一酮（21.30%）、十六酸（8.49%）、植醇（8.22%）、醋酸冰片酯（6.26%）、六氢法呢基丙酮（5.03%）、2-十三酮（4.04%）、环氧石竹烯（3.70%）、乙酸香叶醇酯（3.61%）、反式斯巴醇（3.23%）、1-壬烯（2.52%）、卡拉烯（2.28%）、2-异丙烯基-4α,8-二甲基-1,2,3,4,4α,5,6,7-八氢萘（2.13%）、橙花叔醇（1.97%）、顺式香木兰烯（1.38%）、雪松醇（1.17%）、蓝桉醇（1.16%）、15-烯-十七碳醛（1.00%）等（郭素华等，2006）。

【营养与功效】

每100 g嫩茎叶含蛋白质2.1 g，脂肪0.7 g；维生素A 2.54 mg，维生素B_1 0.05 mg，维生素B_2 0.07 mg，维生素B_5 0.90 mg，维生素C 90 mg；钙315 mg，磷39 mg，铁3.2 mg。有消肿定痛、活血化瘀的功效。

【食用方法】

嫩茎叶洗净，可凉拌、炒食、炖肉食，清香味美，也可洗净切段后拌适量玉米面后蒸熟，加调料食用。

桔梗

桔梗科桔梗属
学名：*Platycodon grandiflorus*（Jacq.）A.DC.
别名：铃当花、包袱草、绿花梗、梗草、僧冠帽、六角荷
分布：东北、华北、华东、华中各省

【植物学特征与生境】

多年生草本，高20～120 cm，有白乳汁。叶全部轮生、部分轮生至全部互生，卵形、卵状椭圆形至披针形，长2～7 cm，宽0.5～3.5 cm，两面无毛，背面有白粉，边具细锯齿。花单朵顶生或数朵集成假总状花序，或有集成圆锥花序，花冠宽漏斗状钟形，蓝色或紫色。蒴果下部半球状，上部有喙，直径约2～2.5 cm。种子多数，卵形，有翼，细小，棕色。

喜凉爽湿润环境，喜阳光充足或侧方蔽荫。适栽于排水良好，含腐殖质的砂质壤土中。

【栽培技术要点】

用分株或播种方法繁殖。种子繁殖在3月下旬采用直播法，对其根生长有益，实生苗第二年就可开花。分株法在春、秋季均可进行。6～7月于开花前后可追施液肥1～2次，以利开花和长根。秋后，欲继续留根，则剪去枝干，露地越冬。挖根入药，可于春，秋两季进行，通常播种后2～3年即可收根。

【主要芳香成分】

水蒸气蒸馏法提取的桔梗干燥茎叶的得油率为0.22%，精油主要成分依次为：5-己烯酸（11.79%）、1-十一碳烯（9.82%）、2-甲基-2-丙烯-1-醇（9.81%）、甲酸,1-甲基乙酯（5.22%）、十七碳烷（3.49%）、甲基丁基-1,2-苯二甲酸亚乙基酯（2.81%）、3,4-庚二烯（2.26%）、2-羟基二环[3.1.1]庚-6-酮（2.25%）、2-环戊烯-1-酮（2.01%）、（E）-2-丁烯醛（1.35%）、3,6,6-三甲基-二环[3.1.1]庚-2-烯（1.00%）等（丁长江等，1996）。

【营养与功效】

每100 g嫩叶含蛋白质0.2 g，粗纤维3.2 g；维生素A 8.8 mg，维生素C 138 mg。

【食用方法】

嫩苗或嫩茎叶洗净，沸水烫过，捞入清水中浸泡约1 d，或用酸汤水浸泡1 h，去除苦味后，可炒食或做汤。

紫斑风铃草

桔梗科风铃草属

学名：*Campanula punctate* Lam.

别名：灯笼花、吊钟花、山小菜

分布：黑龙江、辽宁、吉林、内蒙古、河北、山西、河南、陕西、甘肃、四川、湖北

【植物学特征与生境】

多年生草本，全体被刚毛，具细长而横走的根状茎。茎直立，粗壮，高20～100 cm，通常在上部分枝。基生叶具长柄，叶片心状卵形；茎生叶下部的有带翅的长柄，上部的无柄，三角状卵形至披针形，边缘具不整齐钝齿。花顶生于主茎及分枝顶端，下垂；花萼裂片长三角形，裂片间有一个卵形至卵状披针形而反折的附属物，它的边缘有芒状长刺毛；花冠白色，带紫斑，筒状钟形，长3～6.5 cm，裂片有睫毛。蒴果半球状倒锥形，脉很明显。种子灰褐色，矩圆状，稍扁，长约1 mm。花期6～9月。

耐寒，忌酷暑，喜长日照。喜轻松、肥沃而排水良好的壤土。

【栽培技术要点】

在排水良好、富含腐殖质的壤土上生长良好。在胚根出现前要保持较高的相对湿度，基质也应相对湿润。生长期忌涝，所以不能浇水过多，但在高温时对空气湿度要求较高，要注意喷水。夏天要注意移到通风较强的地方，同时也要注意喷水降低温度。为使幼苗快速生长，可以施加30～50PPm的钙氮肥。常见病害为白粉病、叶斑病、锈病，虫害主要是蚜虫和蓟马，可用多菌灵和氧化乐果乳油喷杀。

【主要芳香成分】

超临界CO_2萃取法提取的吉林长白山产紫斑风铃草茎叶精油的主要成分依次为：十六烷酸乙酯（19.56%）、二十九烷（14.74%）、棕榈酸（13.08%）、2,6,6-三甲基-($1\alpha,2\beta,5\alpha$)-二环[3.1.1]庚烷（9.96%）、二十烷（7.72%）、(Z,Z)-9,12-十八碳二烯酸（2.67%）、二十六烷（2.31%）、3,5,6,7,8,8a-六氢-4,8a-二甲基-6-(1-甲基乙烯基)-2(1H)萘酮（2.11%）、1,4-二十碳二烯（1.85%）、二十二烷（1.61%）、(E,Z)-1,3-环十二碳二烯（1.38%）、环二十八烷（1.26%）、植醇（1.22%）、(3β)-熊-12-烯-3-醇乙酸酯（1.18%）、1-二十四烷醇（1.16%）、维生素E（1.01%）、β-生育酚（1.00%）等（常艳茹等，2010）。

【营养与功效】

全草入药，有清热解毒、止痛的功效。

【食用方法】

嫩叶用热水焯熟，换水清洗干净，去苦味，调味食用。

小蓬草

菊科白酒草属

学名：*Conyza canadensis*（Linn.）Cronq.

别名：小白酒草、加拿大蓬、飞蓬、小飞蓬

分布：全国各地

【植物学特征与生境】

一年生草本。根纺锤状。茎直立，高50～100 cm或更高，圆柱状，多少具棱，有条纹，被疏长硬毛，上部多分枝。叶密集，下部叶倒披针形，长6～10 cm，宽1～1.5 cm，顶端尖或渐尖，基部渐狭成柄，边缘具疏锯齿或全缘，中部和上部叶较小，线状披针形或线形。头状花序多数，小，排列成顶生多分枝的大圆锥花序；总苞近圆柱状，长2.5～4 mm；总苞片2～3层，淡绿色，线状披针形或线形；花托平；雌花多数，舌状，白色，舌片小，稍超出花盘，线形；两性花淡黄色，花冠管状。瘦果线状披针形，长1.2～1.5 mm，稍扁压；冠毛污白色，糙毛状。花期5～9月。

多生于干燥、向阳的土地上。

【栽培技术要点】

是分布最广的入侵物种之一，多生于路边、田野、牧场、草原、河滩，常形成大片草丛。种子繁殖，以幼苗或种子越冬。借冠毛随风扩散，蔓延极快。不主张人工种植。

【主要芳香成分】

水蒸气蒸馏法提取的小蓬草叶及茎叶的得油率在0.07%～0.48%之间。黑龙江哈尔滨产小蓬草新鲜茎叶精油的主要成分依次为：柠檬烯（15.36%）、香芹酮（10.15%）、顺式-香芹醇（6.56%）、反式-α-佛手柑油烯（6.11%）、柠檬烯二醇（3.56%）、α-姜黄烯（3.27%）、反式-香芹醇（2.75%）、顺式-对-薄荷-2,8-二烯-1-醇（2.55%）、反式-对-2,8-薄荷二烯-1-醇（2.54%）、反式-β-金合欢烯（1.42%）等（刘志明等，2011）。

【营养与功效】

每100 g嫩茎叶含胡萝卜素5.76 mg，维生素B_2 1.38 mg，维生素C 39 mg；每100 g干燥茎叶含钾4100 mg，钙920 mg，镁273 mg，磷402 mg，钠52 mg，铁19 mg。锰5.1 mg，锌5.1 mg，铜1.3 mg。有清热解毒、利湿凉血的功效。

【食用方法】

嫩茎叶洗净，沸水烫，清水漂洗去苦味，去异味后，炒食或做汤。

苍术

菊科苍术属

学名：*Atractylodes lancea* (Thunb.) DC.

别名：山苍术、枪头菜、山刺菜、北苍术、术、赤术、仙术、茅苍术、山蓟、南苍术、茅术

分布：黑龙江、吉林、辽宁、内蒙古、河北、山西、甘肃、河南、陕西、江苏、浙江、江西、山东、安徽、湖北、湖南、四川

【植物学特征与生境】

多年生草本，高30～70 cm。根状茎粗肥，结节状。茎直立，圆柱形而有纵棱。叶互生，基部叶常在花期前脱落，中部叶椭圆状披针形，完整或3～7羽状浅裂，边缘有刺状锯齿，上面深绿，下面稍带白粉状，上部叶渐小。头状花序多单独顶生，总苞片6～8层，有纤毛；花全为管状，白色；两性花冠毛羽状分枝，较花冠稍短。瘦果圆筒形，被黄白色毛。花期8～10月，果期9～10月。

喜温和、湿润气候，耐寒力强，忌强光和高温。

【栽培技术要点】

在干旱的地区作成平畦，雨水多的地方作成高畦，畦宽一般1.3 m左右。以种子繁殖为主，4月初育苗，条播或撒播。苗高3 cm左右时进行间苗，10 cm左右定植，株行距15 cm×30 cm，栽后覆土压紧并浇水。分株繁殖：4月份芽刚要萌发时，把老苗连根掘出，将根茎切成若干小块，每小块带1～3个芽，栽于大田。幼苗期应勤除草松土，要适时灌水。一般每年5月，6月，8月追肥3次。7～8月现蕾期，对于非留种地及时摘除花蕾。主要病虫害有根腐病，蚜虫，小地老虎。

【主要芳香成分】

水蒸气蒸馏法提取的苍术茎叶的得油率为0.47%～0.49%。北京产苍术幼苗精油的主要成分依次为：茅术醇(45.13%)、β-桉油醇(35.58%)、沉香螺萜醇(3.75%)、4-乙基-α,α,4-三甲基-3-(1-甲基乙烯基)-环己基甲醇(3.45%)、5-(1,5-二甲基-4-己烯基)-2-甲基-1,3-环己二烯(2.09%)、丁香烯(1.27%)、甜核树醇(1.03%)等(周洁等，2008)。

【营养与功效】

叶及幼苗含挥发油，有燥湿健脾，祛风湿的功效。

【食用方法】

嫩苗或嫩茎叶沸水烫过后可炒食、做汤，也可煮粥或和面蒸食。

风毛菊

菊科风毛菊属

学名：*Saussurea japonica*（Thunb.）DC.

别名：八棱麻、八楞麻、八面风、空筒菜、三棱草

分布：北京、辽宁、河北、山西、内蒙古、陕西、甘肃、青海、河南、湖北、湖南、江西、安徽、山东、浙江、福建、广东、四川、云南、贵州、西藏

【植物学特征与生境】

二年生草本，植株高30～150cm。茎直立，粗壮，具纵棱，疏被细毛和腺毛。基生叶具长柄，叶片长椭圆形，长20～35cm，通常羽状深裂，顶生裂片长椭圆状披针形，侧裂片7～8对，狭长椭圆形，两面均被细毛和腺毛；茎生叶由下自上渐小，椭圆形或线状披针形，羽状分裂或全缘，基部有时下延成翅状。头状花序直径1～1.5cm，密集成伞房状；总苞筒状，外被蛛丝状毛，长8～12mm，宽5～8mm，总苞片多层；花管状，紫红色，长10～14mm，顶端5裂。瘦果长椭圆形，长约4mm，冠毛2层，外层较短，糙毛状，内层羽毛状。花期9～10月。

极耐寒，忌酷热，喜阳光充足，喜凉爽，耐瘠薄。生于山坡、山谷、林下、山坡路旁、山坡灌丛、荒坡、水旁、田中。

【栽培技术要点】

可播种繁殖或分株繁殖。

【主要芳香成分】

水蒸气蒸馏法提取的甘肃武威产风毛菊新鲜地上部分精油的主要成分依次为：β-檀香醇（16.84%）、二氢去氢广木香内酯（9.90%）、γ-杜松烯（7.46%）、4-甲基-2,6-二叔丁基苯酚（4.57%）、β-金合欢醛（4.53%）、十六烷（3.80%）、十七烷（3.05%）、δ-杜松醇（2.86%）、β-芹子烯（2.48%）、4aβ,8aβ-二甲基-7α-异丙基-4a,5,6,7,8,8a-六氢-2(1H)苯酮（2.36%）、芳樟醇（2.21%）、雅槛蓝烯（1.78%）、4a,8-二甲基-2-异丙基-3,4,4a,5,6,8a-六氢-1(2H)-萘酮（1.71%）、柏木烯醇（1.67%）、β-金合欢醇（1.55%）、2,6-二叔丁基对苯醌（1.35%）、1-十五烯（1.26%）、β-雪松烯（1.14%）、9-马兜铃烯-1-醇（1.11%）、δ-杜松烯（1.04%）等（陈能煜等，1992）。

【营养与功效】

每100g嫩叶含维生素A 7.19mg，维生素C 15mg。有祛风除湿、活血舒筋、止咳的功效。

【食用方法】

嫩苗或嫩叶洗净，沸水焯过后冷水浸泡，蘸酱食或炒食。

阿尔泰狗娃花

菊科狗娃花属

学名：*Heteropappus altaicus*（Willd.）Novopokr.

别名：阿尔泰紫菀、铁杆蒿

分布：新疆、内蒙古、青海、四川及西北、东北、华北各省区

【植物学特征与生境】

多年生草本，有横走或垂直的根。茎直立，高20～60 cm。基部叶在花期枯萎；下部叶条形或矩圆状披针形、倒披针形，或近匙形，长2.5～6 cm，宽0.7～1.5 cm，全缘或有疏浅齿；上部叶渐狭小，条形；全部叶常有腺点。头状花序直径2～3.5 cm，单生枝端或排成伞房状；总苞半球形，径0.8～1.8 cm；总苞片2～3层，矩圆状披针形或条形。舌状花约20个，管部长1.5～2.8 mm；舌片浅蓝紫色，矩圆状条形；管状花长5～6 mm。瘦果扁，倒卵状矩圆形，长2～2.8 mm，宽0.7～1.4 mm，灰绿色或浅褐色，被绢毛，上部有腺。冠毛污白色或红褐色，长4～6 mm，有不等长的微糙毛。花果期5～9月。

耐寒，耐干旱，耐瘠，适应能力强。生于草原、草甸、山地、戈壁滩地、河岸路旁，常见。

【栽培技术要点】

常采用播种、分株繁殖。分株在春、秋季进行，易成活，栽培容易。

【主要芳香成分】

水蒸气蒸馏法提取的阿尔泰狗娃花阴干茎叶的得油率为0.78%～0.80%。河南焦作产阿尔泰狗娃花茎叶精油的主要成分依次为：大根香叶烯（20.14%）、乙酸乙酯（7.62%）、石竹烯（7.29%）、1,1,4,7-四甲基-八氢化-1氢-环丙基薁（7.18%）、β-蒎烯（5.40%）、β-水芹烯（3.77%）、甲酸乙酯（3.65%）、(-)-斯巴醇（3.42%）、萜二烯（3.02%）、2-异丙基-5-甲基-9-亚甲基-双环[4.4.0]癸-1-烯（2.22%）、乙酸-1,7,7-三甲基-双环[2.2.1]庚-2-酯（2.21%）、1,2,3,5,6,8a-六氢-4,7-二甲基-1-异丙基-[1S-顺]萘（1.72%）、1,2,3,4,4a,5,6,8a-八氢-7-甲基-4-亚甲基-1-异丙基-(1α,4aα,8aα)萘（1.67%）、石竹烯氧化物（1.64%）、(+)-表双环倍半菲兰烯（1.46%）、7,11-二甲基-3-亚甲基-1,6,10-癸三烯（1.40%）、6-乙烯基-6-甲基-1-异丙基-3-(1-甲基-亚乙烯基)-[S]-环己烯（1.39%）、2-甲基萘（1.38%）、4-甲基-1-异丙基-双环[3.1.0]己-2-烯（1.25%）、β-香叶烯（1.20%）、1,2,3,4,4a,5,6,8a-八氢-7-甲基-4-亚甲基-1-异丙基-(1α,4aβ,8aα)萘（1.14%）、1R-α-蒎烯（1.07%）、1,5,5-三甲基-6-亚甲基-环己烷（1.01%）等（赵云荣等，2009）。

【营养与功效】

叶含挥发油、甾体、黄酮、二萜、三萜及皂苷类化合物。有清热降火、排脓的功效。

【食用方法】

春季采嫩叶，热水焯熟，换水浸洗干净，去苦味，加调味料拌食。

鬼针草

菊科鬼针属

学名：*Bidens pilosa* Linn.

别名：三叶鬼针草、白花鬼针草、虾钳草、对叉草、粘人草、一包针、引线包、毛针草、刺针草、黏身草

分布：华中、华东、华南、西南各省区

【植物学特征与生境】

一年生草本，高40~85 cm。茎直立，下部略带淡紫色，四棱形。中、下部叶对生，长11~19 cm，2回羽状深裂，裂片披针形或卵状披针形，先端尖或渐尖，边缘具不规则的细尖齿或钝齿，两面略具短毛，有长柄；上部叶互生，较小，羽状分裂。头状花序直径约6~10 mm，有梗，长1.8~8.5 cm；总苞杯状，苞片线状椭圆形；花托托片椭圆形，先端钝，花杂性，边缘舌状花黄色，中央管状花黄色，两性。瘦果长线形，体部长12~18 mm，宽约1 mm，具3~4棱，有短毛；顶端冠毛芒状，3~4枚，长2~5 mm。花期8~9月，果期9~11月。

喜温暖湿润气候。生于村旁、路边及荒地中。

【栽培技术要点】

以疏松肥沃、富含腐殖质的砂质壤土、粘壤土栽培为宜。常用种子繁殖。11月果实成熟，割回茎叶，晒干，脱粒。3~4月穴播，按行株距33 cm×24 cm开穴，穴深3~4 cm，播后覆土。温度在18~21℃，约经10~15 d出苗。苗高6~8 cm时间苗、补苗，每穴留苗3~4株。进行松土除草，追施人粪尿。生长旺盛时再施1次人畜粪肥。

【主要芳香成分】

同时蒸馏萃取法提取的贵州贵阳产鬼针草叶的得油率为0.81%，精油主要成分依次为：(Z)-1,11-十三二烯-3,5,7,9-四炔（37.16%）、大牻牛儿烯-D（18.50%）、反式-石竹烯（16.27%）、β-荜澄茄油烯（3.72%）、大牻牛儿烯B（3.19%）、α-荜草烯（2.54%）、β-波旁老鹳草烯（2.11%）、δ-杜松烯（1.83%）、反式-β-法呢烯（1.71%）、双环榄香烯（1.62%）、反式-2-己烯醛（1.60%）、α-杜松醇（1.06%）等；茎的得油率为0.12%，精油主要成分依次为：(Z)-1,11-十三二烯-3,5,7,9-四炔（19.41%）、反式-石竹烯（16.62%）、β-荜澄茄油烯（11.73%）、蒎烯（8.69%）、大牻牛儿烯-D（5.52%）、反式-β-法呢烯（4.70%）、β-侧柏烯（4.27%）、棕榈酸（3.81%）、β-波旁老鹳草烯（3.29%）、反式-3-己烯-1-醇（3.27%）、反式-2-己烯醛（1.84%）、1-十五烯（1.51%）、顺式-3-己烯-1-醇（1.37%）、大牻牛儿烯B（1.22%）、δ-杜松烯（1.20%）、α-荜草烯（1.16%）等（秦军等，2003）。

【营养与功效】

叶含挥发油和生物碱，包括皂苷、黄酮苷、苦味质、鞣质、胆碱等成分。有清热解毒、消肿散瘀、祛风除湿的功效。

【食用方法】

嫩茎叶洗净，沸水烫，清水漂洗后炒食。

狼杷草

菊科鬼针草属

学名：*Bidens tripartita* Linn.

别名：豆渣菜、郎耶菜、鬼叉、鬼针、鬼刺、夜叉头

分布：东北、华北、华东、华中、西南及陕西、甘肃、新疆等省区

【植物学特征与生境】

一年生草本，高30～150 cm。叶对生，无毛，叶柄有狭翅，中部叶通常羽状，3～5裂，顶端裂片较大，椭圆形或长椭圆状披针形，边缘有锯齿；上部叶3深裂或不裂。头状花序顶生或腋生；总苞片多数，外层倒披针形，叶状；花黄色，全为两性管状花。瘦果扁平，倒卵状楔形，边缘有倒刺毛。花果期7～11月。

属湿生性广布植物。喜酸性至中性土壤，也能耐盐碱。

【栽培技术要点】

常用种子繁殖，成熟种子处于休眠状态，经过越冬，翌年才能发芽出苗。播种深度为2～4 cm。下部茎秆极易生出大量的不定根。基部茎枝的叶腋有腋芽，再生能力强，栽培容易。

【主要芳香成分】

水蒸气蒸馏法提取的狼杷草干燥茎叶的得油率为0.02%～0.11%。北京产狼杷草干燥茎叶精油的主要成分依次为：十六烷酸（14.66%）、石竹烯氧化物（9.69%）、正十七烷（3.22%）、反式-石竹烯（3.10%）、乙酸牻牛儿苗酮（2.53%）、亚油酸（2.26%）、十七烷酸（2.25%）、β-桉叶醇（2.12%）、十九碳烷（1.99%）、六氢金合欢酮（1.77%）、正二十碳烷（1.76%）、十五烷醛（1.60%）、棕榈酸甲酯（1.40%）、荜草烯（1.38%）、对-聚伞花素（1.29%）、β-紫罗兰酮（1.21%）、δ-荜澄茄烯（1.17%）、β-甜没药烯（1.11%）等（刘春生等，1993）。

【营养与功效】

嫩茎叶含维生素C、木樨草素、挥发油、糖类等成分。有清热凉血、润肺止咳的功效。

【食用方法】

嫩苗或嫩叶洗净，沸水烫过，清水漂洗后炒食。

艾

菊科蒿属

学名：*Artemisia argyi* Levl.et Van.

别名：艾蒿、香艾、家艾、白艾、蕲艾、艾叶、甜艾、陈艾、大叶艾、祁艾、大艾、野艾

分布：全国各地

【植物学特征与生境】

多年生草本或略成半灌木状，植株有浓烈香气。主根明显，略粗长，侧根多；常有横卧地下根状茎及营养枝。茎单生，高80～150 cm，有明显纵棱，褐色或灰黄褐色，有少数短分枝；茎、枝均被灰色蛛丝状柔毛。叶厚纸质，被灰白色柔毛，有白色腺点与小凹点；基生叶具长柄，花期萎谢；下部叶近圆形或宽卵形，羽状深裂；中部叶卵形、三角状卵形或近菱形，1～2回羽状深裂至半裂；上部叶与苞片叶羽状半裂、浅裂或不分裂，椭圆形、长椭圆状披针形、披针形或线状披针形。头状花序椭圆形，直径2.5～3.5 mm，每数枚至10余枚在分枝上排成小型的穗状花序或复穗状花序，并在茎上通常再组成狭窄、尖塔形的圆锥花序；总苞片3～4层，覆瓦状排列；花序托小；雌花6～10朵，花冠狭管状，紫色；两性花8～12朵，花冠管状或高脚杯状，外面有腺点，檐部紫色。瘦果长卵形或长圆形。花果期7～10月。

适应性强，普遍生长于路旁荒野、草地。只要是向阳而排水顺畅的地方都生长，但以湿润肥沃的土壤生长较好。

【栽培技术要点】

主要以根茎分株进行无性繁殖，也可用种子繁殖。种子繁殖在3月份播种，根茎繁殖在11月份进行。畦宽1.5 m左右，畦面中间高两边低似"龟背"型。播种前要施足底肥，一般每667 m²施腐熟的农家肥4000 kg，深耕与土壤充分混匀，播前浇一次充足的底水。每年3月初越冬的根茎开始萌发，4月下旬采收第一茬，每年收获4～5茬。每采收一茬后都要施一定的追肥，追肥以腐熟的稀人畜粪为主，适当配以磷钾肥。生产中要保持土壤湿润。

【主要芳香成分】

水蒸气蒸馏法提取的艾叶片的得油率在0.08%～2.30%之间。上海产艾新鲜叶精油的主要成分为：侧柏酮（65.96%）、石竹烯（8.74%）等（孟慧等，2009）。湖北蕲春产艾新鲜叶精油的主要成分为：4-甲基-1-（1-甲乙基）-二环[3.1.0]-庚-2-酮（15.73%）、桉叶油素（14.65%）、石竹烯氧化物（6.80%）、绿花白千层醇（6.67%）、冰片（6.64%）、1,7,7-三甲基-二环[2.2.1]-庚-2-酮（5.63%）等（何正有等，2009）。贵州贵阳产艾新鲜叶精油的主要成分为：表蓝桉醇（8.79%）、兔毛蒿酮（7.29%）、桉油精（7.22%）、4-松油醇（6.81%）等（兰美兵等，2009）。

【营养与功效】

茎叶主要成分为挥发油，还含有芝麻素、鹅掌楸树脂醇B二甲醚、鹅掌楸树脂醇A二甲醚、艾黄素、芸香甙、异槲皮甙、咖啡酸等成分。有温络、理气、消炎、止痛、驱蚊蝇的功效。

【食用方法】

嫩苗或嫩叶洗净，沸水烫透，清水浸泡约1 h去苦味，切碎，与糯米粉或面粉（1:4或1:5的比例）加入白糖或红糖和水，搅拌后蒸熟做成糍粑食用；也可作为配料炒食或凉拌，还可做汤、煮粥。

白苞蒿

菊科蒿属

学名：*Artemisia lactiflora* Wall.

别名：白花蒿、秦州庵闾子、鸭脚艾、广东刘寄奴、四季菜、甜艾、白米蒿、白花艾

分布：陕西、安徽、甘肃、江苏、浙江、江西、福建、台湾、河南、湖南、湖北、广东、广西、四川、贵州、云南

【植物学特征与生境】

多年生直立草本，全株无毛。茎直立，高80～150 cm。下部叶花时凋落，中部叶有柄与假托叶，上部叶无柄，叶片羽状分裂至羽状深裂，裂片卵形至长椭圆状披针形，锯齿深或浅；两面光滑无毛。头状花序黄白色，直径约2 mm，密集成穗状，构成大型圆锥花丛；总苞片薄膜质，3～4层，最外层较短，卵形，内层椭圆形；花托裸、平或微凸；两性花发育。瘦果椭圆形，长约1.5 mm。花果期9～12月。

喜温暖，在35～38℃高温下仍生长良好，也耐低温。

【栽培技术要点】

分枝能力强，形成不定根的能力也强，一般采用分株法进行繁殖。选取健壮株连根挖出，用刀把各分枝切割开即可定植，繁殖系数可达10～20。也可采用扦插繁殖或育苗繁殖。选择肥沃土壤，施入充足基肥，高畦栽培，畦宽140 cm，株行距20～30 cm×30～40 cm，每667 m² 种植5000株左右。加强肥水管理，雨季注意排水防涝。定植后45 d即可采收，摘取具5～6片嫩叶的嫩梢作为产品。

【主要芳香成分】

水蒸气蒸馏法提取的白苞蒿干燥茎叶的得油率为0.38%～0.41%。贵州遵义产白苞蒿干燥茎叶精油的主要成分依次为：左旋薰衣草醇（17.78%）、吉马烯D（11.96%）、倍半萜-γ-内酯（8.96%）、丁香酚（4.77%）、L-芳樟醇（4.75%）、α-姜烯（4.51%）、松蒿素（3.43%）、（Z）-3-己烯醇（3.34%）、苯乙醇（2.87%）、β-石竹烯（2.65%）、α-杜松醇（1.49%）、苯甲醇（1.46%）、白菖烯（1.43%）、苯乙醛（1.41%）、（E）-β-金合欢烯（1.36%）、α-松油醇（1.24%）、6-甲基-5-庚烯-2-酮（1.17%）、正己醇（1.10%）、（E,E）-α-金合欢烯（1.00%）等（周万镜等，2011）。

【营养与功效】

茎叶含挥发油，成分有黄酮苷、酚类，还含氨基酸及香豆素等物质。有清热、解毒、止咳、消炎、活血、散瘀、通经等作用。

【食用方法】

嫩茎叶可炒食或作火锅料，也可油炸。

黄花蒿

菊科蒿属

学名：*Artemisia annua* Linn.

别名：臭蒿、苦蒿、草蒿、青蒿、细叶蒿、小青蒿、黄蒿、臭黄蒿、黄香蒿、野茼蒿

分布：全国各地

【植物学特征与生境】

多年生草本，高40～150 cm。茎通常单一，直立，分枝，有棱槽，褐色或紫褐色。基部和下部叶有柄，并在花期枯萎；中部叶卵形，3回羽状深裂。头状花序多数，球形，排列呈金字塔形的复圆锥花序，总苞片2～3层，草质，鲜绿色，外层线状长圆形，内层卵形或近圆形；花托长圆形；花黄色，都为管状花，外层雌性，里层两性。瘦果卵形，淡褐色。花期7～9月，果期9～10月。

适应性强，在路旁、荒坡、草原、盐渍化土壤上均能生长。

【栽培技术要点】

以种子繁殖为主。苗床宽100 cm，高20 cm。播种以2月中旬至3月中旬为好。一般采用条播，条距15 cm，沟深1～2 cm，盖土以不见种子为度。播后要及时淋水，苗期保持苗床湿润。做成宽100 cm，高20 cm的畦，沟宽20 cm。当幼苗4片真叶以上时即可移栽，株行距15 cm×15 cm，每穴栽1株苗，淋足定根水。幼苗期应及时灌溉和开沟排水。封行前注意中耕除草。当苗高长到40 cm左右时，进行打顶摘心。在苗期和生长盛期各追肥1次。病害很少，虫害主要是地老虎幼虫及蚜虫。

【主要芳香成分】

水蒸气蒸馏法提取的黄花蒿茎叶的得油率在0.20%～4.33%之间。重庆永川产黄花蒿茎叶精油的主要成分依次为：石竹烯（14.83%）、大根香叶烯D（13.44%）、蒿酮（11.32%）、樟脑（10.05%）、石竹烯氧化物（5.43%）、α-芹子烯（3.88%）、广藿香烷（3.30%）、榧叶醇（2.96%）、桉叶素（2.68%）、β-金合欢烯（1.85%）、棕榈酸（1.46%）、衣兰烯（1.19%）、顺式-α-(甜)没药烯（1.17%）、异长叶烯（1.08%）、2-甲基-3-氧代雌甾烷-17-基乙酸酯（1.06%）、γ-榄香烯（1.01%）等；山东招远产黄花蒿茎叶精油的主要成分为：蒿酮（57.48%）、α-芹子烯（5.16%）等（余正文等，2011）。

【营养与功效】

茎叶除含挥发油外，还含青蒿素、青蒿酸、青蒿甲素、青蒿黄素、青蒿醇、青蒿酮等成分。有清热凉血、利湿解毒、消炎镇痛的功效。

【食用方法】

嫩苗或嫩叶洗净，沸水烫过，清水漂洗后可炒食、凉拌。

龙蒿

菊科蒿属

学名：*Artemisia dracunculus* Linn.

别名：椒蒿、柳叶菜、紫香蒿、灰蒿、灰绿蒿、狭叶青蒿、蛇蒿、香艾、香艾菊、青蒿

分布：黑龙江、吉林、辽宁、内蒙古、河北、山西、陕西、宁夏、甘肃、青海、新疆

【植物学特征与生境】

多年生草本，高30～150 cm，整株无毛，绿色。地下茎细长。茎直立，中部以上有密集的分枝。叶无柄，线形或长圆状线形，长3～6 cm，宽2～4 mm，顶端渐尖，全缘，有不密集的腺点；下部叶有时在顶端3浅裂，在花期时萎谢；中部以上叶密集。头状花序多数；有短梗，俯垂，在茎和枝上排列成复总状花序；总苞球形，直径2.5～3 mm；总苞片绿色，3层，外层长圆形或近披针形，内层广卵形，边缘宽膜质；花都为管状花，白色，外层雌性，7朵，能育；内层两性，几乎多于雌花1倍，不育。瘦果倒卵形。花期7～8月。

适合于湿润、凉爽的气候。对土壤要求不严，在砂砾质草甸土、棕漠土、栗钙土等均可生长。

【栽培技术要点】

选择向阳，排水良好的地块栽培。主要采用扦插和分株繁殖。扦插时期5～6月、9月进行；分株繁殖6～7月，9～10月进行。发根后，选择排水良好，稍瘠薄的土壤进行移栽，定植株行距30 cm。2～3年后植株的风味降低，需要进行更新栽培。水肥过多容易徒长，而且香味会降低，所以水肥要适当。

【主要芳香成分】

水蒸气蒸馏法提取的新疆奇台产龙蒿新鲜叶片的得油率为0.31%，精油主要成分依次为：茴香脑（80.80%）、β-罗勒烯（12.93%）、α-罗勒烯（3.80%）等；新鲜嫩茎的得油率为1.50%，精油主要成分依次为：茴香脑（78.49%）、β-罗勒烯（12.82%）、α-罗勒烯（4.72%）、丁子香氛甲酯（1.52%）等（仵燕等，2011）。

【营养与功效】

茎叶有类似花椒的特殊香味，除含有挥发油外，还含有胡萝卜素、维生素C、生物碱和黄酮类化合物。有清热祛风、利尿的功效。

【食用方法】

嫩叶洗净，沸水焯熟，换清水洗去苦味后凉拌。锡伯族人常用来炖鱼，味道十分鲜美。

柳叶蒿

菊科蒿属

学名：*Artemisia integrifolia* Linn.

别名：柳蒿、柳蒿芽、柳蒿菜、九牛草、水蒿、白蒿

分布：黑龙江、吉林、辽宁、内蒙古、河北

【植物学特征与生境】

多年生草本，高60～120 cm。主根明显；根状茎略粗。茎直立，紫褐色，有纵棱，有分枝。下部叶花期枯萎，中部叶长椭圆形、椭圆状卵形或线状披针形；上部叶狭披针形，有齿或全缘。头状花序极多数，总状排列于腋生直立的短枝上，并密集成狭长的复总状花序；总苞卵形约5层；外层雌花10～15朵，黄色。瘦果倒卵形或长圆形，无毛。花果期8～10月。

多见于低海拔或中海拔湿润或半湿润地区的路旁、河边、灌丛及沼泽地的边缘。

【栽培技术要点】

多采取根茎扦插繁殖。作宽1 m的平畦。清明至谷雨节气，挖取根茎。将其截成6～9 cm作插条。按行距30～35 cm，深10～15 cm开沟，将根茎均匀放入沟内，覆土后浇水。出苗后要经常松土除草，小水勤浇。苗高30 cm左右高时施1次肥。上冻前浇1次大水。第二年春季出苗前及时松土，可扣小拱棚。春季定植的苗，当株高45 cm左右时，采嫩茎，作蔬菜食用。秋季定植的苗，翌年春季当苗高10～15 cm时，即可采收。

【主要芳香成分】

水蒸气蒸馏法提取的吉林长白山产柳叶蒿茎叶的得油率为0.34%，精油主要成分依次为：樟脑（24.08%）、1,8-桉叶油素（16.23%）、α-芹子醇（9.31%）、7-辛烯-4-醇（2.66%）、壬醛（2.50%）、龙脑（2.32%）、茵陈炔（1.90%）、苯乙醛（1.03%）等（朱亮锋等，1993）。

【营养与功效】

每100 g嫩茎叶含蛋白质3.7 g，脂肪0.7 g，粗纤维2.1 g，碳水化合物9.0 g；维生素A 4.4 mg，维生素B_1 0.3 mg，维生素C 23 mg；每100 g干样中含钾1960 mg，钙950 mg，镁260 mg，磷415 mg，钠38 mg，铁13.9 mg，锰11.9 mg，锌2.6 mg，铜1.7 mg。有止血、消炎、镇咳、化痰的功效。

【食用方法】

嫩茎叶洗净，沸水焯过去苦味，可炒食、做馅、做汤。

蒌蒿

菊科蒿属

学名：*Artemisia selengensis* Turcz.

别名：蒌、白蒿、柳叶蒿、水蒿、狭叶艾、香艾蒿、芦蒿、藜蒿、高茎蒿、水艾、刘寄奴

分布：黑龙江、吉林、辽宁、内蒙古、河北、山西、陕西、甘肃、山东、安徽、江西、江苏、河南、湖南、湖北、广东、四川、云南、贵州

【植物学特征与生境】

多年生草本；根状茎稍粗，有匍匐地下茎。茎少数或单，高60～150 cm。叶纸质或薄纸质，上面绿色；下部叶宽卵形或卵形；中部叶近成掌状；上部叶与苞片叶指状3深裂，2裂或不分裂。头状花序多数，长圆形或宽卵形，在分枝上排成密穗状花序，并在茎上组成狭而伸长的圆锥花序；总苞片3～4层；花序托小，凸起；雌花8～12朵，花冠狭管状；两性花10～15朵，花冠管状。瘦果卵形，略扁。花果期7～10月。

喜冷凉湿润气候，耐湿、耐热、耐肥、耐瘠，但不耐旱。

【栽培技术要点】

可播种繁殖、地下茎繁殖、扦插繁殖、分株繁殖、自繁等。播种时间为3月份之前；扦插和分株繁殖在4～5月。封行前要进行2～3次中耕除草。要经常保持田间湿润。每次追肥要浇1次透水。抗病性较强，在营养期间有蚜虫为害。当株高20～30 cm、顶端心叶尚未散开、颜色为白绿色时即可采收，从近地表处割下嫩苗，洗净后至阴凉处用湿布盖好软化8～12 h再上市或食用。一般20～30 d可采收一次。

【主要芳香成分】

水蒸气蒸馏法提取的蒌蒿茎叶的得油率在0.12%～0.85%之间。云南产蒌蒿新鲜叶精油的主要成分依次为：1,8-桉树脑（17.17%）、β-崖柏烯（10.84%）、(1S)-(-)-樟脑（9.62%）、檀紫三烯（8.45%）、龙

脑（8.37%）、乙酸龙脑酯（6.83%）、α-蒎烯（4.24%）、(+)-α-萜品醇（3.33%）、Z-β-萜品醇（1.95%）、莰烯（1.89%）、顺式-β-萜品醇（1.78%）、(Z)-3,7-二甲基-1,3,6-辛三烯（1.77%）、β-石竹烯（1.22%）、β-月桂烯（1.11%）等；新鲜茎精油的主要成分依次为：1-(2-氨基苯)吡咯（14.51%）、7,11-二甲基-3-亚甲基-1,6,10-十二碳烯（9.18%）、檀紫三烯（8.16%）、α-蒎烯（6.62%）、二-表-α-柏木烯-(I)（5.07%）、β-崖柏烯（3.90%）、环癸烯（2.77%）、β-月桂烯（1.92%）、1,8-桉树脑（1.77%）、2,5-二甲基-3-亚甲基-1,5-庚二烯（1.41%）、β-蒎烯（1.37%）、反式-冰片（1.16%）、β-石竹烯（1.08%）、(1S)-(-)-樟脑（1.03%）等（孙菲等，2009）。

【营养与功效】

每100 g嫩茎叶含蛋白质3.6 g，脂肪1.0 g，胡萝卜素1.39 mg，维生素B_1 0.007 mg，维生素C 49 mg；钙730 mg，磷102 mg，铁2.9 mg。有祛风除湿、理气散寒的功效。

【食用方法】

嫩茎叶洗净，沸水烫过后清水漂洗，可炒食或凉拌。

青蒿

菊科蒿属
学名：*Artemisia carvifolia* Buch.-Ham.ex Roxb.
别名：香蒿、草蒿、三庚草、野兰蒿、蒿子、黑蒿、茵陈蒿、邪蒿、苹蒿、白染艮
分布：吉林、辽宁、河北、陕西、山东、江西、安徽、江苏、浙江、福建、河南、湖北、湖南、广东、广西、四川、贵州、云南

【植物学特征与生境】

一年生草本。茎单生，高30～150 cm，上部多分枝。叶两面青绿色或淡绿色，无毛；基生叶与茎下部叶三回栉齿状羽状分裂，花期凋谢；中部叶长圆形、长圆状卵形或椭圆形，二回栉齿状羽状分裂；上部叶与苞片叶一至二回栉齿状羽状分裂。头状花序半球形；总苞片3～4层；花序托球形；花淡黄色；花冠管状。瘦果长圆形至椭圆形。花果期6～9月。

常星散生于低海拔、湿润的河岸边砂地、山谷、林缘、路旁等。

【栽培技术要点】

选择水源充足的田块，做成面宽1.2 m的畦，假植株行距为10～15 cm。假植后加强肥水管理。当植株生长到10～15 cm时，即可移至大田种植。大田做成宽1.2 m，沟宽0.4 m，沟深0.2～0.5 m的畦，每畦种二行，株行距为0.8×0.8 m。栽后淋足定根水。移栽后7 d、15～20 d、35～45 d结合培土分别施复合肥或农家肥。雨季注重排水，干旱时要及时灌水。主要病害是茎腐病。主要害虫有蚜虫。花蕾期进行收获。

【主要芳香成分】

水蒸气蒸馏法提取的青蒿茎叶的得油率在0.07%～7.20%之间。陕西周至产青蒿茎叶精油的主要成分为：左旋樟脑（23.43%）、1,8-桉叶油素（15.73%）、β-蒎烯（9.47%）、β-月桂烯（6.87%）、丁香烯（6.82%）、蒿酮（5.36%）等（刘立鼎等，1996）。同时蒸馏萃取法提取的河北卢龙产青蒿茎叶的得油率为8.80%，精油主要成分依次为：N,N'-双(2,6-二甲基-6-亚硝基)庚-2-烯-4-酮（37.16%）、桉叶油素（11.20%）、3,3,6-三甲基-1,5-庚二烯-4-醇（4.49%）、石竹烯（4.43%）、大根香叶烯D（3.35%）、11-二烯桉叶烯酮（3.13%）、二-正辛基邻苯二甲酸酯（2.42%）、柯巴烯（1.69%）、β-水芹烯（1.12%）、4-甲基-1-(1-甲基乙基)-(R)-环己-3-烯-l-醇（1.08%）、石竹烯氧化物（1.04%）、雪松醇（1.00%）等（赵丽娟等，2006）。

【营养与功效】

每100 g嫩茎叶含蛋白质4.45 g，粗纤维2.94 g；胡萝卜素5.09 mg，维生素B_1 1.2 mg，维生素C 10 mg。有清热凉血、退虚热、解暑的功效。

【食用方法】

将嫩苗或嫩茎叶洗净，用沸水烫片刻，清水浸泡2～3 d，经常换水。去苦味后炒食；也可腌渍或制成干菜使用。

牡蒿

菊科蒿属

学名：*Artemisia japonica* Thunb.

别名：齐头蒿、油蒿、土柴胡、白花蒿、假柴胡、菊叶柴胡、脚板蒿、青蒿、六月雪、熊掌草

分布：辽宁、河北、山西、陕西、甘肃、山东、江苏、安徽、浙江、江西、福建、台湾、河南、湖北、湖南、广东、广西、四川、贵州、云南、西藏

【植物学特征与生境】

多年生草本，茎直立，高60～90 cm。叶互生；茎中部以下的叶，基部楔形，先端羽状3裂，中间裂片较宽，又羽状3裂；中部以上的叶线形，全缘；叶两面绿色，无毛。头状花序，排列成圆锥花序状，每一头状花序球形，直径约1.5 mm；总苞球形，苞片3～4层，外层苞片较小，卵形，内层苞片椭圆状，背面中央部为绿色，边缘膜质；花托球形，上生两性花及雌花，花冠均为管状；雌花位于花托之外围，花冠中央仅有雌蕊1枚，柱头2裂；中央为两性花，花冠先端5裂；雄蕊5枚，花药合生；雌蕊1枚，柱头头状。瘦果椭圆形，无毛。花期9～10月。

喜温又耐寒，最适生长温度20～30℃，冬季生长缓慢，不耐旱，对土壤要求不严格。

【栽培技术要点】

选择肥沃壤土，施入有机肥作基肥，做成1.5 m宽的高畦。3～11月均可播种，因种子细小，需覆盖遮阳网并淋透水。待苗高10 cm，具3～4片真叶时可定植于大田，定植株行距为30 cm×30 cm。因生长期长，采收期也长，视生长情况每隔半个月追肥一次，雨季注意防涝。定植40 d后开始采收，采收长15 cm、带4～5片叶的嫩梢，先采收主枝嫩茎叶，再采收侧枝嫩茎叶。

【主要芳香成分】

水蒸气蒸馏法提取的牡蒿茎叶的得油率为0.23%～0.33%，四川九寨沟产牡蒿茎叶精油的主要成分依次为：异榄香脂素（4.73%）、9-氧杂二环[6,1,0]壬烷（3.80%）、3,4,5-三甲基-2-环戊烯酮（3.24%）、芳樟醇（3.23%）、樟脑（2.40%）、2,2-二甲基-3-(2-甲基-1-丙烯基)-环丙羧酸乙酯（1.80%）、α-松油醇（1.76%）、1,8-桉叶油素（1.73%）、2,6-二叔丁基对甲酚（1.28%）、8-氧杂二环[5.10]辛烷（1.25%）、2-乙烯基-2,5-二甲基-4-己烯醇（1.14%）、α-姜黄烯（1.11%）、桃金娘烯醇（1.00%）等（朱亮锋等，1993）。

【营养与功效】

每100 g嫩茎叶含胡萝卜素5.14 mg，维生素B_2 1.07 mg，维生素C 52 mg；每100 g干样中含钾3840 mg，钙990 mg，镁253 mg，磷214 mg，钠78 mg，铁15.8 mg，锰6.3 mg。有清热解毒、祛风去湿、止血等功效。

【食用方法】

嫩苗或嫩茎叶洗净，沸水烫过，清水漂洗后，可凉拌或炒食。

茵陈蒿

菊科蒿属

学名：*Artemisia capillaris* Thunb.

别名：绵茵陈、茵陈、绒蒿、因尘、因陈、白茵陈、日本茵陈、家茵陈、臭蒿、安吕草、白蒿

分布：辽宁、河北、陕西、山东、江苏、安徽、浙江、江西、福建、台湾、河南、湖北、湖南、广东、广西、四川

【植物学特征与生境】

半灌木状草本，植株有浓烈的香气。茎单生或少数，高40～120 cm，红褐色或褐色，有不明显的纵棱，基部木质，上部分枝多。营养枝端有密集叶丛，基生叶密集着生，常成莲座状；基生叶、茎下部叶与营养枝叶两面均被柔毛；叶卵圆形或卵状椭圆形，2至3回羽状全裂；中部叶宽卵形、近圆形或卵圆形；上部叶与苞片叶羽状5全裂或3全裂，基部裂片半抱茎。头状花序卵球形，稀近球形，多数，直径1.5～2 mm，有短梗及线形的小苞叶，常排成复总状花序，并在茎上端组成大型、开展的圆锥花序；总苞片3～4层；花序托小，凸起；雌花6～10朵，花冠狭管状或狭圆锥状；两性花3～7朵，花冠管状。瘦果长圆形或长卵形。花果期7～10月。

生长期喜温和气候，耐热，耐寒，耐旱。适应力强。

【栽培技术要点】

选择阳光充足，土壤肥力较高的砂壤土及排水良好的环境。以种子繁殖为主，少量栽培也可分株繁殖。种子繁殖采用育苗移栽。1～2月播种育苗。分株繁殖是3～4月挖起老蔸，带根分成单株移栽。4～5月上旬，苗高10～13 cm时，按行距27 cm，株距20～23 cm移栽。栽种当年中耕除草3次。第一次于苗成活后，第二次6月，第三次于冬季枝叶枯萎，割去老株后进行。每次中耕除草后追肥。加强地老虎和蚂蚁害虫的防治。

【主要芳香成分】

水蒸气蒸馏法提取的茵陈蒿不同生长期的茎叶或新梢的得油率在0.03%～0.75%之间。甘肃产茵陈蒿新梢精油的主要成分为：2-甲基丁酸丁香酯（14.98%）、2-甲基丙酸丁香酯（7.32%）、丁香酚（6.17%）、戊酸丁香酯（5.47%）等（朱亮锋等，1993）。超临界CO_2萃取法提取的茵陈蒿茎叶的得油率在0.15%～0.71%之间。山东产茵陈蒿干燥茎叶精油的主要成分依次为：百里酚（16.92%）、2-异丙基-4-甲基-1-甲氧基苯（10.81%）、异百里酚（7.81%）、2-特丁基-4-(2,4,4-三甲基戊基)苯酚（7.80%）、β-杜松烯（4.44%）、2-异丙基-5-甲基-1-甲氧基苯（4.24%）、匙叶桉油烯醇（3.58%）、α-荜澄烯（3.47%）、对-辛基酚（2.50%）、β-波旁老鹳草烯（2.36%）、γ-衣兰油烯（2.34%）、对异丙基甲苯（1.73%）、4-松油醇（1.51%）、吉玛烯D（1.43%）、t-衣兰油醇（1.21%）、β-红没药烯（1.20%）、γ-松油烯（1.10%）等（张永明等，2003）。

【营养与功效】

每100 g嫩茎叶含蛋白质5.6 g，脂肪0.4 g；维生素A 5.02 mg，维生素B_1 0.05 mg，维生素B_2 0.35 mg，维生素B_5 0.20 mg，维生素C 2.0 mg；钙257 mg，磷97 mg，铁21.0 mg。有清热除湿、利胆退黄等功效。

【食用方法】

春季采收高约10 cm的嫩苗洗净，沸水烫过，清水漂洗后切碎，可凉拌、炒食、做汤；嫩苗也可晒干后备用。

蓟

菊科蓟属

学名：*Cirsium japonicum* DC.

别名：大刺儿菜、大刺盖、刺棘、鸟不宿、刺蓟菜、猫蓟、雷公菜、野蓟、木蓟、大蓟、山萝卜、地萝卜、野红花

分布：河北、山东、陕西、江苏、浙江、江西、湖北、湖南、四川、贵州、云南、广西、广东、福建、台湾

【植物学特征与生境】

多年生草本，高0.5～1 m。根簇生，圆锥形，肉质，表面棕褐色。茎直立，有细纵纹，基部有白色丝状毛。基生叶丛生，有柄，倒披针形或倒卵状披针形，长15～30 cm，羽状深裂，边缘齿状，齿端具针刺，上面疏生白丝状毛，下面脉上有长毛；茎生叶互生，基部心形抱茎。头状花序顶生；总苞钟状，外被蛛丝状毛；总苞片4～6层，披针形，外层较短；花两性，管状，紫色；花药顶端有附片，基部有尾。瘦果长椭圆形，冠毛多层，羽状，暗灰色。花期5～8月，果期6～8月。

喜冷凉湿润的气候，要求土质肥沃，土层深厚，微酸性的土壤。

【栽培技术要点】

用种子和分根繁殖。种子繁殖：用当年收获的种子，于春季3～4月，秋季8～9月播种。春季采用开穴直播，秋季采用育苗移栽。开穴直播株行距为20 cm×35 cm；育苗移栽采用条播，行距30 cm，开沟深2 cm，播种后浅覆土浇水，适温下20～25 d出苗。分根繁殖：于3～4月挖起老根茎，剪取带茎及小块根的芽苗栽种，行距35 cm，株距20 cm，栽后浇水，保持土壤湿润。每年视杂草生长情况中耕除草几次，头次中耕要浅。结合中耕除草进行追肥，以人畜粪水和氮肥为主，苗期追肥宜少量多次。二、三年生苗春季或冬前施腐熟的粪干肥。未见病虫为害。

【主要芳香成分】

水蒸气蒸馏法提取的河南龙浴湾产蓟干燥地上部分精油的主要成分依次为：α-香柠檬烯（11.44%）、α-榄香烯（7.30%）、桉叶油-4（14），11-二烯（4.78%）、2-甲基-4-（2,6,6-三甲基-1环己烯基）丁-2-烯-1-醇（4.46%）、2-甲基-4-（2,6,6-三甲基-1-环己烯-1-基）-2-丁烯醛（4.46%）、1,8-二甲基-8,9-环氧-4-异丙基螺[4.5]癸烷-7-酮（4.38%）、石竹烯氧化物（3.92%）、1-（1,4-二羟基-2-萘基）乙酮（3.14%）、2,5-十八碳二炔酸甲酯（2.71%）、3,7,11,15-四甲基-2-十六烯-1-醇（2.71%）、雪松烯（2.07%）、匙叶桉油烯醇（2.07%）、己醛（1.91%）、α-法呢烯（1.75%）、杜松烯（1.72%）、去氢白菖烯（1.51%）、吉玛烯D（1.27%）、7R,8R-8-羟基-4-异亚丙基-7-甲基二环[5.3.1]十一-1-烯（1.04%）等（符玲等，2010）。

【营养与功效】

茎叶含挥发油、黄酮、生物碱等成分；每100 g嫩叶含蛋白质1.5 g，脂肪1.4 g，碳水化合物4 g；维生素A 3.05 mg，维生素B_2 0.32 mg，维生素C 31 mg。有凉血止血、化瘀消肿的功效。

【食用方法】

嫩苗或嫩叶洗净，沸水烫软针刺，清水漂净，可炒食、做汤或做凉拌菜。

黄鹌菜

菊科黄鹌菜属
学名： *Youngin japonica* (Linn.) DC.
分布： 北京、陕西、甘肃、山东、江苏、安徽、浙江、江西、福建、河南、湖北、湖南、广东、广西、四川、云南、西藏、台湾

【植物学特征与生境】

一年生草本，高10~100 cm。根垂直，生多数须根。茎直立，单生或少数茎成簇生，顶端伞房花序状分枝或下部有长分枝，下部被稀疏的皱波状毛。基生叶全形倒披针形、椭圆形、长椭圆形或宽线形，长2.5~13 cm，宽1~4.5 cm，大头羽状深裂或全裂，有柄；全部叶及叶柄被皱波状柔毛。头状花序含10~20枚舌状小花，在茎枝顶端排成伞房花序，花序梗细。总苞圆柱状，总苞片4层，外层及最外层极短，内层及最内层长；舌状小花黄色，花冠管外面有短柔毛。瘦果纺锤形，压扁，褐色或红褐色，长1.5~2 mm，顶端无喙，有纵肋，肋上有小刺毛。冠毛长2.5~3.5 mm，糙毛状。花果期4~10月。

具有很强的适应性，对温度、湿度要求不高。

【栽培技术要点】

生于山坡、山谷及山沟林缘、林下、林间草地及潮湿地、河边沼泽地、田间与荒地上。种子繁殖，秋季发芽出苗，以幼苗越冬。种子边成熟边脱落，借冠毛随风传播。

【主要芳香成分】

水蒸气蒸馏法提取的湖南邵阳产黄鹌菜干燥茎叶的得油率为0.10%，精油主要成分依次为：异植醇（29.85%）、二十一烷（9.97%）、二丁基邻苯二甲酸酯（8.81%）、二苯并[a,e]-7,8-二氮杂二环[2.2.2]辛-2,5-二烯（8.15%）、六氢乙酸金合欢酯（7.24%）、二十八烷（3.83%）、甲基亚油酸酯（2.82%）、十七烷基环己胺（2.72%）、8β-氢-雪松基-8-醇（2.66%）、芴（1.86%）、蒽（1.40%）、异丁基邻苯二甲酸盐（1.32%）、十四烷基乙醛（1.08%）、四十烷（1.07%）、1-十四烷基乙醛（1.00%）等（刘向前等，2010）。

【营养与功效】

每100 g嫩叶含维生素A 6.74 mg，维生素B_2 0.16 mg，维生素C 36 mg。有通节气、利肠胃、清热解毒、利尿消肿的功效。

【食用方法】

嫩苗或嫩叶洗净，沸水烫后，清水浸泡去除苦涩味，可凉拌、炒食、做汤、做馅。台湾原住民喜欢喝烫过嫩茎叶的汤，菜则蘸盐巴吃。

野菊

菊科菊属

学名：*Dendranthema indicum*（Linn.）Des Moul.

别名：菊花脑、野黄菊、路边菊、疟疾草、苦薏、路边黄、山菊花、黄菊仔

分布：东北、华北、华中、华南、西南各省区

【植物学特征与生境】

多年生草本，高30～100 cm。根系发达，有地下匍匐茎，分枝性极强。茎纤细，半木质化，直立或铺散，被稀疏的毛。叶互生，卵圆形或长卵圆形，长2～6 cm，宽1～2.5 cm，叶绿色，叶缘具粗大的复锯齿或二回羽状深裂，叶基稍收缩成叶柄，具窄翼，绿色或带淡紫色。叶腋处秋季抽生侧枝。头状花序着生于枝顶，花序直径1.5～2.5 cm。果实为瘦果，长1.5～1.8 mm。种子小，灰褐色。花期10～11月，果期12月。

耐寒，忌高温，在北方冬季宿根可露地越冬；南方地区可露地越冬。种子在4℃以上就能发芽，幼苗生长适温为15～20℃。短日照植物，强光、长日照有利于茎叶生长。对土壤适应性强，耐瘠薄和干旱，忌涝，在土层深厚、排水良好、肥沃的土壤中生长健壮。

【栽培技术要点】

可种子繁殖、分株繁殖、扦插繁殖。种子繁殖于2月上旬至3月上旬撒播，播前先灌水，水渗下后播种，覆细土0.5～1 cm。也可条播，每667 m² 用种量0.5～0.7 kg。幼苗2～3片真叶时进行间苗，株距15 cm。分株繁殖在早春发芽前进行，将老株挖出，分为数株，分别栽植。栽后及时浇水。扦插繁殖可在整个生长季节进行，但以5～6月扦插成活率高。选取长约5～6 cm的嫩梢，摘去基部2～3叶后，把嫩梢扦插于苗床，深度为嫩梢的1/2。定植后，或苗期浇一次稀薄人粪尿液，每667 m² 1000 kg或尿素10 kg。播种或移植后浇一次水，在生长期间要求经常保持田间湿润，一般每采收一次结合追肥浇一次透水。田间杂草及时除掉。病虫害较少发生。

【主要芳香成分】

水蒸气蒸馏法提取的野菊茎叶的得油率在0.18%～0.87%之间。四川兴文产野菊茎叶精油的主要成分依次为：侧柏酮（19.56%）、樟脑（13.35%）、1,8-桉叶油素（8.39%）、龙脑（7.19%）、α-蒎烯（5.19%）、桧烯（4.52%）、异侧柏酮（4.48%）、莰烯（3.67%）、顺-甲酸香芹酯（3.50%）、马鞭草烯酮（3.29%）、月桂烯（2.66%）、β-蒎烯（2.52%）、β-倍半水芹烯（2.51%）、β-石竹烯（2.49%）、α-石竹烯（2.07%）、ar-姜黄烯（1.18%）、α-水芹烯（1.05%）等（林正奎等，1988）。河南信阳产野菊茎叶精油的主要成分为：崖柏酮（55.32%）、α-崖柏酮（7.95%）、桉树脑（7.09%）等（吴仁海等，2008）。江苏江宁产野菊新鲜茎叶精油的主要成分为：α-柠檬醛（11.96%）、氧化倍半萜烯（9.65%）、β-金合欢烯（9.07%）、芳樟醇（8.64%）、香茅醇（8.19%）、α-石竹烯（5.87%）、牻牛儿烯（5.37%）等（纪丽莲，2005）。

【营养与功效】

嫩茎叶营养丰富，有特殊清香味，每100 g嫩茎叶含蛋白质3.2 g，脂肪0.5 g，粗纤维3.4 g，碳水化合物6.0 g；维生素A 0.87 mg，维生素C 17.1 mg；还含有钙、钾、磷、镁等矿物质。具有清热解毒，调中开胃，扩张冠状动脉，降低血压的功效。

【食用方法】

嫩苗或嫩茎叶可炒食、做汤、做粥、作火锅料。

白子菜

菊科菊三七属

学名：*Gynura divaricata*（Linn.）DC.

别名：百子菜、百子草、富贵菜、鸡菜、大肥牛、叉花土三七、耳叶土三七、白背菜、白背三七草

分布：广东、海南、四川、福建、香港、云南

【植物学特征与生境】

多年生草本。高30～60 cm，茎直立，木质，稍带紫色。叶质厚，通常集中于下部；叶片卵形、椭圆形或倒披针形，长2～15 cm，宽1.5～5 cm，顶端钝或急尖，基部楔状狭或下延成叶柄，近截形或微心形，边缘具粗齿，有时提琴状裂，上面绿色，下面带紫色；上部叶渐小，苞叶状，狭披针形或线形，羽状浅裂，无柄，略抱茎。头状花序直径1.5～2 cm，2～5个在茎或枝端排成疏伞房状圆锥花序；花序梗长1～15 cm，被密短柔毛，具1～3线形苞片；总苞钟状；总苞片1层，11～14个，狭披针形；小花橙黄色，有香气，略伸出总苞；花冠长11～15 mm，裂片长圆状卵形，顶端红色，尖。瘦果圆柱形，长约5 mm，褐色，具10条肋，被微毛；冠毛白色，长10～12 mm。花果期8～10月。

抗逆性强，在高温的夏季依然生长良好，温度低于15℃时生长缓慢。常生于山坡草地、荒坡和田边潮湿处，海拔100～1800 m。

【栽培技术要点】

宜扦插繁殖，可全年扦插，春秋两季易生根，夏季注意遮阳降温，冬天注意避风保温。从健壮的母株上取嫩茎作插条，插条长约15 cm，带5～10片叶，摘去基部叶，按株行距4～10 cm插于沙床，保持湿润，15～20 d可长根。出根后可按25～30 cm×30～40 cm的株行距定植在畦宽140 cm的高畦上，每667 m^2约6000株。定植前施足基肥，生长期视生长情况适当追肥，既要保持湿润，也要注意雨季排水防涝。定植后30 d即可采收，摘取10～20 cm长、具5～6片叶的嫩梢为产品。

【主要芳香成分】

水蒸气蒸馏法提取的广西隆安产白子菜新鲜茎的得油率为0.25%，精油主要成分依次为：α-荜澄茄烯（43.37%）、δ-荜澄茄烯（19.64%）、γ-榄香烯（6.26%）、α-石竹烯（3.72%）、τ-衣兰烯（3.34%）、植醇（2.84%）、β-石竹烯（1.53%）、大叶香烯D（1.51%）、9-十八烯酸甲酯（1.29%）、十八烷（1.29%）、蛇床烯（1.03%）等；新鲜叶的得油率为0.74%，精油主要成分依次为：τ-杜松萜烯（20.82%）、γ-榄香烯（10.63%）、α-石竹烯（4.35%）、β-石竹烯（2.97%）、植醇（2.27%）、大叶香烯D（1.66%）、β-榄香烯（1.22%）、β-橄榄烯（1.22%）等（冼寒梅等，2008）。

【营养与功效】

嫩茎叶富含粗脂肪、粗蛋白、维生素、微量元素等，含有多种人体必需的氨基酸。有清热凉血、活血止痛的功效。

【食用方法】

嫩茎叶洗净，可凉拌、炒食或做汤。

红凤菜

菊科菊三七属

学名：*Gynura bicolor*（Willd.）DC.

别名：观音苋、观音茶、紫背菜、红背菜、红正菜、紫背天葵、两色三七草、玉枇杷、金叶枇杷、白背三七

分布：云南、贵州、广西、广东、海南、福建、台湾、四川

【植物学特征与生境】

多年生草本，高50~100 cm，全株无毛。根系较发达，侧根多。茎直立，柔软，基部稍木质，上部有伞房状分枝，嫩茎紫红色，被茸毛。节间长2~3 cm，单叶互生，叶具柄或近无柄。叶片倒卵形或倒披针形，长5~10 cm，宽2.5~4 cm，顶端尖或渐尖，基部楔状渐狭成具翅的叶柄；边缘有不规则的波状齿或小尖齿；上面绿色，下面干时变紫色；上部和分枝上的叶小，披针形至线状披针形。头状花序多数直径10 mm，在茎、枝端排列成疏伞房状；花筒状，两性花，小花橙黄色至红色。瘦果圆柱形，淡褐色，长约4 mm，易脱落。花果期5~10月。

喜温、耐热、耐寒、喜湿。

【栽培技术要点】

宜扦插繁殖，可全年扦插，春秋两季易生根，夏季注意遮阳降温，冬天注意避风保温。从健壮的母株上取嫩茎作插条，插条长约15 cm，带5~10片叶，摘去基部叶，按株行距4~10 cm插于沙床，保持湿润，15~20 d可长根。出根后可按25~30 cm×30~40 cm的株行距定植在畦宽140 cm的高畦上，每667 m²约6000株。定植前施足基肥，生长期视生长情况适当追肥，既要保持湿润，也要注意雨季排水防涝。定植后30 d即可采收，摘取10~20 cm长、具5~6片叶的嫩梢为产品。

【主要芳香成分】

同时蒸馏萃取法提取的贵州贵阳产红凤菜新鲜茎叶的得油率为0.30%，精油主要成分依次为：α-蒎烯（38.00%）、反-石竹烯（11.03%）、α-石竹烯（8.13%）、β-蒎烯（6.84%）、α-胡椒烯（3.96%）、2-β-蒎烯（3.54%）、环己醇（3.37%）、1-β-蒎烯（3.30%）、δ-杜松烯（2.18%）、双环吉马烯（2.11%）、反式-2-己烯醛（2.08%）、桧烯（1.91%）、月桂烯（1.90%）、顺式-3-己烯醇（1.82%）、芳樟醇（1.66%）、γ-依兰油烯（1.65%）、顺-石竹烯（1.52%）、γ-榄香烯（1.32%）等（吕晴等，2004）。

【营养与功效】

每100 g干燥茎叶中含钙1.44 g，磷0.17~0.39 g，钾2.83~4.63 g，镁0.92~1.06 g，铜3.97 mg，铁12.9~20.9 mg，锌2.6~7.5 mg，锰4.7~14.8 mg；维生素C和粗蛋白含量也较高，还含有花色苷等成分。具有清热、消肿、止血、生血的功效。

【食用方法】

嫩梢和嫩茎叶洗净，可凉拌、炒食、做汤或做火锅材料，具特殊香味，脆嫩可口。也可糖醋腌渍后食用。

菊三七

菊科菊三七属

学名：*Gynura japonica* (Thunb.) Juel.

别名：三七草、菊叶三七、土三七、血当归、破血草、土当归、水三七、狗头七、金不换、铁罗汉

分布：四川、云南、贵州、湖北、湖南、陕西、安徽、浙江、江西、福建、台湾、广西

【植物学特征与生境】

多年生草本，高1～1.5 m，茎直立，带肉质，有细纵棱。基生叶簇生，匙形，全缘或有锯齿或羽状分裂，下面带紫绿色，茎生叶互生，长椭圆形，长10～25 cm，宽5～10 cm，羽状分裂，裂片卵形至披针形，边缘浅裂或有疏锯齿，叶柄基部有假托叶1对。头状花序排列成房状，总苞圆柱形，苞片有2层，外层丝状；筒状花金色，两性。瘦果狭圆柱形，褐色，有棱，冠毛多数。花期9～10月。

喜阴，喜冬暖夏凉的环境，畏严寒酷热。喜潮湿但怕积水，5℃～35℃均能生长，生长适宜温度18～25℃。对土壤要求不严，适应范围广。

【栽培技术要点】

分株繁殖，3～5月份进行。以土壤疏松、排水良好的砂壤土为好，凡过黏、过砂以及低洼易积水的地段不宜种植。忌连作。栽培土用田园土加农家肥和沙一起混合配制。注意排水，防止烂根，还要保持良好的通透性。生长期内可追施3～4次饼肥水。主要虫害是蚜虫。

【主要芳香成分】

水蒸气蒸馏法提取的湖北小林产菊三七干燥茎叶的主要成分依次为：石竹烯氧化物（64.45%）、匙叶桉油烯醇（7.14%）、石竹烯（6.28%）、2,6-二甲基-6-(4-甲基-3-戊基)-双环[3.1.1]-2-庚烯（4.46%）、(1R,3E,7E,11R)-1,5,5,8-四甲基-12-氧杂双环[9.1.0]十二烷-3,7-二烯（2.83%）、α-金合欢烯（2.80%）等（梁利香等，2015）。

【营养与功效】

茎叶含挥发油、生物碱等成分。有散瘀止血、消肿止痛的功效。

【食用方法】

嫩苗或嫩叶洗净，沸水烫过后控干，加调料凉拌，也可煮汤。

木耳菜

菊科菊三七属

学名：*Gynura cusimbua*（D.Don）S.Moore

别名：西藏三七草

分布：四川、云南、西藏

【植物学特征与生境】

多年生高大草本，高1.5～2 m。茎肉质，基部木质，下半部平卧，上部直立。叶倒卵形、长圆状椭圆形、椭圆形或长圆状披针形，基部楔状狭成短柄或扩大抱茎的宽叶耳，边缘有不规则的锐锯齿；上面绿色，下面有时变紫色，两面无毛。头状花序直径10～12 mm，枝端排成伞房状圆锥花序；总苞片狭钟形或圆柱状；小花约50个，橙黄色。瘦果圆柱形，褐色。冠毛多数，白色。花果期9～10月。

耐高温、耐干旱、耐潮湿，喜湿润。

【栽培技术要点】

平畦，畦宽1.2 m。用35的温水浸种1～2 d，在25～30℃下催芽4 d，种子"露白"即可播种。可条播或撒播。条播的行距为20～30 cm。播前浇足水，播后覆土2～3 cm，覆盖好地膜和草帘保温。出苗后揭去地膜，保持小拱棚+大棚双膜覆盖。1～2片真叶时间苗，4～5片真叶时定苗。条播的株距为20 cm左右，撒播的株距8～10 cm。应小水勤灌。当苗高30 cm时，留3～4片叶采嫩梢，选留2个强壮侧芽，其余抹去，第2次采收后，再留2～4个强壮侧芽，中后期应随时抹去花蕾。

【主要芳香成分】

水蒸气蒸馏法提取的四川会理产木耳菜干燥茎叶精油的主要成分依次为：依兰烯（7.30%）、δ-杜松烯（6.85%）、氧化石竹烯（5.90%）、1,5,9-三甲基-12-（1-甲基乙基）-4,8,13-环戊二烯并环辛四烯-1,3-二醇（5.83%）、正十六烷酸（4.90%）、愈创醇（4.82%）、（1α,4aβ,8aα）-7-甲基-4-亚甲基-1-（1-甲基乙基）-1,2,3,4,4a,5,6,8a-八氢化萘（4.48%）、喇叭醇（3.77%）、叶绿醇（3.03%）、1,1,6-三甲基-1,2-二氢化萘（3.00%）、罗汉柏烯（2.95%）、4-（2,6,6-三甲基-1-环己烯-1-基）-3-丁烯-2-醇（2.92%）、十六烷（2.30%）、胡萝卜醇（2.23%）、十六醛（2.16%）、橙花叔醇（1.99%）、8,14-雪松烯环氧化物（1.87%）、[1R-（1α,4β,4aβ,8aβ）]-1,6-二甲基-4-（1-甲基乙基）-1,2,3,4,4a,7,8,8a-八氢萘烯-1-醇（1.85%）、α-荜澄茄烯（1.74%）、桉油精（1.70%）、6,10,14-三甲基-2-十五烷酮（1.68%）、[1aR-（1aα,7α,7aβ,7bα）]-1a,2,3,5,6,7,7a,7b-八氢-1,1,4,7-四甲基-1H-环丙蒽（1.64%）、二十三烷（1.54%）、匙叶桉油烯醇（1.46%）、α-衣兰油烯（1.41%）、二十烷（1.37%）、古巴烯（1.02%)等（周杨晶等，2014）。

【营养与功效】

叶含有多种维生素和钙、铁等矿物质。有清热、解毒、滑肠、润燥、凉血、生肌的功效。

【食用方法】

以幼苗、嫩梢或嫩叶供食，可作汤菜、爆炒、烫食、凉拌等。

长裂苦苣菜

菊科苦苣菜属

学名：*Sonchus brachyotus* DC.

别名：蒲公英、裂叶苣荬菜、野苦菜、苦苦菜、野苦荬菜、滇苦买菜、羊奶草、苦苣菜、苣荬菜、败酱草、小蓟

分布：黑龙江、吉林、内蒙古、河北、山西、陕西、山东

【植物学特征与生境】

一年生草本，高50～100 cm。根垂直直伸，生多数须根。茎直立，有纵条纹，上部有伞房状花序分枝，茎枝光滑无毛。基生叶与下部茎叶全形卵形、长椭圆形或倒披针形，长6～19 cm，宽1.5～11 cm，羽状深裂、半裂或浅裂，向下渐狭，基部圆耳状扩大，半抱茎；中上部茎叶较小；最上部茎叶宽线形或宽线状披针形，接花序下部的叶常钻形。头状花序少数在茎枝顶端排成伞房状花序；总苞钟状，长1.5～2 cm，宽1～1.5 cm；总苞片4～5层，最外层卵形，中层长三角形至披针形，内层长披针形，全部总苞片顶端急尖。舌状小花多数，黄色。瘦果长椭圆状，褐色，稍压扁，每面有5条高起的纵肋。冠毛白色。花果期6～9月。

对土壤要求不严。生于山地草坡、河边或碱地，海拔350～2260 m。

【栽培技术要点】

在温带地区，一般于4～5月出苗或返青；在亚热带地区，一般于2月底3月初出苗或返青；秋季生出的苗能以绿色叶丛越冬。喜生于土壤湿润的路旁、沟边、山麓灌丛、林缘的森林草甸和草甸群落中。在轻度盐渍化土上也生长良好，在酸性森林土上亦能正常生长。

【主要芳香成分】

水蒸气蒸馏法提取的山西广灵产长裂苦苣菜茎叶的得油率为0.01 mL·g^{-1}，精油主要成分依次为：6,10,14-三甲基-十五烷-2-酮（35.84%）、十六烷酸（35.34%）、十六酸甲酯（1.98%）、δ-榄香烯（1.27%）、二十五烷（1.14%）等（徐朋等，2010）。

【营养与功效】

每100 g嫩茎叶含蛋白质4.57 g，粗纤维1.4 g，胡萝卜素7.08 mg，维生素B_2 1.4 mg，维生素C 90 mg。有清热消肿、解毒排脓、消炎的功效。

【食用方法】

嫩茎叶洗净，沸水烫过，清水漂洗去苦味后可炒食、凉拌。

苣荬菜

菊科苦苣菜属

学名：*Sonchus arvensis* Linn.

别名：败酱草、取麻菜、苦苦菜、野苦荬、小鹅菜

分布：陕西、宁夏、新疆、福建、湖南、湖北、广西、四川、云南、贵州、西藏

【植物学特征与生境】

多年生草本。根垂直直伸，多少有根状茎。茎直立，高30～150 cm，有细条纹，顶部有伞房状花序分枝，被稠密的头状具柄的腺毛。基生叶多数，与中下部茎叶全形倒披针形或长椭圆形，羽状或倒向羽状深裂、半裂或浅裂，全长6～24 cm，宽1.5～6 cm，叶基部渐窄成长或短翼柄，但中部以上茎叶无柄，基部圆耳状扩大半抱茎，两面光滑无毛。头状花序在茎枝顶端排成伞房状花序；总苞钟状，长1～5 cm，宽0.8～1 cm；总苞片3层，外层披针形，中内层披针形；舌状小花多数，黄色。瘦果稍压扁，长椭圆形。冠毛白色，长1.5 cm，柔软，基部连合成环。花果期1～9月。

适宜温度为16～22 ℃。生于山坡草地、林间草地、潮湿地或近水旁、村边或河边砾石滩，海拔300～2300 m。

【栽培技术要点】

选择土层深厚、土质疏松地段整平，施厩肥和过磷酸钙作基肥，翻入地下20 cm。埋根栽培：将采挖回来的根茎在阴凉处保存，做10 cm高栽培床，床上开沟距5 cm、2.5 cm深的小沟，将根茎顺长摆放在沟内，注意根芽向上，用细土将沟填平，轻轻镇压。播种栽培：9月下旬至10月中旬，采收成熟的种子晒干后温室内可随时播种。每公顷播种量7.5～9 kg，播种后筛细土覆盖1.0～1.5 cm，喷水并保持湿润。齐苗后按5 cm株距定苗，及时松土除草，保持土壤湿润，每年施肥3～4次，以有机肥为好。可陆续摘叶采收。

【主要芳香成分】

水蒸气蒸馏法提取的苣荬菜干燥茎叶的得油率为3.74%，精油主要成分依次为：十六烷酸（34.21%）、3,7,11,15-四甲基-2-十六碳烯-1-醇（14.06%）、棕榈酸甲酯（10.91%）、7-十八碳酸甲酯（9.12%）、亚油酸甲酯（5.09%）、亚油酸（4.58%）、十八碳酸甲酯（3.28%）、十四碳酸甲酯（3.00%）、双环[5,3,0]十烯烷（2.29%）、植醇（1.36%）等（乔春燕等，2008）。

【营养与功效】

每100 g嫩茎叶含蛋白质3 g，脂肪1 g，维生素B_2 0.27 mg，维生素C 33 mg；还含有维生素P、维生素K、胆碱、转化醇、酒石酸及多种矿物质；含17种氨基酸，以精氨酸、谷氨酸、组氨酸的含量最高。有清热解毒、止血的功效。

【食用方法】

嫩苗或嫩茎叶洗净可蘸酱生食，清脆可口，微苦；酒家常与胡萝卜、黄瓜等拼成五色凉盘食用；焯水后可凉拌、炒食、做汤、腌渍。

苦苣菜

菊科苦苣菜属

学名：*Sonchus oleraceus* Linn.

别名：滇苦荬菜、苦菜、滇苦菜、甜苦荬菜、尖叶苦菜、麻苦苣、苦马菜

分布：辽宁、河北、山西、陕西、甘肃、青海、新疆、山东、江苏、安徽、浙江、江西、福建、台湾、河南、湖南、湖北、广西、四川、云南、贵州、西藏

【植物学特征与生境】

一年生或二年生草本。根圆锥状，垂直直伸，有多数纤维状的须根。茎直立，单生，高40～150 cm，有纵条棱或条纹。基生叶羽状深裂，全形长椭圆形或倒披针形，基部渐狭成长或短翼柄；中下部茎叶羽状深裂或大头状羽状深裂，全形椭圆形或倒披针形，长3～12 cm，宽2～7 cm，基部急狭成翼柄，柄基圆耳状抱茎。头状花序；总苞宽钟状；总苞片3～4层，覆瓦状排列，向内层渐长；舌状小花多数，黄色。瘦果褐色，长椭圆形或长椭圆状倒披针形，压扁，无喙，冠毛白色。花果期5～12月。

适应性广，耐旱，耐瘠，耐热。生于山坡或山谷林缘、林下或平地田间、空旷处或近水处，海拔170-3200 m。

【栽培技术要点】

栽培季节主要为春、秋两季。春播应尽可能提早，利用温床育苗，当有7～9片叶时定植，株距20 cm，行距30 cm。露地播种可行直播，早秋播种，于当年冬季收获；晚秋播种，于翌年3～4月收获。在冬季寒冷地区越冬栽培时，应定植在阳畦、大棚等保护设施中。在生长期间要注意浇水、追肥和中耕除草，结合浇水进行中耕松土，施速效性氮肥。可实行软化栽培，如将植株移植到地窖、覆盖草帘等。多在秋季播种，防寒过冬，到春季带土移植于采种田，或就地间苗后留种。通常株行距均为30 cm。在6月前后抽薹开花。

【主要芳香成分】

水蒸气蒸馏法提取的甘肃天水产苦苣菜干燥叶的得油率为0.06%，精油主要成分依次为：植醇（12.10%）、十六酸甲酯（12.07%）、癸烷（8.90%）、二十五烷（5.70%）、二十七烷（5.57%）、6,10,14-三甲基-2-十五烷酮（3.49%）、壬醛（3.22%）、癸醛（2.51%）、反式-2-十一烯-1-醇（2.25%）、（Z,Z,Z）-9,12,15-十八烷三烯酸乙酯（2.24%）、十四烷醛（1.82%）、己酸己酯（1.48%）、二十烷（1.45%）、十四烷醛（1.33%）、十三烷酸乙酯（1.17%）、十四烷（1.14%）等（周向军等，2009）。

【营养与功效】

每100 g嫩叶含蛋白质1.8 g，脂肪0.5 g，粗纤维1.2 g；维生素A 1.79 mg，维生素B_1 0.03 mg，维生素B_5 0.6 mg，维生素C 12 mg；钙120 mg，磷52 mg，铁3.0 mg；含有17种氨基酸，其中精氨酸、组氨酸、谷氨酸占43%。有清热解毒、凉血消肿的功效。

【食用方法】

嫩株或嫩叶洗净，沸水烫过，清水漂洗去苦味，可炒食、凉拌、做汤、做馅。

鳢肠

菊科鳢肠属

学名：*Eclipta prostrata*（Linn.）Linn.

别名：莲子草、旱莲草、墨旱莲、墨菜、墨头草、猪牙草

分布：全国各地

【植物学特征与生境】

一年生草本。茎直立，斜升或平卧，高60 cm，通常自基部分枝，被贴生糙毛。叶长圆状披针形或披针形，长3～10 cm，宽0.5～2.5 cm，顶端尖或渐尖，边缘有细锯齿或有时仅波状，两面被密硬糙毛。头状花序径6～8 mm，有长2～4 cm的细花序梗；总苞球状钟形，总苞片绿色，草质，5～6个排成2层，长圆形或长圆状披针形，外层较内层稍短，背面及边缘被白色短伏毛；外围的雌花2层，舌状，中央的两性花多数，花冠管状，白色；花托凸，有披针形或线形的托片。瘦果暗褐色，雌花的瘦果三棱形，两性花的瘦果扁四棱形，顶端截形，具1～3个细齿，边缘具白色的肋，表面有小瘤状突起。花期6～9月。

喜温，喜湿耐旱，抗盐耐瘠和耐阴。生于河边、田边或路旁。

【栽培技术要点】

常用种子繁殖，种子只能在较高的水势条件下萌发，萌发温度20℃以上。春季4月按行距30 cm、深2～3 cm开条沟，将种子均匀播入，薄覆细土，以不见种子为度，稍加镇压，浇水。约经15 d左右出苗。苗高3～5 cm间苗，按株距8～10 cm定苗。应注意松土除草，勤浇水，保持土壤湿润。追施稀人粪尿。5～6月再施1次人畜粪肥，生长旺盛期增施过磷酸钙。

【主要芳香成分】

水蒸气蒸馏法提取的湖北黄冈产鳢肠新鲜茎叶精油的主要成分依次为：1,5,5,8-四甲基-12-氧双环[9.1.0]十五碳-3,7-双烯（10.82%）、6,10,14-三甲基-2-十五酮（9.27%）、δ-愈创木烯（7.73%）、新二氢香芹醇（7.50%）、3,7,11,15-四甲基-2-十六烯-1-醇（6.67%）、十六烷酸（5.82%）、环氧石竹烯（5.39%）、十七烷（5.34%）、二表香松烯-1-氧化物（2.85%）、（E）-石竹烯（2.61%）、十五烷（2.50%）、异二氢香芹醇（1.88%）、雅槛篮烯（1.66%）、马兜铃烯环氧化物（1.61%）、β-桉叶醇（1.33%）、1-甲基-4-（1-甲基乙基）环己醇（1.13%）、丁基甲醚（1.09%）、8-十七烯（1.06%）、2-异丙烯基-4a,8-二甲基-1,2,3,4,4a,5,6,7-八氢萘（1.03%）等（余建清等，2005）。

【营养与功效】

茎叶含皂苷、烟碱、蟛蜞菊内酯、噻吩衍生物、豆甾醇和谷甾醇等成分；每100 g嫩茎叶含维生素A 3.74 mg，维生素B_2 1.03 mg，维生素C 72 mg。有补益肝肾、凉血止血、清热解毒的功效。

【食用方法】

嫩茎叶洗净后可用于炒食、凉拌、做汤，也可煮食、炖食。

马兰

菊科马兰属

学名：*Kalimeris indica*（Linn.）Sch.-Bip.

别名：泥鳅串、马兰头、鸡儿肠、田边菊、路边菊、蓑衣莲、脾草、岗边菊、大风草

分布：江苏、浙江、江西、福建、湖北、湖南、广东、海南、广西、四川、云南、贵州、陕西、河南、台湾、安徽、山东、辽宁等省区

【植物学特征与生境】

多年生草本。根状茎有匍枝，有时具直根。茎直立，高30～70 cm，上部有短毛，有分枝。叶互生，基部叶在花期枯萎；茎部叶倒披针形或倒卵状矩圆形，长3～6 cm，宽0.8～2 cm，顶端钝或尖，基部渐狭成具翅的长柄，边缘从中部以上有羽状裂片，上部叶小，全缘，基部急狭无柄，全部叶稍薄质。头状花序较小，单生于枝端并排列成疏伞房状；总苞半球形，2～3层，覆瓦状排列；外层倒披针形，内层倒披针状矩圆形，上部草质，边缘膜质，有缘毛；花托圆锥形；舌状花1层，15～20个；舌片浅紫色；管状花长3.5 mm。瘦果倒卵状矩圆形，极扁，褐色，边缘浅色而有厚肋。花期5～9月，果期8～10月。

适应性强，喜冷凉湿润的气候，耐热、耐瘠、耐寒性极强，生长适温15～20℃。对土壤要求不严，以肥沃的壤土为好，对光照适应性广。

【栽培技术要点】

根繁：封冻前挖出根，保留贴根泥土。在大棚或温室内东西向做垄，垄基宽40 cm，肩宽30 cm，垄距25 cm，在垄中间开一深15 cm的沟，将马兰根切段顺长平铺沟底，覆土踏实即可。种子播种：秋天采集种子，春天播种。可在100 cm宽、25～30 cm高的床上撒播，每公顷播种量4.5～6 kg。播种前施一些有机肥和过磷酸钙作基肥，不需追肥。可一次栽培多年采收。

【主要芳香成分】

水蒸气蒸馏法提取的贵州龙里产马兰茎精油的主要成分依次为：大根香叶烯D（19.16%）、α-荜草烯（14.28%）、大根香叶烯B（11.42%）、β-榄香烯（6.79%）、植醇（5.59%）、δ-杜松烯（5.58%）、β-石竹烯（3.69%）、二环大根香叶烯（3.30%）、α-依兰油烯（2.96%）、T-荜醇（2.91%）、T-杜松醇（2.65%）、γ-榄香烯（2.63%）、内-1-波旁烯（1.57%）、(E,E)-α-金合欢烯（1.39%）、反-β-法尼烯（1.02%）等（龚小见等，2010）。湖南长沙产马兰风干茎叶精油的主要成分为：3,7-二甲基-1,3,7-辛三烯（27.12%）、γ-榄香烯（17.45%）、(1S)-2-亚甲基-6,6-二甲基双环[3.1.1]庚烷（15.62%）、1-(1,4-二甲基-3-环己烯-1-基)乙酮（5.93%）等（马英姿等，2002）。

【营养与功效】

茎叶营养丰富，具有特殊的菊香味。每100 g嫩茎叶含蛋白质5.4 g，脂肪0.6 g，碳水化合物6.7 g；胡萝卜素3.15 mg，维生素B_1 0.07 mg，维生素B_2 0.36 mg，维生素B_5 3.15 mg，维生素C 36 mg；钙285 mg，磷106 mg，铁9.5 mg。具有清热解毒、凉血止血、化痰止咳、利尿消肿的功效。

【食用方法】

嫩苗或嫩茎叶洗净，沸水烫过，清水漂洗去涩味，可凉拌、炒菜、做汤、做馅等。

泥胡菜

菊科泥胡菜属

学名：*Hemistepta lyrata* Bunge

别名：猪兜菜、艾草、泥湖菜、糯米菜、绒球、猫骨头、石灰菜

分布：除新疆、西藏外，全国各地均有分布

【植物学特征与生境】

一年生草本，高30～100 cm。茎单生，很少簇生，通常纤细，被稀疏蛛丝毛，上部长分枝。基生叶长椭圆形或倒披针形，花期通常枯萎；中下部茎叶与基生叶同形，长4～15 cm，宽1.5～5 cm，茎叶质地薄，上面绿色，无毛，下面灰白色，被绒毛；基生叶及下部茎叶有长叶柄，上部茎叶的叶柄渐短至无柄。头状花序在茎枝顶端排成疏松伞房花序；总苞宽钟状或半球形，多层，质地薄，草质；小花紫色或红色，花冠长1.4 cm，深5裂。瘦果小，楔状或偏斜楔形，深褐色，压扁，有13～16条突起的尖细肋；冠毛异型，白色，两层。花果期3～8月。

抗逆性强，耐寒和耐旱能力强，越冬死亡率极低。生于路旁荒地，农田或水沟旁，为农田杂草。

【栽培技术要点】

种子具有羽毛状冠毛，可随气流而传播繁殖。尚无人工栽培。

【主要芳香成分】

水蒸气蒸馏法提取的泥胡菜茎叶的得油率为0.02%，福建永春产泥胡菜干燥地上部分精油的主要成分依次为：十六酸（25.30%）、(Z,Z)-9,12-十八碳二烯酸（5.83%）、(Z)6,(Z)9-十五碳二烯-1-醇（5.17%）、丁香烯氧化物（4.26%）、叶绿醇（2.87%）、1-甲基-6-亚甲基-二环[3.2.0]-庚烷（2.83%）、6,10,14-三甲基-2-十五烷酮（2.66%）、α-杜松醇（2.06%）、[1R-(1R*,4Z,9S*)]-4,11,11-三甲基-8-亚甲基-双环[7.2.0]十一碳-4-烯（1.83%）、匙叶桉油烯醇（1.47%）、十四酸（1.44%）等（林珊等，2010）。

【营养与功效】

每100 g嫩茎叶含蛋白质2.6 g，脂肪1 g，粗纤维7.3 g，钙400 mg，磷60 mg，还含有多种维生素。有清热解毒、祛痰生肌、止血、活血的功效。

【食用方法】

嫩苗或嫩茎叶洗净，沸水烫过，清水漂洗后可凉拌、炒食、做汤或煮稀饭。

牛膝菊

菊科牛膝菊属
学名：*Galinsoga parviflora* Ruiz et Pav.
别名：辣子草、兔儿草、铜锤草、向阳花、珍珠草
分布：贵州、云南、四川、西藏

【植物学特征与生境】

一年生草本，高10～80 cm。茎纤细，被贴伏短柔毛和少量腺毛。叶对生，卵形或长椭圆状卵形，长2.5～5.5 cm，宽1.2～3.5 cm，基部圆形、宽或狭楔形，顶端渐尖或钝，有叶柄，向上及花序下部的叶渐小，通常披针形；全部茎叶两面粗涩，被白色短柔毛，边缘浅锯齿或近全缘。头状花序半球形，有长花梗，多数在茎枝顶端排成疏松的伞房花序；总苞半球形或宽钟状，1～2层，约5个，外层短，内层卵形或卵圆形，白色，膜质；舌状花4～5个，舌片白色；管状花黄色。托片倒披针形或长倒披针形，纸质。瘦果长1～1.5 mm，3～5棱，黑色或黑褐色，常压扁，被白色微毛。花果期7～10月。

喜冷凉气候，不耐热。生长在庭园、废地、河谷地、溪边、路边和低洼的农田中，在土壤肥沃而湿润的地带生长更多。

【栽培技术要点】

10～11月播种育苗，把种子均匀撒播在细碎平整的苗床上，盖一层细土，以看不见种子为宜，淋透水，7～10 d出苗，当苗长至4片真叶时定植。定植时应选择肥沃疏松的田块，每667 m²施入有机肥1000 kg或毛肥50 kg，做成宽1.5 m的高畦，按25 cm×30 cm的株行距定植，定植后淋足定根水。缓苗后，应及时追肥，一般每隔10～15天，每667 m²施尿素10～15 kg，并保持土壤湿润。当苗高30 cm时，便可开始采收。第一次采收不可太低，要留一定数量的基叶使其发生侧枝，采收的嫩茎长10 cm左右。留种应适当稀植，前期应打顶促发侧枝，开花时应控制肥水，种子成熟后易飘散，应及时采收。实行水旱轮作。

【主要芳香成分】

微波辅助顶空固相微萃取法提取的贵州都匀产牛膝菊叶精油的主要成分依次为：1-十五碳烯（29.29%）、β-甜没药烯（6.19%）、α-佛手柑油烯（4.80%）、反式-β-金合欢烯（4.61%）、β-石竹烯（4.40%）、β-芹子烯（3.54%）、石竹烯氧化物（2.96%）、大根香叶烯D（2.27%）、百里香酚（2.25%）、7-甲基-3,4-十八碳二烯（2.19%）、α-葎草烯（2.01%）、2-甲基-5-(1-甲基乙基)苯酚（2.00%）、异百里香酚（1.66%）、香叶醛（1.37%）、十五烷（1.37%）、9,12,15-十八碳三烯醛（1.19%）、β-榄香烯（1.16%）、β-橄榄烯（1.11%）、二氢猕猴桃内酯（1.03%）等；茎精油的主要成分依次为：1-十五碳烯（15.59%）、β-芹子烯（7.23%）、α-佛手柑油烯（6.13%）、β-石竹烯（5.65%）、β-甜没药烯（5.04%）、反式-β-金合欢烯（4.87%）、百里香酚（4.46%）、2-甲基-5-(1-甲基乙基)苯酚（3.54%）、石竹烯氧化物（2.63%）、α-葎草烯（2.55%）、大根香叶烯D（2.48%）、β-榄香烯（2.21%）、δ-杜松烯（2.20%）、β-橄榄烯（2.08%）、α-愈创木烯（2.00%）、斯巴醇（1.65%）、α-芹子烯（1.51%）、十五烷（1.29%）、异百里香酚（1.15%）、2,3-二甲氧基-4-甲基苯乙酮（1.04%）、(-)-葎草烯氧化物Ⅱ（1.04%）等（杨再波等，2010）。

【营养与功效】

每100 g嫩茎叶含胡萝卜素6.18 mg，维生素B_2 0.18 mg，维生素C 52 mg。有清肝明目、止血消肿的功效。

【食用方法】

嫩苗或嫩茎叶洗净，沸水烫过，清水漂洗去苦味，炒食、凉拌或做汤。

蒲公英

菊科蒲公英属

学名：*Taraxacum mongolicum* Hand.-Mazz.

别名：蒙古蒲公英、黄花地丁、黄花草、苦苦丁、吹气草、公英草、婆婆丁、姑姑英

分布：黑龙江、吉林、辽宁、内蒙古、河北、山西、陕西、甘肃、青海、山东、江苏、安徽、浙江、福建、台湾、河南、湖北、湖南、广东、四川、贵州、云南

【植物学特征与生境】

多年生草本植物，株高可达25 cm，含白色乳汁。根垂直，圆柱状，肥厚。叶片丛生莲座状，平展，叶长圆状倒披针形，逆向羽状深裂，既不狭窄呈叶柄；头状花序单生花葶顶端，总苞钟状；花瓣舌状，黄色。瘦果褐色。花果期4～10月。

喜温暖湿润和阳光充足环境，适应性广，抗逆性强，抗寒又耐热。

【栽培技术要点】

用种子或分根繁殖。播种以春夏季为宜，采种后即播最好。分株繁殖在9月～10月进行。栽植地要施足基肥，出苗前要保持土壤湿润，出苗后要控制土壤水分，使幼苗生长健壮，植株进入生长旺盛期时要保持土壤湿润。

【主要芳香成分】

水蒸气蒸馏法提取的北京产蒲公英茎叶的得油率为0.01%，精油主要成分依次为：2-呋喃甲醛（13.44%）、3-正己烯-1-醇（7.53%）、正二十一烷（6.81%）、正己醇（6.30%）、β-紫罗兰醇（5.99%）、α-雪松醇（4.86%）、苯甲醛（4.75%）、3,5-正辛烯-2-酮（3.67%）、萘（3.45%）、樟脑（2.99%）、正十五烷（2.74%）、正十八烷（2.52%）、正十四烷（2.40%）、正辛醇（2.33%）、反式-石竹烯（2.12%）等（凌云等，1998）。同时蒸馏萃取法提取的蒲公英茎叶精油的主要成分依次为：十六酸（29.95%）、金合欢基丙酮（9.28%）、7,11-二甲基-3-亚甲基-1,6,10-十二碳三烯（8.24%）、亚麻酸乙酯（8.19%）、植醇（7.14%）、9,12-十八碳二烯酸（4.89%）、壬醛（4.26%）、石竹烯（3.87%）、亚油酸乙酯（3.56%）、亚麻酸甲酯（2.65%）、8,11-十八碳二烯酸甲酯（2.24%）、樟脑（1.88%）、己醛（1.65%）、糠醛（1.48%）、龙脑（1.41%）、2-己烯醛（1.13%）等（林凯，2008）。

【营养与功效】

每100 g嫩叶含蛋白质4.8 g，脂肪1.1 g，碳水化合物5 g，粗纤维2.1 g；胡萝卜素7.35 mg，维生素B_1 0.03 mg，维生素B_2 0.39 mg，维生素B_5 1.9 mg，维生素C 47 mg；钙216 mg，磷93 mg，铁10.2 mg。有清热凉血、消肿散结的功效。

【食用方法】

嫩苗、嫩叶洗净，清水浸泡除去苦味，可蘸酱生食或凉拌，清凉微苦，脆嫩爽口；也可炒食、做汤、做粥等；叶可腌制或做泡菜。苦涩味较浓，民间常用盐水煮一下，冷后浸泡1 d，再用清水洗，基本可除去苦涩味。

乳苣

菊科乳苣属
学名：*Mulgedium tataricum*（Linn.）DC.
别名：蒙山莴苣、紫花山莴苣、苦菜、苦苦菜
分布：辽宁、内蒙古、河北、陕西、甘肃、青海、新疆、河南、西藏

【植物学特征与生境】

多年生草本，高15～60 cm。根垂直直伸。茎直立，有细条棱或条纹，上部有圆锥状花序分枝，全株光滑无毛。中下部茎叶长椭圆形或线状长椭圆形或线形，基部渐狭成短柄，长6～19 cm，宽2～6 cm，羽状浅裂或半裂或边缘大锯齿；向上的叶与中部茎叶同形或宽线形，但渐小；全部叶质地稍厚。头状花序约含20枚小花，多数，在茎枝顶端狭或宽圆锥花序；总苞圆柱状或楔形，长2 cm，宽约0.8 mm；总苞片4层，中外层较小，卵形至披针状椭圆形，内层披针形或披针状椭圆形，带紫红色；舌状小花紫色或紫蓝色。瘦果长圆状披针形，稍压扁，灰黑色，长5 mm，宽约1 mm，每面有5-7条高起的纵肋，顶端渐尖成长1 mm的喙；冠毛2层，纤细，白色，长1 cm，微锯齿状，分散脱落。花果期6～9月。

生于河滩、湖边、草甸、田边、固定沙丘或砾石地，海拔1200～4300 m。

【栽培技术要点】

尚无人工栽培。

【主要芳香成分】

有机溶剂（乙醇）浸提法提取的内蒙古产乳苣茎叶精油的主要成分依次为：棕榈酸甲酯（23.76%）、9,12,15-十八碳三烯酸甲酯（6.55%）、十四烷酸甲基酯（5.81%）、十九（碳）烷（3.63%）、（Z,Z）-9,12-十八碳二烯酸（3.52%）、十七碳烷（3.38%）、三十六烷（3.19%）、新植二烯（3.04%）、正十六烷（3.03%）、2,6-双（1,1'-二甲基乙基）-4-甲基-苯酚（2.46%）、十八碳烷（2.22%）、十八烷酸甲基酯（2.10%）、二十碳烷（2.05%）、十五烷（1.63%）、二十三（碳）烷（1.38%）、四十三烷（1.32%）、6,10,14-三甲基-2-十五烷酮（1.28%）等（任玉琳等，2003）。

【营养与功效】

每100 g嫩叶含粗蛋白质21.20 g，粗脂肪6.69 g，粗纤维13.82 g，钙1.89 g，磷0.33 g。有清热解毒、活血、排脓的功效。

【食用方法】

嫩叶浸泡去苦味后，炒食。

鼠麴草

菊科鼠麴草属

学名：*Gnaphalium affine* D.Don.

别名：鼠曲草、清明菜、追骨风、黄花曲草、佛耳草、白头菜、爪老鼠、鼠耳草、米曲、绒毛草、打火草

分布：华东、华中、华南、西南、西北、华北各省区

【植物学特征与生境】

矮小草本，浅根系。植株高15～50 cm，全体密被白色绵毛。茎近直立，簇生，不分枝或少分枝。叶互生，倒披针形或卵状披针形，先端圆钝，具刺状头，基部渐狭，全缘，两面被白色茸毛，无叶柄。头状花序生茎顶集成伞房状；总苞钟形，2～3层，金黄色，外层为雌花花冠丝状，中央为两性花；花冠筒状，黄色。瘦果倒卵形或卵状圆柱形，有黄白色冠毛。花期4～6月，果期8～9月。

喜温暖湿润环境，多生长于海拔较低的干地。在肥沃的生长地，植株粗壮宽大。

【栽培技术要点】

南方于8～9月间采摘果穗取种。一般春播。南方在2月进行，有霜冻的地区露地播种于终霜后，或于3～4月间播后用地膜覆盖，保温保湿。条播按行距10 cm开浅沟，播前于畦内灌透水，待水渗下后将种子撒下，随后撒一层细土，以稍盖住种子为度，约0.1 cm厚即可。出苗后注意拔除杂草，保持畦土湿润，土干即浇水，如播种前已施基肥的，一般不再追肥，少见病虫为害。

【主要芳香成分】

水蒸气蒸馏法提取的浙江温州产鼠麴草干燥茎叶的得油率为0.08%～0.50%，精油主要成分依次为：石竹烯（62.43%）、à-石竹烯（23.17%）、橙花叔醇（2.60%）、十一酸（2.49%）、1-辛烯-3-醇（2.37%）、（9E，12E，15E）-9，12，15-十八三烯-1-醇（2.11%）、氧化石竹烯（1.53%）、（9Z，12Z）-9，12-十八二烯-1-醇（1.04%）等（黄爱芳等，2009）。同时蒸馏萃取法提取的贵州产鼠麴草新鲜茎叶精油的主要成分依次为：丁香油酚（4.83%）、反-石竹烯（4.41%）、棕榈酸（4.17%）、(-)-β-榄香烯（4.11%）、α-松油醇（3.60%）、二十五烷（2.38%）、α-雪松醇（2.32%）、α-荜草烯（2.25%）、芳樟醇（2.20%）、十七烷（2.20%）、α-古芸烯（2.05%）、2-乙烯基-1,4-二甲基苯（1.96%）、十八烷（1.95%）、十六醛（1.86%）、十九烷（1.78%）、表-双环倍半水芹烯（1.65%）、2,6,10,14-四甲基-十六烷（1.52%）、十四烷酸（1.46%）、7-辛烯-4-醇（1.46%）、α-亚麻酸甲酯（1.39%）、δ-杜松烯（1.36%）、二十烷（1.36%）、十四烷（1.26%）、二十三烷（1.23%）、6,10,14-三甲基-2-十五酮（1.20%）、2,6,10,14-四甲基-十五烷（1.10%）、γ-古芸烯（1.07%）等（吕晴等，2008）。

【营养与功效】

茎叶含挥发油、黄酮苷（5%）、少量生物碱及甾醇；每100 g嫩茎叶含蛋白质3.1 g，脂肪0.6 g，粗纤维2.1 g；胡萝卜素2.19 mg，维生素B_1 0.03 mg，维生素B_2 0.24 mg，维生素B_5 1.40 mg，维生素C 28.0 mg；钙218 mg，磷66 mg，铁7.4 mg。有祛痰止咳、祛风除湿的功效。

【食用方法】

嫩苗、嫩茎叶洗净鲜食，切碎与糯米蒸，加糖做粑粑。

茼蒿

菊科茼蒿属

学名：*Chrysanthemum coronarium* Linn.

别名：蓬蒿、蒿子杆、菊花菜、蒿菜、春菊

分布：全国各地均有栽培

【植物学特征与生境】

一、二年生草本，光滑无毛或几光滑无毛。茎高达70 cm，不分枝或自中上部分枝。基生叶花期枯萎；中下部茎叶长椭圆形或长椭圆状倒卵形，长8～10 cm，无柄，二回羽状分裂；上部叶小。头状花序单生茎顶或少数生茎枝顶端，但并不形成明显的伞房花序，花梗长15～20 cm；总苞径1.5～3 cm；总苞片4层，内层长1 cm，顶端膜质扩大成附片状；舌片长1.5～2.5 cm。舌状花瘦果有3条突起的狭翅肋；管状花瘦果有1～2条椭圆形突起的肋。花果期6～8月。

生于潮湿、肥沃的土壤，向阳光处。

【栽培技术要点】

可春播和秋播。春播在1月下旬至2月下旬播种，每667 m²用种2.5～4 kg。播后用踩板镇压，用粪水盖籽。春播多数一次收完。秋播一般自8月上旬至10月上旬分期分批播种，9月上旬起陆续分批采收，分3～4次收完。春播、秋播都可留种，但秋播的种子产量高，质量好。秋播留种可于9月下旬播种，于10月下旬至11月上旬择排水良好的地方栽种，行株距为50 cm，次年4月下旬始花，5月下旬种子开始成熟，6月中旬收获。

【主要芳香成分】

水蒸气蒸馏法提取的山东聊城产茼蒿茎叶的得油率为0.05%～0.07%。精油主要成分依次为：4-甲基-2-戊烯（41.17%）、4-甲基-2,3-二氢呋喃（17.70%）、β-蒎烯（14.83%）、苯甲醛（7.31%）、2-烯基醇（3.66%）、2-甲基-1,3-戊二烯（2.70%）、3,7-二甲基1,3,6-辛三烯（1.80%）、2-烯己醛（1.50%）、7,11-二甲基-1,6,10-月桂三烯（1.40%）、2-甲基-4-戊烯醛（1.05%）等（程霜等，2001）。同时蒸馏-萃取法提取的辽宁阜新产茼蒿新鲜茎叶精油的主要成分依次为：7,11-二甲基-1,6,10-十二碳三烯（16.08%）、β-月桂烯（13.18%）、α-金合欢烯（4.56%）、大牻牛儿烯D（4.54%）、石竹烯（4.50%）、顺-3-己烯-1-丁醇（4.22%）、3,7-二甲基-1,3,7-辛三烯（3.68%）、3,7-二甲基-1,6-辛二烯-3-醇（3.06%）、苯甲醇（2.84%）、丁子香酚（2.10%）、冰片（2.09%）、苯甲醛（1.37%）等（李铁纯等，2003）。

【营养与功效】

每100 g嫩茎叶含蛋白质0.8 g，脂肪0.3 g，碳水化合物1.9 g，粗纤维0.6 g，灰分0.9 g，胡萝卜素0.28 mg，维生素B_1 0.01 mg，维生素B_2 0.03 mg，尼克酸0.2 mg，维生素C 2 mg，钙33 mg，磷18 mg，铁0.8 mg，钾207 mg，钠172 mg，镁19.6 mg，氯240 mg；还含有丝氨酸、天门冬素、苏氨酸、丙氨酸等多种氨基酸。具有调胃健脾、降压补脑、养心安神、润肺补肝等功效。

【食用方法】

嫩叶、幼苗或嫩茎叶供生食、炒食、凉拌、做汤，也是重要的火锅材料。

南茼蒿

菊科茼蒿属
学名：*Chrysanthemum segetum* Linn.
别名：蓬哈菜
分布：全国各地

【植物学特征与生境】

一年生草本。茎直立，光滑无毛，高20～60 cm，富肉质。叶椭圆形、倒卵状披针形或倒卵状椭圆形，边缘有不规则的大锯齿，少有成羽状浅裂的，长4～6 cm，基部楔形，无柄。头状花序单生茎端或少数生茎枝顶端，但不形成伞房花序，花梗长5 cm。总苞径1～2 cm。内层总苞片顶端膜质扩大几成附片状；舌片长达1.5 cm；舌状花瘦果有2条具狭翅的侧肋，间肋不明显，每面3～6条，贴近；管状花瘦果的肋约10条，等形等距，椭圆状。花果期3～6月。

生于潮湿、肥沃的土壤，向阳光处。

【栽培技术要点】

可春播栽培和秋播栽培。春播在1月下旬至2月下旬播种，每667 m²用种2.5～4 kg。播后用踩板镇压，用粪水盖籽。春播多数一次收完。秋播一般自8月上旬至10月上旬分期分批播种，9月上旬起陆续分批采收，分3～4次收完。春播、秋播都可留种，但秋播的种子产量高，质量好。秋播留种可于9月下旬播种，于10月下旬至11月上旬择排水良好的地方栽种，行株距均为50 cm，次年4月下旬始花，5月下旬种子开始成熟，6月中旬收获。

【主要芳香成分】

水蒸气蒸馏法提取的南茼蒿阴干茎叶的得油率为0.05%～0.07%，精油主要成分依次为：芳樟醇（19.40%）、β-紫罗兰酮（14.40%）、对苯（12.30%）、α-苯氧基苯甲醛（6.90%）、对-烯丙基苯甲醛（6.30%）、丁香酚（5.30%）等（吴照华等，1994）。

【营养与功效】

茎叶含挥发油，含丰富的维生素、胡萝卜素及多种氨基酸，每100 g嫩茎叶含可溶性糖4.38 g，维生素C 59.31 mg；还含蛋白质及较高量的钠、钾等矿物盐。可以养心安神，润肺补肝，稳定情绪。有降低血脂和胆固醇的作用。

【食用方法】

是我国南方各省区重要的春季蔬菜之一，嫩茎叶可炒食、做汤、煮粥、作火锅原料。

鱼眼草

菊科鱼眼草属
学名：*Dichrocephala auriculata* (Thunb.) Druce
别名：口疮叶、馒头草、地苋菜、胡椒草
分布：云南、四川、贵州、陕西、湖北、湖南、广东、广西、浙江、福建、台湾

【植物学特征与生境】

一年生草本，直立或铺散，高12～50 cm。茎通常粗壮，不分枝或分枝自基部而铺散；茎枝被白色绒毛。叶卵形、椭圆形或披针形；中部茎叶长3～12 cm，宽2～4.5 cm，大头羽裂，顶裂片宽大，基部渐狭成具翅的柄；中部向上或向下的叶渐小同形；基部叶通常不裂，常卵形；全部叶边缘重粗锯齿或缺刻状，两面被稀疏的短柔毛。头状花序小，球形，在枝端或茎顶排列成伞房状花序或伞房状圆锥花序；花序梗纤细。总苞片1～2层，膜质，长圆形或长圆状披针形；外围雌花多层，紫色，花冠极细，线形；中央两性花黄绿色，少数。瘦果压扁，倒披针形，无冠毛，或两性花瘦果顶端有1～2个细毛状冠毛。花果期全年。

生山坡、山谷，或山坡林下，或平川耕地、荒地或水沟边。海拔200～2000 m。

【栽培技术要点】

尚未见人工栽培。

【主要芳香成分】

固相微萃取技术提取的贵州贵阳产鱼眼草茎叶挥发油的主要成分依次为：邻苯二甲酸二异丁酯（28.25%）、α-红没药醇（9.18%）、β-蒎烯（8.44%）、邻苯二甲酸正丁异辛酯（6.90%）、香橙烯（5.18%）、α-瑟林烯（5.07%）、大香叶烯D（3.95%）、[2-甲基-1-2-(4-甲基-3-戊烯基)环丙基]甲醇（2.72%）、2-甲基-3Z,13Z-十八碳二烯醇（2.21%）、2,6-二甲基-1,5,7-辛三烯（1.84%）、9,10-二溴十五烷（1.59%）、14Z-13-甲基-14-二十九碳烯（1.25%）、反式香叶基丙酮（1.10%）、5-异丙烯基-3,3-二甲基-1-环戊烯（1.09%）、二十烷（1.02%）等（陈青等，2011）。

【营养与功效】

有消炎、消肿的功效。

【食用方法】

嫩茎叶洗净，用沸水煮去苦味，煮食。

兔儿伞

菊科兔儿伞属

学名：*Syneilesis aconitifolia* (Bunge) Maxim.

别名：雨伞菜、帽头菜、尚帽子、雷骨伞

分布：东北、华北、华中地区和陕西、甘肃、贵州

【植物学特征与生境】

多年生草本。根状茎短，横走。茎直立，高70～120 cm，紫褐色。叶片盾状圆形，直径20～30 cm，掌状深裂，裂片7～9，每裂片再次2～3浅裂；上面淡绿色，下面灰色；叶柄基部抱茎；中部叶向上渐小。头状花序多数，在茎端密集成复伞房状；总苞筒状，基部有3～4小苞片；总苞片1层，长圆形；小花8～10，花冠淡粉白色。瘦果圆柱形，无毛，具肋；冠毛污白色或变红色，糙毛状。花期6～7月，果期8～10月。

喜温暖、湿润及阳光充足的环境，耐半阴、耐寒、耐瘠。生长适温15℃～22℃。不择土壤。

【栽培技术要点】

种子繁殖，秋播从种子采收后到11月上旬地上冻为止，第二年4月初开始萌发。春播种子必须进行低温处理，10月下旬至11月上旬，将种子与湿沙按1∶3混匀后，坑藏，覆土10 cm，翌年清明前后，待大部分种子已萌芽，再播种。条播行距15～20 cm，播后覆土3 cm，播入镇压。幼苗期及时松土除草、查补苗、间苗。苗高10 cm时，按行株距15 cm×10 cm定苗。定苗后每公顷追尿素150 kg，开花后每公顷追过磷酸钙225 kg。雨季注意排水，如干旱严重，可适当浇水。病害有根腐病、叶斑病；虫害有蛴螬、蝼蛄、地老虎、象鼻虫。

【主要芳香成分】

水蒸气蒸馏法提取的辽宁千山产兔儿伞干燥茎叶精油的主要成分依次为：7,11-二甲基-3-亚甲基-1,6,10-十二(碳)三烯(15.24%)、反-Z-α-环氧化防风根烯(12.84%)、α-防风根醇(6.40%)、4-(2-甲基环己基-1-烯基)-丁-2-烯醛(4.68%)、1-十一(碳)烯(4.31%)、十氢-α,α,4α-三甲基-8-甲烯基-2-萘甲醇(3.18%)、α-石竹烯(3.10%)、十氢-3α-甲基-6异丙基-环丁烷[1,2:3,4]并二环戊烯(2.86%)、大根香叶烯D(2.79%)、1-乙烯基-1-甲基-2,4-二(1-甲基乙烯基)-环己烷(2.16%)、1,5,5,8-甲基-12-氧杂二环[9.1.0]十二(碳)-3,7-二烯(2.06%)、4,11,11-三甲基-8-亚甲基-二环[7.2.0]十一(碳)-4-烯(1.60%)、3,7,11-三甲基-2,6,10-十二(碳)三烯-1-醇(1.57%)、氧化香树烯(1.56%)、α-荜澄茄油烯(1.52%)、正癸酸异丙酯(1.40%)、3-蒈烯(1.34%)、9,12-十八二烯醛(1.29%)、环氧化异香树烯(1.25%)、1,1-二甲基-2-(2,4-戊二烯基)-环丙烷(1.20%)、2,6,6-三甲基-2-环己烯-1-甲醛(1.15%)、1-甲基-4-(2-甲基环氧乙基)-7-氧杂二环[4.1.0]庚烷(1.14%)、顺-Z-α-环氧化防风根烯(1.13%)、2-甲基-3-亚甲基-2-(4-甲基-3-戊烯基)二环[2.2.1]庚烷(1.06%)、2-十五(碳)炔-1-醇(1.02%)等(许亮等，2007)。

【营养与功效】

每100 g嫩叶含维生素A 3.39 mg，维生素B_2 0.24 mg，维生素C 30 mg。有祛风除湿、解毒活血、消肿止痛的功效。

【食用方法】

嫩苗或嫩叶用沸水焯约1 min，再用清水浸泡后炒食或做汤。

蹄叶橐吾

菊科橐吾属

学名：*Ligularia fischeri*（Ledeb.）Turcz.

别名：马蹄叶、肾叶橐吾、葫芦七

分布：四川、湖北、贵州、湖南、安徽、浙江、河南、甘肃、陕西、华北、东北

【植物学特征与生境】

多年生草本。根肉质，黑褐色，多数。茎直立，高80～200 cm；叶片肾形，长10～30 cm，宽13～40 cm，先端圆形，边缘有整齐的锯齿；上面绿色，下面淡绿色，两面光滑。总状花序长25～75 cm；苞片草质，卵形，向上渐小，边缘有齿；头状花序多数，辐射状；小苞片狭披针形；总苞钟形长圆形；舌状花5～6，黄色；管状花多数，冠毛红褐色。瘦果圆柱形，光滑。花果期7～10月。

生于海拔100～2700 m的水边、草甸子、山坡、灌丛中、林缘及林下。

【栽培技术要点】

入冬前秋播，或12月初种子经清水浸泡2h后进行层积处理，翌年4月初露地直播。播后盖一层稻草帘，保持苗床湿润，出苗后撤去稻草帘，光线过强时需遮荫。幼苗长出2～3片真叶时移栽，株行距20 cm，每穴1株，浇足水，水渗透后稍覆土。栽培2年以上在春、秋季即可进行分株繁殖。每年6～7月追肥2次。秋季上冻前浇1次防寒水，立冬前后在畦面上加盖一层防寒土或树叶，翌年返青前除去防寒土。

【主要芳香成分】

水蒸气蒸馏法提取的蹄叶橐吾茎叶的得油率为0.37%，吉林敦化产蹄叶橐吾茎叶精油的主要成分依次为：α-金合欢烯（29.53%）、石竹烯（15.80%）、α-法呢烯（14.90%）、3,7-二甲基-6-辛烯-1-醇甲酸酯（4.93%）、1S-1-甲基-1-乙烯基-2,4-[1-甲基乙烯基]-环戊烷（2.40%）、植物醇（2.17%）、α-蒎烯（1.53%）等（董然等，2010）。

【营养与功效】

茎叶含紫菀皂甙、呋喃紫蜂斗叶醇、蹄橐酮等成分。有理气活血、止痛止咳、祛痰的功效。

【食用方法】

春末夏初采摘嫩叶，洗净，沸水烫过，清水漂去苦味后，切段，炒食、凉拌或蘸酱食用。也可包饭食用或做汤。

莴苣

菊科莴苣属

学名：*Lactuca sativa* Linn.

别名：生菜、叶用莴苣

分布：全国各地均有栽培

【植物学特征与生境】

一年生或二年生草本，茎粗，厚肉质，高30～100 cm。基生叶丛生，向上渐小，圆状倒卵形，长10～30 cm，全缘或卷曲皱波状；茎生叶椭圆或三角状卵形，基部心形，抱茎。头状花序有15个小花，多数在茎枝顶端排成伞房状圆锥花序；舌状花黄色。瘦果狭或长椭圆状倒卵形，灰色、肉红色或褐色，微压扁，每面有纵肋7～8条，上部有开展柔毛，喙细长，淡白色。花果期2～9月。

喜冷凉环境，既不耐寒，又不耐热。种子发芽适宜温度为15～20℃，幼苗生长适宜温度为15～20℃。耐旱力颇强，土壤pH值以5.8-6.6为适宜。

【栽培技术要点】

春秋两季栽培，春季1月下旬～3月初在温室或阳畦育苗，苗床夜温不低于5℃，中午不超过35℃。5～6叶时定植。栽植密度为30～35 cm×25～30 cm，缓苗、发棵后和开始结球时各追一次肥，氮肥施用量不要过多，经常均匀浇水保湿，结球后期适当控水。叶球基本包实后及时收获。小棚早熟栽培者12月至翌年1月上旬播种，2月下旬～3月中旬定植。棚温保持20～25℃，结球后逐渐降温。秋莴苣7月下旬～8月下旬播种，夏秋高温期种子休眠，不易发芽，用5 ppm赤霉素浸种6～7h，或将浸湿种子放于5℃左右催芽，可打破休眠。苗期须设棚遮阴防雨，苗龄25～30 d。定植后加强中耕、肥水管理，及时排水。主要病害为霜霉病、菌核病，实行2～3年以上的轮作。

【主要芳香成分】

水蒸气蒸馏法提取的莴苣新鲜茎叶精油的主要成分依次为：菲（8.49%）、1,2-苯二羧酸（2-甲基丙基）酯（8.31%）、(E)-3-二十碳烯（6.98%）、二十烷（5.89%）芘（5.03%）、4-十八碳烯（3.82%）、2,6,10,14-四甲基正十六烷（3.48%）、苯并噻唑（3.22%）、十六酸（3.06%）、二十二烷酸甲酯（3.02%）、2,6,10,14-四甲基正十五烷（3.01%）、1-氯二十七烷（2.87%）、9-甲基蒽（2.05%）、4,8,8-三甲基-9-甲撑-1,4-十氢甲撑薁（2.04%）、2-乙基乙酸（2.01%）、十六酸甲酯（1.97%）、苯乙酰胺（1.97%）、1-十八碳烯（1.89%）、2,6,10-三甲基十二烷（1.62%）、咔唑（1.53%）、二苯乙炔（1.40%）、十一烷基环己烷（1.31%）、四氢环戊菲（1.29%）、丁酸丁酯（1.28%）、苯乙基醇（1.27%）、1-二十碳烯（1.25%）、[Z]-9-十八烯-2-乙醇醚（1.23%）、三亚苯（1.18%）、邻苯二羧酸双（2-乙基己基）酯（1.10%）、乙基环二十二烷（1.03%）等（赵春芳等，2000）。

【营养与功效】

每100 g鲜叶含碳水化合物1.8～3.2 g，蛋白质0.8～1.6 g，脂肪0.1～0.2 g，还有多种人体必需的微量元素。具有催眠、镇痛、防癌作用。

【食用方法】

叶片脆嫩爽口，可蘸酱生食或凉拌，也可炒食，西餐常用作色拉原料。

华北鸦葱

菊科鸦葱属

学名：*Scorzonera albicaulis* Bunge

别名：笔管草、白茎鸦葱、细叶鸦葱、猪尾巴、羊奶子、倒扎草、水风、茅草细辛、独角茅草

分布：黑龙江、吉林、辽宁、内蒙古、河北、山西、陕西、山东、江苏、安徽、浙江、河南、湖北、贵州

【植物学特征与生境】

多年生草本，高达120 cm。根圆柱状或倒圆锥状，直径达1.8 cm。茎单生或少数茎成簇生，上部伞房状或聚伞花序状分枝，全部茎枝被白色绒毛，茎基被棕色的残鞘。基生叶与茎生叶同形，线形、宽线形或线状长椭圆形，宽0.3~2 cm，边缘全缘，两面光滑无毛。头状花序在茎枝顶端排成伞房花序，总苞圆柱状，花期直径1 cm，果期直径增大；总苞片约5层。舌状小花黄色。瘦果圆柱状，长2.1 cm，有多数高起的纵肋。冠毛污黄色，大部羽毛状，基部连合成环，整体脱落。花果期5~9月。

属耐阴植物。

【栽培技术要点】

生于山谷或山坡杂木林下或林缘、灌丛中，或生荒地、火烧迹或田间。海拔250~2500 m。尚无人工栽培。

【主要芳香成分】

水蒸气蒸馏法提取的山东威海产华北鸦葱新鲜茎叶精油的主要成分依次为：正十六烷酸（47.95%）、亚麻酸乙酯（8.72%）、亚油酸（7.24%）、亚油酸三甲基硅基酯（6.91%）、正二十烷（5.60%）、2-丙酰基苯甲酸甲酯（3.38%）、棕榈酸三甲基硅基酯（3.37%）、正四十烷（1.85%）、18-三甲基硅氧基亚油酸甲酯（1.37%）、正三十四烷（1.32%）、正三十五烷（1.25%）、7,3',4',-三甲氧基槲皮素（1.19%）等（赵瑞建等，2010）。

【营养与功效】

有清热解毒，活血消肿的功效。

【食用方法】

嫩茎叶洗净，沸水烫过后再用清水浸泡数小时，沥干后可炒食、凉拌、做汤或和面粉一起蒸食。

野茼蒿

菊科野茼蒿属

学名：*Crassocephalum crepidioides*（Benth.）S.Moore

别名：革命菜、昭和草、大青叶、飞机草、一点红、野青菜、野木耳菜、安南菜

分布：江西、福建、湖南、湖北、广东、广西、贵州、云南、四川、西藏

【植物学特征与生境】

一年生或多年生草本；直立，高20~120 cm，茎有纵条棱。叶膜质，椭圆形，长7~12 cm，宽4~5 cm，顶端渐尖，基部楔形；叶互生。头状花序数个在茎端排成伞房状，总苞钟状，1层，线状披针形；头状花序盘状或辐射状；小花全部管状，两性，花冠红褐色或橙红色；花序托扁平；花冠细管状，裂片5。瘦果狭圆柱形，具棱条，顶端和基部具灰白色环带。花期7~12月。

常见于山坡路旁、水边、灌丛中或水沟旁阴湿地上。

【栽培技术要点】

一般采用种子繁殖，3~12月均可播种，播后应覆盖遮阳网并淋透水。苗高20 cm，具3~4片真叶时可移栽。施入有机肥作基肥，做成1.5 m宽高畦，按30 cm×30 cm的株行距定植，定植后浇足定根水。生长期保持土壤湿润，每隔15 d左右施一次追肥，雨季注意排水，冬季注意防寒。定植后30 d，当幼苗高30 cm左右时便可陆续开始采收嫩茎叶。

【主要芳香成分】

固相微萃取法提取的贵州贵阳产野茼蒿新鲜茎叶挥发油的主要成分依次为：月桂烯（61.61%）、牻牛儿烯D（6.48%）、α-荜草烯（6.29%）、β-菲兰烯（5.76%）、反式罗勒烯（3.35%）、E-E-α-金合欢烯（3.19%）、香兰烯（2.59%）、二十四烷（2.16%）、α-可巴烯（1.89%）、β-榄香烯（1.23%）、牻牛儿烯B（1.16%）、β-丁香烯（1.13%）等（陶晨等，2012）。

【营养与功效】

每100 g嫩茎叶含蛋白质4.5 g，粗纤维2.9 g；胡萝卜素3.6 mg，维生素B_2 0.33 mg，维生素B_5 1.2 mg，维生素C 16 mg。有清热消肿、止血活血功效。

【食用方法】

嫩苗或嫩茎叶洗净，沸水烫过，清水漂洗后凉拌或炒食，也可做汤或作火锅材料。

一点红

菊科一点红属

学名：*Emilia sonchifolia*（Linn.）DC.

别名：叶下红、羊蹄草、红背叶、野木耳菜、花古帽、牛奶奶、红头草、片红青、红背果

分布：云南、贵州、四川、湖北、湖南、江苏、浙江、安徽、广西、广东、福建、贵州、江西、海南、台湾

【植物学特征与生境】

一年生草本，根垂直。茎直立或斜升，高25~40 cm，稍弯，通常自基部分枝，灰绿色。叶质较厚，下部叶密集，大头羽状分裂，长5~10 cm，宽2.5~6.5 cm，上面深绿色，下面常变紫色，两面被短卷毛；中部茎叶疏生，较小，卵状披针形，无柄，基部箭状抱茎；上部叶少数，线形。头状花序，在开花前下垂，花后直立，通常2~5，在枝端排列成疏伞房状；花序梗细，无苞片，总苞圆柱形，基部无小苞片；总苞片长圆状线形或线形，黄绿色，约与小花等长；小花粉红色或紫色，管部细长，具5深裂。瘦果圆柱形，具5棱；冠毛丰富，白色，细软。花果期7~10月。

喜温暖湿润气候，生长适温20~30℃，对土壤要求不严格。

【栽培技术要点】

一般采用种子繁殖，3~11月均可播种，播后应覆盖遮阳网并淋透水。播后40 d左右，苗高10 cm、具3~4片真叶时可移栽。施入有机肥作基肥，做成1.5 m宽高畦，按20 cm×20 cm的株行距定植，定植后浇足定根水。生长期保持土壤湿润，每隔15 d左右施一次追肥，雨季注意排水，冬季注意防寒。定植后40 d，可陆续开始采收长15 cm、带4~5片叶的嫩茎叶上市。及时摘去花蕾，以免影响侧枝的发生。

【主要芳香成分】

水蒸气蒸馏法提取的广西南宁产一点红茎叶的得油率为0.25%，精油主要成分依次为：刺参烯酮（42.09%）、石竹烯氧化物（18.84%）、丁香烯（4.41%）、1,5,9,9-四甲基-1,4,7-三烯-环十一烷（2.64%）、γ-榄香烯（2.12%）、姜黄烯（1.52%）等（潘小姣等，2008）。

【营养与功效】

每100 g干燥茎叶含粗蛋白14.15 g，粗脂肪2.80 g，粗纤维19.34 g；钙730 mg，磷220 mg。有清热解毒、凉血消肿、利尿的功效。

【食用方法】

嫩茎叶洗净，沸水烫煮去苦味后炒食、做汤、作火锅料，质地爽脆，味道清香。

佩兰

菊科泽兰属

学名：*Eupatorium fortunei* Tuncz.

别名：兰、兰草、泓泽兰、三叶泽兰、水泽兰、大泽兰、香水兰、孩儿菊、千金草、省头草、女兰、针尾凤、小泽兰

分布：河北、陕西、山东、江苏、上海、安徽、浙江、江西、福建、湖北、湖南、广东、广西、云南、四川、贵州

【植物学特征与生境】

多年生草本，高30～100 cm。根茎横走。茎圆柱形，常紫绿色。叶互生，下部叶常枯萎；中部叶较大，常3全裂或深裂，中裂片长椭圆形或长椭圆状披针形，长5～12 cm，宽2.5～4.5 cm，先端渐尖，边缘有粗糙齿或不规则细齿，两面无毛或沿脉有疏毛，叶柄长约1 cm；上部叶较小。头状花序排成复伞房状；总苞钟状，总苞片2～3层，紫红色；管状花4～6，白色或带淡红色，两性。瘦果圆柱形，具5棱。花期7～11月，果期9～12月。

喜温暖、湿润气候，气温低于19℃时生长缓慢，25～30℃时生长迅速，耐寒，怕涝，生长后期耐旱能力强。对土壤要求不严。

【栽培技术要点】

选肥沃、疏松湿润的沙壤土种植，不宜在低洼地和盐碱地种植。深耕细耙，施足基肥，作成1.3 m宽的畦。用根茎繁殖，在11月至翌年4月间进行。栽时选择色白、粗壮、附有芽眼的根茎，剪成6～10 cm的小段，按株行距10 cm×30 cm开穴栽植，栽后覆土稍加镇压，浇水。春播者15 d左右即可出苗。播种后要保持土壤湿润，生长期间遇干旱，应及时浇水。多雨积水时及时排除。苗高10～15 cm时间苗，每穴留壮苗1～2株。缺苗处应及时补苗。苗期浇水后及时中耕，见草就除，封垄后即行停止。苗高6～10 cm时，可追施水粪1次，苗高20 cm时，再施1次。第一茬苗收割后，紧接着施一次浓肥，施后浇水；第二茬苗高20 cm时，再施水粪1次。主要病虫害为根腐病、红蜘蛛。

【主要芳香成分】

水蒸气蒸馏法提取的佩兰茎叶的得油率在0.13%～2.00%之间。江苏产佩兰茎叶精油的主要成分依次为：桉叶油醇（82.41%）、d-柠烯（5.45%）、对-聚伞花烯（2.08%）等（季晓燕等，2010）。同时蒸馏萃取法提取的佩兰茎叶的得油率为2.73%，精油主要成分为：2H-1-苯并吡喃-2-酮（12.58%）、氧化石竹烯（5.27%）等（朱凤妹等，2008）。超临界CO_2萃取法提取的佩兰茎叶的得油率在1.42%～2.71%之间。

【营养与功效】

茎叶含挥发油，叶含香豆精、邻-香豆酸、麝香草氢醌等成分。有清热解毒、活血化瘀、健胃除湿的功效。

【食用方法】

嫩茎叶可做成渣豆腐或嫩豆腐食用。

狗肝菜

爵床科狗肝菜属

学名：*Dicliptera chinensis*（linn.）Nees

别名：猪肝菜、羊肝菜、路边青、青蛇菜、华九头狮子草

分布：福建、台湾、广东、海南、广西、香港、澳门、云南、贵州、四川

【植物学特征与生境】

一年生草本，高30～80 cm；茎外倾或上升，具6条钝棱和浅沟，节常膨大膝曲状，近无毛或节处被疏柔毛。叶卵状椭圆形，顶端短渐尖，基部阔楔形或稍下延，长2～7 cm，宽1.5～3.5 cm，纸质，绿深色；叶柄长5～25 mm。花序腋生或顶生，由3～4个聚伞花序组成，每个聚伞花序有1至少数花，具长3～5 mm的总花梗，下面有2枚总苞状苞片，总苞片阔倒卵形或近圆形，稀披针形，大小不等；小苞片线状披针形；花萼裂片5，钻形；花冠淡紫红色，外面被柔毛；雄蕊2。蒴果长约6 mm，被柔毛，开裂时由蒴底弹起，具种子4粒。

喜温暖湿润气候，冬天生长缓慢，在荫蔽条件下生长更好。对土壤要求不严格。

【栽培技术要点】

种子繁殖，3～11月均可播种，播后40～50 d，苗高15 cm，具5片真叶时可移植。施入有机肥作基肥，做成1.5 m宽的高畦，定植株行距为30 cm×30 cm。经常保持土壤湿润，每隔半个月追肥1次。定植后30 d，苗高30 cm时开始采收，先采收主枝上的嫩茎叶，再采收侧枝上的嫩茎叶，可连续采收2～3个月。

【主要芳香成分】

水蒸气蒸馏法提取的狗肝菜茎叶精油的主要成分依次为：2-羟基-3-（1-丙烯基）-1,4-萘二酮（16.86%）、石竹烯（13.61%）、植醇（10.36%）、柏木烯（5.96%）、2,6,6,9-四甲基-三环$[5.4.0.0^{2,8}]$十一碳-9-烯（5.00%）、紫苏醛（4.40%）、α-萜品醇（3.93%）、1,7,7-三甲基二环[2.2.1].庚烷-2-酮（3.58%）、2-甲基-1,7,7-三甲基二环[2.2.1]庚基-2-巴豆酸酯（2.81%）、3,7,11-三甲基-1,6,10-十二碳三烯-3-醇（2.77%）、反式-Z-α-环氧甜没药烯（2.56%）、α-石竹烯（2.28%）、4,4-二甲基-四环$[6.3.2.0^{2,5}0^{1,8}]$十三烷-9-醇（1.78%）、顺式氧化柠檬烯（1.69%）、6,10-二甲基2-十一酮（1.66%）、桉叶油醇（1.52%）、β-金合欢烯（1.41%）、3,7,11-三甲基-2,6,10-十二碳三烯-1-醇（1.19%）、4-甲基-1-（1-甲基乙基）-3-环己烯-1-醇（1.12%）、乙酸龙脑酯（1.07%）等（康笑枫等，2003）。

【营养与功效】

嫩茎叶富含蛋白质、碳水化合物、有机酸、矿物质、维生素等成分。有清热凉血、利尿解毒的功效。

【食用方法】

嫩茎叶洗净，沸水稍烫，捞起用清水泡洗后晾干备用，可凉拌或炒食、做汤。

九头狮子草

爵床科九头狮子草属

学名：*Peristrophe japonica*（Thunb.）Bremek.

别名：接长草、土细辛

分布：河南、安徽、江苏、浙江、江西、福建、湖北、广东、广西、湖南、重庆、贵州、云南

【植物学特征与生境】

多年生草本，高20~50 cm。叶卵状矩圆形，长5~12 cm，宽2.5~4 cm。花序顶生或腋生于上部叶腋，由2~10聚伞花序组成，每个聚伞花序下托以2枚总苞状苞片，一大一小，卵形；花萼裂片5，钻形；花冠粉红色至微紫色；雄蕊2。蒴果上部具4粒种子，下部实心；种子有小疣状突起。

生路边、草地或林下，路旁、溪边等阴湿处。

【栽培技术要点】

一般用分株繁殖，在3~4月间，将母株边根挖起，分成若干小蔸，每蔸有苗或芽4~5根。在整好的土地上，开1.3 m宽的高畦，按行株距约30 cm开穴，深10~14 cm，每穴栽1蔸，浇水定根。苗成活后，施清淡人畜粪水。6~7月中耕和追肥1次。栽种后可收获多年，每年收获后，要及时中耕除草和追肥。

【主要芳香成分】

水蒸气蒸馏法提取的九头狮子草干燥茎叶精油的主要成分依次为：植酮（19.82%）、甲基丁香酚（3.96%）、β-石竹烯（3.75%）、3-甲基-2-(3,7,11-三甲基十二烷基)呋喃（3.64%）、肉豆蔻醚（3.08%）、3,4-二乙基-联苯（2.74%）、2-戊基呋喃（2.73%）、氧化石竹烯（2.69%）、香附酮（2.58%）、6E,8E-巨豆三烯酮（2.47%）、植醇（2.45%）、1-辛烯-3-醇（2.44%）、6Z,8E-巨豆三烯酮（2.22%）、广藿香醇（2.20%）、3-甲基-2-十五烷基-噻吩（2.05%）、邻苯二甲酸二异丁酯（2.04%）、顺式六氢化-8a-甲基-1,8-(2H,5H)萘二酮（1.90%）、荜澄茄油烯醇（1.79%）、芳樟醇（1.75%）、脱氢蜂斗菜酮（1.75%）、环氧异香橙烯（1.71%）、3,7,11-三甲基-十二醇（1.59%）、薄荷醇（1.52%）、δ-杜松醇（1.52%）、香芹烯酮（1.45%）、菲（1.44%）、α-杜松醇（1.42%）、α-石竹烯（1.37%）、β-紫罗酮（1.32%）、β-桉叶醇（1.22%）、龙脑（1.20%）、香叶基丙酮（1.16%）、香柠檬烯（1.15%）、油酸（1.08%）、1-辛烯-3-酮（1.02%）、邻苯二甲酸丁酯（1.00%）等（蒋小华等，2014）。

【营养与功效】

茎叶含苷类、黄酮类等成分。有发汗解表、解毒消肿、解痉的功效。

【食用方法】

嫩叶放入清水中泡约半天，待水变紫色后将白糯米放入水中泡至米变紫色，煮熟为紫米饭。

牛耳朵

苦苣苔科唇柱苣苔属

学名：*Chirita eburnea* Hance

别名：石三七、石虎耳、爬面虎、山金兜菜、岩青菜

分布：广西、广东、湖南、湖北、四川、贵州

【植物学特征与生境】

多年生草本，具粗根状茎。叶均基生，肉质；叶片卵形或狭卵形，长3.5～17 cm，宽2～9.5 cm，顶端微尖或钝，基部渐狭或宽楔形，全缘，两面均被贴伏的短柔毛；叶柄扁，长1～8 cm，密被短柔毛。聚伞花序不分枝或一回分枝，每花序有2～13花；花序梗长6～30 cm，被短柔毛；苞片2，对生，卵形、宽卵形或圆卵形，密被短柔毛；花梗长2.3 cm，密被短柔毛及短腺毛。花萼长0.9～1 cm，5裂达基部；花冠紫色或淡紫色，有时白色，喉部黄色，长3～4.5 cm，两面疏被短柔毛；花盘斜，高约2 mm，边缘有波状齿。蒴果长4～6 cm，粗约2 mm，被短柔毛。花期4～7月。

适应能力较强，不耐高温严寒。

【栽培技术要点】

可播种、扦插、分株和组织培养繁殖。以珍珠岩、蛭石为基质的叶插繁殖成活率高，使用园土和粗沙为扦插基质须加大粗沙的比例，事先对基质进行消毒处理。生产如果缺乏插穗，可将叶片切成2～3部分进行扦插。插后25 d左右愈伤组织出现，40 d左右生根，扦插后浇水量不宜过大。子株生成2～4枚叶片即可移栽，小心掘出插穗，自基部将幼苗带根掰出。扦插苗移栽于腐殖土+珍珠岩+粗沙的基质中，基质经过暴晒后使用。移栽后浇1次透水，后置于荫棚。保持基质湿润和较高的空气湿度，不能过涝。

【主要芳香成分】

石油醚萃取法提取的广西桂林产牛耳朵新鲜茎叶精油的主要成分依次为：亚油酸乙酯（10.86%）、油酸乙酯（9.46%）、十四烷酸乙酯（9.15%）、β-谷甾醇（6.99%）、n-棕榈酸（4.89%）、2-甲基-9,10-蒽醌二酮（4.78%）、全顺-2,6,10,15,19,23-六甲基-2,6,10,14,18,22-二十四烷六烯（4.34%）、(Z,Z)-9,12十八碳二烯酸（4.21%）、2,2'-双异亚丙基-3-甲基苯并呋喃（3.64%）、(Z,Z)-9,17-十八二烯醛（2.82%）、十七烷酸乙酯（2.81%）、[S-(R*,S*)]-2,10-二甲基-二十五烷酸甲酯（2.32%）、(Z,Z)-2-甲基-3,13-十八碳二烯醇（2.13%）、γ-生育酚（1.90%）、4-2-氨甲酰基-2-氰基-乙烯胺-安息香酸乙酯（1.89%）、十八碳二烯酸酯（1.52%）、9-乙基-十六烯酸酯（1.51%）、2-(1-羟乙基)-1,6-二甲基-呋喃并[2,3-H]香豆素（1.51%）、十三烷酸（1.11%）、1,2-苯二甲酸-2-乙基己基酯（1.07%）、十六烷酸乙酯（1.07%）等（陈文娟等，2009）。

【营养与功效】

茎叶入药，有清热利湿、补虚止咳的功效。

【食用方法】

嫩叶采摘后洗净两面柔毛后食用，可切碎煮蛋、炖肉。

苦树

苦木科苦树属

学名：*Picrasma quassioides*（D.Don）Benn.
别名：苦木、苦楝树、苦檀木、苦皮树、黄楝树、熊胆树
分布：黄河流域及其以南各省区

【植物学特征与生境】

落叶乔木，高达10余m。叶互生，奇数羽状复叶，长15～30 cm；小叶9～15，卵状披针形或广卵形，边缘具不整齐的粗锯齿，先端渐尖，基部楔形。花雌雄异株，组成腋生复聚伞花序，花瓣卵形或阔卵形；花盘4～5裂。核果成熟后蓝绿色，种皮薄，萼宿存。花期4～5月，果期6～9月。

生于海拔1400～2400 m的湿润的山谷、山地杂木林中。

【栽培技术要点】

适宜种植时间为4～10月。按行距20～25 cm开沟条播。种子播入沟内后，覆土2～3 cm，镇压即可。播种后保持土壤湿润，幼苗生长期应注意排水。苗高30 cm以上应搭架扶蔓。生长期每年施农家肥2～3次。病害较少，主要是虫害。

【主要芳香成分】

微波辅助顶空固相微萃取技术提取的苦树叶片挥发油的主要成分依次为：枯茗醇（10.73%）、反-β-金合欢烯（8.30%）、α-佛手柑油烯（7.85%）、β-甜没药烯（7.15%）、反式-丁香烯（7.02%）、(-)-石竹烯氧化物（5.09%）、α-荜草烯（3.40%）、α-雪松烯（2.96%）、大根香叶烯D（2.29%）、麝香草酚（1.82%）、β-蛇床烯（1.80%）、β-倍半水芹烯（1.79%）、δ-杜松烯（1.78%）、橙花醇（1.65%）、(-)-苦木烯环氧化物Ⅱ（1.44%）、十五烷（1.34%）、β-橄榄烯（1.34%）、3,4-二乙基苯酚（1.30%）、香芹酚（1.22%）、香叶醛（1.21%）、β-古芸烯（1.19%）、γ-古芸烯（1.08%）、香芹酚甲醚（1.07%）、香橙烯（1.04%）、(+)-β-柏木萜烯（1.02%）、β-榄香烯（1.02%）等（杨再波等，2011）。

【营养与功效】

叶中主要含有生物碱类，内酯类，黄酮类等化学成分。有清热解毒，祛湿的功效。

【食用方法】

嫩叶洗净，煮熟后漂去苦味凉拌或炒食。

辣木

辣木科辣木属

学名：*Moringa oleifera* Lam.

别名：鼓槌树

分布：广东、云南、海南、福建、台湾

【植物学特征与生境】

多年生落叶乔木，速生，高3~12 m。枝条和茎干脆弱，树皮软木质；枝有明显的皮孔及叶痕，小枝有短柔毛；根有辛辣味。叶通常为3回羽状复叶，长25~60 cm，在羽片的基部具线形或棍棒状稍弯的腺体；叶柄柔弱，基部鞘状；羽片4~6对；小叶3~9片，薄纸质，卵形，椭圆形或长圆形，长1~2 cm，宽0.5~1.2 cm；叶背苍白色，无毛；小叶柄纤弱，基部的腺体线状，有毛。花序广展，长10~30 cm；苞片小，线形；花具梗，白色，芳香，直径约2 cm，萼片线状披针形，有短柔毛；花瓣匙形。蒴果细长，长20~50 cm，直径1~3 cm，每荚有20粒种子，下垂，3瓣裂，每瓣有肋纹3条；种子近球形，径约8 mm，有3棱，每棱有膜质的翅。花期全年，果期6~12月。

生长快，种植第二年就能结果。适应性强，耐旱，耐瘠，耐热，不耐寒，耐轻霜和40℃以上高温，适宜生长温度是25~35℃，15℃以下即停止生长。忌积水。

【栽培技术要点】

可用种子播种和木栓化枝条扦插繁殖。可直播于大田或栽植袋内，覆土约1.5 cm左右，土与砂的比例是3:1。生长初期应立支柱防风，长至一定高度应剪顶，每年春季可修剪老株，并控制树高在1~1.5 m，以增加分枝。忌积水，栽种中无须太多水分；不用刻意施肥也能生长很好，适当施以有机肥可以提高叶和豆荚产量，一般可在春季修剪后施肥。对病虫害抵抗力较强，主要病虫害有根腐病、叶片白粉病、白蚁及毛虫。

【主要芳香成分】

石油醚萃取法提取的云南元阳产辣木干燥叶精油的主要成分依次为：乙醛乙基腙（22.84%）、2-甲基丙酸乙酯（15.04%）、2-羟基四氢呋喃（13.96%）、3-甲基丁酸乙酯（10.38%）、丁酸（3.88%）、丁酸乙酯（3.59%）、2-羟基四氢吡喃（3.20%）、4-羟基丁酸（3.04%）、1,3-二氧杂环己烷（2.34%）、2,3-二羟基丙醛（2.32%）、丁酸酐（1.70%）、3-甲基丁酸（1.09%）等（饶之坤等，2007）。

【营养与功效】

辣木叶片含多种矿物质、维生素、氨基酸，每100 g鲜叶含有的维生素C是柑橘的7倍，铁是菠菜的3倍，维生素A是胡萝卜的4倍，钙质是牛奶的4倍，钾是香蕉的3倍，蛋白质是酸奶的2倍。有除湿、祛寒、壮阳、利尿、消肿的功效。

【食用方法】

叶片可炒食、炖汤，也可作为营养品添加到各类食品中食用。

藜

藜科藜属

学名：*Chenopodium album* Linn.

别名：灰藜、灰菜、灰灰菜、灰条菜、落藜

分布：全国各地

【植物学特征与生境】

一年生草本。茎直立，高30～150 cm，有棱，多分枝，枝条开展。叶草质，变异极大，下部的常卵形、菱形或三角形，多少有不规则的齿缺或深割裂，上部的通常狭而全缘，常呈披针形、椭圆形或长圆形，长1～7 cm，宽0.5～3.5 cm，顶端急尖或渐尖，稀稍钝，基部楔形；叶柄纤细，长0.5～4 cm。花两性，多朵团集于花序轴上，组成密集或间断、腋生的短穗状花序，此花序常在茎上部组成大型的圆锥花序；花被裂片5，宽卵形或广椭圆形，很凹；雄蕊5枚，稍长于花被。胞果为花被片所包；种子横生，双凸镜形，直径1.2～1.5 mm，黑色，有光泽，表面具浅沟纹。花期6～9月，果期8～10月。

生于低海拔的路旁、旷野、田间。适应性强，耐酸碱，适于肥沃而疏松土壤。

【栽培技术要点】

可条播或撒播，种子发芽最适温度为15～25℃，春、秋播均可，每667 m²播种量4～5 kg。苗期注意及时除草，适时浇水追肥。当苗高25～30 cm时开始采收，可一次性收割，也可陆续采收嫩茎叶。

【主要芳香成分】

水蒸气蒸馏法提取的吉林长春产藜干燥茎叶精油的主要成分依次为：3,7,11,15-四甲基-2-十六碳烯-1-醇（56.77%）、六氢化法呢基丙酮（9.51%）、β-紫罗兰酮（4.21%）、亚麻酸甲酯（3.29%）、13-甲基十五碳酸甲酯（1.73%）等（吴月红等，2007）。

【营养与功效】

茎叶含挥发油、藜碱、甜菜碱、谷甾醇等成分；每100 g嫩茎叶含蛋白质3.5 g，脂肪0.8 g，粗纤维1.2 g；维生素A 5.36 mg，维生素B_1 0.13 mg，维生素B_2 0.29 mg，维生素C 69.0 mg；钙209 mg，铁0.9 mg。有清热解毒、消肿排脓、止痒透疹的功效。

【食用方法】

嫩苗或嫩茎叶洗净，沸水烫过，用清水浸泡10 h除去苦味，漂洗后可凉拌、炒食、做汤、做馅等，也可晾干做干菜用。因其叶中含卟啉物质等对日光过敏性物质，有的人大量或长期食用会发生过敏反应。采集时应注意避免采收茎端有红色粉粒的红心、红叶，因其更易引起过敏反应。

香椿

楝科香椿属

学名：*Toona sinensis*（A.Juss.）Roem.

别名：香椿树、椿芽树、红椿、椿树、椿阳树、椿甜树、椿花、椿、椿芽、毛椿

分布：全国各地

【植物学特征与生境】

多年生落叶乔木，高达15 m。树皮暗褐色，片状剥落；幼枝有柔毛。双数羽状复叶，长25～50 cm，有特殊香气；小叶10～22片，对生，长圆形或长圆状披针形，长8～15 cm。圆锥花序顶生；花芳香；花萼短小；花瓣白色，卵状长圆形。蒴果卵圆形，长1.5～2.5 cm。种子椭圆形，一端有膜质长翅。花期5～6月，果期9～10月。

喜光，不耐庇荫；适宜生于深厚，肥沃，湿润的砂质壤土，在中性，酸性及钙质土上均生长良好，也能耐轻盐渍，有一定的耐寒力。对有毒气体抗性较强。

【栽培技术要点】

可种子繁殖、分蘖繁殖、扦插繁殖、埋根繁殖。采种应选择生长健壮的15～30年生的母树。育苗地应选择土壤肥沃，排水良好，地下水位较低的地方。整地时要多施用有机肥作基肥。一般在3～4月播种，多用条播，行距25～30 cm，每667 m²用种子2.5～4.0 kg。播种前进行浸种催芽。出苗后，及时进行中耕除草和间苗定苗。入冬前追施磷钾肥。根蘖性很强，利用起苗时剪下的粗根，截成10～15 cm长进行埋插，很易成苗。移栽在春季萌芽前进行，栽后要注意及时摘除萌条。栽培管理较粗放，适时施肥，浇水。主要病虫害有根腐病、叶锈病、白粉病、毛虫、云斑天牛等。

【主要芳香成分】

水蒸气蒸馏法提取的湖北恩施产香椿新鲜嫩芽和嫩叶的得油率为0.72%，精油主要成分依次为：1-异丙基-4,7-二甲基-1,2,3,5,8a-六氢化萘（5.88%）、1-异丙基-4-甲基-7-亚甲基-1,2,3,4,4a,5,6,7-八氢化萘（5.87%）、桉叶烯（5.67%）、2,4,4-三甲基-3-甲醇-5-(3-甲基-2-丁烯-1-基)环己烯（5.65%）、杜松烯（5.49%）、8-异丙烯基-1,5-二甲基-1,5-环癸二烯（5.37%）、橙花叔醇（4.97%）、α-荜茄醇（4.89%）、叶绿醇（4.86%）、2,5,6-三甲基-1,3,6-庚三烯（4.31%）、4-戊烯-2-醇（3.40%）、5,7-二乙基-5,6-癸二烯-3-炔（3.14%）、2-甲基-5-己烯-3-醇（2.99%）、2-甲基-3-乙基-1-戊烯（2.86%）、2-甲基-2-丁烯（2.83%）、β-丙内酯（2.63%）、3-己烯-1-醇（2.41%）、3,4-二甲基-1-戊醇（2.34%）、异戊醇（1.89%）、2,5-二甲基-3,4-己二醇（1.81%）、(E)-2,3-丁二醇（1.65%）、1-庚烯-4-醇（1.31%）、3-丁烯-1,2-二醇-1-(2-呋喃基)(1.23%)、4-乙基-1-己烯（1.12%）等（刘信平等，2008）。同时蒸馏萃取法提取的嫩芽得油率为1.67%，精油的主要成分为：石竹烯（23.65%）、α-金合欢烯（5.71%）等（丁旭光等，2006）。

【营养与功效】

每100 g嫩芽含蛋白质5.7 g，脂肪0.4 g，碳水化合物7.2 g，粗纤维1.5 g；维生素A 0.93 mg，维生素B_1 0.21 mg，维生素B_5 0.7 mg，维生素C 56 mg；钙110 mg，磷120 mg，铁34 mg，钾548 mg，锌6.7 mg，镁32.1 mg。叶入药，有消炎、解毒、杀虫的功效。

【食用方法】

嫩芽、嫩叶供食，可鲜食、炒食、凉拌、油炸、腌制，香味浓郁，脆嫩甘美。

萹蓄

蓼科蓼属

学名：*Polygonum aviculare* Linn.

别名：竹节草、乌蓼、扁竹蓼、扁竹、竹叶草

分布：全国各地

【植物学特征与生境】

一年生草本。茎平卧、上升或直立，高10～40 cm，具纵棱。叶椭圆形、狭椭圆形或披针形，长1～4 cm，宽3～12 mm，顶端钝圆或急尖，基部楔形，全缘。花单生或数朵簇生于叶腋；苞片薄膜质；花被5深裂，花被片椭圆形，绿色，边缘白色或淡红色。瘦果卵形，黑褐色。花期5～7月，果期6～8月。

对气候的适应性强，寒冷山区或温暖平坝都能生长。土壤以排水良好的砂质壤土较好。

【栽培技术要点】

春季播种，畦宽1.5 m。撒播或穴播均可。穴播行株距各约23 cm。苗高7～10 cm时匀苗，补苗，中耕除草，追肥2次。病害有锈病，应注意排水，发病初期可喷97%敌锈钢防治。

【主要芳香成分】

加压水蒸气蒸馏法提取的甘肃庆阳产萹蓄阴干茎叶的得油率为0.67%，精油主要成分依次为：α-萜酮（8.29%）、芳樟醇（7.26%）、匙叶桉油烯醇（4.63%）、萜烯（4.04%）、2-(1-甲基乙烯基)-环己酮（3.18%）、3-壬烯-2-酮（2.57%）、香叶烯（2.46%）、香苇醇（2.24%）、异戊酸丁酯（2.11%）、芳樟醇氧化物（1.58%）、二十三烷（1.43%）、硬脂酸苄酯（1.42%）、棕榈酸苄酯（1.38%）、檀萜烯（1.28%）、二十烷-6-酮（1.10%）、2-甲基二十烷（1.09%）等（郑旭东等，1999）。超临界CO_2萃取法提取的甘肃庆阳产萹蓄新鲜茎叶的得油率为1.32%。

【营养与功效】

每100 g嫩茎叶含蛋白质5.5 g，脂肪0.6 g，粗纤维2.1 g；维生素A 9.55 mg，维生素B_2 0.58 mg，维生素C 158 mg；每100 g干样含钾200 mg，钙1030 mg，镁900 mg，磷318 mg，钠94 mg，铁14.4 mg，锰2.8 mg，锌5.7 mg。有清热、利尿、消炎、止痒、杀虫的功效。

【食用方法】

嫩苗或嫩茎叶洗净，沸水烫过，清水浸泡后可凉拌、炒食、煮食，或切碎与面粉混合煮食。

赤胫散

蓼科蓼属

学名：*Polygonum runcinatum* Buch.-Ham.var. *sinense* Hemsl

别名：花蝴蝶、蛇头蓼、血当归

分布：河南、陕西、甘肃、浙江、安徽、台湾、湖北、湖南、广西、四川、贵州、云南、西藏

【植物学特征与生境】

多年生草本，具根状茎。茎近直立或上升，高30～60 cm，具纵棱。叶羽裂，长4～8 cm，宽2～4 cm，顶生裂片较大，三角状卵形，顶端渐尖，侧生裂片1～3对；托叶鞘膜质，筒状。花序头状，顶生通常成对；苞片长卵形，边缘膜质；花被5深裂，淡红色或白色，花被片长卵形。瘦果卵形，黑褐色，包于宿存花被内。花期4～8月，果期6～10月。喜光亦耐阴，耐寒、耐瘠薄。

【栽培技术要点】

可分株和种子繁殖，以分株繁殖为主。冬季倒苗后到春季未出苗前，挖起根茎，分成单株，每株须留芽和须根。栽时，翻耕土地，开1.3 m宽的高畦，按行、株距各约33 cm开穴。每穴栽2株。栽后每年中耕除草、追肥3次。第1次在3月刚出苗后，第2次在6～7月，第3次在冬季倒苗时，还要培土过冬。

【主要芳香成分】

水蒸气蒸馏法提取的贵州贵阳野生赤胫散茎叶精油的主要成分依次为：棉子油酸（22.17%）、亚（麻仁）油酸（14.19%）、棕榈酸（13.53%）、十八酸（4.26%）、花生酸（2.16%）、十六内酯（2.14%）、植醇（1.26%）、十五酸（1.22%）、山嵛酸（1.19%）等；人工种植赤胫散茎叶精油的主要成分依次为：棕榈酸（24.84%）、亚（麻仁）油酸（15.06%）、棉子油酸（12.47%）、植醇（9.95%）、十六内酯（4.42%）、十五酸（3.08%）、肉豆蔻酸（2.08%）、十八酸（1.66%）、六氢金合欢基丙酮（1.54%）、异植醇（1.01%）等（蔡泽贵等，2004）。

【营养与功效】

有清热解毒、活血消肿的功效。

【食用方法】

嫩茎叶洗净，沸水烫过，去涩味后可炒食或煮汤。

赤胫散

红蓼

蓼科蓼属
学名：*Polygonum orientale* Linn.
别名：水蓼、水红花子、莛草、天蓼、东方蓼、狗尾巴花
分布：除西藏外的全国各地

【植物学特征与生境】

一年生草本。茎直立，粗壮，高1～2 m，上部多分枝，密被开展的长柔毛。叶宽卵形、宽椭圆形或卵状披针形，长10～20 cm，宽5～12 cm，顶端渐尖，基部圆形或近心形，微下延，全缘，密生缘毛，两面密生短柔毛；叶柄长2～10 cm；托叶鞘筒状，膜质，长1～2 cm。总状花序呈穗状，顶生或腋生，长3～7 cm，花紧密，微下垂，通常数个再组成圆锥状；苞片宽漏斗状，长3～5 mm，草质，绿色，被短柔毛，边缘具长缘毛，每苞内具3～5花；花梗比苞片长；花被5深裂，淡红色或白色；花被片椭圆形，长3～4 mm；花盘明显。瘦果近圆形，双凹，直径长3～3.5 mm，黑褐色，包于宿存花被内。花期6～9月，果期8～10月。

喜温暖湿润环境。对土壤要求不严，喜水且还耐干旱，适应性很强。

【栽培技术要点】

种子繁殖，要求土壤湿润、疏松。春播，播种前，先深挖土地，敲细整平，按行、株距各约33～35 cm开穴，深约7 cm，每穴播种子约10粒，每hm²播种量9～15 kg，播后施人畜粪水，盖上草木灰或细土约1 cm左右。当苗长出2～3片真叶时，匀苗、补苗，每穴有苗2～3株，并行中耕除草、追肥1次。至6月再行中耕除草、追肥1次，肥料以人畜粪水为主。若遇干旱要注意浇水。没有病虫害。也可用根状茎分根繁殖，当年就生长得特别粗壮。

【主要芳香成分】

共水蒸馏法提取的吉林省吉林市野生红蓼新鲜茎叶精油的主要成分依次为：丙烯基苯甲醚（73.90%）、丙烯基苯甲醚（8.36%）、4-甲氧基苯乙醛（2.76%）、丙烯基苯甲醚（1.41%）、1-甲基-4-异丙烯基-1-环已烯（1.18%）等（赵红霞，2010）。

【营养与功效】

嫩茎叶主要含维生素、红草素、槲皮苷、荆芥素等成分。有散血消瘀、消积止痛的功效。

【食用方法】

嫩苗或嫩茎叶洗净，沸水烫过，清水漂洗后可炒食。

水蓼

蓼科蓼属

学名：*Polygonum hydropiper* Linn.

别名：辣蓼、白蓼、柳蓼、水辣蓼、虞蓼、泽蓼

分布：全国各地

【植物学特征与生境】

一年生草本，高30～80 cm。茎直立或倾斜，单一或从基部分枝，红褐色，无毛，节常膨大，基部节上生根。叶有短柄，叶片披针形，长2～9 cm，宽0.5～2 cm，顶端渐尖，基部楔形，通常两面有腺点，全缘；托叶鞘筒状，膜质，褐色或紫红色，顶端边缘有纤毛。总状花序呈穗状，细长，顶生或腋生，长4～10 cm，花疏生，苞片钟形，上部略斜；通常3～5花集于苞内，苞片短于花梗；花两性，有梗；花被5深裂，淡绿色或淡红色，有明显的腺点。瘦果卵形，暗褐色，通常一面平，一面突出，少有3棱，有小点。花期7～9月。

喜湿润，也能适应干燥的环境，对土壤肥力要求不高。

【栽培技术要点】

常用种子繁殖，选向阳、排水良好的地块育苗，播种期4～5月。播前将种子在15～20℃的水中浸泡3～5 d。苗床浇透水，盖土要薄。真叶长到3片的时候进行预备定植，密度10 cm×10 cm。移植前浇透水。种植田深犁，每667 m² 施磷肥40 kg、复合肥20 kg做底肥。在盖膜前7 d用5 kg复合肥施在苗根10～15 cm周围，施肥后盖土。枝叶长到4～5叶时进行移栽，移栽行距110 cm、株距60 cm。要求浅埋，浇透定根水。移栽后15 d左右可盖膜，盖膜前先浇透水。及时除草，注意病虫害防治，易发生白粉病。

【主要芳香成分】

水蒸气蒸馏法提取的海南海口产水蓼新鲜叶的得油率为0.11%，精油主要成分依次为：4-(2,6,6-三甲基-2-环己烯-1-基)-2-丁酮（28.78%）、四氢-2-(7-十七炔基氧基)-2H-吡喃（11.53%）、5-异亚丙基-6-亚甲基-3,6,9-三烯-2-酮（7.74%）、2-甲基-4-(2,6,6-三甲基环己-1-己烯)丁烯-2-烯-1-醇（4.49%）、2,6,6-三甲基-1-环己烯-1-丙醇（4.05%）、玉m黄素（3.49%）、八氢-8,8a-二基-2(1H)-萘酮（3.27%）、2,3,4,5-四甲基-三环$[3.2.1.0^{2,7}]$-3-辛烯（3.05%）、(E)-10-十七烯-8-炔酸甲酯（2.56%）、α-古巴烯（2.09%）、反式-石竹烯（2.05%）、$[1S-(1\alpha,3\alpha,3a\alpha,4\alpha,8\alpha)]$-十氢-1,5,5,8a-四甲基-4-甲醇薁-3-醇（1.84%）、9-脱氧-9-X-乙酰氧基-3,8,12-三-邻-ingol（1.33%）、7,3',4'-三甲氧基-槲皮酮（1.00%）等（吴莉宇等，2007）。

【营养与功效】

每100 g嫩茎叶含维生素A 7.89 mg，维生素B_2 0.38 mg，维生素C 235 mg。有清热利湿、解毒的功效。

【食用方法】

嫩苗或嫩茎叶洗净后用沸水烫过，压去汁液，用清水漂洗，去辛辣味后，可凉拌、炒食、蒸煮等。

香蓼

蓼科蓼属
学名：*Polygonum viscosum* Buch-Ham.ex D.Don
别名：粘毛蓼
分布：陕西、四川、云南、贵州

【植物学特征与生境】

一年生草本。茎直立或上升，多分枝，高50～90 cm。叶卵状披针形或椭圆状披针形，长5～15 cm，宽2～4 cm，全缘；托叶鞘膜质，筒状。总状花序呈穗状，顶生或腋生，数个再组成圆锥状；苞片漏斗状；花被5深裂，淡红色，花被片椭圆形。瘦果宽卵形，具3棱，黑褐色，有光泽，包于宿存花被内。花期7～9月，果期8～10月。

生于湿地、湿草地及水沟、水泡边。海拔30～1900 m。

【栽培技术要点】

种子采用低温层积催芽的方法贮存。直播或育苗移栽。直播在4月下旬至5月上旬播种，条播，覆土1 cm。育苗地畦宽1.2 m。将种子拌细砂壤土均匀撒在畦面上，播后覆盖一薄层细土，稍加镇压再盖上草帘。注意保温、保湿。播出苗后，揭去草帘，清除杂草，按株距5 cm左右间苗。加强肥水管理，当苗高15 cm左右时可带土移栽，行距35 cm，株距30 cm。苗期要注意浇水，苗期除草一般15 d左右一次。苗高50 cm时追第一次肥，以后每隔40 d追肥一次，肥料以氮肥为主，结合追肥适当培土，以防止植株倒伏。主要病害有褐斑病、斑枯病，很少有虫害。

【主要芳香成分】

水蒸气蒸馏法提取的吉林产香蓼茎叶的得油率为3.60%，精油主要成分依次为：α-桉叶醇（15.36%）、反式-法尼醇（12.70%）、2,5-十八双炔酸甲酯（10.95%）、β-石竹烯醇（7.74%）、澳白檀醇（6.05%）、α-香附酮（5.64%）、α-杜松烯（5.52%）、樟脑烯（4.45%）、顺式-法尼醇（3.75%）、乙二酸二乙酯（3.73%）、芹子烯（3.03%）、β-法尼烯（3.02%）、β-红没药烯（2.35%）、δ-杜松烯（2.17%）、α-橙花叔醇（1.83%）、β-榄香烯（1.30%）、乙酸葛缕酯（1.25%）等（张德志等，1992）。

【营养与功效】

叶片含有水蓼二醛、密叶辛木素、水蓼酮和水蓼素等。有理气除湿、健胃消食的功效。

【食用方法】

新鲜嫩尖叶洗净，鱼煮至九成熟时或牛、羊肉煮熟后，放入其中煮食；与其他佐料一起凉拌吃；叶片和嫩茎切碎后作调料，有提味祛腥的作用。

金荞麦

蓼科荞麦属

学名:*Fagopyrum dibotrys*（D.Don）Hara

别名:天荞麦、野荞麦、荞麦三七、金锁银开、苦荞麦、万年荞、赤地利、透骨消、苦荞头

分布:陕西、华东、华中、华南及西南

【植物学特征与生境】

多年生草本。根状茎木质化，黑褐色。茎直立，高50～100 cm，分枝，具纵棱，无毛。叶三角形，长4～12 cm，宽3～11 cm，顶端渐尖，基部近戟形，全缘，两面具乳头状突起或被柔毛；叶柄长可达10 cm；托叶鞘筒状，膜质，褐色，偏斜，顶端截形。花序伞房状，顶生或腋生；苞片卵状披针形，顶端尖，边缘膜质，每苞内具2～4花；花被5深裂，白色，花被片长椭圆形。瘦果宽卵形，具3锐棱，黑褐色，无光泽，超出宿存花被2～3倍。花期7～9月，果期8～10月。

适应性较强，喜温暖气候，在15～30℃的温度下生长良好，在-15℃左右地区栽培可安全越冬。适宜在肥沃疏松的砂壤土中种植。

【栽培技术要点】

种子繁殖、根茎或扦插繁殖均可。选择排水良好、地势高燥的砂壤土。深耕30～60 cm，每667 m² 施厩肥或堆肥2500～3500 kg，耙细、整平，做成约1.5 m的畦。种子繁殖：春、秋播都可，以春播为好。春播在4月下旬，条播按45 cm开沟，沟深3 cm，均匀播入种子，覆土耙平，稍加镇压，播后土壤要保持湿润；秋播要在10月下旬或11月下种，播后畦面覆草，第二年4月出苗。也可育苗移栽，3月上、中旬在温室或阳畦育苗，按行距5～8 cm条播，覆土2 cm，畦面可加盖塑料薄膜，晚上加盖铺草，7～10 d出苗。2～3片真叶时按株行距30 cm×45 cm移栽。根茎繁殖：春季萌发前，将根茎挖出，切成小段，按行株距45 cm×30 cm，沟深10～15 cm栽植。枝条繁殖：剪取组织充实的枝条，长15～20 cm，有2～3个节，以河沙作苗床，插条深2/3，株行距9 cm×12 cm。保持苗床湿润。田间管理：苗期勤除杂草，松土2～3次。在苗高50～60 cm时进行1次追肥，每667 m²用化肥15～20 kg。雨季要及时排水，旱时适当浇水。主要有蚜虫和病毒病。

【主要芳香成分】

水蒸气蒸馏法提取的贵州产金荞麦干燥茎叶精油的主要成分依次为:α-萜品醇（11.72%）、桂酸乙酯（8.17%）、2-羟基-对茴香醛（7.79%）、萜品烯-4-醇（6.28%）、己醛（5.77%）、科绕魏素（5.38%）、茴香脑（5.22%）、芳樟醇（4.97%）、棕榈酸（4.83%）、1,8-桉叶素（4.12%）、胡椒酮（3.48%）、油酸（2.56%）、丹皮酚碱（2.16%）、苯甲醛（1.78%）、壬醛（1.76%）、2-苯基呋喃（1.58%）、樟脑（1.50%）、邻苯二甲酸二异丁酯（1.36%）、榧烯醇（1.19%）、龙脑（1.09%）、雪松醇（1.07%）、2-萜品基乙酯（1.03%）等（李凤等，2013）。

【营养与功效】

有清热解毒、清肺排痰、排脓消肿、祛风化湿的功效。

【食用方法】

嫩茎叶作主料或配料，可炒食或做汤。

獐牙菜

龙胆科獐牙菜属

学名：*Swertia bimaculata*（Sieb.et Zucc.）Hook. f.et Thoms.ex C.B.Clarke

别名：大苦草、龙胆草、四棱草、黑节苦草、黑药黄、走胆草、紫花青叶胆、蓑衣草、双点獐牙菜

分布：西藏、云南、贵州、四川、甘肃、陕西、山西、河北、河南、湖北、湖南、江西、安徽、江苏、浙江、福建、广东、广西

【植物学特征与生境】

一年生草本，高30～140 cm。茎直立，圆形，中空，中部以上分枝。基生叶在花期枯萎；茎生叶椭圆形至卵状披针形，长3.5～9 cm，宽1～4 cm，先端长渐尖，基部钝，最上部叶苞叶状。大型圆锥状复聚伞花序疏松，长达50 cm，多花；花5数，直径2.5 cm；花萼绿色，裂片狭倒披针形或狭椭圆形；花冠黄色，上部具多数紫色小斑点，中部具2个黄绿色、半圆形的大腺斑。蒴果，狭卵形；种子褐色，圆形，表面具瘤状突起。花果期6～11月。

生于河滩、山坡草地、林下、灌丛中、沼泽地，海拔250～3000 m。

【栽培技术要点】

尚未见人工栽培。

【主要芳香成分】

顶空法提取的云南新平产獐牙菜阴干茎叶精油的主要成分依次为：糠醛（14.93%）、2-戊基呋喃（11.83%）、1,3,7-三乙基-3,7-二氢-8-甲基-1H-嘌呤-2,6-二酮（8.25%）、己醛（6.28%）、4,6-二甲氧基-11-羟基-7,8,9,10-四氢化并四苯-5,9,12-三酮（5.74%）、壬醛（5.67%）、十六烷酸（4.51%）、二十一烷（4.03%）、棕榈酸甲酯（2.85%）、三环辛烷苯（2.65%）、1,2,3,4-四氢-1,1,6-三甲基萘（2.28%）、辛醛（2.06%）、二十二烷（2.02%）、3-二十炔（1.94%）、5-甲基糠醛（1.92%）、表圆线藻烯（1.90%）、壬醇（1.89%）、苯甲醛（1.87%）、顺-水化香桧烯（1.82%）、2-二十四醇乙酸酯（1.64%）、亚丁基苯酞（1.59%）、2,4,5-三异丙基苯乙烯（1.52%）、芳姜黄酮（1.23%）、2,2-二甲氧基-1,2-二苯基乙酮（1.19%）、莰烯（1.18%）、酞酸二丁酯（1.11%）等（李亮星等，2012）。

【营养与功效】

茎叶入药，有清热、健胃、利湿的功效。

【食用方法】

嫩茎叶用清水浸泡2 h，去掉大部苦味后，可炒、烧、拌、做汤。

徐长卿

萝藦科鹅绒藤属

学名：*Cynanchum paniculatum*（Bunge）Kitag.

别名：鬼督邮、尖刀儿苗、铜锣草、黑薇、蛇利草、药王、绒线草、牙蛀消、一枝香、土细辛、柳叶细辛、竹叶细辛、钩鱼竿、逍遥竹、一枝箭、白细辛、对节蓬、獐耳草、对月莲

分布：辽宁、内蒙古、山西、河北、陕西、甘肃、四川、贵州、云南、江西、江苏、浙江、安徽、山东、湖北、湖南、河南、广东、广西

【植物学特征与生境】

多年生直立草本，高约1 m；茎不分枝。叶对生，纸质，披针形至线形，长5～13 cm，宽5～15 mm。圆锥状聚伞花序生于顶端的叶腋内，着花10余朵；花冠黄绿色，近辐状。蓇葖单生，披针形；种子长圆形。花期5～7月，果期9～12月。

对气候的适应性较强，耐热、耐寒能力强，喜湿润环境，但忌积水。在肥沃、疏松的沙质壤土、粘壤土上生长较好。种子容易萌发。

【栽培技术要点】

做长10 m、宽1.3 m的高畦。2～4月播种，行距12～15 cm。出苗前应注意喷水，遇干旱及时灌溉。通过间苗、定苗、松土、追肥、除草等一系列管理。冬季倒苗后至第2年春季幼苗萌发前采挖种根，按行距20～25 cm、株距10～12 cm移栽，移栽后立即浇水定根。分株繁殖：在秋末或早春把地下根茎挖出，保留长约5 cm的根，然后按牙嘴多少把根茎剪断，将母蔸分成数株，每株保证有1～2个牙嘴。种植方法与育苗移栽相同。苗高5 cm开始间苗，7～8 cm时定苗，株距5～6 cm，行距15 cm，移苗补苗。结合中耕进行2～3次除草。植株达20 cm左右时，结合追肥，在植株的四周培2～3 cm厚细碎的堆肥。定苗后及时追肥。雨季注意排水。搭支架防止倒伏。主要病害为根腐病，害虫主要有蚜虫和十字长蟓。

【主要芳香成分】

水蒸气蒸馏法提取的山东平邑产徐长卿干燥地上部分精油的主要成分依次为：丹皮酚（66.30%）、邻羟基苯乙酮（16.99%）、L-抗坏血酸-2,6-二棕榈酸酯（2.95%）、植醇（2.88%）、1-甲氧基-4-丙烯基-苯（1.74%）、2-己烯醛（1.00%）等（徐小娜等，2011）。

【营养与功效】

全草含丹皮酚、挥发油等成分。有祛风止痒、活血解毒的功效。

【食用方法】

嫩茎叶可煮汤。

臭牡丹

马鞭草科大青属

学名：*Clerodendrum bungei* Steud.

别名：臭茉莉、臭八宝、大红袍、矮桐子、臭梧桐、大红花、臭珠桐、臭枫根

分布：江苏、安徽、浙江、江西、湖南、湖北、广西

【植物学特征与生境】

灌木，高1～2 m，植株有臭味；花序轴、叶柄密被褐色、黄褐色或紫色脱落性的柔毛；小枝近圆形，皮孔显著。叶片纸质，宽卵形或卵形，长8～20 cm，宽5～15 cm，顶端尖或渐尖，基部宽楔形、截形或心形，边缘具粗或细锯齿，基部脉腋有数个盘状腺体；叶柄长4～17 cm。伞房状聚伞花序顶生，密集；苞片叶状，披针形或卵状披针形，长约3 cm；小苞片披针形；花萼钟状；花冠淡红色、红色或紫红色。核果近球形，径0.6～1.2 cm，成熟时蓝黑色。花果期5～11月。

喜温暖潮湿、半阴环境，对土壤要求不严。生长适温为18～22℃，越冬温度8～12℃。

【栽培技术要点】

主要用分株繁殖，也可用根插和播种繁殖。分株：秋、冬季落叶后至春季萌芽前挖取地上萌蘖株分栽即可。根插：梅雨季节将横走的根蘖切下，截成15 cm左右的短节，插于沙土中，插后1～2周生根，按穴距30 cm栽入土中，覆土踩紧。出苗后适当浇水，施肥。播种：9～10月采种，冬季沙藏，翌春播种。生长期要控制根蘖扩展。保持土壤湿润，5～6月可施肥1次，并随时修剪过多的萌蘖苗。冬季将干枯的地上部割除，减少病虫危害。常有锈病和灰霉病危害，虫害有叶甲和刺蛾。

【主要芳香成分】

水蒸气蒸馏法提取的广西玉林产臭牡丹叶精油的主要成分依次为：叶绿醇（32.79%）、芳樟醇（5.95%）、四十四烷（3.73%）、十五醛（3.32%）、棕榈酸（2.52%）、β-紫罗酮（1.64%）、苯乙醛（1.58%）等（李培源等，2010）。湖北恩施产臭牡丹新鲜茎叶的得油率为0.30%，精油主要成分依次为：苯乙醇（42.66%）、乙醇（12.99%）、1-辛烯-3-醇（6.13%）、1-己醇（5.42%）、丙酮（4.68%）、苯甲醇（3.15%）、芳樟醇（3.06%）、5-甲基-6,7-二氢-5H-环戊并吡嗪（2.12%）、二乙基卡必醇（2.00%）、3-辛醇（1.66%）、3-呋喃甲醛（1.43%）、2-戊醇（1.28%）、正十七烷（1.23%）、氧化芳樟醇（1.15%）、正十六烷（1.08%）、反式氧化芳樟醇（1.01%）、2,5-二甲基环己醇（1.00%）、1,2,3,4-四氢-2,3-二甲基喹喔啉（1.00%）等（余爱农，2004）。

【营养与功效】

每100 g嫩叶含维生素A 2.9 mg，维生素B_1 0.08 mg，维生素B_2 0.14 mg，维生素C 57 mg。有活血化瘀、消炎止痛、降血压等功效。

【食用方法】

嫩叶洗净，沸水烫过后捞起，撒上盐，搓揉后用清水漂洗去臭味，调料炒食或炖肉食。

海州常山

马鞭草科大青属

学名：*Clerodendrum trichotomum* Thunb.

别名：臭梧桐、泡火桐、臭梧、追骨风、后庭花、香楸、八角梧桐、芙蓉根、泡花桐

分布：辽宁、甘肃、陕西以及华北、中南、西南各省区

【植物学特征与生境】

灌木或小乔木，高1.5～10 m。叶片纸质，卵形、卵状椭圆形或三角状卵形，长5～16 cm，宽2～13 cm，顶端渐尖，基部宽楔形至截形，表面深绿色，背面淡绿色。伞房状聚伞花序顶生或腋生，长8～18 cm；苞片叶状，椭圆形，早落；花萼蕾时绿白色，后紫红色，基部合生；花冠白色或带粉红色，花冠管细，顶端5裂。核果近球形，包藏于增大的宿萼内，成熟时外果皮蓝紫色。花果期6～11月。

喜阳光，较耐寒、耐旱，喜湿润土壤，能耐瘠薄土壤，但不耐积水。适应性强。

【栽培技术要点】

以播种、扦插、分株等方法进行繁殖。选择土层深厚、光照条件好的环境栽培，栽植土壤须增施有机肥，并在生长初期保持灌水，保证成活。每年须增施追肥，促进旺盛生长。枝条萌芽力强，于生长早期剪去主干或摘去顶芽，促进侧枝萌生。在生长旺盛、花蕾未形成前，通过修剪保持株形圆满。秋季不要施肥，以增加植株抗寒性能，有利于越冬。

【主要芳香成分】

水蒸气蒸馏法提取的甘肃天水产海州常山叶的得油率为0.61%，精油主要成分依次为：(E,E,E)-9,12,15-十八碳三烯-1-醇（13.40%）、(E,E,E)-9,12,15-十八碳三烯酸甲酯（12.65%）、棕榈酸（12.51%）、十五酸（7.66%）、菲（2.99%）、1-甲基-7-异丙基菲（2.16%）、酞酸二丁酯（1.91%）、2-甲氧基-4-丙基苯酚（1.77%）、4b,5,6,7,8,8a,9,10-八氢-4b,8-二甲基-2-异丙基菲（1.75%）、5,6,7,7a-四氢-4,4,8a-三甲基-2(4H)-苯并呋喃酮（1.65%）、芳樟醇（1.64%）、(E)-4-苯基-3-丁烯-2-酮（1.62%）、(1R)-1,2,3,4,4a,9,10,10a-八氢-1α,4aβ-二甲基-7-异丙基-1-菲甲酸甲酯（1.54%）、3,6-二甲基菲（1.53%）、邻苯二甲酸二异丁酯（1.48%）、苯并噻唑（1.43%）、4,4′-二异丙基-联苯（1.35%）、2-己烯酸（1.33%）、9-十六烯酸（1.22%）、2-甲基蒽（1.17%）、1-甲基-4-异丙基苯（1.14%）、β-紫罗兰酮（1.06%）、4-乙基-2-甲氧基苯酚（1.06%）、N-苯基-1-萘胺（1.04%）、香芹酚（1.02%）等（闫世才等，2003）。

【营养与功效】

含常山苦素、内消肌醇、常山甾酮、常山甾醇和臭梧桐碱等成分。有祛风除湿、活血、降血压、镇痛、截疟、消痈等功效。

【食用方法】

嫩茎叶洗净，煮食。

马鞭草

马鞭草科马鞭草属

学名：*Verbena officinalis* Linn.

别名：铁马鞭、马鞭子、马鞭稍、透骨草、蛤蟆棵、兔子草、土马鞭、风须草、蜻蜓草

分布：陕西、山西、甘肃、安徽、浙江、福建、江西、湖北、湖南、广东、江苏、广西、四川、贵州、云南、新疆、西藏

【植物学特征与生境】

多年生草本，通常高30~80 cm。茎上部方形，老后下部近圆形。叶对生，卵形至短圆形，长2~8 cm，宽1~4 cm，两面有粗毛，边缘有粗锯齿或缺刻，茎生叶无柄，多数3深裂，有时羽裂，裂片边缘有不整齐锯齿。穗状花序顶生或生于上部叶腋，开花时通常似马鞭，每花有1苞片，苞片比萼略短，外面有毛；花萼管状，5齿裂；花冠管状，淡紫色或蓝色。熟时分裂为4个长圆形的小坚果。花期6~8月，果期7~11月。

喜肥，喜湿润，怕涝，不耐干旱。

【栽培技术要点】

选择土层较厚的壤土或沙壤土种植，低洼易涝地不宜种植。翻耕深18~25 cm，每667 m²施充分腐熟的厩肥2000~2500 kg为基肥。做成上宽50 cm、高15 cm的畦。4月下旬~5月上旬播种，开沟条播，行距25~30 cm，沟深1.5~2 cm，覆土厚度1~1.5 cm，稍加镇压。每667 m²用种量0.5 kg。播种10~20 d出苗，当株高5 cm时间苗，株距10 cm左右。结合锄草进行松土，并适当进行根际培土。土壤过于干旱时应及时浇水，多雨季节要注意排水，雨后要及时松土。病虫害较少发生，田间长时间积水有根腐病发。

【主要芳香成分】

顶空萃取法提取的马鞭草干燥茎叶挥发油的主要成分依次为：4-(1-甲基乙基)-2-环己烯-1-酮（14.60%）、反-石竹烯（9.30%）、α-姜黄烯（8.50%）、十五烷（8.48%）、β-没药烯（5.66%）、荜草烯（5.61%）、芳樟醇（4.41%）、反-β-金合欢烯（3.99%）、γ-芹子烯（3.75%）、β-杜松烯（3.57%）、乙酸（3.55%）、大根香叶烯D（3.48%）、1-乙基-2-甲基环癸烷（2.60%）、(-)-石竹烯氧化物（2.60%）、α-雪松醇（2.26%）、白菖蒲油烯（2.26%）、β-榄香烯（2.01%）、顺-α-没药烯（1.73%）、6,10,14-三甲基-2-十五烷酮（1.70%）、α-依兰烯（1.70%）、5-甲基-2-三甲基硅氧化-苯甲酸三甲硅酸酯（1.37%）、紫穗槐烯（1.27%）、β-香柠檬烯（1.16%）、α-香柠檬烯（1.13%）等（杨再波，2008）。

【营养与功效】

全草含挥发油、马鞭草苷，叶含腺苷、β-胡萝卜素等成分。有活血散瘀、截疟、解毒、利水消肿的功效。

【食用方法】

春季采嫩梢，沸水烫过，清水浸泡3~4 h减轻苦味后，沥干水，可配荤菜炒食，也可凉拌，具清火功效。

马齿苋

马齿苋科马齿苋属
学名：*Portulaca oleracea* Linn.
别名：长命草、五行草、瓜子菜、猪母草、马齿草、马苋菜、马齿菜、瓜米菜、蚂蚁菜
分布：全国各地

【植物学特征与生境】

一年生肉质草本，全株无毛。茎平卧或斜倚，伏地铺散，多分枝，圆柱形，长10～15 cm，淡绿色或带暗红色。叶互生，有时近对生，叶片扁平，肥厚，倒卵形，似马齿状，长1～3 cm，宽0.6～1.5 cm，顶端圆钝或平截，有时微凹，基部楔形，全缘，上面暗绿色，下面淡绿色或带暗红色；叶柄粗短。花无梗，常3～5朵簇生枝端；苞片2～6，叶状，膜质，近轮生；萼片2，对生，绿色，盔形，左右压扁；花瓣5，黄色，倒卵形，长3～5 mm。蒴果卵球形，长约5 mm，盖裂。种子细小，多数，偏斜球形，黑褐色，有光泽。花期5～8月，果期6～9月。

喜肥沃土壤，耐旱亦耐涝，喜温向阳，抗热。发芽温度在3～8℃，植株生长的适宜温度26～34℃。对光照要求不严，生长较迅速，抗病力强。

【栽培技术要点】

种子繁殖。4月中旬以后播种。要精细整地，并以条播为好，播后用细筛筛土覆盖，厚1～1.5 cm。播种后15～20 d苗可出齐，一般每隔15～20 cm保留1株壮苗。在生长期间，根据生长情况进行追肥；前期以氮肥为主，中后期对钾肥要求增多，磷肥能使叶片增厚。保持土壤湿润，注意及时除草。几乎不发生病虫害。

【主要芳香成分】

水蒸气蒸馏法提取的马齿苋新鲜茎叶精油的主要成分依次为：芳樟醇（18.96%）、3,7,11,15-四甲基-2-十六碳烯-1-醇（13.55%）、（E）-3,7-二甲基-2,6-辛二烯-1-醇（9.04%）、十七碳烷（8.53%）、亚麻酸甲酯（6.84%）、去甲肾上腺素（6.77%）、软脂酸（5.90%）、2-丁基-1-辛醇（5.52%）、2-甲基-1,3-苯并二噁烷（5.42%）、α,α,4-三甲基-3-环己烯-1-甲基烯醇（5.27%）、2,6-双（1,1-二甲基乙基）-4-甲基苯酚（2.58%）、2-甲基-十七烷（2.50%）、2-丙基-1-庚醇（2.02%）、3,7,11-三甲基-1,6,10-十二碳三烯-3-醇（2.00%）、苯乙醛（1.18%）等（刘鹏岩等，1994）。

【营养与功效】

全草含生物碱、蒽醌化合物、有机酸、氨基酸、香豆素、黄酮及苷类等成分；每100 g嫩茎叶含蛋白质2.3 g，脂肪0.5 g，粗纤维0.7 g；维生素A 2.23 mg，维生素B_1 0.03 mg，维生素B_2 0.11 mg，维生素B_5 0.70 mg，维生素C 23 mg；钙85 mg，磷56 mg，铁1.5 mg。有清热解毒、止痢止血、消炎的功效。

【食用方法】

嫩茎叶洗净去杂，沸水煮至软，清水漂洗数次，去酸味和黏液，可炒食、凉拌、做汤、做馅、煮食、炖食，也可作火锅料。还可洗净、烫过、切碎、晒干后备用。

牻牛儿苗

牻牛儿苗科牻牛儿苗属

学名：*Erodium stephanianum* Willd.

别名：牛扁、长嘴老鹳草、太阳花、土高丽参、假人参、飞来参、紫人参

分布：黑龙江、吉林、辽宁、山西、新疆、青海、甘肃、宁夏、陕西、安徽、四川、西藏

【植物学特征与生境】

多年生草本，高通常15～50 cm。根为直根，较粗壮，少分枝。茎多数，仰卧或蔓生，具节，被柔毛。叶对生；托叶三角状披针形，分离，被疏柔毛，边缘具缘毛；基生叶和茎下部叶具长柄，被开展的长柔毛和倒向短柔毛；叶片轮廓卵形或三角状卵形，基部心形，长5～10 cm，宽3～5 cm，二回羽状深裂，小裂片卵状条形，全缘或具疏齿。伞形花序腋生，明显长于叶，总花梗被开展长柔毛和倒向短柔毛，每梗具2～5花；苞片狭披针形，分离；萼片矩圆状卵形，长6～8 mm，宽2～3 mm；花瓣紫红色，倒卵形。蒴果长约4 cm，密被短糙毛。种子褐色，具斑点。花期6～8月，果期8～9月。

生于草坡，沟边，沙质河滩地及草原凹地。

【栽培技术要点】

种子繁殖。

【主要芳香成分】

水蒸气蒸馏法提取的辽宁大连产牻牛儿苗干燥地上部分的得油率为0.02%，精油主要成分依次为：叶绿醇（40.51%）、十四（烷）酸（30.36）、(E,E,E)-8,11,14-二十碳三烯酸（19.83%）、6,10,14-三甲基-2-十五碳酮（1.66%）、异植醇（1.08%）等（尹海波等，2009）。

【营养与功效】

每100 g嫩茎叶含维生素A 9.65 mg，维生素C 43 mg；还含有丰富的蛋白质、脂肪、碳水化合物、矿物质等。有祛风活血、清热解毒的功效。

【食用方法】

嫩茎叶洗净，沸水烫过，清水浸泡2 h左右，去苦味后，沥干水炒食。

五味子

木兰科五味子属

学名：*Schisandra chinensis*（Tuecz.）Baill.

别名：五梅子、辽五味子、北五味子、山花椒

分布：黑龙江、吉林、辽宁、内蒙古、河北、山西、宁夏、甘肃、山东

【植物学特征与生境】

落叶木质藤本，株高达8～10 m。茎皮红褐色，呈小块状薄片剥裂；分枝少。单叶互生，叶片倒卵形或椭圆形，长5～9 cm，宽2.5～5 cm，边缘疏生具腺细齿；叶柄长2～3 cm。花乳白色，雌雄异株，单生或蔟生于叶腋；花被片6～9，乳白至粉红色；雌蕊群椭圆形。心皮20～40个聚合果的果穗，穗长8～15 cm，浆果鲜红色，径约0.7～0.8 cm，圆形，有1～2肾形种子。花期5～6月，果期8～9月。

喜湿润而阴凉的环境，植株耐早春寒冷，但不耐低洼积水，不耐干旱。喜肥沃微酸性土壤，幼苗前期忌烈日照射，后期要求比较充足的阳光。

【栽培技术要点】

种子繁殖：2月上旬，将果实放入温水中浸泡3～5 d，搓去果肉洗净的种子与3倍湿沙混合，埋到室外进行层积。4月下旬至5月上旬，种子裂口露出胚根时取出苗床条播，行距15 cm，每667 m²用种量5 kg左右，覆土厚约2 cm，稍加压实，加盖一层稻草，防旱保湿。约20～30 d出苗，幼苗及时松土除草，适当疏苗，3～4片叶时，按株距5～7 cm定苗。扦插繁殖：早春剪取上年或当年生嫩壮枝条，截成10～12 cm长，按行距12 cm、株距7～10 cm斜插于苗床，搭棚遮阴，经常浇水，次年移栽。压条繁殖：早春将植株上的枝条埋入土中，浇水保持土壤湿润，待长出新根后，于晚秋或次年春剪断与母株相连的枝条，进行移栽。定植后保持土壤湿润，每年追肥1～2次。移栽第2年搭架，引蔓上架。生长期注意及时松土除草，入冬前注意培土。

【主要芳香成分】

同时蒸馏-萃取法提取的辽宁岫岩产五味子干燥叶的得油率为5.05%，精油主要成分依次为：1-乙烯基-1-甲基-2,4-二（丙-1-烯-2-基）环己烷（6.33%）、2,6-二甲基-6-（4-甲基-3-戊烯基）-双环[3.1.1]庚-2-烯（4.40%）、1-甲基-5-亚甲基-8-（1-甲乙基）-1,6-环癸二烯（3.98%）、橙花叔醇（2.25%）、（1S-顺）-1,2,3,5,6,8a-六氢-4,7-二甲基-1-（1-甲乙基）-萘（2.15%）、6,10,14-三甲基-2-十五烷酮（2.15%）、7,11-二甲基-3-亚甲基-1,6,10-十二碳三烯（2.05%）、十氢-3α-甲基-6-亚甲基-1-（甲乙基）-环丁[1,2:3,4]二环戊烯（1.97%）、α-杜松醇（1.69%）、乙酸（1.61%）、1,2,4a,5,8,8a-六氢-4,7-二甲基-1-（1-甲乙基）-萘（1.40%）、2-甲基-巴豆酸（1.26%）、4-亚甲基-2,8,8-三甲基-2-乙烯基-双环[5.2.0]壬烷（1.16%）等（谷昊等，2009）。

【营养与功效】

每100 g嫩叶含蛋白质3.9 g，脂肪0.3 g，碳水化合物13 g，钙363 mg，磷22 mg，铁6.6 mg，胡萝卜素5.08 mg，维生素B₁ 0.07 mg，维生素B₂ 0.2 mg，尼克酸1.5 mg，维生素C 23 mg。用于劳伤脱力，四肢酸麻，胸闷；适用于气虚质、血瘀质体质人群，湿热质体质应忌食或少食。

【食用方法】

春季采摘嫩茎叶，沸水焯透，捞出沥干水，切碎凉拌，焯过水后洗净，挤干水分，与鸡蛋、韭菜、肉丝等炒食，或与肉炖食；也可做汤、做粥。

黄连木

漆树科黄连木属

学名：*Pistacia chinensis* Bunge

别名：楷木、木黄连、黄连芽、楷树黄、黄楝树、药树、黄木连、黄儿茶、鸡冠木、茶树

分布：西北、华北及长江以南各省区

【植物学特征与生境】

落叶乔木，高达20余m。树干扭曲，树皮暗褐色，呈鳞片状剥落，幼枝灰棕色，具细小皮孔。奇数羽状复叶互生，有小叶5~6对，小叶对生或近对生，纸质，披针形或卵状披针形或线状披针形，长5~10cm，宽1.5~2.5cm，先端渐尖或长渐尖，基部偏斜，全缘。花单性异株，先花后叶，圆锥花序腋生，雄花序排列紧密，长6~7cm，雌花序排列疏松，长15~20cm，均被微柔毛；花小；苞片披针形或狭披针形，内凹。核果倒卵状球形，略压扁，径约5mm，成熟时紫红色，干后具纵向细条纹，先端细尖。铜绿色为实种，红色为空粒种。花期3~4月，果期9~10月。

喜光，不耐严寒。在酸性、中性、微碱性土壤上均能生长。

【栽培技术要点】

常用种子繁殖，扦插和分蘖也可。秋季采收成熟的蓝紫色果实，用草木灰水浸泡数日，揉去果肉，除净浮粒，晾干即可播种，或砂藏至翌年2~3月间播种。条播行距30cm，播幅约5cm，覆土2cm左右，每667m²播种量约10kg。幼苗易受冻害的北方地区，要进行越冬假植，次春再行移栽。栽植后注意保持树形，一般不加修剪。

【主要芳香成分】

水蒸气蒸馏法提取的黄连木枝叶或叶的得油率为0.12%~0.29%。河南信阳产黄连木叶精油的主要成分依次为：石竹烯（19.57%）、(E)-3,7-二甲基-1,3,6-辛三烯（14.77%）、[4aR-(4aα,7α,8aβ)]-十氢-4a-甲基-1-亚甲基-7-(1-甲基乙烯基)-萘（14.01%）、[2R-(2α,4aα,8aβ)]-1,2,3,4,4a,5,6,8a-八氢-4a,8-二甲基-2-(1-甲基乙烯基)-萘（9.11%）、石竹烯氧化物（7.36%）、3-蒈烯（4.95%）、(Z)-3,7-二甲基-1,3,6-辛三烯（4.58%）、[1S-(1α,2β,4β)]-1-乙烯基-1-甲基-2,4-二(1-甲基乙烯基)-环己烷（4.06%）、α-石竹烯（2.85%）、[1S-(1α,4α,7α)]-1,2,3,4,5,6,7,8-八氢-1,4-二甲基-7-(1-甲基乙烯基)-薁（2.42%）、(E,Z)-2,6-二甲基-,2,4,6-辛三烯（2.12%）、[1S-(1α,7α,8aβ)]-1,2,3,5,6,7,8,8a-八氢-1,4-二甲基-7-(1-甲基乙烯基)-薁（1.62%）、(4aR-反)-十氢-4a-甲基-1-亚甲基-7-(1-甲基亚乙基)-萘（1.59%）等（陈利军等，2010）。北京香山产黄连木叶精油的主要成分为：莰烯（20.57%）、α-蒎烯（17.75%）、β-蒎烯（15.96%）、桉叶二烯（7.04%）、石竹烯（5.64%）、γ-榄香烯（5.24%）、三环烯（5.03%）等；云南昆明产黄连木叶精油的主要成分为：α-蒎烯（54.44%）、石竹烯（20.01%）、β-蒎烯（11.20%）等；上海天马山产黄连木叶精油的主要成分为：顺式-罗勒烯（43.93%）、β-水芹烯（32.27%）、石竹烯（7.38%）、α-蒎烯（7.35%）等；江苏南京钟山产黄连木叶精油的主要成分为：β-水芹烯（53.86%）、桉叶二烯（15.06%）、石竹烯（10.49%）、α-蒎烯（7.90%）等；湖北武汉磨山产黄连木叶精油的主要成分为：β-蒎烯（42.90%）、β-水芹烯（37.49%）、石竹烯（7.15%）等（Bin Zhu等，2006）。

【营养与功效】

叶芽入药，有清热解毒、止渴的功效。

【食用方法】

嫩梢洗净，煮熟，用清水漂洗后炒食；嫩叶可腌后做菜食。

狭叶荨麻

荨麻科荨麻属

学名：*Urtica angustifolia* Fisch.ex Hornem.

别名：憋麻子、哈拉海

分布：黑龙江、吉林、辽宁、内蒙古、山东、河北、山西

【植物学特征与生境】

多年生草本，有木质化根状茎。茎高40～150 cm，四棱形，疏生刺毛和稀疏的细糙毛，分枝或不分枝。叶披针形至披针状条形，长4～15 cm，宽1～3.5 cm，先端长渐尖或锐尖，基部圆形，边缘有粗牙齿或锯齿，9～19枚，生细糙伏毛和缘毛；叶柄短，疏生刺毛和糙毛；托叶每节4枚，离生，条形，长6～12 mm。雌雄异株，花序圆锥状；雄花近无梗，径约2.5 mm；花被片4；雌花小，近无梗。瘦果卵形或宽卵形，双凸透镜状，近光滑或有不明显的细疣点；宿存花被片4，在下部合生。花期6～8月，果期8～9月。

适宜发芽温度一般在23℃以上。

【栽培技术要点】

播种繁殖。种子细小而坚硬，一般春季播种，夏播亦可。播种前，土壤要深耕并施足基肥，然后将种子拌以细土，进行撒播，可不覆土。为提早出苗，最好采取苗床育苗。当幼苗长至15 cm以上时移栽，移栽时应避免皮肤外露。在老株周围长出新芽后，上部老茎陆续枯死，需要进行分株。分株可在冬春进行，整株挖起，剪下芽苗，随后按20 cm的株距栽植。一般病虫害发生较少。

【主要芳香成分】

水蒸气蒸馏法提取的黑龙江尚志产狭叶荨麻干燥茎叶的得油率为0.05%，精油主要成分依次为：7-甲基-Z-十四碳烯醇乙酸酯（25.74%）、1-乙酰氧基-3,7-二甲基-6,11-十二碳二烯（5.90%）、Z,E-2,13-十八烷二烯醇（5.11%）、顺式-9-二十烯-1-醇（3.96%）、十二烷基环己醇（3.80%）、Z-11-十六碳烯（2.84%）、正十七碳烷（2.71%）、十四碳醛（2.11%）、10-甲基二十烷（1.79%）、2,6,10-三甲基十四烷（1.68%）、E-6-十八烯-1-乙酸酯（1.58%）、1,2-苯环二羧酸，丁基环己酯（1.55%）、9,12,15-十八碳-1-醇（1.50%）、3,7-二甲基-2,6-辛二烯基己酸酯（1.45%）、[Z,Z]-9,12-十八碳二烯酸（1.39%）、反式-2-十一碳烯酸（1.32%）、1,6-二环己基己烷（1.26%）等（关枫等，2009）。

【营养与功效】

嫩茎叶含蛋白质、脂肪、粗纤维和碳水化合物，还含有较多的铁、钙等矿物质及维生素A和维生素C。有祛风定惊、消食通便的功效。

【食用方法】

嫩苗或嫩茎叶洗净，沸水烫过后做汤或与肉炒食。

苎麻

荨麻科苎麻属

学名：*Boehmeria nivea*（Linn.）Gaudich.

别名：野麻、野苎麻、家麻、苎仔、青麻、白麻、元麻、苦麻、圆麻

分布：云南、贵州、广西、广东、福建、江西、台湾、浙江、湖北、四川、甘肃、陕西、河南

【植物学特征与生境】

亚灌木或灌木，高 0.5~1.5 m。茎上部与叶柄均密被开展的长硬毛和近开展和贴伏的短糙毛。叶互生；叶片草质，通常圆卵形或宽卵形，长 6~15 cm，宽 4~11 cm，顶端骤尖，基部近截形或宽楔形，边缘在基部之上有牙齿，下面密被雪白色毡毛；叶柄长 2.5~9.5 cm；托叶分生，钻状披针形。圆锥花序腋生，或植株上部为雌性，下部为雄性，或同一植株的全为雌性；有多数密集的雌花。雄花：花被片 4，狭椭圆形；雌花：花被椭圆形，顶端有 2~3 小齿，外面有短柔毛，果期菱状倒披针形。瘦果近球形，光滑，基部突缩成细柄。花期 8~10 月。

喜温，种子发芽适温为 25~30℃，低于 6℃不能发芽。对土壤的适应性较强。

【栽培技术要点】

主要采用嫩梢扦插繁殖，剪取嫩梢，扦插于营养土中，发根生长成小苗，炼苗后即可移栽。还有切芽繁殖法和分蔸繁殖法。营养繁殖一年四季都可栽培，一般分蔸繁殖以春栽或冬栽较多，采用脚麻繁殖的，在头、二麻收获前栽植为宜，切芽繁殖的，以头麻收获前、"小满"节左右栽植为宜。分蔸繁殖每 667 m²1000~2000 蔸；切芽繁殖每 667 m²3000~4000 株，以宽行株单条植为宜。栽麻有开穴或抽行两种方法，开穴后，放种根或种苗，较粗的种根两根平放，较小的种根每穴放三根。在收割前作后，要立即中耕除草，清沟排水，查苗补蔸，追肥促苗。从幼苗出土要中耕除草 2~4 次，追肥 2~3 次。到"立秋"前，每蔸分株 3~5 根。破杆后，中耕追肥 1~2 次。切芽繁殖的，"惊蛰"到"春分"育苗，5 月下旬到 6 月上旬移栽。主要病害有白纹羽病、根腐线虫病、炭疽病、褐斑病、角斑病、花叶病等；主要虫害有苎麻夜蛾、苎麻黄蛱蝶、苎麻赤蛱蝶、苎麻天牛、金龟子、黄白蚂蚁等。

【主要芳香成分】

水蒸气蒸馏法提取的广西桂林产苎麻叶精油的主要成分依次为：异叶绿醇（12.52%）、十八烷（3.97%）、十九烷（3.66%）、正十七烷（3.49%）、十六烷酸（2.82%）、二十烷（2.24%）、二十五烷（1.97%）、二十一烷（1.60%）、2,6-二叔丁基-4-羟基-4-甲基-2,5-环己二烯-1-酮（1.59%）、正十六烷（1.53%）、角鲨烷（1.52%）、2,6-二叔丁基-4-羟基苯甲醛（1.50%）、邻苯二甲酸二丁酯（1.41%）、N-苯基-2-萘胺（1.21%）、二十八烷（1.16%）、十五烷（1.10%）、六十九烷酸（1.09%）、β-紫罗酮（1.04%）等（田辉等，2011）。

【营养与功效】

有清热解毒、活血止血的功效。

【食用方法】

嫩叶沸水烫过后切碎，掺在饭中蒸食。

白马骨

茜草科白马骨属

学名：*Serissa serissoides*（DC.）Druce

别名：六月雪、路边荆、鸡骨柴、路边姜、千年矮、白金条、满天星、碎叶冬青

分布：江苏、安徽、江西、浙江、福建、广东、香港、广西、四川、云南

【植物学特征与生境】

小灌木，通常高达1 m；枝粗壮，灰色，嫩枝被微柔毛。叶通常丛生，薄纸质，倒卵形或倒披针形，长1.5～4 cm，宽0.7～1.3 cm，顶端短尖或近短尖，基部收狭成一短柄，除下面被疏毛外，其余无毛；托叶具锥形裂片，长2 mm，基部阔，膜质，被疏毛。花无梗，生于小枝顶部，有苞片；苞片膜质，斜方状椭圆形，长渐尖，长约6 mm，具疏散小缘毛；花托无毛；花冠管长4 mm，裂片5，长圆状披针形。花期4～6月。

喜温暖湿润气候。喜阳光，也较耐阴，耐旱力强，对土壤的要求不高。

【栽培技术要点】

在丘陵和平坝排水良好的夹砂土栽培较好。扦插繁殖，10～11月扦插育苗。先挖翻土地，敲细整平，开1.3 m宽的畦，然后在畦上开横沟，沟距25 cm，深约13 cm，扦插时，选取老株上的健壮枝条，剪成长约16 cm的插条，每沟插20～25根，顶端2节露出畦面，填土压紧，浇水。培育2～3年后，即可移栽。移栽在春、秋雨季进行。栽时按行距66 cm，株距48 cm，开深约16 cm的穴，每穴栽苗1～2株，填土压紧。苗期每年浅耕除草4次，在3、5、8、11月进行。追肥3次，在3、5、11月中耕除草后进行，肥料以人畜粪水为主。移栽后，每年中耕除草3次，在4、7、10月进行。追肥2次，在4月和10月各1次。肥料春季可用人畜粪水，冬季可用土杂肥。

【主要芳香成分】

水蒸气蒸馏法提取的白马骨干燥茎叶的得油率在0.02%～0.59%之间。广西产白马骨干燥茎叶精油的主要成分依次为：十六碳酸（41.77%）、（Z,Z）-9,12-十八碳二烯酸（7.02%）、石竹烯氧化物（5.81%）、2-呋喃甲醇（2.57%）、亚麻酸甲酯（2.44%）、（E）-3,7,11-三甲基-1,6,10-十二碳三烯-3-醇（2.42%）、反-香叶基丙酮（2.41%）、六氢金合欢基丙酮（2.29%）、2-甲基-6-对甲苯基-2-庚烯（2.00%）、十四碳酸（1.68%）、油酸（1.65%）、邻苯二甲酸双-2-甲基丙酯（1.18%）、桉-7（11）-烯-4-醇（1.04%）等（冯顺卿等，2006）。浙江杭州产白马骨阴干茎叶精油的主要成分为：大根香叶酮D（12.31%）、5-丙酰基-2-氯-苯乙酸甲酯（8.54%）、2-甲氧基-4-乙烯基苯酚（6.51%）等（倪士峰等，2004）。

【营养与功效】

全株含苷类和鞣质。有疏风解表、清热利湿、舒筋活络的功效。

【食用方法】

嫩茎叶可炒食、拌食、炝食。

鸡矢藤

茜草科鸡矢藤属

学名：*Paederia scandens*（Lour.）Merr.

别名：牛皮冻、避暑藤、狗屁藤、臭藤、昏治藤、清风藤、鸡屎藤、鸡屎蔓、解暑藤

分布：陕西、甘肃、山东、江苏、安徽、江西、浙江、福建、台湾、河南、湖南、广东、香港、海南、广西、四川、贵州、云南

【植物学特征与生境】

多年生草质藤本，茎无毛或稍有微毛，基部木质化，揉碎有臭味。叶片形状和大小变异很大，宽卵形至披针形，顶端渐尖基部楔形、圆形至心形；托叶早落。聚伞花序在主轴上对称着生，组成大型的圆锥花丛；花萼钟状，萼齿三角形；花冠筒长约1 cm，外面灰白色，内面紫红色，有茸毛；雄蕊5，花柱2，基部连合。果实球形，熟时淡黄色。光亮，径约6 mm。花期8月，果期9～10月。

适应性强，喜较温暖环境，既喜光又耐阴。耐寒，对土壤要求不严，但以肥沃的腐殖质土壤和砂壤土生长较好。

【栽培技术要点】

用种子和扦插繁殖。种子繁殖：在10～11月采成熟果实，堆积腐烂，搓去果皮，用湿沙贮藏备用。3～4月播种，整地开1.3 m宽的畦，按行、穴距各约33 cm挖穴，深约7 cm，每穴播种子10粒左右，浇人、畜粪水后，覆盖草木灰或细土约1 cm厚。扦插繁殖：2～3月选2年生的老茎藤，剪成25～30 cm长，有3节以上的插条，在1.3 m畦上按行、穴距各33 cm挖穴，深20～25 cm，每穴栽3根插条，每根要有1个芽节露出畦面，填土压紧，注意淋水，保持土壤湿润。种子发芽后，当苗高5 cm时匀苗、补苗，每穴留苗2～3株，并中耕除草，追肥。藤长30 cm左右时，再中耕除草、追肥1次，同时插设支柱，以供攀援。9～10月收割后，再行中耕除草，追肥1次过冬。以后每年管理与第一年相同，肥料春夏可用人畜粪水，冬季可用堆肥。

【主要芳香成分】

水蒸气蒸馏法提取的鸡矢藤茎叶的得油率在0.08%～0.40%之间。广西南宁产鸡矢藤茎叶精油的主要成分依次为：水杨酸甲酯（19.25%）、叶醇（16.64%）、2-己烯-1-醇（16.12%）、芳樟醇（11.66%）、植醇（5.32%）、2-己烯醛（3.62%）、棕榈酸（3.21%）、α-香茅醇（2.62%）、龙脑（1.87%）、桉树脑（1.84%）、二甲基三硫醚（1.19%）、α-蒎烯（1.07%）等；广西高峰产鸡矢藤茎叶精油的主要成分为：龙脑（28.33%）、桉树脑（7.45%）、松油烯-4-醇（7.39%）、叶醇（6.05%）等；广西武鸣产鸡矢藤茎叶精油的主要成分为：芳樟醇（54.74%）、石竹烯（7.24%）等（何开家等，2010）。广东广州产野生鸡矢藤新鲜叶精油的主要成分为：反式-2-己烯醇-1（73.60%）、3-己烯醇-1（18.80%）等（谢惜媚等，2003）。

【营养与功效】

全草含环烯醚萜式类成分，叶中含熊果酚苷、挥发油、C10-表叶绿素和脱镁叶绿素。具有祛风利湿、止痛解毒、食止积、活血消肿的功效。

【食用方法】

嫩梢、嫩叶多用于煮渣豆腐食，茎叶与米水磨，作水果食，具特殊气味。

龙芽草

蔷薇科龙芽草属

学名：*Agrimonia pilosa* Ldb.

别名：仙鹤草、脱力草、马鞭草、狼牙草、疏毛龙牙草、施州龙牙草、金顶龙牙、路边黄

分布：全国各地

【植物学特征与生境】

多年生草本。根多呈块茎状，周围长出若干侧根，根茎短，基部常有1至数个地下芽。茎高30～120 cm，被疏柔毛及短柔毛。叶为间断奇数羽状复叶，通常有小叶3～4对，向上减少至3小叶，小叶片倒卵形，倒卵椭圆形或倒卵披针形，长1.5～5 cm，宽1～2.5 cm；托叶草质，绿色，镰形。花序穗状总状顶生，苞片通常深3裂，裂片带形，小苞片对生，卵形；花直径6～9 mm；萼片5，三角卵形；花瓣黄色，长圆形。果实倒卵圆锥形，外面有10条肋，被疏柔毛，顶端有数层钩刺。花期5～9月，果期9～10月。

适应性较强，对土质要求不严，一般土壤都可种植。

【栽培技术要点】

选肥沃的轻壤土，于早春土壤解冻时翻耕，多施农家肥作底肥。开沟播种，可春播也可秋播。春播：南方3月中旬、北方4月中下旬。秋播：南方9月至10月上旬，北方于10月下旬至11月上旬地冻前。春、秋两季均可进行分根繁殖。以食用嫩茎叶为栽培目的的可多施氮肥。

【主要芳香成分】

水蒸气蒸馏法提取的龙芽草干燥茎叶精油的主要成分依次为：表雪松醇（31.81%）、α-蒎烯（15.25%）、芳樟醇（5.29%）、乙酸龙脑酯（3.67%）、α-松油醇（3.60%）、樟脑（2.94%）、1-（2-呋喃）-1-己酮（2.22%）、麝香草酚（1.52%）、3,3,5,5-四甲基环己醇（1.51%）、莰烯（1.47%）、佛手油（1.40%）、桉树脑（1.32%）、2-亚环丙烷基-1,7,7-三甲基-二环[2,2,1]庚烷（1.26%）、α-雪松烯（1.21%）、广藿香醇（1.14%）等（李雅文等，2007）。干燥茎叶精油主要成分为：6,10,14-三甲基-2-十五烷酮（19.19%）、α-没药醇（12.50%）、3-羟基丁酸（6.12%）等（赵莹等，2001）。

【营养与功效】

每100 g嫩茎叶含蛋白质4.4 g，脂肪0.97 g，粗纤维0.6 g，维生素A 7.01 mg，维生素B_2 0.63 mg，维生素C 157 mg；钙970 mg，磷134 mg。有收敛止血、截疟、止痢、解毒的功效。

【食用方法】

春、夏季采摘开花前的嫩茎叶，洗净，沸水烫过，清水浸泡去苦涩味后挤干，可单独或与猪肝炒食，有补肝健胃、止泻养血之功效。与红枣加红糖炖汤喝具有补脾胃功效。

猪殃殃

茜草科拉拉藤属

学名：*Galium aparine* Linn.Sp.Pl.var.*tenerum*（Gren.et Godr.）Rchb.

别名：锯锯子草、锯锯藤

分布：辽宁、河北、山东、山西、陕西、甘肃、青海、新疆、江苏、安徽、浙江、江西、福建、台湾、湖北、湖南、广东、四川、云南、西藏

【植物学特征与生境】

一年生草本，蔓生或攀缘状，高50 cm左右。茎纤弱，具4棱，多分枝；棱上、叶缘、叶脉上均有倒生的小刺毛。叶纸质或近膜质，3至多数轮生，少对叶，近无柄，叶片条状或倒披针形，长1～3 cm，宽0.3～0.5 cm，顶端具刺状突尖，基部渐狭。聚伞花序腋生或顶生，由3～10花组成，单生或2～3个簇生，花小，黄绿色，具纤细花梗。核果，果实密生钩状刺，干燥不开裂。花期3～7月，果期4～9月。

日照充足、通风良好，排水良好的沙质壤土为佳。

【栽培技术要点】

种子直播，每穴3～5粒，株高15 cm时可撒肥料，让叶子及茎干充分生长，水分不可过于潮湿，以免影响植株生长。

【主要芳香成分】

水蒸气蒸馏法提取的猪殃殃干燥茎叶的得油率为0.17%，精油主要成分依次为：十六烷酸（13.88%）、芳樟醇（11.90%）、6,10,14-三甲基-2-十五烷酮（8.79%）、3-乙基-1,4-己二烯（2.37%）、2-戊-呋喃（2.09%）、2-己烯醛（1.90%）、己醛（1.89%）、（Z）-香叶醇（1.84%）、α-松油醇（1.83%）、植醇（1.81%）、甲苯（1.73%）、苯甲醛（1.64%）、壬醛（1.52%）、降冰片二烯（1.19%）、肉豆蔻酸（1.14%）等（蔡小梅等，2010）。

【营养与功效】

全草含猪殃殃苷、车前草苷、茜根定-樱草糖苷、伪紫色素苷等苷类化合物和鞣质等成分。有活血散瘀、止血、清热解毒、利尿等功效。

【食用方法】

嫩苗或嫩茎叶洗净，切段，沸水煮熟后可炒食或凉拌。

路边青

蔷薇科路边青属

学名：*Geum aleppicum* Jacq.

别名：水杨梅、山地果、兰布政

分布：黑龙江、吉林、辽宁、内蒙古、山西、陕西、甘肃、新疆、山东、河南、湖北、四川、贵州、云南、西藏

【植物学特征与生境】

多年生草本。须根簇生。茎直立，高30~100 cm，被开展粗硬毛。基生叶为大头羽状复叶，通常有小叶2~6对，连叶柄长10~25 cm，叶柄被粗硬毛，小叶大小不等，顶生小叶最大；茎生叶羽状复叶，有时重复分裂，向上小叶逐渐减少；茎生叶托叶大，绿色，叶状，卵形，边缘有不规则粗大锯齿。花序顶生，疏散排列；花直径1~1.7 cm；花瓣黄色，几圆形；萼片卵状三角形，副萼片狭小，披针形。聚合果倒卵球形，瘦果被长硬毛，顶端有小钩；果托被短硬毛。花果期7~10月。

喜温暖湿润和阳光充足环境，较耐寒，不耐高温和干旱，但耐水淹，萌发力强，枝条密集。

【栽培技术要点】

常用播种和扦插繁殖。播种：春播，苗床土质疏松，能够蓄水保墒，施适量基肥。播后保持土壤湿润，搭小拱棚保温、保湿，忌大水浸灌。播后约30 d出苗，出苗后先通风2~3 d，再撤去塑料膜，中午适当遮阴。扦插繁殖：扦插床使用遮阳大棚，铺沙子、蛭石、珍珠岩混合基质厚5~10 cm，消毒。扦插时间以梅雨季节最好。采集一、二年生半木质或木质化的健壮饱满的枝条，剪成长10 cm左右的插穗，每个插穗保留2~4个饱满芽。插穗分别用多菌灵、生根剂浸泡3 min后扦插，扦插深度为1.5~2 cm。扦插后及时喷水。除北方冬季外，一年四季均可移植，一般在秋季落叶后移栽。春季萌芽后，施肥1次，对徒长枝适当摘心。遇干旱天气，需灌水一两次。在冬春萌芽前疏除过密枝、干枯枝、交叉重叠枝，截短过长的枝条。发芽以后施一次含磷钾丰富的肥料，保持土壤湿润，生长期间要进行中耕除草。每隔两年于秋季落叶后在根际施一次腐熟厩肥。忌夏季施肥。有时会发生黄化病和煤污病；虫害有蚜虫和介壳虫危害。

【主要芳香成分】

水蒸气蒸馏法提取的吉林长白山产路边青干燥茎叶的得油率为0.11%，精油主要成分依次为：2-甲氧基-3-烯丙基苯酚（9.52%）、4,4,7a-三甲基-5,6,7,7a-四氢-2(4H)-苯并呋喃酮（8.86%）、3,4-二甲氧基-2-乙氧基-1-苯丙烯（5.83%）、1,3,7,7-四甲基-9-氧代-2-氧杂二环[4,4,0]十烷-5-烯（4.50%）、2-甲基丁二酸二仲丁酯（4.20%）、1-十八烯（3.69%）、己二酸二异丁酯（3.39%）、丁二酸二异丁酯（2.98%）、3-甲氧基-4-羟基苯乙酮（2.88%）、5-甲基-2-叔丁基苯酚（2.65%）、3-甲氧基-4-羟基苯甲酸乙酯（2.50%）、4-烯丙基-2,6-二甲氧基苯酚（2.50%）、邻苯二甲酸二正丁酯（2.35%）、3-氧代-α-紫罗酮（2.25%）、4-甲基-2,6-二叔丁基苯酚（2.19%）、邻苯二甲酸二异丁酯（1.88%）、3-羟基-β-大马（土革）酮（1.86%）、3-氧代-α-紫罗醇（1.85%）、6,7-脱氢-7,8-二氢-3-氧代-α-紫罗醇（1.83%）、香草醛（1.66%）等（李怀林等，2005）。

【营养与功效】

每100 g嫩茎叶含维生素A 5.24 mg，维生素B_2 0.27 mg，维生素C 80 mg；还含有蛋白质、脂肪、碳水化合物和矿物质。有祛风除湿、活血消肿的功效。

【食用方法】

嫩茎叶洗净，沸水烫过，清水漂洗，挤干，可烹制多种菜肴。

少花龙葵

茄科茄属

学名：*Solanum photeinocarpum* Nakamura et Odashima

别名：白花菜、野辣椒、古钮菜、扣子草、打卜子、古钮子、衣扣草、痣草

分布：云南、广西、江西、广东、湖南、台湾

【植物学特征与生境】

纤弱草本，茎无毛或近于无毛，高约1 m。叶薄，卵形至卵状长圆形，长4～8 cm，宽2～4 cm，先端渐尖，基部楔形下延至叶柄而成翅，叶缘近全缘，波状或有不规则的粗齿，两面均具疏柔毛；叶柄纤细。花序近伞形，腋外生，纤细，具微柔毛，着生1～6朵花，花小；萼绿色，直径约2 mm，5裂达中部，裂片卵形；花冠白色。浆果球状，直径约5 mm，幼时绿色，成熟后黑色；种子近卵形，两侧压扁，直径约1～1.5 mm。几全年均开花结果。

既耐热，又耐寒，同时又耐旱、耐湿，对土壤要求不严格。

【栽培技术要点】

3～11月均可播种，播后50 d，苗高20 cm、具3～4片真叶时可移植。施入有机肥作基肥，做成1.5 m宽的高畦，定植株行距为30 cm×30 cm。经常保持土壤湿润，每隔半个月追肥1次。采收约20 cm长，具6～8片嫩叶的嫩茎叶，先采收主枝，再采收侧枝。

【主要芳香成分】

水蒸气冷凝法提取的广东潮州产少花龙葵新鲜叶精油的主要成分依次为：(E)-2-己烯醇(45.24%)、(Z)-3-己烯醇(41.00%)、7-甲氧基-2,2-二甲基-二氢-1-苯并吡喃(1.49%)、十四醛(1.09%)等（朱慧，2011）。

【营养与功效】

每100 g叶片含钙442 mg，磷75 mg，铁1 mg，胡萝卜素0.93 mg，维生素B_2 0.12 mg，维生素C 137 mg。有清热解毒、利尿的功效。

【食用方法】

嫩茎叶洗净，沸水烫过，清水浸泡去苦味，炒食或煮食。

柔毛路边青

蔷薇科路边青属

学名：*Geum japonicum* Thunb.var.*chinense* F.Bolle

别名：南水杨梅、柔毛水杨梅、蓝布正、水杨梅、追风七、五气朝阳草

分布：陕西、甘肃、新疆、山东、河南、江苏、安徽、浙江、江西、福建、湖北、湖南、广东、广西、四川、贵州、云南

【植物学特征与生境】

多年生草本。茎直立，高25～60 cm。基生叶为大头羽状复叶，通常有小叶1～2对，其余侧生小叶呈附片状；茎生叶托叶草质，绿色，边缘有不规则粗大锯齿。花序疏散，顶生数朵；萼片三角卵形，顶端渐尖，副萼片狭小，椭圆披针形；花瓣黄色，几圆形。聚合果卵球形或椭球形，瘦果被长硬毛，顶端有小钩，果托被长硬毛。花果期5～10月。

生山坡草地、田边、河边、灌丛及疏林下，海拔200～2300 m。

【栽培技术要点】

常用播种和扦插繁殖。播种：春播，施适量基肥。播后保持土壤湿润，搭小拱棚保温、保湿，忌大水浸灌。出苗后先通风2～3 d，再撤去塑料膜，中午适当遮阴。扦插繁殖：扦插时间以梅雨季节最好。采集一、二年生半木质或木质化的健壮饱满的枝条，剪成长10 cm左右的插穗，每个插穗保留2～4个饱满芽。插穗分别用多菌灵、生根剂浸泡3 min后扦插，扦插深度为1.5～2 cm。扦插后及时喷水。一般在秋季落叶后移栽。春季萌芽后，施肥1次，对徒长枝适当摘心。保持土壤湿润，生长期间要进行中耕除草。每隔两年于秋季落叶后开沟施一次腐熟厩肥。忌夏季施肥。有时会发生黄化病和煤污病；虫害有蚜虫和介壳虫危害。

【主要芳香成分】

水蒸气蒸馏法提取的贵州产柔毛路边青新鲜茎叶的得油率为0.08%，精油主要成分依次为：丁香酚（37.28%）、桃金娘醛（21.58%）、桃金娘烯醇（6.37%）、桃金娘烷醇（5.70%）、1,8-桉叶油素（4.30%）、E-桃金娘烯醇（1.48%）、桃金娘烯醛（1.42%）、水芹醛（1.28%）等（张怡莎等，2008）。同时蒸馏萃取法提取的贵州产柔毛路边青茎叶的得油率0.13%。

【营养与功效】

有辅虚益肾、活血解毒的功效。

【食用方法】

嫩茎叶洗净，沸水烫过，清水漂洗，挤干，可烹制多种菜肴。

接骨草

忍冬科接骨木属

学名：*Sambucus chinensis* Lindl.

别名：蒴藋、八棱麻、陆英、臭草、赶山虎、走马风

分布：华东、华北、华中、华南、西南及陕西、甘肃、宁夏

【植物学特征与生境】

高大草本或半灌木，高1～2 m；茎有棱条，髓部白色。羽状复叶的托叶叶状或有时退化成蓝色的腺体；小叶2～3对，互生或对生，狭卵形，长6～13 cm，宽2～3 cm，嫩时上面被疏长柔毛，先端长渐尖，基部钝圆，两侧不等，边缘具细锯齿，近基部或中部以下边缘常有1或数枚腺齿；顶生小叶卵形或倒卵形，基部楔形，有时与第一对小叶相连，小叶无托叶，基部一对小叶有时有短柄。复伞形花序顶生，大而疏散，总花梗基部托以叶状总苞片，分枝3～5出；杯形不孕性花不脱落，可孕性花小；萼筒杯状，萼齿三角形；花冠白色，仅基部联合；子房3室，柱头3裂。果实红色，近圆形；种子卵形。花期4～5月，果熟期8～9月。

喜较凉爽和湿润的气候，耐寒。一般土壤均可种植，但涝洼地不宜种植。忌高温和连作。

【栽培技术要点】

种子繁殖：秋季果实开始开裂，未脱落但充分成熟时采下果实，搓出种子，除去杂质，开浅沟条播，覆土1～1.5 cm。分株繁殖：4月份挖取地下茎，切成小段，每段具有2～3个芽眼，按行、株距各30 cm栽下，每穴栽1株。生长期间，注意浇水，保持土壤湿润，并注意清除杂草。

【主要芳香成分】

水蒸气蒸馏法提取的接骨草风干燥茎叶精油的主要成分依次为：1-甲氧基-4-(2-烯丙基)苯(35.65%)、3-甲基-丁酸(30.51%)、3,7-二甲基-1,6-辛二烯-3-醇(13.61%)、n-十六烷酸(3.83%)、2-甲氧基-3-(烯丙基)-苯酚(3.40%)、2-甲氧基-4-乙烯基苯酚(1.66%)、植醇(1.22%)等(蒋道松等, 2003)。

【营养与功效】

全草含绿原酸、α-香树脂素、棕榈酸酯、熊果酸、β-谷甾醇、豆甾醇、油菜甾醇、黄酮、鞣质等成分。有清热利湿、活血散瘀的功效。

【食用方法】

民间多用嫩叶煮豆腐食，也可将嫩叶煮熟后蘸辣椒酱食，味略臭。

忍冬

忍冬科忍冬属

学名：*Lonicera japonica* Thunb.

别名：金银花、金银藤、银藤、二色花藤、二宝腾、右转藤、子风藤、蜜角藤、鸳鸯藤

分布：除黑龙江、内蒙古、宁夏、青海、新疆、海南、西藏外的全国各省区

【植物学特征与生境】

多年生半常绿藤本；幼枝洁红褐色，密被黄褐色、开展的硬直糙毛、腺毛和短柔毛。叶纸质，卵形至矩圆状卵形，有时卵状披针形，长3～5 cm，顶端尖或渐尖，基部圆或近心形，有糙缘毛，上面深绿色，下面淡绿色。总花梗通常单生于小枝上部叶腋；苞片大，叶状，卵形至椭圆形；小苞片顶端圆形或截形；萼筒长约2 mm；花冠白色，有时基部向阳面呈微红，后变黄色，长3～4.5 cm，唇形，筒稍长于唇瓣。果实圆形浆果，直径6～7 mm，熟时蓝黑色；种子卵圆形或椭圆形，褐色。花期4～6月，果熟期10～11月。

适应性强，具有耐旱、耐寒、耐瘠薄等特点。

【栽培技术要点】

藤茎易生不定根，常用藤茎扦插繁殖，亦可用压条、分株或播种育苗。扦插时，在头茬花采收后，剪取当年生的壮旺枝条，剪成长25～30 cm的茎段插入育苗圃中，7 d左右即可生根抽梢生长；"立秋"前后，待长到20 cm左右时，起苗栽植。山区坡地常按墩定植，每墩栽植3～5株，墩距80～100 cm；也可按30 cm×50 cm株行距定植。早春芽萌动时追施一定的氮肥，采花前增施磷肥。冬季和夏季进行修剪，疏除细弱枝、密集枝、病枝和枯死枝，短截长枝。

【主要芳香成分】

水蒸气蒸馏法提取的忍冬嫩枝的得油率为0.05～0.20%。四川产忍冬干燥茎枝精油主要成分依次为：芳樟醇（7.98%）、丹皮酚（3.73%）、苯甲醛（3.46%）、壬醛（3.19%）、3-乙烯基吡啶（3.11%）、正庚醛（2.56%）、3-羟基-1-辛烯（2.02%）、石竹烯（1.78%）、西洋丁香醛（1.75%）、6-甲基-5-庚烯-2-酮（1.66%）、樟脑（1.64%）、4-氨基苯乙烯（1.64%）、苎烯（1.59%）、α-萜品烯醇（1.50%）、水杨酸甲酯（1.40%）、β-紫罗兰酮（1.37%）、δ-杜松萜烯（1.32%）、β-雪松醇（1.29%）、正辛醇（1.28%）、(+)-花侧柏烯（1.27%）、顺-3-己烯醇（1.26%）、紫穗槐烯（1.24%）、α-雪松醇（1.24%）、白焦油（1.22%）、β-萜品烯醇（1.14%）、2-戊基呋喃（1.12%）、正己醇（1.11%）、香叶丙酮（1.08%）、2-蒎烯（1.01%）等（杨廼嘉等，2008）。固相微萃取法提取的河南封丘产忍冬阴干叶挥发油主要成分依次为：邻苯二甲酸二乙酯（11.90%）、壬醛（6.57%）、2-己醛（5.85%）、(E)-4-(2,6,6-三甲基-1-环己烯-1-基)-3-丁烯-2-酮（5.11%）、(E)-6,10-二甲基-5,9-十一二烯-2-酮（4.44%）、5-戊基间苯二酚（3.84%）、癸醛（3.49%）、α-金合欢烯（2.65%）、6-甲基-5-庚烯-2-酮（2.29%）、十四烷（2.00%）、十五烷（1.89%）、6,10,14-三甲基-2-十五烷酮（1.58%）、邻苯二甲酸二异丁酯（1.42%）、丁香醛（1.41%）、2,6,10,14-四甲基-十六烷（1.16%）、14-甲基-十五烷酸甲酯（1.09%）等（吴彩霞等，2009）。

【营养与功效】

叶含忍冬苷、番木鳖苷和忍冬黄酮类化合物。有清热解毒、通经活络的功效。

【食用方法】

嫩茎叶洗净，切段，沸水烫过后，用清水漂洗，炒食。

蕺菜

三白草科蕺菜属

学名：*Houttuynia cordata* Thunb.

别名：蕺草、鱼腥草、侧耳根、狗贴耳、臭腥草、臭根草、鱼鳞草、辣子草、折耳根

分布：中部、东南至西南各省区，东起台湾，西南至云南、西藏，北达陕西、甘肃

【植物学特征与生境】

多年生宿根草本。有腥臭味。茎下部伏地，节上轮生小根，上部直立，高30~60 cm，叶卵形或阔卵形，长4~10 cm，宽2.5~6 cm，全缘，有时带紫红色，具柄；托叶贴生于叶柄上，膜质；叶具腺点，背面尤甚。花小，排成顶生或与叶对生的穗状花序，花序基部有4片白色花瓣状的总苞片。蒴果近球形，顶端开裂。种子卵形，有条纹。花期4~7月。

对温度的适应范围广，喜湿耐涝，要求土壤湿润，喜弱光和阴雨环境，在强光下生长缓慢。

【栽培技术要点】

选择肥沃疏松的沙壤土。繁殖方式可用种子繁殖，但一般采用地下根茎切段繁殖。选用粗壮的老根茎作为种茎，剪成长4~6 cm，有2~3个节的小段，每667 m²需种茎80~100 kg。华北地区一般于冬前或早春土壤解冻时进行，西南地区一般于2~4月进行。幼苗成活后到封垄前，中耕除草2~3次。5~6月可追肥2~3次，并保持土壤湿润。生长中期叶面可喷施2~3次磷酸二氢钾溶液。生长中及时摘除花蕾和生长过旺的顶部，严寒到来地上部枯萎后要对根部进行培土防寒，并适时浇冻水。高温多雨季节要注意排涝。夏秋季采摘长10~20 cm、具5~8片叶的嫩茎叶供食用，冬季可挖地下嫩茎食用。采收地下茎时不要捡净，留下断头和细小根茎翌年可萌芽出苗。

【主要芳香成分】

水蒸气蒸馏法提取的蕺菜茎叶的得油率在0.01%~0.97%之间。湖南长沙产野生紫色茎蕺菜新鲜茎叶精油的主要成分为：2-十一烷酮（22.11%）、癸醛（18.36%）、鱼腥草素（11.37%）、(2R-顺)-1,2,3,4,4a,5,6,7-八氢化-α,α,4a,8-四甲基-2-萘甲醇（7.81%）、(Z)-3,7-二甲基-2,6-辛二烯-1-醇（5.00%）等（张薇等，2008）。河南伏牛山产野生蕺菜新鲜茎叶精油的主要成分为：甲基正壬酮（18.17%）、β-蒎烯（12.36%）、乙酸龙脑酯（7.65%）、4-松油醇（6.81%）、癸酸乙酯（5.90%）等（段文录等，2008）。广东广州产栽培蕺菜新鲜茎叶精油主要成分为：甲基正壬酮（22.12%）、癸酸（14.71%）、4-松油醇（13.70%）、乙酸龙脑酯（9.55%）、β-荜基乙醇（8.09%）等（李晓蒙等，2004）。

【营养与功效】

每100 g嫩茎叶含蛋白质2.2 g，脂肪0.4 g，粗纤维1.2 g；维生素B_1 0.01 mg，维生素B_2 0.17 mg，维生素C 33.7 mg；钙74 mg，磷53 mg。茎叶有清热解毒、消肿排脓、利尿通淋的功效。有小毒。

【食用方法】

嫩株、嫩茎叶食法多样，可烹饪成多种菜肴，适于凉拌、炒食、做汤等。

三白草

三白草科三白草属

学名：*Saururus chinensis*（Lour.）Baill.
别名：五路叶白、塘边藕、白花莲、假蒌、沟露、过山龙、白舌骨、白面姑
分布：河北、山东、河南和长江流域及其以南各省区

【植物学特征与生境】

多年生草本，茎下部伏地，上部直立，高达1 m，无毛，叶互生，纸质，宽卵形或卵状披针形，长9~14 cm，宽4~7 cm，先端急尖或渐尖，基部心形或斜心形，花时茎顶2~3叶常为白色；叶柄基部与托叶合成鞘状，稍抱茎。总状花序长10~15 cm，序轴密短柔毛，基部无总苞片。果近球形，表面多疣状突起；种子球形，千粒重0.75 g。花期4~8月，果期8~9月。

喜温暖湿润气候，耐阴，凡塘边、沟边、溪边等浅水处或低洼地均可栽培。

【栽培技术要点】

种子繁殖：未脱落但充分成熟时采下果实，搓出种子，除去杂质，开浅沟条播，覆土1~1.5 cm。发芽需7.6~12.4℃的低温，有光照条件下，经过34 d发芽。分株繁殖：4月份挖取地下茎，切成小段，每段具有2~3个芽眼，按行、株距各30 cm栽下，每穴栽1株。生长期间，注意浇水，保持土壤湿润，并注意清除杂草。

【主要芳香成分】

水蒸气蒸馏法提取的三白草茎叶的得油率在0.32%~0.50%之间，干燥地上部分精油主要成分依次为：n-十六烷酸（23.77%）、叶绿醇（7.74%）、6,10,14-三甲基-2-十五烷酮（5.54%）、（E）-5-十八碳烯（4.85%）、十氢-1,1,7-三甲基-4-亚甲基-1H-环丙[e]甘菊环（4.14%）、（Z,Z）-9,12-十八碳二烯酸（2.17%）、3-亚丁基-1（3H）-异苯并呋喃酮（1.93%）、二十三烷（1.81%）、二十一烷（1.77%）、邻苯二甲酸二-2-甲基丙酯（1.53%）、二十二烷（1.40%）、二十四烷（1.39%）、1,2,3,4-四氢-1,6-二甲基-4-（1-甲基乙基）-（1S-顺）-萘（1.22%）、二十烷（1.05%）、榄香脂素（1.04%）、(-)-匙叶桉油烯醇（1.03%）、1-乙烯基-1-甲基-2-（1-甲基乙烯基）-4-（1-甲基亚乙基）-环己烯（1.00%）等（陈宏降等，2011）。广东阳山产三白草茎叶精油的成分依次为：肉豆蔻醚（50.93%）、芳樟醇（23.07%）、黄樟油素（13.82%）、樟脑（1.80%）、3-己烯醇（1.22%）、1,8-桉叶油素（1.20%）等（朱亮锋等，1993）。

【营养与功效】

叶含槲皮素、槲皮甙、异槲皮甙、金丝桃甙、芸香甙，茎、叶均含可水解鞣质，茎叶含挥发油。有清热利水、解毒消肿的功效。

【食用方法】

嫩苗洗净，可凉拌、炒食。

刺芹

伞形花科刺芹属

学名：*Eryngium foetidum* Linn.

别名：洋芫荽、假芫荽、刺芫荽、大芫荽、节节花、洋香菜、欧芹、旱芹菜、荷兰芹

分布：广东、广西、云南、贵州

【植物学特征与生境】

二年生或多年生草本，高10～60 cm，有特殊香气。主根纺锤形。茎绿色直立，粗壮，无毛，上部有3～5歧聚伞式的分枝。基生叶披针形或倒披针形，不分裂，革质，长5～25 cm，宽1.2～4 cm，顶端钝，基部渐窄有膜质叶鞘，边缘有骨质尖锐锯齿，表面深绿色，背面淡绿色，两面无毛；叶柄短，基部有鞘；茎生叶着生在每一叉状分枝的基部，对生，无柄，边缘有深锯齿。头状花序卵形或长圆形，多个头状花序排列于二歧分枝上而组成聚伞花序；无花序梗；总苞片5～6，叶状，披针形；小总苞片阔线形至披针形；花瓣倒披针形至倒卵形，白色、淡黄色或草绿色。果卵圆形或球形，表面有瘤状凸起，果棱不明显。花果期4～12月。

喜温、喜肥、喜湿、喜阴，在阴坡潮湿的环境中生长茂盛，对土壤的适应性较强。在有机质丰富的壤土上生长健壮，适宜的土壤pH值为5.5～6.5。

【栽培技术要点】

一年四季均可播种，但以春季最为适宜。选择通风透光，排灌方便，土质疏松肥沃的壤土进行种植。整地前撒施农家肥，深翻土地后作畦，畦宽1 m。播种时将种子与细沙混合均匀后撒播，盖0.3 cm厚的细土，踩实畦面，浇透水。出苗后每天早上浇1次水，以保持土壤湿润。具2片真叶开始，每10 d左右追施1次稀薄的人粪尿或沼液，连续追施2～3次。5～6片真叶时开始结合间苗进行间拔采收，最后一次定苗株距20 cm。也可把间出的苗进行移栽，定植行距25 cm，株距20 cm。定苗或移栽后1个月，即可开始陆续采收，每采收2～3次后追一次肥，追肥以氮肥为主。很少病害，虫害主要是蚜虫。

【主要芳香成分】

水蒸气蒸馏法提取的广西南宁产刺芹新鲜叶的得油率为0.10%，精油主要成分依次为：月桂醇（33.50%）、2-烯-十二酸（10.06%）、月桂酸（6.70%）、反-7-烯-十四醛（6.30%）、月桂醛（5.44%）、桃醛（3.70%）、环十二烷（2.53%）、壬烯（1.80%）、癸酸（1.43%）、癸醛（1.35%）、壬酸（1.15%）、正十四碳酸（1.07%）、3,4-二甲基环己醇（1.00%）等（刘顺珍等，2011）。广东陆河产刺芹新鲜茎叶的得油率为0.09%，精油主要成分为：对乙基丙基苯（42.31%）、环己基辛酮（11.94%）等（叶碧波等，1996）。

【营养与功效】

有疏风清热、行气消肿、健胃止痛的功效。

【食用方法】

嫩茎叶具有特殊的香味，可煲汤，是傣族、景颇族、佤族群众喜食的调料菜。

川芎

伞形花科藁本属

学名：*Ligusticum chuanxiong* Hort.

别名：芎䓖

分布：四川、贵州、云南、广西、浙江、陕西、湖北、四川、上海、江苏、甘肃、内蒙古、河北、福建、江西、山东、广东

【植物学特征与生境】

多年生草本，高40～60 cm。根茎发达，形成不规则的结节状拳形团块，具浓烈香气。茎直立，圆柱形，具纵条纹，上部多分枝，下部茎节膨大呈盘状（苓子）。茎下部叶具柄，基部扩大成鞘；叶片轮廓卵状三角形，长12～15 cm，宽10～15 cm，3～4回三出式羽状全裂；茎上部叶渐简化。复伞形花序顶生或侧生；总苞片3～6，线形，长0.5～2.5 cm；伞辐7～24，不等长；小总苞片4～8，线形；花瓣白色，倒卵形至心形。双悬果卵形。花期7～8月，幼果期9～10月。

喜温暖湿润和充足的阳光，但幼苗怕烈日高温。宜在土质疏松肥沃、排水良好、富含腐殖质的砂质壤土中栽培，忌涝洼地，不可重茬。

【栽培技术要点】

一般在种苗收获后的8月上中旬栽植为宜。栽植前将大田翻耕1～2次，整细整平。栽插时，要选用茎节粗壮、节间短的健壮苗用剪刀按每个茎节剪成5 cm长一段作插穗，并把扦插穗放入50%托布津或多菌灵可湿性粉剂800倍液中浸5～10 min，以消毒灭菌。栽插深度以茎节入土1～2 cm为宜。插后半月追肥。生长过程中进行培土除草。

【主要芳香成分】

水蒸气蒸馏法提取的川芎叶片的得油率在0.13%～0.22%之间。云南保山春季产川芎阴干叶精油的主要成分依次为：3,4-二亚甲基环戊酮（22.37%）、5,7,8-三甲基苯并二氢吡喃酮（14.23%）、桉叶烷-4(14),11-二烯（11.87%）、石竹烯（6.66%）、顺-罗勒烯（3.41%）、9-二十炔（3.17%）、(+)-香桧烯（2.42%）、反-罗勒烯（2.36%）、石竹烯氧化物（2.10%）、α-芹子烯（2.05%）、(Z)-β-合金欢烯（1.86%）、大根香叶烯D（1.64%）、β-蒎烯（1.58%）、α-蒎烯（1.41%）、α-佛手柑油烯（1.31%）、胡萝卜醇（1.25%）、β-水芹烯（1.18%）、γ-衣兰油烯（1.17%）、9-甲基二环[3.3.1]壬烷（1.17%）、α-金合欢烯（1.07%）等（黄相中等，2011）。四川灌县产川芎新鲜叶片的得油率在0.02%～0.03%之间。精油主要成分为：γ-广藿香烯（18.34%）、桧烯（17.59%）、新蛇床内酯（16.89%）、反式-β-金合欢烯（8.83%）等（黄远征等，1988）。

【营养与功效】

叶具有活血化瘀、祛风止痛的功效。

【食用方法】

嫩叶洗净，切段，炒食。

野胡萝卜

伞形花科胡萝卜属

学名：*Daucus carota* Linn.

别名：土参、鹤虱风、南鹤虱、山萝卜、邪蒿、虱子草

分布：四川、贵州、湖北、江西、安徽、江苏、河南、山西、浙江

【植物学特征与生境】

二年生草本，高15～120 cm。茎单生。根生叶薄膜质，长圆形，2至3回羽状多裂，最后裂片线形至披针形，顶端尖锐；茎生叶近无柄，有叶鞘。总苞有多数苞片，叶状，羽状分裂，边缘膜质，有绒毛；小总苞有线形、不裂或羽状分裂的小苞片；伞辐多数；花白色、黄色或淡红色。果实圆卵形。花期5～7月，果期7～8月。

生命力强，耐旱，极易生长。

【栽培技术要点】

结合整地撒施有机肥和磷、钾肥作基肥。早熟栽培一般在4月20日前后播种，夏季栽培一般在6月上旬播种。播种前搓去刺毛，在30～40℃的温水中浸种，催芽，待部分种子露白时播种。平畦或高垄条播。垄宽45～50 cm、高10～15 cm、垄距65～70 cm，垄上开浅沟条播2行，种后浇1～2次水可出苗。除草、间苗宜早进行，及时喷洒除草剂。间苗在1～2片真叶时，结合浅耕除草，苗距3～4 cm；在5-6片真叶时，苗距10～12 cm。土壤保持湿润，雨后及时排水。生长期间结合浇水追肥2次，第1次追肥在3～4片真叶时进行，25 d后追第2次肥。播后40 d进行培土。在叶生长旺盛期应适当控制水肥用量，进行中耕蹲苗。

【主要芳香成分】

同时蒸馏萃取法提取的贵州花溪产野胡萝卜地上部分精油的主要成分依次为：β-丁香烯（16.08%）、大根香叶烯D（11.25%）、α-细辛脑（9.80%）、α-葎草烯（7.13%）、顺式-α-甜没药烯（4.11%）、δ-榄香烯（3.06%）、植醇（2.94%）、异丁子香酚（2.94%）、α-异松香烯（2.49%）、α-蒎烯（2.28%）、反式-β-金合欢烯（2.02%）、（+）-β-芹子烯（1.72%）、丁香烯氧化物（1.69%）、（E,E）-α-金合欢烯（1.63%）、α-荜澄茄醇（1.56%）、柠檬烯（1.55%）、α-甜没药醇（1.48%）、顺式-罗勒烯（1.44%）、大根香叶烯B（1.13%）等（陈青等，2007）。

【营养与功效】

每100 g嫩茎叶含蛋白质3.8 g，脂肪0.56 g，粗纤维0.6 g，碳水化合物1.88 g。茎叶具杀虫、消肿、下气、化痰的功效。

【食用方法】

嫩茎叶洗净，沸水烫过，切碎，可凉拌、炒食、蒸食、做馅、做汤等。

茴香

伞形花科茴香属

学名：*Foeniculum vulgare* Mill.

别名：怀香、小茴香、土茴香、野茴香、茴香子、小香、小茴、谷茴香、香丝菜

分布：北京、山西、内蒙、甘肃、新疆、山东、四川、辽宁等省区有栽培

【植物学特征与生境】

多年生草本，全株无毛，有强烈香气。茎直立，高0.5～2 m，有浅纵沟纹。叶有柄，卵圆形至广三角形，长达30 cm，宽达40 cm，三至四回羽状分裂，深绿色，末回裂片线形至丝状，茎下部的叶柄长7～14 mm，基部鞘状，上部的叶柄一部或全部成鞘状。复伞形花序顶生或侧生，顶生的伞形花序大，直径可达15 cm；花序梗长4～25 cm，伞幅8～30；花黄色，有梗；花瓣5，倒卵形。双悬果卵状长圆形，光滑，侧扁；分果有5条隆起的纵棱。花期6～7月，果期10月。

喜冷凉，耐寒，耐热，生长适宜温度为15～20℃。喜光和湿润、肥沃土壤，耐盐，适应性强，对土壤要求不严，但以地势平坦、肥沃疏松、排水良好的砂壤土或轻碱性黑土为宜。

【栽培技术要点】

多用种子繁殖，南方分春播和秋播，春播2～3月，秋播9～10月；北方只能春播，4月上旬播种。条播，按照株行距25 cm开沟，沟深5～7 cm。种子拌细土后均匀撒入沟中，覆土1.5～2.5 cm，稍镇压。苗高10～12 cm开始可陆续间拔采收，苗高20～23 cm时割苗采收。生长初期中耕宜浅，施氮肥为主，天旱要适时灌溉。

【主要芳香成分】

水蒸气蒸馏法提取的茴香茎叶的得油率在1.20%～1.81%之间，叶的得油率为1.20%。广东韶关产茴香新鲜茎叶精油的主要成分依次为：反式茴香脑（47.40%）、柠檬烯（31.69%）、莳萝芹菜脑（5.72%）、水芹烯（5.36%）、γ-萜品烯（1.77%）、草蒿脑（1.68%）、萜品油烯（1.11%）、对聚伞花素（1.08%）等（肖艳辉等，2010）。北京产茴香新鲜叶精油的主要成分依次为：柠檬烯（57.80%）、反式-茴香脑（21.80%）、α-蒎烯（10.00）、爱草脑（2.90%）、反式葶醇乙酸酯（2.50%）、月桂烯（1.50%）、β-蒎烯（1.10%）等（赵淑平等，1991）。

【营养与功效】

茎叶含挥发油，还含有较丰富的维生素A、维生素E和钙等成分。有温肾、和胃、理气等功效。

【食用方法】

嫩茎叶洗净，沸水焯熟，调味拌食，味道清香，常用于做馅。

球茎茴香

伞形花科茴香属

学名：*Foeniculum vulgare* Mill.var.*azoricun*（Mill.）Thell

别名：结球茴香

分布：北京、上海、广东、云南、湖北、浙江、江苏和华北有栽培

【植物学特征与生境】

一年生草本，高70～100 cm。主根入土深达30～40 cm，上有5～7条支根。羽状复叶，小叶呈毛状，当新叶展开10片左右时，叶柄基部肥大抱合而成扁圆形肉质假球茎。花茎高80～120 cm，有3～7个侧枝，伞形花序，花黄色，小型，雌雄同花，异花授粉。双悬果，长椭圆形，果实长5～6 mm，两室，各室中有种子1粒，较小，具有较浓香味。

喜凉爽气候，生长温度范围为4～36℃，最适生长温度12～20℃，较耐低温，苗期又耐高温。生长阶段喜光怕阴，充足的阳光有利于球茎膨大。对土壤的适应性较广。

【栽培技术要点】

一般采用育苗移栽，华北地区的播期从清明至立秋随时可以播种，但以春秋季栽培为主。播种时在苗床上搭小棚遮阴或覆盖遮阳网，以便降温保湿和防暴雨的冲淋。苗床要选择灌排方便，土壤疏松肥厚的地块，每667 m² 苗床施入腐熟粪肥2000～2500 kg，整平做床。播种前将种子晒半天，然后用手轻搓，7～10 d种子出苗后早晚浇水。幼苗4～5片真叶时，可移栽定植到生产田。定植前应深翻土，每667 m² 施用有机肥2500～3000 kg、氮磷钾复合肥30 kg作基肥。定植密度为行距25～30 cm，株距25 cm。定植后要浇足1次水。定植后应保持土壤湿润，促进缓苗。4～6 d秧苗成活后，追施提苗肥2～3次，7～8片真叶后每隔3～4 d追肥1次。球茎停止膨大时就可采收，也可稍作培土或覆盖后留在田间延后采收。

【主要芳香成分】

水蒸气蒸馏法提取的球茎茴香叶精油的主要成分依次为：苧烯（47.70%）、茴香脑（45.90%）、α-蒎烯（2.70%）、茴香酮（2.50%）、1,8-桉叶油素（1.10%）等（王羽梅等，2002）。

【营养与功效】

在欧美球茎茴香是一种很受欢迎的蔬菜。每100克鲜食部分中含有蛋白质1.1 g，脂肪0.4 g，糖类3.2 g，纤维素0.3 g，维生素C 12.4 mg，钾654.8 mg，钙70.7 mg；并含有黄酮甙、茴香苷等成分。有健胃、促进食欲、驱风邪等食疗作用。

【食用方法】

以其柔嫩的球茎及嫩叶供食用，嫩叶微香、鲜嫩，可供馅食。球茎可切成薄片炒、煮食、做汤或凉拌，腌渍、生食风味独特。

前胡

伞形花科前胡属

学名：*Peucedanum praeruptorum* Dunn

别名：白花前胡、官前胡、山独活、水前胡、野芹菜、岩风、南石防风、鸡脚前胡、岩川芎、山当归

分布：甘肃、河南、贵州、广西、四川、湖北、湖南、江西、安徽、江苏、浙江、福建

【植物学特征与生境】

多年生草本，高1 m左右，主根粗壮，根呈不规则圆柱形、圆锥形或纺锤形、稍扭曲，下部有少数分枝；根头部粗短，周围有叶鞘残基。茎直立，上部叉状分枝，基部具有多数褐色叶鞘纤维，表面棕褐色或灰黄色。基生叶为二至三回三出式羽状分裂，最终裂片菱状倒卵形；不规则羽状分裂裂片较小，边缘有圆锯齿，叶柄基部有宽鞘。茎生叶较小，具有短柄。复伞形花序，小总苞片7，线状披针形，无总苞片，花白色。双悬果椭圆形或卵形，侧棱有窄而厚的翅。花期8～10月，果期10～11月。

喜寒冷湿润气候，多生长在土壤肥沃深厚的山坡林下或向阳的荒坡草丛中。

【栽培技术要点】

常用分株繁殖，春初，将生长3年的成株挖出，分苗。畦宽1.5 m，高20 cm，按行距40 cm，穴距30 cm开穴，施入腐熟的农家肥后与土壤拌匀，每穴栽1株，压实浇水。发叶后可追施人畜粪水1～2次，适当追施磷、钾肥。也可种子繁殖，春季将种子撒播或条播于苗床，浇水保持土壤湿润，出苗后培育1年，第2年春季移栽于大田。

【主要芳香成分】

水蒸气蒸馏法提取的广西贵港产前胡茎叶的得油率为0.40%，精油主要成分依次为：β-蒎烯（70.30%）、菖蒲烯酮（4.40%）、石竹烯（3.48%）、γ-杜松烯（3.54%）、β-侧柏烯（3.45%）、α-蒎烯（2.73%）、γ-松油烯（1.52%）等（刘布鸣等，1995）。

【营养与功效】

嫩叶含挥发油和多种香豆素类化合物。有降气祛痰、疏散风热的功效。

【食用方法】

嫩叶洗净，切段，可做汤或与蛋煮食，有治头晕的功效。

积雪草

伞形花科积雪草属

学名：**Centella asiatica**（Linn.）Urban

别名：大叶金钱草、缺碗草、马蹄草、雷公根、铜钱草、线齿草、铁灯盏、落得打、十八缺

分布：陕西、江苏、安徽、浙江、江西、湖南、湖北、福建、台湾、广东、广西、四川、云南

【植物学特征与生境】

多年生草本，茎高约10 cm，茎匍匐，细长，节上生根。叶片膜质至草质，圆形、肾形或马蹄形，长1～2.8 cm，宽1.5～5 cm，边缘有钝锯齿，基部阔心形；叶柄长1.5～27 cm，基部叶鞘透明，膜质。伞形花序梗2～4个，聚生于叶腋，长0.2～1.5 cm；苞片通常2，卵形，膜质；每一伞形花序有花3～4，聚集呈头状；花瓣卵形，紫红色或乳白色，膜质。双悬果扁圆，长2.1～3 mm，宽2.2～3.6 mm，每侧有纵棱数条。花果期4～10月。

生于田野、阴湿草地或沟边、耕地边，常成片生长。喜温暖潮湿环境。

【栽培技术要点】

生性强健，种植容易，繁殖迅速。种子繁殖：于春、秋季条播，覆土2～3 cm。分株繁殖：在早春进行。苗期勤除杂草，旱季注意浇水。

【主要芳香成分】

水蒸气蒸馏法提取的浙江温州产积雪草新鲜茎叶精油的主要成分依次为：α-石竹烯（18.90%）、石竹烯（18.78%）、氧化石竹烯（9.64%）、β-榄香烯（8.01%）、[1R-（1R*,3E,7E,11R*）]-1,5,5,8-四甲基-12-氧杂二环[9.1.0]十二-3,7-二烯（6.17）、[3R-（3α,3aβ,7β,8aα）]-2,3,4,7,8,8a-六氢-3,6,8,8-四甲基-1H-3a,7-亚甲基薁（3.08%）、[S-（E,E）]-1-甲基-5-亚甲基-8-（1-甲基乙基）-1,6-环癸二烯（2.68%）、[1aR-（1aα,4aβ,7α,7aβ,7bα）]-十氢-1,1,7-三甲基-4-亚甲基-1H-环丙[e]薁（2.15%）、（E）-7,11-二甲基-3-亚甲基-1,6,10-十二碳三烯（2.07%）、[4aR-（4aα,7α,8aβ）]-十氢-4a-甲基-1-亚甲基-7-（1-甲基乙烯基）-萘（1.88%）、[1R-（1α,3aβ,4α,7β）]-1,2,3,3a,4,5,6,7-八氢-1,4-二甲基-7-（1-甲基乙烯基）-薁（1.85%）、α-顺式-檀香脑（1.41%）、1-十二烷醇（1.32%）、（Z）-3,7-二甲基-2,6-辛二烯-1-醇（1.29%）、棕榈酸（1.11%）、（1aα,7α,7aα,7bα）]-1a,2,3,5,6,7,7a,7b-八氢-1,1,7,7a-四甲基-1H-环丙[a]萘（1.11%）、1-（1-丁烯-3-基）-2-乙烯基-苯（1.07%）、2,6-二甲基二环[3.2.1]辛烷（1.02%）等（徐晓卫等，2011）。

【营养与功效】

含积雪草酸、积雪草苷、积雪草糖、β-谷甾醇、中肌醇、鞣制和生物碱等成分；每100 g嫩叶含维生素A 1.03 mg，维生素B_2 1.09 mg，维生素C 46 m。有清热解毒、消肿利湿等功效。

【食用方法】

嫩叶用沸水烫过，清水漂去苦味后可炒食或做汤。也可做成肉丸煮食或做成饺子馅；或与番茄、豆豉配以小米辣、柠檬鲜榨汁揉拌做成凉拌菜；或用鸡蛋面粉加少许水制成蛋糊与之相伴和，热油炸食，香气宜人、清新爽口、别具风味。

旱芹

伞形花科芹属

学名：*Apium graveolens* Linn.

别名：芹菜、药芹、香芹、蒔萝、洋芹菜、西芹、西洋芹

分布：全国各地均有栽培

【植物学特征与生境】

二年生或多年生草本，高33~66 cm，有强烈香气。基生叶具柄，常3裂达中部或3全裂；裂片近菱形，边缘有锯齿。复伞形花序顶生或与叶对生，常无总苞片和小总苞片；花白色或黄绿色；萼齿小或不明显。果实为双悬果，有两个心皮，其内各含1粒种子；分生果圆形或长圆形，果棱尖锐。花期4月，果期6月。

喜冷凉和湿润气候，较耐阴湿，生长适温为15℃，耐寒，成株能忍受-8℃以下低温。

【栽培技术要点】

选肥沃、排水良好、湿润的地块栽培。初春宜在温床播种。定植后，必须及时覆盖遮阳网至缓苗。及时浇透压莞水，次日"复水"。注意遮阴和保持土壤湿润至缓苗。苗高10~13 cm前，每隔2~3 d追施一次清粪水。苗高15~18 cm时，应浅中耕2次。以后每隔3~5天追施一次3~4成浓度的粪水或0.5%的尿素液，保持土壤水肥充足。并要掌握土干淡浇，土湿浓浇。结合施肥，及时中耕除草，采收前2~3周一般停止浇粪水，可用0.3%~0.5%的尿素和磷酸二氢钾溶液，每5~7 d进行叶面追肥。也可与病害防治结合进行。

【主要芳香成分】

水蒸气蒸馏法提取的辽宁鞍山产旱芹叶精油主要成分依次为：n-十六酸（12.05%）、9,12,15-十八碳三烯酸（5.99%）、β-月桂烯（1.86%）、桉叶双烯（1.52%）、十七烷（1.31%）、十九烷（1.11%）等（孙小媛等，2010）。云南昆明产西芹和旱芹新鲜茎叶精油主要成分均为：对聚伞花素（36.67%，20.60%）、邻苯二甲酸二丁酯（15.77%，5.39%）、1,1-二氯乙烷（13.19%，30.38%）、1,1-二乙氧基乙烷（5.92%，12.54%）、乙酸乙酯（3.33%，10.02%）、C-β-罗勒烯（4.25%，5.77%）、柠檬烯（4.25%，2.13%）等（曹树明等，2008）。辽宁抚顺产旱芹新鲜叶的得油率为1.00%，新鲜茎的得油率为0.40%。

【营养与功效】

叶及叶柄含挥发油、多种维生素和有机酸。有平肝、清热、利尿、降血压等功效。

【食用方法】

主要食用部位为肥厚的叶柄，可炒食、凉拌、烩或做配料，也可做馅。嫩叶洗净，沸水烫过后，可以凉拌、做汤。

珊瑚菜

伞形花科珊瑚菜属

学名：*Glehnia littoralis* Fr.Schmidt ex Miq.

别名：莱阳参、莱阳沙参、辽沙参、北沙参、海沙参

分布：山东、辽宁、河北、江苏、浙江、广东、福建、台湾

【植物学特征与生境】

多年生草本植物，株高30 cm。主根细长，圆柱形，长约40 cm。茎直立，少分枝。根生叶鞘带革质，有长柄；叶片羽状分裂，小叶卵圆形，边缘有锯齿。花小，白色，密聚于枝顶成复伞形花序，花枝密生白色绒毛。有棕色粗毛，果棱有翅。花期4～7月，果熟期6～8月。

喜阳光、温暖、湿润环境，能抗寒、耐干旱、耐盐碱，忌水涝，忌连作和花生茬。喜排水良好的砂质壤土。

【栽培技术要点】

用当年种子繁殖，可秋播和春播。秋播在11月上旬，春播在早春开冻后进行。播时开沟4 cm深，沟底要平，播幅宽12～15 cm，行距20～25 cm，种子均匀撒播于沟内，覆土约3 cm。每公顷用种量75～125 kg。留种选健壮、无病虫、无花的一年生根作种。于9月栽植，按行距25～30 cm，株距20 cm，斜放沟内，盖土3～5 cm。栽后十余天长出新叶。翌年4月返青、抽薹，7月种子成熟，随熟随采。

【主要芳香成分】

水蒸气蒸馏法提取的山东莱阳产珊瑚菜干燥叶精油的主要成分依次为：β-水芹烯（12.72%）、γ-榄香烯（7.04%）、4-1-甲乙基-2-环己烯-1-酮（6.58%）、石竹烯（5.09%）、对伞花-1-醇（2.81%）、α-水芹烯（2.49%）、菲兰醛（2.03%）、3-甲基-2-丁烯-1-醇（1.79%）、4-异丙基苯甲醛（1.77%）、反式-1-甲基-4-异丙基-2-环己烯-1-醇（1.71%）、十四烷酸（1.44%）、α-蒎烯（1.23%）、丁香酚甲酯（1.19%）、δ-荜澄茄烯（1.18%）、辛醛（1.00%）等（崔海燕等，2013）。

【营养与功效】

每100 g嫩茎叶含粗蛋白1.03 g，粗脂肪0.18 g，粗纤维3.62 g，灰分3.95 g，抗坏血酸46.52 mg，18种氨基酸的总量10.66 g，钠28.37 mg，铁19.35 mg。有养阴清肺、益胃生津的功效。

【食用方法】

嫩苗洗净，炖肉食，也可做汤。

水芹

伞形花科水芹属

学名：*Oenanthe javanica* (Bl.) DC.
别名：水芹菜、野芹菜、沟芹、蜀芹、刀芹、河芹、小叶芹
分布：全国各地

【植物学特征与生境】

水生宿根多年生草本植物，高20～80 cm。根白而细，自根部或匍匐枝的各节长出。茎中空，无毛，有棱角，直立生长。根出叶丛生，二回羽状复叶，小叶卵状或菱状椭圆形，先端细而尖叶缘粗锯齿。叶柄细长，基部短鞘状，包住茎部，多带红色。夏季自茎的先端开花，花小，白色，为复伞形花序。果实褐色，椭圆形，顶部尖锐无毛，内有种子一枚。花期7～8月。

适应性广，耐寒性强，喜冷凉湿润的气候，最适生长温度为15～25℃，高于30℃生长不良。怕干旱，生长期需要充足的水分。

【栽培技术要点】

多用无性繁殖。江南各省区多在立冬和小雪期间栽植，北方则在立秋之后或第二年春分、清明前后开始。冬栽水层保持在3～6 cm，封冻前加深水层，以仅露叶尖为宜；春栽者可以浅灌，夏季保水深度为30～60 cm。栽植株行距35 cm×40 cm，每穴3～5株。苗田中氮肥不宜过多，结合整地每667 m^2施用厩肥1000～1500 kg作底肥，并起垄作畦。春秋均可定植。定植前先将种苗除去顶梢，捆成小捆，堆积在阴凉地方催芽发根，用湿草或保湿材料覆盖，每天早晚浇凉水一次，约一周生根后定植。定植株行距25 cm×25 cm，每穴1～3株。栽后灌浅水，逐渐增加水量，保持水浸至植株的1/3或1/2左右。苗高10～15 cm时，及时除草匀苗。栽植后15 d，植株2～3片叶时追施一次稀薄肥或尿素，生长期内追肥2～3次，要增施磷钾肥。主要病害为腐烂病；常见虫害为蚜虫。栽后40～50 d，株高40 cm时可以采收，每隔20～30天采收1次。

【主要芳香成分】

水蒸气蒸馏法提取的云南大理产水芹干燥茎叶的得油率为0.53%。野生水芹新鲜叶精油的主要成分依次为：[1S-(1,2,4)]-1-甲基-1-乙烯基-2,4-双(1-甲基乙烯基)环己烷(10.18%)、吉玛烯D(9.84%)、1-甲基-4-(1-甲乙基)苯(7.50%)、丁香烯(7.32%)、(E)-7,11-二甲基-3-亚甲基-1,6,10-十二碳三烯(7.00%)、(1,2,5)-2,6,6-三甲基二环[3.1.1]庚烷(5.80%)、(Z,E)-3,7,11-三甲基-1,3,6,10-十二碳四烯(5.59%)、α-金合欢烯(5.59%)、1-甲基-1-乙烯基-2-(1-甲基乙烯基)-4-(1-甲基亚乙烯基)环己烷(4.21%)、(1S-顺)-4,7-二甲基-1-(1-甲乙基)-1,2,3,5,6,8a-六氢萘(3.84%)、(E,E)-3,7-二甲基-10-(1-甲基亚乙烯基)-3,7-环癸二-1-酮(3.08%)、(E)-3,7-二甲基-1,3,6-辛三烯(2.93%)、胡椒烯(2.51%)、4-甲基-1-(1-甲乙基)-2-甲氧基苯(2.00%)、α-丁香烯(1.74%)、β-蒎烯(1.48%)、β-榄香酮(1.48%)、D-柠檬烯(1.43%)、丁香烯氧化物(1.42%)、[1aR-(1a,4,4a,7,7a,7b)]-1,1,4,7-四甲基-十氢-4aH-环丙烯并[e]薁-4a-醇(1.39%)、吉玛烯B(1.35%)等；新鲜茎精油的主要成分依次为：1-甲基-2-(1-甲乙基)苯(32.11%)、β-蒎烯(11.54%)、(E)-3,7-二甲基-1,3,6-辛三烯(11.07%)、1-甲基-4-(1-甲乙基)-1,4-环己二烯(7.70%)、4-甲基-1-(1-甲乙基)-2-甲氧基苯(4.00%)、柠檬烯(3.91%)、α-蒎烯(3.81%)、β-月桂烯(2.47%)、(Z)-3,7-二甲基-1,3,6-辛三烯(1.72%)、(E)-7,11-二甲基-3-亚甲基-1,6,10-十二碳三烯(1.30%)、丁香烯(1.30%)、3,4-二甲基-2,4,6-辛三烯(1.29%)、2,6-二甲基-6-(4-甲基-3-戊烯基)二环[3.1.1]-2-庚烯(1.27%)、(1S-顺)-4,7-二甲基-1-(1-甲乙基)-1,2,3,5,6,8a-六氢萘(1.00%)等(徐中海等，2010)。

【营养与功效】

每100 g嫩茎叶含蛋白质2.1 g，脂肪0.6 g，粗纤维3.0 g；维生素A 4.28 mg，维生素B_1 0.02 mg，维生素B_2 0.09 mg，维生素B_5 0.10 mg，维生素C 47 mg；钙154 mg，磷9.8 mg，铁23.3 mg。有清热解毒、利水凉血、降血压等功效。

【食用方法】

嫩苗或嫩茎叶洗净，清水浸泡、冲洗，去梗、老叶柄后可炒食，或用开水烫熟后，切段，凉拌或蘸酱或辣椒水食用，也可做汤、做粥或作火锅料。还可腌渍、制作泡菜或酱菜。

天胡荽

伞形花科天胡荽属

学名：*Hydrocotyle sibthorpioides* Lam.

别名：破铜钱、石胡荽、鹅不食草、金钱草、雨点草、天星草、满天星、星宿草、鱼鳞草

分布：陕西、江苏、安徽、浙江、江西、福建、台湾、湖南、湖北、广东、广西、四川、贵州、云南

【植物学特征与生境】

多年生草本，有气味。茎细长而匍匐，平铺地上成片，节上生根。叶片膜质至草质，圆形或肾圆形，长0.5～1.5 cm，宽0.8～2.5 cm，基部心形，两耳有时相接，不分裂或5～7裂，裂片阔倒卵形，边缘有钝齿；叶柄长0.7～9 cm；托叶略呈半圆形，薄膜质，全缘或稍有浅裂。伞形花序与叶对生，单生于节上；花序梗纤细；小总苞片卵形至卵状披针形，有黄色透明腺点；花瓣卵形，绿白色，有腺点。果实略呈心形，两侧扁压，中棱在果熟时极为隆起，幼时表面草黄色，成熟时有紫色斑点。花果期4～9月。

适生性强，对土壤条件要求不十分严格，喜阴湿、多肥，惧强光、干旱。

【栽培技术要点】

可种子繁殖和根茎繁殖。种子繁殖：9月初开始播种，苗床以排灌方便、肥力中上的沙壤土为宜，播前翻耕施肥、整地作畦后，在畦面上开5～7 cm的浅横沟，在沟内用7.50～11.25 t/hm² 腐熟人粪尿对水25%浇施后，将750 g/hm² 左右的种子用细泥或草木灰拌匀后撒播于沟内，覆约1 cm厚的肥土，保持土壤湿润，7～10 d出苗。移栽前4～5 d施起身肥，3～5叶时定植，栽前1～2 d浇水。根茎繁殖：采苗、分苗栽种除5～6月花果期外，其余生长季节栽种均易成活。按10～15 cm栽根茎苗，栽后用10%的稀薄人粪尿或对水50%的沼液浇施定根水。移栽后2～4 d查苗、补苗。在茎叶未封垄前结合施肥中耕除草2～3次，封垄后不再中耕施肥。遇干旱灌水，遇雨涝注意排水。病虫害主要有叶甲类、叶枯病、白粉病等，注意合理轮作。在茎叶封行时开始采食。

【主要芳香成分】

水蒸气蒸馏法提取的天胡荽茎叶的得油率在0.20%～0.59%之间。重庆产天胡荽新鲜茎叶精油的主要成分依次为：β-没药烯（21.38%）、氧化石竹烯（6.43%）、叶绿醇（6.22%）、(-)-镰叶芹醇（3.76%）、顺式-橙花叔醇（3.68%）、(Z)-2,6,10-三甲基-1,5,9-十一碳-三烯（2.55%）、庚醛（2.54%）、反式-石竹烯（2.16%）、α-蒎烯（1.51%）、3-甲基-2-庚酮（1.24%）、樟脑（1.14%）、α-甜没药萜醇（1.15%）、反式-β-金合欢醇（1.02%）、β-波旁烯（1.00%）等（秦伟瀚等，2011）。江西上栗产天胡荽阴干茎叶精油的主要成分为：人参醇（19.15%）、(-)-匙叶桉油烯醇（7.66%）、α-甜没药萜醇（6.27%）等（张兰等，2008）。贵州贵阳产天胡荽半阴干茎叶精油的主要成分为：镰叶芹醇（Z)-(-)-1,9-十七碳二烯-4,6-二炔-3-醇（21.58%）、δ-3-蒈烯（14.23%）、α-蒎烯（6.73%）、β-榄香烯（5.80%）等（穆淑珍等，2004）。江西井冈山产天胡荽茎叶精油的主要成分为：苯丙腈（57.28%）、植醇（13.06%）等（康文艺等，2003）。

【营养与功效】

全草含挥发油、多种黄酮苷、酚类化合物、香豆素等成分。有清热、利湿、止咳祛痰、利尿解毒、消肿等功效。

【食用方法】

嫩叶广泛用于炖食和炒食，蒸肉类具清热开胃作用。

鸭儿芹

伞形花科鸭儿芹属

学名：*Cryptotaenia japonica* Hassk.

别名：山芹菜、鸭脚板草、野芹菜、三叶草、野蜀葵

分布：河北、安徽、江苏、浙江、福建、江西、广东、广西、湖北、湖南、山西、陕西、甘肃、四川、贵州、云南

【植物学特征与生境】

多年生草本，高40～70 cm。根状茎很短。茎直立，具叉状分枝。叶互生，三出复叶，叶柄基部稍扩大成膜质窄叶鞘而抱茎；中间小叶菱状倒卵形。花为顶生及腋生的复伞形花序，有不等长的圆锥状分枝。花瓣5。双悬果长椭圆形，分果常圆而不扁，有5棱。花期6～7月。

喜冷凉气候。生于低山林边、沟边、田边湿地或沟谷草丛中。

【栽培技术要点】

南方露地一般从2月份开始一直播到9月份，从4月份开始一直采收到11～12月份。软化栽培分为床窖软化和培土软化两种。床窖软化的根株养成，有春播和秋播两个季节；培土软化的根株养成只限于春播。春播于4～5月播种，至冬季进行软化，床窖软化者，从11月份开始采收，可收到2～3月份；培土软化的，在翌春发芽前，将根株培土软化，采收期为2～5月份。秋播于9～10月播种，至翌年春夏季软化，仅限于少数高山地区。

【主要芳香成分】

水蒸气蒸馏法提取的江西庐山产鸭儿芹干燥茎叶的得油率为0.75%。广西桂林产鸭儿芹阴干叶精油的主要成分依次为：α-芹子烯（47.50%）、β-芹子烯（20.03%）、β-石竹烯（15.09%）、β-榄香烯（3.61%）、α-石竹烯（2.20%）、甜没药烯（1.80%）、α-杜松烯（1.82%）、α-金合欢烯（1.76%）、橙花叔醇（1.29%）、反式橙花叔醇（1.04%）等；阴干茎精油的主要成分依次为：α-芹子烯（22.04%）、松油烯（20.00%）、β-蒎烯（18.64%）、β-月桂烯（11.02%）、β-芹子烯（9.66%）、金合欢烯（2.50%）、对-伞花烃（2.33%）、石竹烯（2.08%）、β-榄香烯（1.80%）、荜澄茄烯（1.44%）、α-石竹烯（1.34%）、D-柠檬烯（1.31%）、α-杜松烯（1.00%）等（李娟等，2011）。

【营养与功效】

嫩茎叶含有丰富的蛋白质、纤维、维生素、胡萝卜素等营养成分，每100 g新鲜嫩茎叶含蛋白质0.96 g，粗脂肪0.22 g，膳食纤维1.32 g，锌22.31 mg，钙23.24 mg，维生素C 45.32 mg，β-胡萝卜素0.11 mg，维生素B_2 0.18 mg，叶酸0.36 mg。有发表散寒、温肺止咳的功效。

【食用方法】

嫩苗或嫩茎叶洗净，入沸水中焯过，可凉拌、清炒，也可与豆腐等炒食，有健胃消食的功能。

香芹

伞形花科岩风属
学名：*Libanotis seseloides* (Fisch.et Mey.) Hurcz.
别名：邪蒿
分布：东北、内蒙古、甘肃、河南、山东、江苏等省区

【植物学特征与生境】

多年生草本，高30～120 cm。根颈粗短，有环纹；根圆柱状。茎直立或稍曲折，单一或自基部抽出2～3茎，粗壮，分枝。基生叶有长柄，基部有叶鞘；叶片轮廓椭圆形，长5～18 cm，宽4～10 cm，3回羽状全裂；茎生叶与基生叶相似。伞形花序多分枝；通常无总苞片；小伞形花序有花15～30，花柄短；小总苞片8～14，线形或线状披针形；花瓣白色，宽椭圆形。分生果卵形，背腹略扁压，5棱显著。花期7～9月，果期8～10月。

要求冷凉的气候和湿润的环境。植株生长适温15～20℃。耐寒力较强。不耐热，不耐干旱，也不耐涝。对硼肥反应较敏感，缺硼时易发生裂茎。

【栽培技术要点】

直播或育苗，以育苗移栽为好。种子难吸水，宜浸种催芽，浸种12～14 h后用清水冲洗，并轻揉搓去老皮，摊开晾晒再播。冬季育苗，苗床内的温度夜间不低于15℃。小水勤喷。夏季育苗要遮阳降温。5～6片真叶时定植，行距30～40 cm，株距12～20 cm。直播的要及时间苗，一般间2～3次后按株行距定苗，1～2片真叶时结合间苗除草。每隔一个月追肥一次。夏播田最好铺草降温。冬栽要注意温度的管理，及时灌溉，一般每10 d要灌一次透水。

【主要芳香成分】

水蒸气蒸馏法提取的甘肃天水产香芹阴干茎叶的得油率为1.33%，精油主要成分依次为：肉豆蔻醚（64.05%）、芹菜脑（8.98%）、3-甲基-5-(2,2-二甲基-6-氧代亚环己基)乙酸-3-戊烯酯（4.49%）、2-甲氧基丁烷（2.02%）、香豆酮（1.87%）、7,7-二甲基-5-异丙基-2-异丙烯基双环[4.1.0]-3-己烯（1.76%）、α-愈创木烯（1.37%）、香树烯（1.35%）、氧化别香树烯（1.28%）、苊酮（1.23%）等（潘素娟等，2011）。

【营养与功效】

每100 g嫩叶片中含蛋白质3.67 g，纤维素4.14 g，还原糖1.22 g，胡萝卜素4.30 mg，维生素B_1 0.08 mg，维生素B_2 0.11 mg，维生素C 76～90 mg；钾693.5 mg，钠67.01 mg，钙200.5 mg，镁64.13 mg，磷60.42 mg，铜0.09 mg，铁7.66 mg，锌0.66 mg，锶1.164 mg，锰0.76 mg，硒3.89 μg。具有降血压、镇静、健胃、利尿等功效，是一种保健蔬菜。

【食用方法】

叶片大多作香辛调味用，作沙拉配菜，水果和果菜沙拉的装饰及调香。

芫荽

伞形花科芫荽属

学名：*Coriandrum sativum* Linn.

别名：香荽、香菜、胡荽、松须菜

分布：全国各地均有栽培

【植物学特征与生境】

一年生或两年生草本，高20～100 cm，有强烈气味。基生叶与茎生叶异形；基生叶一或二回羽状全裂，羽片广卵形或扇形半裂；上部茎生叶三回至多回羽状分裂，末回裂片狭线形。伞形花序顶生或与叶对生；花白色或带淡紫色。果圆球形，背面主棱及相邻次棱明显。花期7～8月，果期6～9月。

喜冷凉，具有一定的耐寒力，但不耐热。

【栽培技术要点】

种子繁殖。春季播种3～4月，秋季9～10月。种皮较坚硬，播种前应搓开。夏季栽培进行浸种低温催芽，种子浸24h后用湿布包好置于20℃左右的环境下催芽，3～4 d露白时即可播种。夏秋季播种以直播为好，每667 m²用种量为1.5～2 kg，播后覆盖一层厚1 cm的细土，然后在畦面覆盖遮光率为45%的遮阳网。播后浇足水。幼苗期每3～4 d浇一次水，生长旺盛期必须加强水肥管理，保持土面湿润，施肥以速效性肥为主，结合浇水淋施。

【主要芳香成分】

水蒸气蒸馏法提取的芫荽茎叶的得油率在0.04%～0.95%之间。云南玉溪产芫荽新鲜茎叶精油的主要成分为：月桂醛（14.69%）、9-烯-十四醛（13.49%）、癸醛（13.04%）、2-烯-十二醛（9.46%）、1，2，3-三甲基环戊烷（6.80%）、2-烯-十二醇（6.64%）等（张京娜等，2009）。黑龙江哈尔滨产芫荽新鲜茎叶精油的主要成分为：2-环己烯-1-醇（14.61%）、2-十二烯醛（11.81%）、（E）-2-癸烯-1-醇（10.42%）、十三醛（7.43%）、2-十三烯-1-醇（5.62%）等（陆占国等，2006）。辽宁鞍山产芫荽新鲜茎叶精油的主要成分为：环癸烷（8.27%）、E-2-癸烯-1-醇（8.02%）、癸醛（7.86%）、2-癸烯-1-醇（7.35%）、壬烷（7.19%）、十二醛（7.17%）、2-亚甲基环戊醇（6.97%）等（孙小媛等，2002）。超临界CO_2萃取法提取的黑龙江哈尔滨产芫荽新鲜茎叶的得油率为0.27%，精油主要成分为：1，2-苯二甲酸二异辛基酯（28.91%）、α，α-二甲基苯甲醇（7.84%）、1-乙烯基-1-环己醇（7.55%）、2-壬烯醛（6.42%）等（陆占国等，2006）。

【营养与功效】

茎叶富含挥发油和维生素C。有发汗、透疹、下气调食、健胃消食等功效。

【食用方法】

嫩茎叶主要作为凉拌菜的配料或调味品食用，是常用的火锅料，也可做汤、做馅。

葎草

桑科葎草属

学名：*Humulus scandens*（Lour.）Merr.

别名：勒草、葛勒子秧、金葎、山苦瓜、铁五爪龙、拉拉藤、锯锯藤、五爪龙、割人藤

分布：除新疆、青海外、全国各地均有分布

【植物学特征与生境】

一年生或多年生缠绕草本，茎、枝和叶柄有倒生皮刺。叶片为掌状复叶，直径7～10 cm，掌状深裂，裂片5～7，边缘有粗锯齿，两面均有粗糙刺毛，背面有黄色小腺点，基部心形；叶柄长约10 cm。花雌雄异株，圆锥花序，长15～25 cm，雄花小，淡黄色，花被和雄蕊各5；雌花排列成近圆形的穗状花序，每2朵花有1卵形苞片，有白刺毛和黄色小腺点。瘦果淡黄色，扁圆形。花期5～8月，果期8～9月。

喜阴、耐寒、耐旱，喜肥。

【栽培技术要点】

主要靠种子繁殖。在平原地区经过整地、耙平后，进行沟播，播种深度4 cm左右，1 m^2播量约为180 g。可点播，播后不要将穴填平，以便蓄积雨雪。每穴2～3粒种子。播期在平均地温6～30℃范围均可，最佳播期是地温在10～20℃内。黄河中、下游地区于3月中旬左右出苗。在排水良好的肥沃土壤，生长迅速，管理粗放，无需特别的照顾，可根据长势略加修剪。

【主要芳香成分】

水蒸气蒸馏法提取的葎草干燥茎叶的得油率为0.05%，精油主要成分为：红没药醇氧化物（5.32%）、α-芹子烯（2.10%）、石竹烯（1.76%）、β-芹子烯（1.30%）、β-月桂烯（1.21%）等；超临界CO_2萃取法提取的葎草干燥茎叶精油的主要成分依次为：α-香树素（3.50%）、γ-谷甾醇（2.50%）、α-芹子烯（2.41%）、石竹烯（2.00%）β-芹子烯（1.98%）、正癸酸（1.78%）、红没药醇氧化物（1.78%）、龙脑（1.58%）、β-月桂烯（1.43%）、β-葎草烯（1.28%）、β-月桂烯（1.21%）、维生素E（1.20%）、1,8-桉叶油素（1.18%）、樟脑（1.18%）、十六烷酸乙酯（1.15%）、α-柠檬烯（1.07%）、叶绿醇（1.03%）等（王鸿梅等，2003）。

【营养与功效】

有健胃、利尿的功效。

【食用方法】

嫩苗或嫩芽洗净，焯熟，淘去苦味后调味食用。

大果榕

桑科榕属

学名：*Ficus auriculata* Lour.

别名：木瓜榕、馒头榕、大无花果、波罗果、大木瓜、蜜枇杷、大石榴

分布：广西、广东、云南、海南、贵州、四川

【植物学特征与生境】

乔木或小乔木，高4～10 m，胸径10～15 cm。树皮灰褐色，粗糙，幼枝被柔毛，红褐色，中空。叶互生，厚纸质，广卵状心形，长15～55 cm，宽15～27 cm，先端钝，具短尖，基部心形边缘具整齐细锯齿；叶柄长5～8 cm，粗壮；托叶三角状卵形，紫红色。榕果簇生于树干基部或老茎短枝上，梨形或扁球形至陀螺形，直径3～6 cm，具明显的纵棱8～12条，红褐色，顶生苞片宽三角状卵形，4～5轮覆瓦状排列而成莲座状，基生苞片3枚，卵状三角形。瘦果有黏液。花期8月至翌年3月，果期5～8月。

喜高温湿润气候，耐旱、耐寒。

【栽培技术要点】

分株繁殖：宜在雨季进行，分株时，用刀或铲将母株上的杈枝在萌生处劈下，定植于种植坑内即能成活。种子繁殖：花序托成熟时采收种子，现采现播。育苗地选择排水良好、土层疏松、肥力中等的地块，深耕、捣细、作垄，宽1 m。种子用少量火灰拌匀，均匀地撒播在平整的垄面上，盖肥粪土约2 cm，表面铺盖玉米秸秆。保持土壤湿润。出苗后揭去遮盖物，拔除过密或纤弱苗。当苗高40～50 cm时移栽。移栽时间宜在雨季，定植坑80 cm×80 cm×80 cm，坑内施入适量畜粪肥或草木灰肥。定植成活后，松土除草一次。

【主要芳香成分】

顶空收集法提取的大果榕叶挥发物的主要成分依次为：反-β-罗勒烯（45.73%）、α-金合欢醇（25.45%）、1,1-二甲基-3-亚甲基-2-乙烯基环己胺（19.87%）、顺-3-乙酸己烯酯（2.31%）、十二烷（1.45%）、十六烷（1.30%）、顺-β-罗勒烯（1.21%）等（夏尚文等，2007）。

【营养与功效】

每100 g嫩叶含维生素A 3.09 mg，维生素B_2 0.82 mg，维生素C 59 mg；还含有钾、钙、磷、镁等矿物质。

【食用方法】

春季采收带红色的嫩叶和嫩芽可做汤，也可沸水烫过后炒食、凉拌。

苹果榕

桑科榕属

学名：*Ficus oligodon* Miq.

别名：地瓜、橡胶树、木瓜果、海南榕、牛奶果、小木瓜、榕果

分布：海南、广西、云南、贵州、西藏

【植物学特征与生境】

小乔木，高5～10 m，胸径10～15 cm，树皮灰色，平滑。叶互生，纸质，倒卵椭圆形或椭圆形，长10～25 cm，宽6～23 cm，顶端渐尖至急尖，基部浅心形至宽楔形，表面无毛，背面密生小瘤体；叶柄长4～6 cm；托叶卵状披针形，早落。榕果簇生于老茎发出的短枝上，梨形或近球形，直径2～3.5 cm，表面有4-6条纵棱和小瘤体，成熟深红色，顶部压扁，顶生苞片卵圆形，排列为莲座状，基生苞片3，三角状卵形。瘦果倒卵圆形，光滑。花期9月至翌年4月，果期5～6月。

喜生于低海拔山谷、沟边、湿润土壤地区。

【栽培技术要点】

人工栽培繁殖易而快，可进行无性和有性繁殖。种子的萌发能力特强，播后1～2月即萌发，种子发芽率可达80%以上，成苗率可达50%～70%，在幼苗期必须注意防病防虫，要及时移苗。无性繁殖可用枝条扦插、高空压条等方法，简单易行，繁殖快速。

【主要芳香成分】

顶空收集法提取的苹果榕叶挥发物的主要成分依次为：α-金合欢醇（52.11%）、反-β-罗勒烯（31.11%）、1,1-二甲基-3-亚甲基-2-乙烯基环己胺（9.23%）、榧素（2.81%）、顺-β-罗勒烯（2.02%）等（夏尚文等，2007）。

【营养与功效】

每100 g嫩叶含维生素A 2.06 mg，维生素B_2 0.82 mg，维生素C 46 mg；钾1360 mg，钙310 mg，镁193 mg，磷111 mg，钠25 mg，铁7.5 mg，锰7.9 mg，锌4.2 mg，铜0.8 mg。

【食用方法】

嫩叶和嫩茎沸水烫熟后，挤出水分，炒食或与其他菜做杂菜烫，也可蘸佐料或包肉食用。

桑

桑科桑属

学名：*Morus alba* Linn.

别名：桑仁、桑实、桑枣、桑树、桑果、家桑、白桑、铁扇子

分布：全国各地

【植物学特征与生境】

乔木或为灌木，高3～10 m或更高，胸径可达50 cm，树皮厚，灰色，具不规则浅纵裂；冬芽红褐色，卵形，芽鳞覆瓦状排列，灰褐色；叶卵形或广卵形，长5～15 cm，宽5～12 cm，基部圆形至浅心形，边缘锯齿粗钝，表面鲜绿色，无毛；叶柄长1.5～5.5 cm，具柔毛；托叶披针形，早落。花单性，腋生或生于芽鳞腋内，与叶同时生出；雄花序下垂，长2～3.5 cm，密被白色柔毛；花被片宽椭圆形，淡绿色；雌花序长1～2 cm，总花梗长5～10 mm，雌花无梗，花被片倒卵形。聚花果卵状椭圆形，长1～2.5 cm，成熟时红色或暗紫色。花期4～5月，果期5～8月。

喜光，幼时稍耐阴。喜温暖湿润气候，耐寒，耐干旱，耐水湿能力极强。对土壤的适应性强，耐瘠薄和轻碱性，喜土层深厚、湿润、肥沃土壤。根系发达，抗风力强。萌芽力强，耐修剪。有较强的抗烟尘能力。

【栽培技术要点】

每667 m²撒施土杂肥或农家肥4000～5000 kg，深翻30～40 cm。种植时间在12月至次年3月，每667 m²移栽1000～1200株，大行距200 cm，小行距67 cm，株距33～50 cm，栽前将枯萎根、过长根剪去，并在泥浆中浸泡一下，浅栽踏实，浇足定根水，覆盖地膜。移栽后离地面17～23 cm剪去苗干，冬栽的进行春剪，春栽的随栽随剪。待新芽长至13～17 cm时进行疏芽，每株选留2～3个发育强壮、方向合理的芽养成壮枝。只有一个芽的，待芽长至13～20 cm时摘心。芽萌发及时进行补种。干旱要浇水，雨天排涝。及时浅耕除草，疏芽、搞心后每667 m²施尿素10～15 kg。种植次年春离地35 cm左右进行伐条，每株留2～3个树桩。每年除草2～3次，春、夏、秋、冬进行四次施肥。

【主要芳香成分】

水蒸气蒸馏法提取的黑龙江齐齐哈尔产'龙桑1号'桑新鲜叶精油的主要成分为：植醇（82.41%）、棕榈酸（8.26%）等（曹明全等，2010）。湖北武汉产桑新鲜叶的得油率为0.10%，精油主要成分为：1-乙酰基-4-异丙基-二环[3.1.0]己烷（29.02%）、3,7,11,15-四甲基-2-十六醇（27.04%）、4-(2-甲磺酰)乙基-3-庚烯（11.10%）、5-(2-亚丁烯基)-4,6,6-三甲基-3-环己烯-1-醇（7.21%）等（李冬生等，2004）。

【营养与功效】

叶除含挥发油外，还含牛膝甾酮、β-谷甾醇、豆甾醇、菜油甾醇、芸香苷、槲皮素、桑苷、香豆素，多种有机酸和生物碱等成分。有散风热、清肝明目的功效。

【食用方法】

摘嫩叶，用沸水焯后，浸泡2～3 d天，炒食、煮食。

茶

山茶科山茶属

学名：*Camellia sinensis* (Linn.) O.Ktze.

别名：茶树、茗、红茶、绿茶、茶叶

分布：长江以南各省区均有栽培

【植物学特征与生境】

灌木或小乔木，嫩枝无毛。叶革质，长圆形或椭圆形，长4～12 cm，宽2～5 cm，先端钝或尖锐，基部楔形，上面发亮，边缘有锯齿，叶柄长3～8 mm，无毛。花1-3朵腋生，白色，花柄长4～6 mm；苞片2片，早落；萼片5片，阔卵形至圆形，长3～4 mm，无毛，宿存；花瓣5～6片，阔卵形，长1～1.6 cm。蒴果3球形或1～2球形，高1.1～1.5 cm，每球有种子1～2粒。花期10月至翌年2月。

喜温暖湿润气候，平均气温10℃以上时芽开始萌动，生长最适温度为20～25℃；年降水量要在1000 mm以上；喜光耐阴，适于在漫射光下生育。

【栽培技术要点】

选种无性系、抗逆性强的良种，定植前要开好种植沟，施足基肥，一般以充分腐熟后的农家肥、茶树专用肥、饼肥为好。施入基肥后用客土覆盖，采取单行双株或双行双株条栽方式种植，行距1.5 m左右，株距40～50 cm。以施基肥为主，追肥为辅，基肥可在冬季或春季施下，冬季一般宜于当年10月至11月中旬，春肥于翌年的2月上旬至3月进行。合理修剪采养，培育伞形树冠蓬面，修剪时间在春茶采后进行。

【主要芳香成分】

水蒸气蒸馏法提取的茶干燥叶的得油率在1.98%～2.31%之间。同时蒸馏萃取法提取的广东潮州产'黄枝香茶'新鲜叶精油的主要成分为：植醇（13.24%）等；英德和罗定产叶精油的主要成分为：芳樟醇（6.35%，6.45%）等（戴素贤等，1998）。低温减压蒸馏、乙醚萃取法提取的四川产茶鲜叶精油的主要成分为：香叶醇（25.46%）芳樟醇（19.84%）、α-萜品醇+壬醇+辛酸乙酯+水杨酸甲酯（7.46%）等（林正奎等，1982）。超临界萃取的茶叶的得油率为2.60%。

【营养与功效】

茶叶中含有茶多酚类、植物碱、蛋白质、氨基酸、维生素、果胶素、有机酸、脂多糖、糖类、酶类、色素等有机成分和钾、钙、镁、钴、铁、锰、铝、钠、锌、铜、氮、磷、氟、碘、硒等无机成分。有安神明目、止渴生津、清热解毒、消食通便、祛风解表等功效。

【食用方法】

嫩叶可以炒食、做汤、煮粥，裹鸡蛋面糊油炸后食用，也可以作多种菜肴的配料。

商陆

商陆科商陆属

学名：*Phytolacca acinosa* Roxb.

别名：章柳、山萝卜、水萝卜、当陆、见肿消、猪母耳、白母鸡、大苋菜、花商陆、苋陆

分布：除东北、内蒙古、青海、新疆外，全国各省区均有分布

【植物学特征与生境】

多年生草本；高1～1.5 m。主根肥大，圆锥形，肉质。茎直立，圆柱形，多分枝，光滑无毛。叶互生；叶片卵状椭圆形或长椭圆形，长14～25 cm，宽5～10 cm，先端尖，全缘，基部楔形，表面绿色，背面淡绿色；叶柄长1.5～3 cm。总状花序直立，顶生或侧生，长10～15 cm；花两性，有小花梗；小梗基部有苞片1，梗上有小苞片2；花萼通常5，白色、淡黄绿色或淡粉红色，宿存；无花瓣。果穗直立；浆果扁球形，直径约7 mm，多汁液，熟时由绿变成紫红色或紫黑色；种子肾形，黑褐色。花期6～8月，果期8～10月。

喜温暖，阴湿的气候和富含腐殖质的深厚砂壤土。生于水边、林下、路旁、田野。

【栽培技术要点】

种子繁殖。3月下旬至4月中旬露地直播，按行距50～60 cm，株距30～45 cm挖穴，每穴放种子4～6粒，覆土厚1～2 cm，稍加踩实后浇水。每667 m²播种量1～1.5 kg。苗高10～15 cm时，每穴留健壮苗1～2株。幼苗出土后，要经常除草，保持田间无杂草。植株封垄后，不再进行松土除草。苗高10～15 cm时，可追施一次氮肥，以后每采摘嫩茎叶时，看生长情况追肥。苗期保持田间潮湿，畦面上见干见湿，采收及追肥后浇水1次。少见虫害。病害有根腐病。

【主要芳香成分】

水蒸气蒸馏法提取的山东日照产商陆阴干茎叶的得油率为0.05%，精油主要成分依次为：棕榈酸（52.49%）、（Z,Z）-亚油酸（21.60%）、7-甲氧基-2,2,4,8-四甲基三环十一烷（4.64%）、正十五酸（3.51%）、7,10-十八碳二烯酸甲酯（3.18%）、3,4-二甲基-1-苯基-3-吡唑啉（2.66%）、十六酸甲酯（1.94%）、甲基1-哌啶酮（1.54%）、十八烷,3-乙基-5-(2-乙基丁酯)（1.43%）、邻苯二甲酸丁基十四烷基酯（1.16%）等（刘瑞娟等，2010）。

【营养与功效】

每100 g嫩茎叶含维生素A 3.53 mg，维生素B_2 0.2 mg，维生素C 97 mg，还含有钾、钙、镁、磷、铁、锰、锌、铜等多种矿物质。

【食用方法】

嫩茎叶洗净，沸水烫过后，清水浸泡数小时，沥干水后，可炒食或煮食。根有毒，不能食用。

播娘蒿

十字花科播娘蒿属

学名: *Descurainia sophia*(Linn.)Webb.ex Prantl

别名: 麦蒿、野芥菜、米蒿、黄花草、眉毛蒿、眉眉蒿、婆婆蒿、黄蒿、密密蒿、米米蒿

分布: 除华南外的全国各省区

【植物学特征与生境】

一年生草本,高20～80 cm,下部茎生叶多,向上渐少;茎直立,分枝多,常于下部成淡紫色。叶为3回羽状深裂,长2～15 cm,末端裂片条形或长圆形,裂片长2～10 mm,宽0.8～2 mm,下部叶具柄,上部叶无柄。花序伞房状,果期伸长;萼片直立,早落,长圆条形;花瓣黄色,长圆状倒卵形,长2～2.5 mm,具爪;雄蕊6枚。长角果圆筒状,长2.5～3 cm,宽约1 mm,无毛,稍内曲。种子每室1行,种子形小,多数,长圆形,稍扁,淡红褐色,表面有细网纹。花期4～5月。

喜温暖湿润、光照充足的气候环境。

【栽培技术要点】

种子繁殖。选择土层深厚、肥沃、疏松、排水良好的砂质壤土。播种前深耕20～25 cm,耙细整平,做1 m宽的平畦。一般在秋分前后播种,选当年收获,无病害,籽粒饱满的种子,播种前用15%的食盐水浸泡20 min,用少量干燥的细沙或草木灰进行拌种或揉搓,使种子分开。每667 m²用种量250～300 g。按行距20～25 cm挖穴,穴深3～5 cm,将种子灰均匀撒入,不必复土。当年苗高6～8 cm时间苗,每穴留壮苗4～5株。第二年三月上中旬,中耕除草,每667 m²施人畜粪尿1000 kg,中耕不宜过深。主要病害有菌核病,注意轮作、及时排除田间积水。

【主要芳香成分】

水蒸气回流法提取的山东德州产播娘蒿茎叶精油的主要成分依次为:大根香叶烯(6.15%)、三甲基亚甲基双环十一碳烯(5.55%)、β-葎草烯(5.37%)、δ-薄荷烯(4.37%)、δ-杜松醇(4.03%)、4-蒈烯(3.74%)、β-法尼烯(3.26%)、苯甲基异丁酮(2.81%)、叶绿醇(2.63%)、刺柏脑(2.46%)、葎草烷-1,6-二烯-3-醇(2.29%)、硬脂酸(2.21%)、表蓝桉醇(1.78%)、古巴烯(1.69%)、α-红没药醇(1.65%)、荜澄茄油醇(1.65%)、9-甲基-正十九碳烷(1.62%)、斯巴醇(1.50%)、γ-榄香烯(1.43%)、β-绿叶烯(1.42%)、1,4-桉树脑(1.39%)、斯巴醇(1.27%)、长叶醛(1.21%)、γ-古芸烯环氧化物(1.17%)、α-愈创木烯(1.16%)、γ-古芸烯环氧化物(1.15%)、蓝桉醇(1.02%)等(王新芳等,2005)。

【营养与功效】

茎叶含挥发油、维生素等成分。

【食用方法】

嫩茎叶择洗干净,开水焯熟,捞出,在清水中浸泡,挤干水分后可炒食、凉拌、做汤等。

豆瓣菜

十字花科豆瓣菜属

学名：*Nasturtium officinale* R.Br.

别名：西洋菜、水田芥、无心菜、水焊菜、水生菜

分布：黑龙江、河北、山西、陕西、山东、江苏、安徽、河南、广东、广西、四川、贵州、云南、西藏

【植物学特征与生境】

多年生草本。株高15～40 cm；茎节容易发生不定根。茎匍匐生长，茎圆，节间短，青绿色，多数从茎基部自下而上的叶腋中抽生侧枝。叶为奇数羽状复叶，小叶1～2对，卵圆形或近圆形，顶端小叶较大，深绿色，气温低时变为暗紫绿色。花为完全花，细小，花冠白色，总状花序；果实为荚果，含多数种子。种子细小，扁圆形，黄褐色。花期4～9月。

适应性强，适于浅水生长。喜冷凉，较耐寒，不耐热。

【栽培技术要点】

用营养繁殖和种子繁殖，以营养繁殖为主。春季留种的种苗到秋凉时便发生嫩茎，这些嫩茎长至15～20 cm高时，便可作为种苗进行繁殖。种子繁殖，可在8～9月播种育苗，当苗高12～15 cm时，便可定植。按行距10～12 cm，株距3 cm或株行距10～12 cm栽植，每穴3苗。定植前一般不施肥，可在定植成活后追肥。降雨前后注意排水。定植20～30 d，当茎高25～30 cm时便可采收。

【主要芳香成分】

水蒸气蒸馏法提取的贵州贵阳产豆瓣菜茎叶的得油率为0.51%，精油主要成分依次为：软脂酸（9.77%）、石竹烯氧化物（7.26%）、β-榄香烯（4.82%）、α-檀香萜（3.16%）、δ-3-蒈烯（2.38%）、α-红没药醇（2.13%）、5-表-马兜铃烯（1.74%）、β-蛇床烯（1.61%）、反-α-香柠檬烯（1.50%）、T-紫穗槐醇（1.45%）、γ-紫穗槐烯（1.39%）、α-葎草烯（1.35%）、叶绿醇（1.34%）、α-蛇床烯（1.17%）、亚油酸（1.01%）等（康文艺等，2002）。

【营养与功效】

每100 g鲜重中含维生素C 50 mg，蛋白质1～2 g，纤维素 0.3 g，钙43 mg，磷17 mg，铁0.6 mg；还含有多种氨基酸和维生素A.S.D等。有清肺、凉血、利尿、解毒的功效，对贫血、美容有一定的作用。

【食用方法】

嫩茎叶可凉拌、素炒或拌肉炒食、做汤、做馅；添加在沙拉、三明治、肉类等料理中食用。

长蕊石头花

石竹科石头花属

学名：*Gypsophila oldhamiana* Miq.

别名：霞草、酸蚂蚱菜、山马生菜、丝石竹、长蕊丝石竹、山扫帚菜、麻杂草、山麻菜、欧石头花

分布：辽宁、河北、山西、山东、江苏、河南、陕西、甘肃

【植物学特征与生境】

多年生草本，高60～100 cm。茎数个由根颈处生出，二歧或三歧分枝，老茎常红紫色。叶片近革质，稍厚，长圆形。伞房状聚伞花序较密集，顶生或腋生，无毛；苞片卵状披针形，膜质；花萼钟形或漏斗状，萼齿卵状三角形；花瓣粉红色，倒卵状长圆形；蒴果卵球形；种子近肾形，灰褐色，两侧压扁。花期6～9月，果期8～10月。

喜温暖湿润和阳光充足环境，较耐阴，耐寒，耐旱性较强，但极不耐涝渍。

【栽培技术要点】

种子或扦插繁殖。栽培密度以株行距33 cm见方为佳。深翻土壤，施入有机肥。每采摘1～2次嫩头追1次肥。开好排水沟。干旱时要及时浇水，多雨季节要及时排涝降渍，不留积水。及时拔除杂草。当嫩头生长至3～4片叶，其嫩茎基部轻折即断时采收。

【主要芳香成分】

同时蒸馏萃取法提取的长蕊石头花干燥茎叶精油的主要成分依次为：乙基异丙基醚（12.45%）、3-甲基-2-环氧基甲醇（11.88%）、2-甲基萘（9.36%）、乙醇（6.02%）、1,2,3,4-四甲基苯（5.77%）、甲酸乙酯（5.70%）、2,3-丁二醇（5.40%）、萘（4.54%）、2,3-二甲基萘（3.33%）、乙酸（3.23%）、1-甲基-4-异丙基苯（2.98%）、2,6-二甲基萘（2.68%）、(Z)-1-甲基-1-丙烯基苯（2.28%）、1,6,7-三甲基萘（1.97%）、1,2,4,5-四甲基苯（1.62%）、4,7-二甲基-2,3-二氢-1H-茚（1.53%）、1-乙基-2,4,5-三甲基苯（1.50%）、2,3,6-三甲基萘（1.17%）、2-乙氧基丁烷（1.10%）、2,7-二甲基萘（1.04%）等（危晴等，2012）。

【营养与功效】

每100 g嫩茎叶含胡萝卜素5.07 mg，维生素B_2 0.3 mg，维生素C 51 mg；还含有蛋白质、脂肪、碳水化合物和多种矿物质。有活血散瘀、消肿止痛、化腐生肌、长骨的功效。

【食用方法】

嫩茎叶洗净，沸水烫过后可凉拌、炒食、做馅、煮肉、煮鱼。也可蘸面糊油炸或和玉米面蒸制菜窝窝。

荠

十字花科荠属

学名：*Capsella bursa-pastoris*（Linn.）Medic.

别名：荠菜、菱角菜、护生菜、清明草、血压草、粽子菜、枕头草、地菜、荠荠菜、沙荠

分布：全国各地

【植物学特征与生境】

一、二年生草本，高10～40 cm，根白色，主根入土约2 cm，须根部发达。茎直立，单一或基部分枝，被单毛、分枝毛及星状毛。基生叶丛生，莲座状，大头羽状分裂或羽状分裂，顶端裂片较大，卵形至长圆形，侧裂片3～8对，茎生叶狭披针形或披针形，基部箭形，抱茎，边缘有缺刻或锯齿。总状花序顶生及腋生，花茎高20～50 cm，花小，萼片4，长圆形；十字花冠，白色，花瓣卵形，有短爪；雄蕊6。短角果为倒三角形，扁平。种子2行，常椭圆形，浅棕色。花期4～6月，果期5～7月。

生于农田或路旁。喜冷凉湿润和晴朗的气候条件，耐寒力较强。生长适温12～20℃，低于10℃、高于22℃时生长缓慢。

【栽培技术要点】

种子繁殖。选择土壤肥沃、排灌便利的菜地，施足基肥，精细整地作平畦。秋播7月上旬至8月上旬，667 m²用种量1.5～2.5 kg；冬播9月下旬至10月上中旬，采用小拱棚栽培。8～10月播种的种子需在2～7℃的低温环境中放置7～10 d，破除休眠。播前浇足底水，种子掺入适量细土拌匀后撒播，播后贴地覆盖遮阳网。齐苗后，傍晚揭去遮阳网。播后保持土面湿润，9～12 d出苗。幼苗2片真叶后要小水轻浇勤浇；雨天应及时排涝。生长期间，结合浇水追施速效氮肥1～2次。

【主要芳香成分】

水蒸气蒸馏法提取的甘肃天水产荠干燥叶精油的主要成分依次为：L-胍基琥珀酰亚胺（21.28%）、植醇（18.00%）、植酮（9.60%）、油酸（4.71%）、棕榈酸（3.97%）、十九烷（1.93%）、8-氮杂二环[5.1.0]辛烷（1.60%）、二十二烷（1.60%）、2,6-双（1,1-二甲基乙基）-2,5-环己二烯-1,4-二酮（1.01%）等（高义霞等，2009）。吉林长白山产野生荠干燥茎叶的得油率为0.01%，精油主要成分依次为：棕榈酸（28.32%）、植物蛋白胨（10.15%）、油酸（8.63%）、二十八烷（4.73%）、十四烷酸（2.71%）、棕榈酸甲酯（1.85%）、二十七烷（1.51%）、二十五烷（1.39%）、亚油酸甲酯（1.38%）、硬脂酸（1.07%）等（李宇等，2009）。同时蒸馏-萃取法提取的辽宁鞍山产野生荠新鲜茎叶的得油率为0.11%，精油主要成分为：叶醇（43.12%）、乙酸叶醇酯（14.36%）、二甲三硫化物（9.77%）、乙酸异丙酯（7.08%）等（郭华等，2008）。

【营养与功效】

含有机酸、氨基酸、黄酮类、苷类、谷甾醇、生物碱、糖类等成分；每100 g嫩苗含蛋白质5.3 g，脂肪0.4 g，粗纤维1.4 g；维生素A 3.3 mg，维生素B_1 0.14 mg，维生素B_2 0.19 mg，维生素B_5 0.7 mg，维生素C 55 mg；钙420 mg，磷37 mg，铁6.3 mg。有清热利尿、明目、消炎解毒、降血压的功效。

【食用方法】

嫩茎叶洗净，沸水焯过，冷水过凉，可凉拌、炝、腌，也可做汤、炒食、烧、炖、煮、蒸、煮粥、做馅等，气味清香甘甜。

菥蓂

十字花科菥蓂属

学名：*Thlaspi arvense* Linn.

别名：遏蓝菜、罗汉菜、败酱草、犁头草

分布：全国各地

【植物学特征与生境】

一年生草本，高9～60 cm，无毛；茎直立，具棱。基生叶倒卵状长圆形，长3～5 cm，宽1～1.5 cm，顶端圆钝或急尖，基部抱茎，两侧箭形，边缘具疏齿；叶柄长1～3 cm。总状花序顶生；花白色，直径约2 mm；花梗萼片直立，卵形，顶端圆钝；花瓣长圆状倒卵形，顶端圆钝或微凹。短角果倒卵形或近圆形，扁平，顶端凹入，边缘有翅宽约3 mm。种子每室2～8个，倒卵形，稍扁平，黄褐色。花期3～4月，果期5～6月。

喜冷凉气候，既耐寒，又耐热、耐湿，对土壤要求不严格。

【栽培技术要点】

播前半月清理前茬，深翻15 cm，施足基肥，667 m²施优质有机肥1500～2000 kg，蔬菜专用复合肥30 kg。筑2 m宽的高畦。种子通过一个夏季土埋或砂培处理，出苗率高且整齐。可秋播，也可春播，667 m²播量0.3～0.5 kg，种子掺入细土拌匀，均匀撒播后，用脚轻踩一遍。播前1～2 d浇足底水，播后保持土壤湿润。一般4～7 d出苗。生长前期应及时除草、适当间苗，追施1～2次复合肥。主要虫害为蚜虫。播种至采收约需45～60 d，当有真叶20～30片即可采收。

【主要芳香成分】

水蒸气蒸馏法提取的湖北恩施产菥蓂新鲜茎叶精油的主要成分依次为：甲基丁酸（50.77%）、3-甲基戊酸（9.58%）、5-溴-2-甲酰胺噻吩（5.43%）、3,5-二氨基-1,2,4-三氮唑（4.47%）、甲酸甲酯（2.65%）、甲酰肼（2.62%）、2,5,9-三甲基癸烷（2.41%）、氯十二烷（2.33%）、甲磺酰氯（2.03%）、羟乙醛（1.97%）、2-甲基-6-乙基癸烷（1.34%）、甲苯甲醛（1.28%）、4-异戊基-5-甲基-1,3-恶唑烷-2-酮（1.16%）、2,6-二叔丁基-1,4-醌-邻甲基肟（1.14%）等（刘信平，2009）。

【营养与功效】

含芥子苷、黑芥子苷等成分；每100 g嫩茎叶含蛋白质4.2 g，脂肪0.7 g，粗纤维4.5 g；钙360 mg，磷10 mg，还含有多种维生素、矿物质。有和中益气、行水消肿、舒筋活络、利肝明目的功效。

【食用方法】

嫩苗或嫩茎叶洗净，沸水烫过，用清水浸泡去苦味，可炒食、做汤、凉拌或制腌菜。

白菜

十字花科芸苔属

学名：*Brassica pekinensis*（Lour.）Rupr.
别名：大白菜、黄芽白、菘、绍菜
分布：全国各地均有栽培

【植物学特征与生境】

二年生草本，高40~60 cm，常全株无毛。基生叶多数，倒卵状长圆形至宽倒卵形，长30~60 cm，宽不及长的一半，顶端圆钝，边缘皱缩，波状，中脉白色，很宽；叶柄白色，扁平，边缘有具缺刻的宽薄翅；上部茎生叶长圆状卵形、长圆披针形至长披针形，顶端圆钝至短急尖，全缘或有裂齿，有柄或抱茎，有粉霜。花鲜黄色，直径1.2~1.5 cm；萼片长圆形或卵状披针形，直立，淡绿色至黄色；花瓣倒卵形。长角果较粗短，两侧压扁，直立，有喙，顶端圆。种子球形，棕色。花期5月，果期6月。

喜冷凉气候，平均气温18~20℃和阳光充足的条件下生长最好。-2~-3℃能安全越冬。25℃以上的高温生长衰弱，只有少数较耐热品种可在夏季栽培。

【栽培技术要点】

忌与十字花科蔬菜连作，深耕20~27 cm，做成1.3~1.7 m宽的畦，或0.8 m的窄畦、高畦。重施基肥，以有机肥为主。早熟品种一般在7月下旬至8月上、中旬播种；中熟品种在8月下旬至9月初播种；晚熟品种在8月下旬播种为宜。一般采用直播，也可育苗移栽。直播以条播为主，点播为辅。每667 m²用种量200 g左右。播后每667 m²用40~50担腐熟人粪肥尿。每天早晚各浇水1次，保持土壤湿润，3~4 d即可出苗。行株距要根据品种来确定。一般早熟品种为33~50 cm，每667 m² 2100~2300株；晚熟品种为67~50 cm，每667 m² 2000株以下。移栽最好选择阴天或晴天傍晚进行，采用小苗带土移栽，栽后浇定根水。出苗后及时查苗补苗，松土除草。间苗可分次进行，在"拉十字"的时候选留两棵长势好的苗，过一段时间，选留1株。注意防治病虫害。

【主要芳香成分】

顶空固相微萃取法提取的北京产白菜新鲜地上部分挥发油的主要成分依次为：硫酸亚丁基环戊酯（18.74%）、4-甲硫基丁腈（13.72%）、苯乙基异硫氰酸酯（12.90%）、异硫氰酸环戊酯（11.83%）、苯丙腈（6.81%）、E-1,5-庚二酸（4.95%）、1,2-环硫基辛烷（4.60%）、硫酸二甲酯（4.29%）、3-甲硫基丙醛（3.73%）、3-己烯-1-醇（3.23%）、4-异硫氰酸根-1-丁烯（1.63%）、1-二十烷醇（1.61%）、肉豆蔻酸异丙酯（1.23%）、1-甲硫基己烷（1.08%）、5-乙基-2-甲基辛烷（1.04%）、N-乙基苯胺（1.00%）等（何洪巨等，2006）。白菜'B-17'自交系新鲜茎叶挥发油的主要成分为：异硫氰酸苯乙酯（28.85%）、苯丙烷腈（16.98%）、2-烯丙基硫代-1-硝基丁烷（7.43%）、2-丁烯-4-溴-3-苯基乙酯（7.17%）、戊二腈（5.91%）、甲基麦芽酚（5.41%）等；'637'自交系（春大白菜品种）挥发油的主要成分为：异硫氰酸苯乙酯（35.74%）、苯丙烷腈（29.73%）、2-己烯基醛（8.94%）、甲基麦芽酚（6.47%）等；'1039'自交系（秋大白菜品种）挥发油的主要成分为：2-己烯基醛（29.51%）、苯丙烷腈（19.45%）、异硫氰酸苯乙酯（11.09%）、戊二腈（7.17%）、邻苯二甲酸酐（6.22%）等（夏广清等，2005）。

【营养与功效】

每100 g可食用部分含蛋白质1.7 g，脂肪0.2 g，膳食纤维0.6 g，碳水化合物3.1 g，胡萝卜素200 mg，硫胺素0.06 mg，核黄素0.07 mg，尼克酸0.8 mg，维生素C 47 mg，维生素E 0.92 mg，钾30 mg，钠89.3 mg，钙69 mg，镁12 mg，铁0.5 mg，锰0.21 mg，锌0.21 mg，铜0.03 mg，磷30 mg，硒0.33 μg。有益胃生津、清热除烦的功效。

【食用方法】

主要蔬菜之一，栽培面积和消费量在中国居各类蔬菜之首。食用部位为柔嫩的叶球、莲座叶。吃法多样，可生食、凉拌、炒食、炖食、做汤、做馅；也可盐腌、酱渍、制作泡菜等。

甘蓝

十字花科芸苔属

学名：*Brassica oleracea* Linn.

别名：卷心菜、包菜、洋白菜、圆白菜、疙瘩白、大头菜、包心菜、包包菜、莲花白、椰菜

分布：全国各地均有栽培

【植物学特征与生境】

二年生草本，被粉霜，主根不发达。一年生茎肉质、不分枝、绿色或灰绿色基生叶多数，质厚、层层包裹成球状体、扁球形、直径10～30 cm或更大、乳白色或淡绿色；二年生茎有分枝，具茎生叶基生叶，下部茎生叶长圆状倒卵形至圆形、长和宽达30 cm；顶端圆形、基部骤窄成极短有宽翅的叶柄、边缘有波状不显明锯齿；上部茎生叶卵形或长圆状卵形，基部抱茎；最上部叶长圆形，抱茎。总状花序顶生及腋生；花淡黄色；花梗长7～15 mm；萼片直立、线状长圆形；花瓣宽椭圆状倒卵形或近圆形。长角果圆柱形，两侧稍压扁，喙圆锥形。种子球形，棕色。花期4月，果期5月。

喜温和气候，比较耐寒。有一定的耐涝和抗旱能力。

【栽培技术要点】

择地势高燥排水良好处育苗。种子先用55℃水浸种15 min，再用10%磷酸三钠浸种20 min，清水洗净后，再浸种4h。在25℃下催芽，60%种子露白后播种。苗床上水渗透后，按10 g种子/m²均匀撒播，覆细土0.5 cm，盖上薄膜，晚上加草苫保温。种子出土时，再覆细土0.2 cm。二片子叶展开时进行分苗，二叶一心时再分苗到8×10 cm的营养钵中。分苗前先将苗床湿润，起苗时多带土，少伤根。每667 m²施有机肥7000 kg，磷酸二铵40 kg，钾肥20 kg，翻地起垄，垄距45 cm。气温稳定在13℃以上时可定植。每穴一株，株距55 cm，浇足定植水，水渗后覆土培穴。培穴后立即浇一次沟水，缓苗后蹲苗，见包球时每隔20 d浇一水，生长旺季保持地面湿润。主要虫害为菜青虫及菜螟，苗期防止小菜蛾、黄条跳甲为害。

【主要芳香成分】

顶空固相微萃取法提取的'夏宝'甘蓝叶挥发油的主要成分依次为：顺-3-己烯醇乙酸酯（3.49%）、顺-3-己烯醇（3.17%）、1-己烯-3-醇（2.26%）、顺-3-己烯醇异戊酸酯（1.51%）、苯甲酸（1.18%）、异硫氰酸烯丙酯（1.02%）等（戴建青等，2011）。活性炭吸附法提取的甘蓝新鲜地上部分挥发性主要成分依次为：4.-乙基苯乙酮（47.35%）、4-（1-甲基乙基）苯甲醇（22.35%）、4-乙基苯甲醛（14.47%）、乙酸-4-己烯酯（4.53%）、对二乙酰基苯（3.37%）、丁二酸2-甲基-1,4双（1-甲基丙基）酯（2.53%）、肉桂醛（2.20%）、间苯二甲醛（1.33%）、对乙基苯乙酮（1.29%）等（张晴晴等，2011）。

【营养与功效】

甘蓝是世界卫生组织曾推荐的最佳蔬菜之一，也被誉为天然"胃菜"。所含维生素K_1及维生素U，不仅能抗胃部溃疡、保护并修复胃黏膜组织，还可以保持胃部细胞活跃旺盛，降低病变的几率；是钾的良好来源；结球甘蓝尚含极丰富的维生素A、钙和磷。久食，大益肾，填髓脑，利五脏六腑，利关节，通经络中结气，明耳目，益心力，壮筋骨。

【食用方法】

食用部位为叶球，可用于凉拌、炒食、做汤、做馅等，也可用于制作泡菜、腌菜等。

羽衣甘蓝

十字花科芸苔属

学名：*Brassica oleracea* Linn.var.*acephala* Linn. f.*tricolor* Hort.

分布：全国各地均有栽培

【植物学特征与生境】

二年生草本。植株高大，根系发达。茎短缩，密生叶片。叶皱缩，肥厚，倒卵形，被有蜡粉，深度波状皱褶，呈羽状。栽培一年植株形成莲座状叶丛，经冬季低温，于翌年开花，结实总状花序顶生，果实为角果，扁圆形，种子圆球形，褐色，千粒重4g左右。品种形态多样，按高度可分高型和矮型；按叶的形态分皱叶、不皱叶及深裂叶品种；按颜色，边缘叶有翠绿色、深绿色、灰绿色、黄绿色；中心叶则有纯白、淡黄、肉色、玫瑰红、紫红等品种。花期4～5月。

喜冷凉气候，极耐寒，可忍受多次短暂的霜冻，耐热性也很强，生长势强，栽培容易。喜阳光，耐盐碱，喜肥沃土壤。生长适温为20℃～25℃，种子发芽的适宜温度为18℃～25℃。

【栽培技术要点】

可春播和秋播，露地春播在2月中下旬保护地育苗，苗龄35～40d，3月下旬至4月上旬定植露地，定植后约25～30d可采收。露地秋播在6月下旬，遮阳防雨播种育苗，苗龄30d左右，7月下旬至8月上旬定植，8月中下旬至9月上旬始收。育苗可在露地进行，苗床应高出地面约20cm，以利排水。播种前搭好拱棚架，雨前覆盖塑料薄膜。用40%草炭土和60%的珍珠岩做育苗基质，播种前喷透基质层，撒播，667m²种量为30g，覆盖以看不见种子为宜。出苗后保持苗床湿润，夏季育苗可用遮阳网覆盖，冬季育苗时注意保温。5～6片真叶时定植，株距为30cm，行距为40cm。定植后浇定植水后中耕，过5～6d浇缓苗水。地稍干时，中耕松土，施一次"定根肥"，以后保持土壤湿润，夏季不积水。生长期适当追肥，每采收1次追1次肥。注意防治菜青虫、蚜虫和黑斑病。

【主要芳香成分】

吹扫捕集法提取的羽衣甘蓝新鲜地上部分挥发油的主要成分依次为：乙酸乙酯（1210.0μg·g^{-1}）、甲基丙烯（572.0μg·g^{-1}）、甲基环戊烷（568.0μg·g^{-1}）、二硫化碳（496.0μg·g^{-1}）、羰基硫醚（472.0μg·g^{-1}）、己烯醇（353.0μg·g^{-1}）、甲基戊烷异构体（277.0μg·g^{-1}）、环己烷（171.0μg·g^{-1}）、甲苯（139.0μg·g^{-1}）、异硫氰酸丁烯腈（131.0μg·g^{-1}）、乙醛（130.0μg·g^{-1}）等（何洪巨等，2005）。

【营养与功效】

营养丰富，含有大量的维生素A、C、B$_2$及多种矿物质，特别是钙、铁、钾含量很高；每100g嫩叶中维生素C 153.6～220mg。是健美减肥的理想食品。

【食用方法】

可以连续不断地剥取嫩叶食用，可炒食、凉拌、做汤，在欧美多用其配上各色蔬菜制成色拉。风味清鲜，烹调后保持鲜美的碧绿色。秋冬季稍经霜冻后风味更好。

芥菜

十字花科芸苔属

学名：*Brassica juncea*（Linn.）Czern. et Coss.
别名：芥、芥子、白芥子、黄芥子
分布：全国各地均有栽培

【植物学特征与生境】

一年或二年生草本，高可达1.5 m。茎直立，多分枝，幼枝被微毛，老枝光滑，稍有白粉。基生叶有长柄，叶片长圆形或倒卵形，长约20 cm，不分裂或大头状羽裂，边缘有重锯齿或缺刻；茎生叶有短柄，向上渐小；上部叶狭披针形至线形，边缘有不明显疏齿或全缘。总状花序花后延长；花深黄色。花角果线形，长3～6 cm。种子球形，直径约1 mm。花期3～4月，果期5～6月。

喜冷凉润湿，忌炎热、干旱，稍耐霜冻。适于种子萌发的平均温度为25℃。适于叶片生长的平均温度为15℃，适于食用器官生长的温度为8～15℃。

【栽培技术要点】

7月底8月初为最佳播期。每667 m^{2}用种量为170～200 g。在垄背划沟，深3～4 cm，顺沟浇水，播种，覆土1.5～2 cm，耙平。第1片真叶展开时进行第1次间苗，苗距3 cm；3片真叶展开时定苗。在幼苗期降雨基本可以满足水分需求，气温高、天太旱时应在早晚浇水，水量不宜太大。白露节前以蹲苗为主，浇水不宜勤，坚持不旱不浇水。追肥宜在封垄前结合培土进行，一般每667 m^{2}追施尿素10 kg、氯化钾10 kg。中耕除草从幼苗出土至封垄前一般进行2～3次，结合中耕拔除杂草。主要虫害是蚜虫和菜青虫子；病害主要是软腐病和黑腐病。

【主要芳香成分】

吹扫捕集法提取的芥菜新鲜地上部分挥发油的主要成分依次为：丙烯基异硫氰酸盐（11700.0 μg·g^{-1}）、甲基环戊烷（697.0 μg·g^{-1}）、异硫氰酸丁烯腈（654.0 μg·g^{-1}）、甲基丙烯（652.0 μg·g^{-1}）、二硫化碳（547.0 μg·g^{-1}）、己烷（486.0 μg·g^{-1}）、羰基硫醚（463.0 μg·g^{-1}）、乙醛（414.0 μg·g^{-1}）、（341.0 μg·g^{-1}）、环己烷（213.0 μg·g^{-1}）、二甲基戊烷（183.0 μg·g^{-1}）等（何洪巨等，2005）。

【营养与功效】

含有丰富的B族维生素、维生素A、维生素C、维生素D，含有大量的抗坏血酸和食用纤维。有提神醒脑、解毒消肿、明目利膈、宽肠通便等功效。

【食用方法】

是我国传统蔬菜之一，品种多样。叶用芥菜食用方法多样，可以炒食、炖食、做汤、做馅。除供鲜食外，也是加工蔬菜的重要原料，可制作成酸菜、咸菜、干菜等食用。

芥蓝

十字花科芸苔属

学名：*Brassica alboglabra* L.H.Bailey

别名：白花芥蓝、绿叶甘蓝、芥兰、芥蓝菜、盖菜

分布：全国各地均有栽培

【植物学特征与生境】

一年生草本，高0.5～1 m，无毛，具粉霜；茎直立，有分枝。基生叶卵形，长达10 cm，边缘有微小不整齐裂齿，不裂或基部有小裂片，叶柄长3～7 cm；茎生叶卵形或圆卵形，长6～9 cm，边缘波状或有不整齐尖锐齿，基部耳状，有少数显著裂片；茎上部叶长圆形，长8～15 cm，顶端圆钝，不裂，边缘有粗齿。总状花序长，直立；花白色或淡黄；花梗长1～2 cm，萼片披针形；花瓣长圆形。长角果线形，长3～9 cm，顶端骤收缩成长5～10 mm的喙。种子凸球形，直径约2 mm，红棕色，有微小窝点。花期3～4月，果期5～6月。

适于较低温度和长日照，整个生育期需较强的光照和充足的水分。发芽期和幼苗期的生长适温为25～30℃，叶丛生长和菜薹形成适温为15～25℃，喜较大的昼夜温差。

【栽培技术要点】

可直播也可育苗移栽，直播采用条播法，每667 m2用种500 g左右。育苗时根据栽培季节和当地气候条件设置凉棚遮阴，播种前浇足底水，撒播，覆土1 cm厚，每667 m²用种量50～60 g，苗龄30～40 d，苗高10 cm左右时定植。定植前施足基肥，定植株行距25 cm×35 cm，缓苗后浇1次透水，并水追肥。定植后保持土壤湿润。当主薹高与叶片高度相齐时及时采收，以促进侧薹的发生，主薹采收基部留3～4片叶，以后每一侧薹留1～2片叶。切花薹时切口略倾斜，以免切口积水引起腐烂。

【主要芳香成分】

吹扫捕集法提取的芥蓝新鲜地上部分挥发油的主要成分依次为：异硫氰酸丁烯腈（13000.0μg·g^{-1}）、甲基丙烯（427.0μg·g^{-1}）、二硫化碳（275.0μg·g^{-1}）、甲基环戊烷（249.0μg·g^{-1}）、己烷（228.0μg·g^{-1}）、甲基戊烷异构体（147.0μg·g^{-1}）、乙基苯（116.0μg·g^{-1}）、己烯醇（111.0μg·g^{-1}）等（何洪巨等，2005）。

【营养与功效】

是甘蓝类蔬菜中营养比较丰富的一种蔬菜，每100 g新鲜菜苔含维生素C 51.3～68.8 mg，还有相当多的矿物质、纤维素、糖类等。有利水化痰、解毒、祛风、除邪热、解劳乏、清心明目等功效。

【食用方法】

以肥嫩的花薹和嫩叶供食用，以炒食为主，也可凉拌、做汤或作配菜。

油菜

十字花科芸苔属

学名：*Brassica campestris* Linn.

别名：芸苔、普通白菜、小白菜、青菜

分布：全国各地均有栽培

【植物学特征与生境】

一年生或二年生草本，高约1 m。茎直立具纵棱，多分枝。基生叶及下部茎生叶呈大头羽状分裂，长12～25 cm，宽4～8 cm，顶端裂片最大，长卵圆形或宽卵圆形，侧裂片1～3对，边缘具不整齐疏齿。总状花序顶生或侧生，花梗细，花径约1 cm；萼片4，绿色，长椭圆形，内轮2枚基部稍膨大呈囊状；花瓣4，鲜黄色，宽倒卵形，具长爪。长角果，长2～5 cm，直径5 mm，先端具1长喙。种子多数，近球形，细小，黑色或暗红褐色。花期3～5月，果期4～8月。

喜冷凉，抗寒力较强，种子发芽的最低温度4～6℃，在20～25℃条件下4 d就可以出苗。要求土层深厚，结构良好，有机质丰富，既保肥保水，又疏松通气的壤质土，在弱酸或中性土壤中，更有利于增加产量。

【栽培技术要点】

深耕1～2次，一般深20～26 cm，充分晒垄或冻垄，或早耕地7～10 d。定植距离依品种、季节和栽培目的而定。定植后及时追肥，随着生长增加追肥的浓度和用量。灌溉一般与追肥结合。

【主要芳香成分】

活体捕集系统收集的福建福州产'矮脚大头清江'油菜叶挥发油的主要成分依次为：癸烷（26.14%）、十一烷（12.72%）、壬烷（5.22%）、1-乙基-2甲基苯（4.15%）、1,2,4-三甲基-苯（4.08%）、丁基苯（3.28%）、1-甲基-2-丙基苯（2.47%）、1,3,5-三甲基苯（2.21%）、1,3,5-三甲基苯（1.86%）、1-乙基-2,3-二甲基苯（1.85%）、1-乙基-2,4-二甲基苯（1.80%）、2-甲基癸烷（1.80%）、1,3-二甲基苯（1.75%）、4-甲基壬烷（1.45%）、2,6-二甲基-壬烷（1.42%）、1-乙基-3,5-二甲基苯（1.41%）、7-甲基-（Z）-2-癸烯（1.18%）、1,2,4-三甲基-环己烷（1.13%）、丙基苯（1.02%）、3-甲基癸烷（1.00%）等（杨广等，2004）。

【营养与功效】

每100 g嫩茎叶含碳水化合物3.78 g，蛋白质1.8 g，脂肪0.5 g，纤维素1.1 g；胡萝卜素0.62 mg，维生素A 0.10 mg，维生素C 36 mg，维生素E 0.89 mg，烟酸0.72 mg，核黄素0.15 mg；钾210 mg，钙108 mg，钠55.9 mg，磷39 mg，镁22 mg，铁1.2 mg，硒0.79 μg，锌0.35 mg，锰0.23 mg。有降低血脂、解毒消肿、宽肠通便、美容保健的功效。

【食用方法】

嫩茎叶为绿叶蔬菜，以炒食为主，如油菜炒豆腐、香菇烧油菜、油菜粥均有健脾补胃、清热消炎、散血消肿的功效。

繁缕

石竹科繁缕属

学名：*Stellaria media*（Linn.）Cyr.

别名：鹅肠菜、鹅耳伸筋、鸡儿肠

分布：全国各地

【植物学特征与生境】

一年生草本，直立或平卧，茎纤细，蔓延地上，由基部多分枝，下部节上生根，上部叉状分枝。上部叶卵形，长 $0.5\sim2.5$ cm，宽 $0.5\sim1.8$ cm，常有缘毛，顶端尖，基部圆形，无柄；下部叶卵形或心形，有长柄。花单生叶腋或组成顶生疏散的聚伞花序，花梗纤细，无毛或有纤毛；萼片披针形，外面有柔毛，边缘膜质；花瓣5，白色。蒴果长圆形或卵圆形，6瓣裂；种子圆形，黑褐色，密生疣状突起。花期2~4月，果期5~6月。

生于农田、路边、溪边、草地。喜温暖潮湿环境，适宜的生长温度为13~23℃，能适较轻的霜冻。

【栽培技术要点】

田间常见杂草。种子繁殖，繁殖力极强。尚未见人工栽培。

【主要芳香成分】

水蒸气蒸馏法提取的贵州贵阳产野生繁缕茎叶的得油率为0.13%，精油主要成分依次为：十八-9-烯醇（10.20%）、2,6-双（1,1-二甲基乙基）-2,5-环己二烯-1,4-二酮（6.13%）、十七烷（5.98%）、二十碳烯（5.52%）、十七-9-烯醇（5.37%）、十九-8-烯醇（4.43%）、2-甲基-5-（1-甲基乙基）苯酚（3.88%）、异三十烷（2.70%）、7-羟基-庚醇（2.57%）、二十二烷醇（1.60%）、十八烷（1.54%）、硬脂酸（1.42%）、蒽（1.07%）、2-十一烷酮（1.05%）、吲哚（1.04%）等（黄元等，2009）。

【营养与功效】

每100 g嫩茎叶含蛋白质1.8 g，脂肪0.3 g，钙150 mg，磷10 mg，还含有多种维生素和矿物质。有清热解毒、利尿消肿的功效。

【食用方法】

嫩苗或嫩茎叶洗净，沸水烫过后可凉拌、炒食、做汤。

瞿麦

石竹科石竹属

学名：*Dianthus superbus* Linn.

别名：野麦、十样景花、竹节草

分布：东北、华北、西北及山东、浙江、江苏、江西、河南、四川、湖北、贵州、新疆

【植物学特征与生境】

多年生草本，高30～60 cm。茎丛生，直立，上部2歧分枝，节膨大。叶对生，线形至线状披针形，顶端渐尖，基部成短鞘状抱茎，全缘，两面粉绿色。花单生或数朵集成疏聚伞花序，小苞片4～6，宽卵形，先端急尖或渐尖；萼圆筒状，细长，先端5裂；花瓣粉紫色，先端深细裂成丝状。蒴果长筒形，4齿裂，有宿萼。种子扁平，黑色，边缘有宽于种子的翅。花期6～9月，果期7～10月。

喜温暖潮湿环境，耐严寒。宜在肥沃的砂质壤土或黏质壤土中种植。生于山坡、林下。

【栽培技术要点】

播种繁殖。春、夏、秋三季都能种植，以春季种植较佳。每667 m²约需种子2.5 kg。施足基肥，翻耕做畦，条播，行距27 cm，划1 cm浅沟将种子均匀播入，用锄推平，覆土要薄。温度18～20℃的条件下，7 d左右出苗。出苗后间去拥挤者。生长期要及时松土、锄草，浇水，保持土壤湿润。苗高10～15 cm时，每667 m²施尿素10 kg。开花季节，适当增加浇水次数。如收割两次，收割前浇水，收割后2～3 d内不要浇水。越冬前要灌冻水，覆圈肥，翌年春季化冻后将粪块砸碎，耙平，以利返青。

【主要芳香成分】

水蒸气蒸馏法提取的瞿麦干燥地上部分的得油率为0.07%，精油的主要成分依次为：6,10,14-三甲基-2-十五酮（28.39%）、植物醇（6.80%）、醋酸牻牛儿酯（4.65%）、正己醇（4.32%）、醋酸金合欢酯（3.01%）、醋酸四氢牻牛儿酯（2.38%）、山梨酸（2.02%）、棕榈酸（1.82%）、正壬醇（1.62%）、正辛醇（1.25%）、正壬醛（1.25%）、对甲基苯甲醛（1.22%）、1-乙酰基-2-甲基环戊烯（1.12%）等（余建清等，2008）。

【营养与功效】

茎叶有利尿、通淋、破血通经的功效。

【食用方法】

嫩茎叶洗净，沸水煮过，水洗后做菜食用。

黄海棠

藤黄科金丝桃属

学名：*Hypericum ascyron* Linn.

别名：湖南连翘、红旱莲、大茶叶、大金雀、牛心菜、山辣椒、大叶金丝桃、救牛草、八宝茶、水黄花、金丝蝴蝶、大叶牛心菜、六安茶、降龙草、连翘、鸡蛋花、对月草、禁宫花

分布：除新疆、青海外的全国各地

【植物学特征与生境】

多年生草本，高0.5～1.3 m。茎直立或在基部上升。叶无柄，叶片披针形至椭圆形，长4～10 cm，宽1～2.7 cm，基部楔形或心形而抱茎，全缘，坚纸质，上面绿色，下面淡绿色且散布淡色腺点。花序具1～35花，顶生，近伞房状至狭圆锥状；花直径3～8 cm；萼片卵形或披针形至椭圆形或长圆形；花瓣金黄色，倒披针形。蒴果为卵珠形或卵珠状三角形，棕褐色，成熟后先端5裂。种子棕色或黄褐色，圆柱形。花期7～8月，果期8～9月。

喜光，不耐阴，对严寒的气候有较强的适应性，耐干旱力也很强。忌水涝。

【栽培技术要点】

可用种子繁殖或分株、扦插繁殖。种子繁殖：种子干藏，于翌年春播，3周左右可发芽，2年可开花。分株繁殖：在休眠期进行。扦插繁殖：可用于早春行硬枝插，夏秋行软枝插。

【主要芳香成分】

水蒸气蒸馏法提取的广东阳山产黄海棠茎叶的得油率为0.32%～0.38%，精油主要成分依次为：乙酸-1-乙氧基乙酯（19.12%）、β-石竹烯（17.66%）、3-己烯醇（17.08%）、(Z, E)-α-金合欢烯（4.61%）、2-己烯醛（3.80%）、3-己烯酸（3.03%）、α-金合欢烯（1.11%）等（朱亮锋等，1993）。

【营养与功效】

每100 g嫩茎叶含蛋白质4.6 g，粗纤维3 g，维生素A 7.44 mg，维生素B_5 1.3 mg，维生素C 169 mg。茎叶入药，有平肝、活血化瘀、清热解毒的功效。

【食用方法】

嫩茎叶洗净，沸水烫过，清水漂洗去苦味后，切段，炒食，具解毒消肿功效。

赤苍藤

铁青树科赤苍藤属

学名：*Erythropalum scandens* Bl.

别名：牛耳藤、萎藤、勾华、侧苋、细绿藤、菜藤、腥藤、假黄藤、姑娘菜、排毒菜

分布：云南、贵州、西藏、广西、广东、海南

【植物学特征与生境】

常绿藤本，长5～10 m，具腋生卷须；枝纤细，绿色，有不明显的条纹。叶纸质至厚纸质或近革质，卵形、长卵形或三角状卵形，长8～20 cm，宽4～15 cm，顶端渐尖、钝尖或突尖，基部变化大，微心形、圆形、截平或宽楔形，叶上面绿色，背面粉绿色；叶柄长3～10 cm。花排成腋生的二歧聚伞花序，花序长6～18 cm；花萼筒具4～5裂片；花冠白色，卵状三角形；雄蕊5枚；花盘隆起。核果卵状椭圆形或椭圆状，全为增大成壶状的花萼筒所包围。种子蓝紫色。花期4～5月，果期5～7月。

喜光，耐半阴，喜欢凉爽环境，习性强健，适应性强，极耐寒、耐旱、耐贫瘠。根系发达，分蘖性强，对气候、土壤、水分要求不严，喜欢肥沃湿润土壤。

【栽培技术要点】

可用扦插、压条、播种进行繁殖。种子繁殖：亚热带地区适合春、秋播种，热带四季均可播种，温带仅适合春播。选择光照充足、排水良好、土质疏松的沙质土壤做苗床，苗床高20 cm、宽120 cm，在播种前一天浇一次透水。种子用30℃温水浸泡，2～4 h后按一定的株行距单粒点播。扦插繁殖：选择生长健壮、无病虫危害的植株中上部枝条剪下，插穗长度20 cm左右，保留2～3个芽，浸泡于5 cm深的萘乙酸1:250溶液，浸泡4 h后扦插。插完当天淋水，每次淋水量以畦面湿透为宜，每天1次，遇到高温早晚各淋1次。扦插生根一般需要60 d的时间，生根期注意通风排湿和浇水时间。苗木移植一般在3～4月，最好是带土移植，定植时，每定植坑施腐熟有机肥10～20 kg，以后每年春季和秋季进行开沟薄施。压条可在7月将枝条环剥后用黄泥包住，生根后于翌年春割离移植。

【主要芳香成分】

水蒸气蒸馏法提取的赤苍藤叶的主要成分依次为：二十七烷（10.54%）、1-辛烯-3-醇（10.20%）、叶绿醇（7.02%）、二十五烷（7.41%）、环己二烯（6.29%）、二十八烷（5.16%）、十九烷（3.74%）、3,4,4-三甲基-1-戊炔-3-醇（2.43%）、二十四烷醇（2.40%）、十七烷（2.38%）、二十四烷（1.63%）、二十二烯（1.52%）、亚油酸乙酯（1.43%）、诱虫烯（1.39%）、金合欢基丙酮（1.33%）、芳樟醇（1.32%）、二十一烷（1.18%）、棕榈酸乙酯（1.14%）、β-桉叶醇（1.08%）、二十二烷（1.02%）等（冯旭等，2014）。

【营养与功效】

叶含挥发油。有清热利尿的功效。

【食用方法】

食用嫩芽及嫩叶，洗净，用于鲜食、炒食、做馅、做汤、做粥及淹渍等，味道鲜美，清香宜口，且风味独特。

掌叶梁王茶

五加科梁王茶属

学名：*Nothopanax delavayi*（Franch.）Harms ex Diels

别名：梁王茶、梁旺茶、台氏梁王茶

分布：云南、贵州

【植物学特征与生境】

灌木，高1～5 m。叶为掌状复叶，叶柄长4～12 cm；小叶片3～5，长圆状披针形至椭圆状披针形，长6～12 cm，宽1～2.5 cm，先端渐尖至长渐尖，基部楔形，上面绿色，下面淡绿色，两面均无毛，边缘疏生钝齿或近全缘。圆锥花序顶生，长约15 cm；伞形花序直径约2 cm，有花10余朵；总花梗长1～1.5 cm；苞片卵形，膜质；花白色；萼无毛；花瓣5。果实球形，侧扁，直径约5 mm。花期9～10月，果期12月至次年1月。

生于森林或灌木丛中，海拔1600～2500 m。

【栽培技术要点】

扦插繁殖。从生长正常的植株上剪取生长健壮、无病虫害的1年生枝条，剪去叶片，剪成长8～15 cm，带3～4个芽的小枝段，插枝上端距芽0.5～1.0 cm，平剪，下端剪成平滑的斜口。用清水浸泡后，用1000 mg/L的IBA速蘸基部10s后扦插于珍珠岩基质中，扦插深度为插枝的1/2～2/3，扦插株行距为5 cm×7 cm。扦插后立即浇透水，并盖上塑料薄膜保湿。以后每天喷1～2次水。

【主要芳香成分】

水蒸气蒸馏法提取的云南昆明产掌叶梁王茶新鲜叶及嫩枝的得油率为0.40%～0.60%，精油主要成分依次为：β-水芹烯（25.41%）、月桂烯（19.33%）、α-蒎烯（11.34%）、4-甲基-1-甲基乙基-3-己烯-1-醇（2.97%）、β-石竹烯（2.50%）、2-环氧丙烷（2.45%）、（1S）-7-杜松烯-3-醇（1.57%）、δ-杜松烯（1.37%）、罗勒烯（1.36%）、3-甲基环丁烷并（1,2:3,4）双环戊-（1-异丙基-1'-甲撑基）-1-烯（1.14%）等（胡英杰等，1991）。

【营养与功效】

有清热解毒，活血舒筋的功效。

【食用方法】

采收将展未展的嫩梢，洗净，用水烫后，加佐料凉拌后食用。

无梗五加

五加科五加属

学名：*Acanthopanax sessiliflorus*（Rupr.et Maxim.）Seem.

别名：短梗五加、乌鸦子

分布：黑龙江、吉林、辽宁、河北、山西

【植物学特征与生境】

灌木或小乔木，高2～5 m；树皮暗灰色或灰黑色，有纵裂纹和粒状裂纹；枝灰色。叶有小叶3～5，纸质，倒卵形或长圆状倒卵形，长8～18 cm，宽3～7 cm，先端渐尖，基部楔形，两面均无毛，边缘有不整齐锯齿。头状花序紧密，球形，直径2～3.5 cm，有花多数，5～6个组成顶生圆锥花序或复伞形花序；总花梗密生短柔毛；花无梗；萼密生白色绒毛，边缘有5小齿；花瓣5，卵形，浓紫色。果实倒卵状椭圆球形，黑色，稍有棱。花期8～9月，果期9～10月。

喜温和湿润气候，耐荫蔽、耐寒。宜选土层深厚肥沃，排水良好，稍带酸性的冲积土或砂质壤土栽培。不宜在砾质土、黏质土或沙土上种植。

【栽培技术要点】

用种子和扦插繁殖。种子繁殖秋播在10月或11月，春播在3月下旬至4月上旬。条播，行距33 cm开沟，覆土约1 cm稍加镇压，浇水，保持湿润，5月上旬出苗。培育1～2年移栽。扦插繁殖：在6～8月剪取枝条，截成10～15 cm长，插入砂土中，保持适当温度约15～20 d可生根成活，于秋季或第2年春季定植。移栽按行株距各60 cm开穴，每穴栽苗1株。每年中耕除草、追肥2～3次，第1次在成活返青后，第2次在6月下旬，均施入畜粪水；第3次在冬季落叶后，开沟施入堆肥或厩肥，施后盖土。

【主要芳香成分】

同时蒸馏萃取法提取的无梗五加茎的得油率为2.00%，精油主要成分依次为：金合欢醇（19.42%）、己酸（13.93%）、(-)-桉油烯醇（13.10%）、2,6-二叔丁基对甲酚（6.41%）、3,7,11-三甲基-2,6,10-十二碳三烯-1-醇乙酸酯（5.73%）、邻苯二甲酸二丁酯（3.62%）、1,2-苯二甲酸-双（2-甲基丙基）-酯（3.22%）、辛酸（1.66%）、1,5,5-三甲基-6-（2-丁烯基）-环己烯-1-醇（1.63%）、3,7,11-三甲基-1,6,10-十二碳三烯-3-醇（1.59%）、6,10-二甲基-5,9-十二碳二烯-2-酮（1.41%）、辛醛（1.38%）、石竹烯氧化物（1.38%）、水杨酸甲酯（1.34%）、十九烷（1.32%）、3,7,11-三甲基-2,6,10-十二碳三醛（1.10%）等（何方奕等，2004）。

【营养与功效】

嫩茎叶除含挥发油外，还含有强心苷0.23%，皂苷、无梗五加苷等成分。

【食用方法】

嫩茎叶沸水烫过，清水浸泡后可炒食、做汤或晒干备用。

棘茎楤木

五加科楤木属

学名：*Aralia echinocaulis* Hand.-Mazz.

分布：四川、云南、贵州、广西、广东、福建、江西、湖北、湖南、安徽、浙江

【植物学特征与生境】

小乔木，高达7 m。叶为二回羽状复叶，长35～50 cm；托叶和叶柄基部合生，栗色；羽片有小叶5～9，基部有小叶1对；小叶片膜质至薄纸质，长圆状卵形至披针形。圆锥花序大，长30～50 cm，顶生；伞形花序，有花12～20朵；苞片卵状披针形；小苞片披针形；花白色；花瓣5；果实球形。花期6～8月，果期9～11月。

喜温暖湿润环境。生于森林中，垂直分布海拔可达2600 m。

【栽培技术要点】

垄面宽40 cm，沟宽30 cm，每垄种一行，株距25 cm。1～2月萌发新芽前，挖取野生种作种苗，或于3～4月采挖野生根部萌发的小苗作种苗。将种苗根部埋入土中压实。及时灌溉，覆盖草帘保湿。待种苗有新根长出，萌发新芽时，拆去草帘。耐肥性差，栽培前不施底肥。种苗活稳后沟施腐熟有机厩肥作底肥。幼芽长到2～5 cm时，以氮、磷、钾复合肥作追肥。施肥后及时灌水。封行时及时剪除垄间横向生长的枝条，控制株高在2～3 m以内。在植株基部每年覆盖一层稻草或麦秸免耕。很少有病害发生，有蚜虫危害。

【主要芳香成分】

水蒸气蒸馏法提取的贵州梵净山产棘茎楤木新鲜叶精油的主要成分依次为：(E,E)-α-金合欢烯（21.85%）、β-石竹烯（20.71%）、(Z,E)-α-金合欢烯（4.94%）、α-石竹烯（4.17%）、植物醇（3.47%）、反式苦橙油醇（3.23%）、β-榄香烯（3.12%）、氧化石竹烯（2.71%）、大根香叶烯D（2.66%）、桧烯（2.10%）、β-没药烯（1.76%）、α-愈创木烯（1.40%）、正二十九烷（1.35%）、β-倍半水芹烯（1.19%）、δ-榄香烯（1.14%）、芳-姜黄烯（1.09%）、香叶基芳樟酯（1.02%）等（陈美航等，2013）。

【营养与功效】

每100 g干燥嫩茎叶含蛋白质60.4 g，可溶性糖0.3 g，齐墩果酸179.42 mg，钾1391.8 mg，钠1.51 mg，钙139.5 mg，镁146.3 mg，铁3.20 mg，锰4.25 mg，锌2.26 mg，铜0.63 mg。有祛风除湿、行气活血、消肿、清热解毒的功效。

【食用方法】

嫩芽用沸水烫过，用清水浸泡片刻，捞起切段，可凉拌、炒食、做汤、做馅。

白簕

五加科五加属

学名：*Acanthopanax trifoliatus*（Linn.）Merr.

别名：白芳根、鹅掌簕、禾掌簕、三加皮、三叶五加

分布：中部、南部、台湾

【植物学特征与生境】

灌木，高1～7 m；枝软弱铺散，常依持他物上升，老枝灰白色，新枝黄棕色，疏生下向刺。叶有小叶3，叶柄长2～6 cm，无毛；小叶片纸质，椭圆状卵形至椭圆状长圆形，长4～10 cm，宽3～6.5 cm，先端尖至渐尖，基部楔形，边缘有细锯齿或钝齿。伞形花序3～10个，组成顶生复伞形花序或圆锥花序，直径1.5～3.5 cm，有花多数；总花梗长2～7 cm，无毛；花梗细长；花黄绿色；花瓣5，三角状卵形。果实扁球形，直径约5 mm，黑色。花期8～11月，果期9～12月。

适宜生长在冬季严寒的大陆兼海洋性气候地区，要求气候温暖，雨量充沛，水热条件变化大。喜欢较为湿润的微酸砂壤。喜温暖，又能耐轻微荫蔽，也能耐寒。

【栽培技术要点】

扦插繁殖。采生长充实、半木质化枝条，剪成长约15 cm的插条，保留2～3个饱满腋芽，上平下斜，距腋芽1～2 cm，留1片小叶，在1500 mg/L的IBA中速蘸10 s。将圃地翻耕整平，按床面宽1.2 m、长20 m做插床，按行株距15 cm×10 cm将插条斜插入沙质土苗床中，入土深达插条2/3，浇透水后盖上薄膜，覆盖薄膜拱棚。每天酌情喷水通风。20 d左右生根，去掉薄膜，每10 d喷施1次含5%尿素和0.3%磷酸二氢钾的混和溶液。50～60 d后可移栽。以疏松、肥沃的砂质土为好，秋季耕翻，做成60 cm的高垄。在春季萌芽前带土定植。按株距约1 m挖深25 cm、直径30 cm的栽植坑，栽后扶正踩实，土壤干旱时要浇透水。生长季及时除草，每年在返青后和9月初施肥2次。病害有炭疽病、立枯病、锈病、白粉病、褐斑病、煤污病；虫害有蚜虫、螨类、蚧虫、蓟马、蛴螬、线虫。第3年开始，春季采收嫩梢和嫩叶，当新梢长20 cm时，剪留5 cm，每年可采5～7次。

【主要芳香成分】

水蒸气蒸馏法提取的白簕干燥叶精油的主要成分依次为：反-丁香烯（17.46%）、α-蒎烯（7.87%）、α-荜澄茄（6.84%）、环己烯（6.09%）、α-古巴烯（4.20%）、α-荜澄茄油烯（3.77%）、莰烯（3.53%）、水芹烯（3.15%）、1,2,3,4.4a,7-六氢萘（2.98%）、杜松烯（2.66%）、白菖油萜（2.58%）、β-芹子烯（2.35%）、1,2,3,4-四氢萘（1.94%）、5,6,7,8-四氢-1-萘（1.48%）、丁香三环烯（1.06%）等（刘基柱等，2009）。云南西双版纳产白簕阴干叶的得油率为0.45%，精油主要成分依次为：α-蒎烯（21.54%）、β-水芹烯（9.03%）、δ-愈创木烯（8.26%）、D-柠檬烯（7.63%）、(-)-松油烯醇（6.41%）、τ-古芸烯（6.20%）、β-蒎烯（5.77%）、δ-榄香烯（3.10%）、τ-松油烯（3.08%）、β-月桂烯（2.21%）、α-松油烯（2.12%）、异松油烯（1.81%）、反式-β-罗勒烯（1.58%）等（纳智，2005）。

【营养与功效】

嫩叶、枝梢中含有丰富的氨基酸和人体必需的矿质元素，氨基酸总含量达20.8%。有清热解毒、祛风除湿的功效。

【食用方法】

嫩梢或嫩叶沸水烫过，清水漂洗去苦味，切段，加调料凉拌、炒食、做汤。

刺五加

五加科五加属

学名：*Acanthopanax senticosus*（Rupr.et Maxim.）Harms

别名：坎拐棒子、刺拐棒、一百针、老虎潦、五加皮、五加参

分布：黑龙江、吉林、辽宁、河北、山西

【植物学特征与生境】

灌木，高1~6 m；分枝多，一、二年生的通常密生刺。叶有小叶5；叶柄常疏生细刺，长3~10 cm；小叶片纸质，椭圆状倒卵形或长圆形，长5~13 cm，宽3~7 cm，先端渐尖，基部阔楔形，上面粗糙，深绿色，下面淡绿色，边缘有锐利重锯齿；小叶柄长0.5~2.5 cm。伞形花序单个顶生，或2~6个组成稀疏的圆锥花序，直径2~4 cm，有花多数；总花梗长5~7 cm，无毛；花梗长1~2 cm；花紫黄色；萼无毛；花瓣5，卵形。果实球形或卵球形，有5棱，黑色，直径7~8 mm。花期6~7月，果期8~10月。

喜温暖湿润气候，耐寒、耐微荫蔽。宜选向阳、腐殖质层深厚、土壤微酸性的砂质壤土。种胚要经过形态后熟和生理后熟之后才能萌发。生于森林或灌丛中，海拔数百米至2000 m。

【栽培技术要点】

9月下旬采集变为黑色的球果，放入水中搓去果肉漂洗获得种子。将种子于细湿沙中层积后再用于播种。播种以垄上双行条播为好，深度2 cm左右。出齐苗后可适当移苗，一年生苗以10 cm×10 cm为宜，两年生苗可扩大一倍株距。苗期注意浇水，保持土壤湿润。成苗后移栽至田野，株行距以100 cm×100 cm为宜。栽植第4年开始可采收嫩枝。

【主要芳香成分】

水蒸气蒸馏法提取的黑龙江张广才岭产刺五加干燥叶的得油率为0.15%，精油主要成分依次为：（+）-匙叶桉油烯醇（19.89%）、1-甲基-5-亚甲基-8-[1-甲基乙基]-1,6-环癸二烯（7.02%）、1-甲基-1-乙烯基-2,4-二异丙烯基-环己烷（5.59%）、4-乙烯基-4-甲基-3-异丙烯基-1-异丙基-环己烯（5.28%）、红没药醇（5.24%）、（-）-匙叶桉油烯醇（4.53%）、1,2,3,5,6,7,8,8-胺-1,8a-四甲基-7-（1-异丙烯基），将（1γ,7γ,8a型）萘（3.59%）、苯甲醇（3.36%）、氧化石竹烯（3.14%）、9,10-脱氢-异长叶烯（3.11%）、3-(2,6,6-三甲基-1-环己烯-1-甲基)2-丙醛（2.64%）、γ-杜松烯（2.25%）、δ-杜松烯（2.19%）、1,6-辛-3-醇-3,7-二酯-丙酸（2.15%）、α-石竹烯（1.95%）、异匙叶桉油烯醇（1.90%）、1-α-松油醇（1.71%）、石竹烯（1.49%）、荜草烯（1.11%）等（张肖宁等，2011）。陕西秦岭产刺五加干燥茎的得油率为0.05%，精油主要成分依次为：氧化石竹烯（16.40%）、异石竹烯（9.97%）、2,4-癸二烯醛（9.41%）、α-蒎烯（7.13%）、β-金合欢烯（5.09%）、氧化蛇麻烯（4.83%）、蛇麻烯（4.50%）、十四碳醛（3.74%）、对甲基异丙基苯（3.52%）、2-正-戊基呋喃（3.09%）、9,17-十八碳二烯醛（2.79%）、正十八烷醇（2.66%）、正庚醛（2.63%）、泪柏醚（2.50%）、芳樟醇（2.09%）、正辛醛（1.38%）、β-蒎烯（1.15%）、3,7,11-三甲基-1,3,6,10-十二碳四烯（1.11%）、柠檬烯（1.01%）等（于万滢等，2005）。

【营养与功效】

茎叶含有三萜类化合物及木聚糖等7种配糖体，含丰富的葡萄糖、半乳糖、β-胡萝卜素、B族维生素、矿物质等。

【食用方法】

未木质化前的嫩茎叶切成3~4 cm长的段，沸水中煮烫片刻，捞入凉水中浸泡，除去异味后，可凉拌、炒食、做汤。也可腌制成咸菜或晒干备用。

三枝九叶草

小檗科淫羊藿属

学名：*Epimedium sagittatum* (Sieb.et Zuccv.) Maxim.

别名：箭叶淫羊藿

分布：浙江、安徽、福建、江西、湖北、湖南、广东、广西、甘肃、山西、陕西、四川

【植物学特征与生境】

多年生草本，高30～50 cm。根茎匍匐，呈结节状，质硬，有多数纤细须根。基生叶1～3，三出复叶，有长柄；小叶片卵形、狭卵形至卵状披针形，长4～9 cm，宽2.5 cm～5 cm，先端急尖或渐尖，边缘有细刺毛，基部深心形，侧生小叶基部显著不对称，近圆形，叶片革质，上面灰绿色，无毛，下面色较浅，被紧贴的刺毛或细毛。茎生叶常2，生于茎顶，形与基生叶相似。花多数，聚成总状花序或下部分枝而成圆锥花序，长约7.5 cm；花序轴和花梗无毛或被少数腺毛；花较小；萼片8，外轮4片卵形，较小，外有紫色斑点，易脱落，内轮4片较大，白色，花瓣状；花瓣4，囊状。蓇葖果卵圆形，先端具宿存花柱，呈短嘴状；种子数粒，肾形，黑色，有脉纹。花期2～3月，果期4～5月。

生于山野竹林下或山路旁的岩石缝中。

【栽培技术要点】

移栽期不同，成活率存在极显著差异，以2～4月移栽为好，气候适宜，代谢旺盛，再生力强，新根和新叶几天就可生长出来，成活率极高。最佳时期是2月和3月。

【主要芳香成分】

超临界CO_2萃取法提取的辽宁抚顺产三枝九叶草干燥茎叶的出油率为2.70%，精油主要成分依次为：薄荷醇(21.13%)、1,2-二甲氧基-4-(2-丙烯基)-苯(20.31%)、5-(1-丙烯基)-1,3-苯并间二氧杂戊烯(11.98%)、3,5-二甲氧基-甲苯(11.07%)、冰片(9.50%)、十五(碳)烷(7.16%)、1,2,3-三甲氧基-5-甲苯(5.54%)、外-莳醇(1.86%)、2,6,6-三甲基-2,4-环庚二烯-1-酮(1.67%)、2-莰酮(1.47%)等（回瑞华等，2005）。

【营养与功效】

茎叶含淫羊藿苷、淫羊藿次苷、淫羊藿糖苷、去-O-甲基淫羊藿苷及黄酮类等化合物。有补肝肾，益精，祛风湿的功效。

【食用方法】

嫩叶洗净，放入锅内加适量水煮成汁，用其汁烹调菜肴，如淫羊藿烧猪肝等。

淫羊藿

小檗科淫羊藿属

学名：*Epimedium brevicornum* Maxim.

别名：刚前、仙灵脾、仙灵毗、放杖草、弃杖草、千两金、干鸡筋、黄连祖、三枝九叶草、牛角花、铜丝草、铁打杵、三叉骨、肺经草、铁菱角、心叶淫羊藿、短角淫羊藿

分布：陕西、甘肃、山西、河南、青海、湖北、四川

【植物学特征与生境】

多年生草本，高30～40 cm。根茎长，横走，质硬，须根多数。叶为2回3出复叶，小叶9片，有长柄，小叶片薄革质，卵形至长卵圆形，长4.5～9 cm，宽3.5～7.5 cm，先端尖，边缘有细锯齿，基部深心形，侧生小叶基部斜形，下面有长柔毛。花4～6朵成总状花序，花序轴无毛或偶有毛；基部有苞片，卵状披针形，膜质；花大，直径约2 cm，黄白色或乳白色；花萼8片，卵状披针形，2轮，外面4片小，不同形，内面4片较大，同形；花瓣4，近圆形，具长距；花柱长。蓇葖果纺锤形，成熟时2裂。花期4～5月，果期5～6月。

生长于多荫蔽的树林及灌丛中。喜湿润土壤环境。

【栽培技术要点】

可用播种繁殖、分株繁殖和根茎繁殖。分株繁殖：将基部或产生的各个植株以1～3个为一丛切开，作为种苗进行植栽。一般在秋季9～10月或春季3～4月进行。行株距以15 cm见方为宜。根茎繁殖：视根茎的芽或芽眼多少，分成2～3 cm大小的种块，每个种块保留1～2芽或芽眼，取种块播种。播种繁殖：在5月下旬至6月上旬，采收完全成熟的果实，晒干后贮藏，于当年秋季或第二年春季播种，种子拌细土或草木灰撒播于苗床上，用树枝轻扫，再撒上1～2 cm厚的草木灰拌细土即可。播种前苗床要用清粪水渗透。翌春2～3月出苗后，选阴天查苗补苗。全生育期内忌阳光直射，搭棚遮荫。4～8月每10 d除草1次；秋冬季可30 d左右除草1次。除草时结合中耕。在夏季遇旱天须浇水，并于早晚进行。病虫害较少。

【主要芳香成分】

水蒸气蒸馏法提取的辽宁丹东产淫羊藿叶精油的主要成分依次为：棕榈酸（18.19%）、2-癸烯醛（12.72%）、十四烷酸（8.85%）、N-苯胺-2-萘胺（8.49%）、壬醛（7.54%）、2-十一烯醛（7.01%）、十六烷（4.09%）、十七烷（3.21%）、十五烷（2.83%）、油酸（2.46%）、8-甲基十七烷（2.08%）、月桂酸（2.02%）、辛醛（1.43%）、二十烷（1.41%）、（E）-2-壬烯醛（1.17%）、龙脑（1.13%）、薄荷醇（1.02%）等（徐凯建等，1997）。

【营养与功效】

茎叶除含挥发油外，还含有淫羊藿苷、去甲淫羊藿苷、淫羊藿素、蜡醇、黄酮、植物甾醇、生物碱、鞣质等成分。有补肾壮阳、祛风、强筋骨的功效。

【食用方法】

嫩叶洗净，放入锅内加适量水煮成汁，用其汁烹调菜肴，如淫羊藿烧猪肝等。

地黄

玄参科地黄属

学名：*Rehmannia glutinosa* (Gaert.) Libosch.ex Fisch.et Mey.

别名：酒壶花、山烟、山白菜、生地、怀庆地黄、地髓、野生地、怀地黄

分布：辽宁、河北、河南、山东、山西、陕西、甘肃、内蒙古、江苏、湖北

【植物学特征与生境】

多年生直立草本，高10~30 cm，全株密被白色长腺毛和长柔毛。叶基生，莲座状，有时于茎下部互生，叶片纸质，倒卵状长圆形至倒卵状椭圆形，长3~11 cm，宽1.5~4.5 cm，顶端钝或近于圆，基部渐狭，边缘有钝齿，叶面皱缩。花通常紫红色，排成顶生总状花序；苞片生于下部的大，比花梗长，有时叶状，上部的小；花梗多少弯垂；花冠长约4 cm，雄蕊4，两两成对。蒴果卵形，长约1 cm，含多数淡棕色的种子。花期4~5月，果期5~6月。

喜温暖气候，较耐寒，以阳光充足、土层深厚、疏松、肥沃中性或微碱性的砂质壤土栽培为宜。忌连作。喜不干不湿的土壤。

【栽培技术要点】

在栽种前每667 m²撒施栏肥750~1000 kg或饼肥50 kg，钙镁磷肥50 kg翻入土中。一般结合中耕除草进行追肥，生长期一般需追肥2次。第1次于齐苗至苗高10~15 cm时追施，每667 m²施复合肥50 kg加尿素15 kg；第2次于8月份茎膨大增长期追施。7月份之前应适当浇水，7月份之后应减少浇水，待地皮发白时再浇水，以免温度过高引起烂根，遇伏天雨后暴晴地温增高，应浇水降温。雨后应及时排水。病虫害一般很少，常见的病虫害有斑枯病、枯萎病、胞囊线虫病、红蜘蛛、地老虎等。

【主要芳香成分】

水蒸气蒸馏法提取的河南温县产地黄干燥叶精油的主要成分依次为：叶绿醇（24.60%）、3,7,11,15-四甲基-2-十六烯醇（9.43%）、二十七烷（7.81%）、十六碳酸（5.89%）、六氢法呢基丙酮（5.88%）、十八碳三烯酸甲酯（5.17%）、十六碳酸甲酯（4.87%）、二十九烷（3.67%）、二十五烷（2.75%）、十氢荧蒽（2.58%）、二十八烷（2.28%）、异叶绿醇（1.94%）、二十六烷（1.45%）、十二硫醇（1.14%）、二十三烷（1.11%）等（翟彦峰等，2010）。

【营养与功效】

地黄叶含对羟基苯甲酸、龙胆酸、6,7-二羟基香豆素、原儿茶酸、芹菜素、松果菊苷、毛蕊花糖苷、木樨草素、齐墩果酸、熊果酸、齐墩果酮酸、β-谷甾醇、胡萝卜苷等成分。有清热、活血、益气养阴、补肾的功效。

【食用方法】

嫩苗或嫩叶洗净，先用沸水焯一下，然后用凉水浸泡去苦味后做馅。

细叶婆婆纳

玄参科婆婆纳属

学名：*Veronica linariifolia* Pall.ex Link subsp. *dilatata*（Nakai et Kitag.）Hong

别名：水蔓菁、追风草、追风七、五气朝阳草、救荒本草、蜈蚣草、斩龙剑、一支香

分布：东北、内蒙古

【植物学特征与生境】

多年生草本植物，高达50～90 cm。茎直立，茎、叶及苞片上被细短柔毛。叶下部对生，上部互生，叶片宽线形至倒卵状披针形，长2.5～6 cm，宽0.5～2 cm，先端短尖，基部窄狭成柄，边缘具单锯齿。花密集于枝端，排列成穗形的总状花序，花蓝紫色，花梗长1～3 mm，具短柔毛，苞片狭线状披针形至线形；花萼4裂，裂片卵圆形或楔形；花冠辐射状，花筒短，裂片4。蒴果扁圆，先端微凹。花期9～10月。

生于山地草丛，或山地草原间。

【栽培技术要点】

尚未见人工栽培。

【主要芳香成分】

水蒸气蒸馏法提取的细叶婆婆纳新鲜茎叶精油的主要成分依次为：4-亚甲基-1-(1-甲基乙基)-环己烯（25.83%）、β-蒎烯（11.61%）、1S-α-蒎烯（10.65%）、β-水芹烯（10.49%）、β-月桂烯（10.42%）、大根香叶烯D（4.99%）、3,7-二甲基-1,3,7-辛三烯（3.28%）、莰烯（3.25%）、石竹烯（1.94%）、1,9二甲基-7-(1-甲基乙基)-八氢化萘（1.82%）、7-甲基-4-亚甲基-1-(1-甲基乙基)-八氢化萘（1.14%）、α-石竹烯（1.10%）等（李峰，2002）。

【营养与功效】

有清热解毒、利尿、止咳化痰的功效。

【食用方法】

嫩茎叶洗净，沸水烫过，凉拌，也可炒食。

大叶石龙尾

玄参科石龙尾属

学名：*Limnophila rugosa*（Roth）Merr.

别名：水薄荷、水茴香、水荆芥、水八角、草八角、水波香、邹叶石龙尾、田香草、糙叶田香草、水蛤、水胡椒、假毛赦草

分布：广西、广东、云南、四川、福建、湖南、台湾

【植物学特征与生境】

多年生草本，高10～50 cm，具横走而多须根的根茎。全株无毛或疏被毛，芳香。茎直立，分枝，略呈四方形。叶对生；叶片卵形、菱状卵形或椭圆形，长3～9 cm，先端钝至急尖，基部楔形，边缘有浅锯齿，背面有腺点；叶柄长1～2 cm，具狭翅。花无梗，无小苞片；花萼长约7 mm，萼齿5，狭披针形；花冠紫红色或蓝色，长达1.6 cm，上唇先端凹缺，下唇3裂。蒴果椭圆形，略扁，长约5 mm，浅褐色。种子扁平，不规则卷迭，具网纹。花果期8～11月。

常生于海拔500～900 m的山野沟边阴湿地。喜温暖、荫蔽的生态环境，为半阴性植物。喜湿，多生于潮湿的草丛中或浅水中。

【栽培技术要点】

宜选择以富含腐殖质的较潮湿的土壤种植为好。在温暖、湿度大，隐蔽生态环境中可采用种子繁殖的方法进行人工试种。

【主要芳香成分】

水蒸气蒸馏法提取的大叶石龙尾新鲜茎叶的得油率为0.20%～0.43%。福建南安产大叶石龙尾阴干叶精油的主要成分依次为：胡椒酚甲醚（17.76%）、[1S-(1α,7α,8aβ)]-1,2,3,5,6,7,8,8a-八氢-1,4-二甲基-7-(1-甲基乙烯基)-甘菊环（13.24%）、石竹烯（11.29%）、Z,Z,Z-1,5,9,9-四甲基-1,4,7-环十一碳三烯（10.92%）、桉油素（6.79%）、石竹烯氧化物（4.42%）、4-萜品醇（4.03%）、愈创醇（3.56%）、匙叶桉油烯醇（3.27%）、E-橙花叔醇（2.66%）、3,4-二甲基-3-环己烯-1-甲醛（1.81%）、(1α,3aα,7α,8aβ)-2,3,6,7,8,8a-六氢-1,4,9,9-四甲基-1H-3a,7-亚甲基薁（1.73%）、(+)-香树烯（1.36%）、反-肉桂醛（1.32%）、水杨醛（1.30%）、(1α,2β,5α)-2,6,6-三甲基二环[3.1.1]庚烷（1.22%）、环氧异香橙烯（1.18%）等（黄晓冬等，2011）。云南景洪产大叶石龙尾新鲜茎叶精油的主要成分为：反式-大茴香醚（76.39%）、爱草脑（21.94%）等（喻学俭等，1986）。

【营养与功效】

叶含挥发油。茎叶可入药，有健脾利湿、理气化痰的功效。

【食用方法】

叶味甜，采苗炸熟，油盐调食。

阴行草

玄参科阴行草属

学名：*Siphonostegia chinensis* Benth.

别名：刘寄奴、野生姜、除毒草、风吹草、缸儿菜、山芝麻、灵茵陈、吊钟草、金钟茵陈

分布：东北、华北、华中、华南、西南

【植物学特征与生境】

一年生草本，茎直立，高约30～80cm。茎多单条，中空，上部多分枝。叶对生，无柄或有短柄，叶片厚纸质，广卵形，二回羽状全裂，小裂片1～3枚。花对生于茎枝上部，构成稀疏的总状花序，苞片叶状，较萼短，羽状深裂或全裂；有一对小苞片，线形；花萼管部很长，绿色，质地较厚，线状披针形或卵状长圆形；花冠上唇红紫色，下唇黄色。蒴果被包于宿存的萼内，披针状长圆形，顶端稍偏斜，黑褐色。种子多数，黑色，长卵圆形。花期6～8月。

生于海拔800～3400m的干山坡与草地中。

【栽培技术要点】

尚未见人工栽培。

【主要芳香成分】

水蒸气蒸馏法提取的黑龙江肇东产阴行草带果穗干燥茎叶的得油率为1.01%，精油主要成分依次为：香树烯（21.01%）、4-特丁基-2-甲基苯酚（9.15%）、对异丙基苯甲酸（7.54%）、t-β-甜没药烯（6.07%）、（+）-δ-荜澄茄烯（6.07%）、十八烷（5.47%）、2,6,10,15-四甲基十七烷（4.53%）、橙花椒醇（3.94%）、十九烷（3.79%）、2,6,10,14-四甲基十七烷（3.06%）、17-三十五烯（3.01%）、二十烷（2.94%）、1,2,3,4,4a,5,6,8a-7-甲基-4-亚甲基-1-丙基-八氢化萘（2.82%）、十七烷（2.74%）、1-碘代十三烷（2.03%）、广霍香烯（1.91%）、波旁烯（1.54%）、2,4,6-三甲基辛烷（1.33%）等（康传红等，2002）。阴行草茎叶的得油率为0.08%～0.10%，精油主要成分为：薄荷酮（16.50%）、芳樟醇（7.48%）、6,10-二甲基十一酮-2（7.40%）、1-薄荷醇（7.12%）、桉叶油醇（6.77%）、愈创醇（6.72%）、己酸（5.12%）等（薛敦渊等，1986）。

【营养与功效】

有破血、通经、敛疮消肿的功效。

【食用方法】

嫩茎叶沸水烫熟，换水浸洗干净，去苦味后凉拌。

番薯

旋花科番薯属

学名：*Ipomoea batatas* Lam.

别名：甘薯、红薯、红苕、甘藷、甘储、朱薯、金薯、番茹、红山药、唐薯、玉枕薯、山芋、地瓜、山药、甜薯、白薯

分布：全国各地均有栽培

【植物学特征与生境】

一年生草本，地下部分具圆形、椭圆形或纺锤形的块根，块根的形状、皮色和肉色因品种或土壤不同而异。茎平卧或上升，偶有缠绕，多分枝，圆柱形或具棱，绿或紫色。叶片形状、颜色常因品种不同而异，茎节通常为宽卵形，长4～13 cm，宽3～13 cm，全缘或3～5裂，裂片宽卵形、三角状卵形或线状披针形，叶片基部心形或近于平截，顶端渐尖，叶色有浓绿、黄绿、紫绿等；叶柄长2.5～20 cm。聚伞花序腋生，有1～7朵花聚集成伞形，花序梗长2～10.5 cm；苞片小，披针形；萼片长圆形或椭圆形，不等长，顶端骤然成芒尖状；花冠粉红色、白色、淡紫色或紫色，钟状或漏斗状，长3～4 cm。蒴果卵形或扁圆形。种子1～4粒。属于异花授粉，自花授粉常不结实，所以有时只见开花不见结果。

适应性广，抗逆性强，耐旱耐瘠。

【栽培技术要点】

选壤土择沙地块，早春结合耕翻667 m²施农家肥2～3 t，尿素15 kg，磷肥20 kg。基肥条施在垄底，垄距80 cm，垄高20 cm左右。2月中旬把种薯移入保护地苗床育苗，苗床地膜和拱棚双层薄膜保护，种薯整齐排列，盖一层细土。及时在地膜上打孔引苗。苗床第1个月每7 d喷1次水，1个月后每周喷2次水肥。株高达15 cm时，每7～10 d剪一批，自第1次剪苗开始每周喷2次水肥。晚霜结束后，10 cm地温达15℃以上时即可开始栽秧。陆续剪苗插植，采用高垄覆盖双行交错栽插，整距60 cm，覆盖面50 cm，小行40 cm，株距33 cm，每667 m²3500～4000株。栽秧时将苗进行分级，分别栽插，栽插深度5～6 cm。定栽后要及时查苗补苗。一般在栽插后浇一次水，以后每隔10～15 d中耕一次。栽插后30～40 d加强水肥管理，如遇天旱可随水667 m²追3～4 kg尿素，浇后要及早中耕松土保墒。7月上半旬至8月下旬要做到促中有控，控中有促。

【主要芳香成分】

水蒸气蒸馏法提取的江苏徐州产番薯新鲜叶的得油率为0.10%，精油主要成分依次为：棕榈酸（47.62%）、亚麻油酸（16.62%）、12,15-十八碳二烯酸（7.86%）、6,6-二甲基-1,3-亚甲基-二环[3.1.1]庚烷（3.85%）、甲基-16-乙酰过棕榈酸盐（3.00%）、3,7,11,15-四甲基-2-十六烯-1-醇（2.99%）、硬脂酸（2.40%）、1-氟甲基-3-硝基萘（2.06%）、十五烷酸（1.40%）、十四烷酸（1.19%）、月桂酸（1.09%）、(+)-反式-异苧烯（1.05%）等（韩英等，1992）。

【营养与功效】

叶具有特殊风味和丰富营养，含有丰富的维生素C、B_2、胡萝卜素、α-生育酚、钙、磷、铁及必需氨基酸；还含丰富的黄酮类化合物、纤维素。有生津润燥、健脾宽肠、养血止血、通乳汁、补中益气、通便等功效。

【食用方法】

选取鲜嫩的叶尖，开水烫熟后，加调料制成凉拌菜食用，也可同肉丝一起爆炒。此外，还可烧汤、熬粥。

马蹄金

旋花科马蹄金属

学名：*Dichondra repens* Forst.

别名：黄胆草、金钱草、小金钱草、玉馄饨、螺丕草、小马蹄草、荷包草、肉馄饨草、金锁匙、小马蹄金、九连环、小碗碗草、小元宝草、铜钱草、落地金钱、小半边钱、小铜钱草、小金钱、小灯盏、金马蹄草、小迎风草、月亮草

分布：南方各省分布较广，陕西、山西等省已引种栽培

【植物学特征与生境】

多年生匍匐小草本，长约30 cm。茎细长，被灰色短柔毛，节上生根。叶肾形至圆形，直径4～25 mm，先端宽圆形或微缺，基部阔心形，叶面微被毛，背面被贴生短柔毛，全缘；叶柄长3～5 cm。花单生叶腋，花柄短于叶柄，丝状；萼片倒卵状长圆形至匙形，钝，长2～3 mm，背面及边缘被毛；花冠钟状，黄色，深5裂，裂片长圆状披针形，无毛；雄蕊5。蒴果近球形，小，膜质。种子1～2，黄色至褐色，无毛。

耐阴、耐湿，稍耐旱，适应性强。

【栽培技术要点】

茎段繁殖：常用此法繁殖。在选好圃地上施基肥，浇水，整平或打畦筑垄，时间3～9月均可。然后采用1:8的比例进行分栽，分栽时用手将草皮撕成5 cm×5 cm大小的草块，贴在地面上，稍覆土压实，及时灌水即可。一般经过2个月左右的生长，即可全部覆盖地面。栽后新草块没有全面覆盖地面期间须及时拔除杂草，一般需进行2～3次。播种繁殖：施足底肥，打畦筑垄。播种3～9月均可，以3～5月最好。灌足底水，撒播，覆盖细土1～1.5 cm，播种量3 kg/667 m² 左右。4～5片真叶时，每667 m² 追施尿素5 kg和磷酸二铵10 kg。及时清除杂草。结合下雨和浇水，适量追施氮肥。2～3年后，可进行刺孔，或用刀铲划线切断草根，加施氮肥，适当浇水。抗病能力强，只有白绢病和少量的叶点霉病发生；主要虫害是金龟子类的幼虫蛴螬和夜蛾类的幼虫、小地老虎的幼虫等。

【主要芳香成分】

水蒸气蒸馏法提取的贵州贵阳产马蹄金茎叶精油的主要成分依次为：反式-丁香烯（15.52%）、异社香烯（14.97%）、5-表-马兜铃酸（4.74%）、伽罗木醇（3.88%）、α-白菖考烯（3.66%）、桧烯（3.66%）、β-恰m烯（3.66%）、氧化丁香烯（3.41%）、δ-杜松烯（2.80%）、胡椒烯（2.32%）、β-榄烯（1.48%）、十七烷（1.35%）、正-十六碳烯酸（1.30%）等（梁光义等，2002）。

【营养与功效】

茎叶有清热解毒、利水、活血的功效。

【食用方法】

全年可采摘嫩茎叶食用，洗净，用淘米水浸泡1～2 d，可蘸辣椒酱食用，也可用于蒸鸡蛋，具降火功效；或沸水烫过，煮汤、做肉丸煮熟食用。

旱柳

杨柳科柳属

学名：*Salix matsudana* Koidz.

别名：柳枝、柳树、青皮柳、立柳

分布：东北、华北、西北、甘肃、青海、浙江、江苏

【植物学特征与生境】

乔木，高达18m，胸径80cm；树冠卵圆形至倒卵形。树皮灰黑色，纵裂。枝条直伸或斜展。叶披针形狭披针形，长5～10cm，先端长渐尖，基部楔形，缘有细锯齿，背面微被白粉；叶柄短，2～4mm；托叶披针形，早落。雄花序轴有毛，苞片宽卵形；雄蕊2；雌花子房背腹面各具1腺体。花期3～4月，果熟期4～5月。

喜光，不耐庇荫；耐寒性强；喜水湿，亦耐干旱。对土壤要求不严，以肥沃、疏松、潮湿土最为适宜，在固结、黏重土壤及重盐碱地上生长不良。萌芽力强；根系发达，主根深，侧根和须根广布于各土层中。抗风力强，不怕沙压。

【栽培技术要点】

繁殖以扦插为主，播种亦可。扦插在春、秋和雨季均可进行，北方以春季土地解冻后进行为好；南方土地不结冻地区以12月至翌年1月进行较好。长期营养繁殖，20年左右便出现心腐、枯梢等衰老现象，故提倡种子繁殖。播种在4月种子成熟时，随采随播。种子用量每667 m^2 0.25～0.5kg，幼苗长出第一片真叶时即可间苗，苗高3～5cm时定苗。栽植宜在冬季落叶时进行，栽后充分浇水并立支柱。当树龄较大，出现衰老现象时，可进行平头状重剪更新。主要病虫害有柳锈病、烟煤病、腐心病及天牛、柳天蛾、柳毒蛾、柳金花虫等。

【主要芳香成分】

水蒸气蒸馏法提取的甘肃天水产旱柳阴干叶的得油率为1.98%，精油主要成分依次为：苯甲醇（29.32%）、1,2-环己二酮（10.20%）、百里香酚（6.54%）、邻苯二酚（6.38%）、4-甲基-8-喹啉醇（5.54%）、苯乙醇（5.09%）、苯甲醛（4.58%）、邻苯二甲酸二丁酯（4.32%）、6-甲基-2-苯基喹啉（3.62%）、丁子香酚（3.26%）、水杨醇（1.50%）、2,3-二氢苯并呋喃（1.36%）、1,6-二异丙基苯酚（1.05%）等（郑尚珍等，2000）。

【营养与功效】

叶入药，有散风、去湿的功效。

【食用方法】

嫩梢或嫩叶可凉拌、炝、蒸、做馅，具清热、透疹、利尿、解毒的食疗作用。

小叶杨

杨柳科杨属
学名：*Populus simonii* Carr.
别名：青杨、明杨、山白杨、南京白杨
分布：东北、华北、西北、华中及西南各省区

【植物学特征与生境】

乔木，高达20 m，胸径50 cm以上。树皮幼时灰绿色，老时暗灰色，沟裂；树冠近圆形。幼树小枝及萌枝有明显棱脊，常为红褐色，后变黄褐色。芽细长，先端长渐尖，褐色，有黏质。叶菱状卵形、菱状椭圆形或菱状倒卵形，长3～12 cm，宽2～8 cm，中部以上较宽，先端突急尖或渐尖，基部楔形、宽楔形或窄圆形，上面淡绿色，下面灰绿或微白，无毛；叶柄圆筒形，长0.5～4 cm，黄绿色或带红色。雄花序长2～7 cm，花序轴无毛，苞片细条裂，雄蕊8～9；雌花序长2.5～6 cm；苞片淡绿色，裂片褐色。果序长达15 cm；蒴果小，2瓣裂，无毛。花期3～5月，果期4～6月。

喜光树种，适应性强，对气候和土壤要求不严，耐旱、抗寒，耐瘠薄或弱碱性土壤，在砂、荒和黄土沟谷也能生长，但在湿润、肥沃土壤的河岸、山沟和平原上生长最好；栗钙土上生长不好；根系发达，抗风力强。

【栽培技术要点】

可用插条、埋条（干）、播种等法繁殖。播种育苗：当果实变黄开始吐出白絮时剪采果穗，或收集下落种子，脱粒净种，晾晒，随采随播。播种前灌足底水，撒播，覆盖细沙2～3 mm，镇压，洒水。每667 m²播种0.50～1 kg。插条育苗：春、秋两季采集1年生扦苗或1年生健壮枝条，穗长15～20 cm。秋季采集的插穗要坑藏、窖藏、沙堆贮藏过冬。春季扦插于3月上、中旬进行，扦插前，可将插穗放入清水或活水中浸泡3 d～5 d。扦插后及时灌水坐苗。幼苗生根前灌水1～2次，以后每10～15 d灌水1次。6～7月结合灌水追肥2～3次并抹芽修枝。秋季扦插在落叶后至封冻前进行，插后覆土6～10 cm，翌春发芽前将土刨开。同时要中耕改土，增施有机肥料。带状育苗株距20～30 cm，行距30～40 cm；垄式扦插，每垄2行，行距20 cm，株距15 cm，垄距40～50 cm。造林技术：主要采用植苗造林与插干造林，也可埋条造林。造林密度一般2 m×3 m，2 m×4 m或3 m×5 m。

【主要芳香成分】

水蒸气蒸馏法提取的新疆石河子产小叶杨叶片精油的主要成分依次为：环庚酮（33.93%）、1,2-环己二酮（31.55%）、2-羟基-苯甲醛（10.81%）、甲苯（10.81%）、丁香酚（4.59%）、苯甲醇（3.31%）、苯酚（2.29%）等（陈秀琳等，2009）。

【营养与功效】

叶有祛风活血、清热利湿的功效。

【食用方法】

嫩叶或芽用沸水焯后漂洗，凉拌或者汤用。

阴地蕨

阴地蕨科阴地蕨属

学名：*Botrychium ternatum*（Thunb）SW.

别名：一朵云

分布：湖北、重庆、云南、贵州、甘肃、四川

【植物学特征与生境】

多年生草本，株高40 cm，根状茎短而直立，有一簇粗健肉质的根。总叶柄短，细瘦，淡白色；营养叶片的柄细，长达3～8 cm；叶片为阔三角形，长通常8～10 cm，宽10～12 cm，短尖头，三回羽状分裂；侧生羽片3～4对，几对生或近互生，有柄；叶干后为绿色，厚草质，遍体无毛，表面皱凸不平。孢子叶有长柄，长12～25 cm，孢子囊穗为圆锥状，长4～10 cm，宽2～3 cm，2～3回羽状，小穗疏松，略张开，无毛。

喜阴湿凉爽的环境，酸性或微酸性土壤。

【栽培技术要点】

目前尚无切实可行的繁殖方法，生殖过程比其他蕨类复杂，从孢子萌发形成配子体要经过相当长的时期。根状茎短而簇生，营养叶与孢子叶（能育穗）生于同一叶炳上，分株繁殖的可能性不大，在野生状态下还未发现分殖现象。如利用茎的部分进行组织培养，有可能获得新的植株。栽培要求较严，遮阴程度应随季节有所变化，排水须良好。1年只成熟1片叶子，故当幼叶未发育长成前切不可损伤老叶，更不能枯萎。

【主要芳香成分】

水蒸气蒸馏-乙醚萃取法提取的湖北恩施产阴地蕨茎叶精油的主要成分依次为：邻-羟基苯甲酸（15.74%）、正十六酸（13.96%）、（9Z,12Z）-9,12-共轭二烯十六酸（11.85%）、17-十八烯-14-炔-1-醇（9.16%）、甲基-1-（6-羟基-2-异丙基）-苯并呋喃基酮（6.40%）、甜没药萜醇（2.70%）、α-桉叶油醇（2.41%）、糠醛（2.08%）、雪松醇（1.71%）、2-羟基-3-甲基苯甲醛（1.65%）、菲（1.54%）、十氢-1-1H-环丙[e]薁-7-醇（1.46%）、á-细辛脑（1.37%）、十二酸（1.03%）等（杨小洪，2009）。

【营养与功效】

茎叶含阴地蕨素、槲皮素、3-O-α-L-鼠李糖-7-O-β-D-葡萄糖甙等成分。有清热解毒、平肝熄风、止咳、止血、明目去翳等功效。

【食用方法】

嫩茎叶可用于蒸、炖、煮、拌，如嫩茎叶蒸猪瘦肉等。

花椒

芸香科花椒属

学名：*Zanthoxylum bungeanum* Maxim.

别名：椒、大椒、秦椒、蜀椒、角椒、点椒、川椒、巴椒

分布：北自东北南部，南至五岭，东起江苏、浙江，西至西藏均有分布

【植物学特征与生境】

灌木或小乔木，高约3～6 m。茎枝疏生皮刺，基部侧扁。嫩枝被短柔毛。叶互生；单数羽状复叶，长8～14 cm，叶轴具狭窄的翼，小叶通常5～9片，对生，几无叶柄，叶片卵形，椭圆形至广卵形，长2～5 cm，宽1.5～3 cm，先端急尖，通常微凹，基部为不等的楔形，边缘钝锯齿状，齿间具腺点。伞房状圆锥花序，顶生或顶生于侧枝上；花单性，雌雄异株，花轴被短柔毛；花被片4～8，三角状披针形。果多单生，直径4～5 mm。外表面紫红色或棕红色，散有多数疣状突起的油点，直径0.5～1 mm；香气浓，味麻辣而持久。种子1，黑色，有光泽。花期3～5月，果期7～10月。

喜光，适宜温暖湿润及土层深厚肥沃壤土、沙壤土，萌蘖性强，耐寒、耐旱，抗病能力强，隐芽寿命长，故耐强修剪。不耐涝，短期积水可致死亡。

【栽培技术要点】

一般用种子繁殖。春、秋都可播种，以春播为好，惊蛰到春分是播种的最佳时期。可采用撒播，也可开沟条播，条播行距15 cm左右。每公顷用种量225～300 kg。播种后覆盖一层0.6～0.9 cm厚的细圈粪或细土。以土层深厚，土质肥沃，阳光充足的环境定植为好。行距1～2 m，株距0.5～1.5 m。成活后，及时清除杂草。春季受干旱影响，易遭受蚜虫危害，应及时防治。

【主要芳香成分】

水蒸气蒸馏法提取的花椒新鲜叶的得油率为0.05%，同时蒸馏萃取法提取的花椒叶的得油率为1.47%。水蒸气蒸馏法提取的陕西韩城产'大红袍'花椒叶精油的主要成分依次为：香叶烯（17.60%）、α-蒈烯（12.70%）、6-甲叉螺[4,5]烷（11.30%）、β-罗勒烯（10.60%）、里那醇（9.70%）、对羟基苯乙酮（5.80%）、β-萜品烯（4.90%）、环十烷酮（4.30%）、冰片烯（2.50%）等（樊经建，1992）。

【营养与功效】

叶含挥发油、维生素等成分。有止痛、杀虫的作用。

【食用方法】

采嫩梢或嫩叶洗净，沸水烫过后用凉水冲洗，干后可与肉炒食，味清香适口；也可与其他蔬菜或豆腐丝、肉丝等凉拌；或晒干水分，用盐渍2 d后，再放入酱油中浸泡数天作咸菜食用。

樟树

樟科樟属

学名：*Cinnamomum camphora* (Linn.) Presl

别名：香樟、樟、芳樟、油樟、脑樟、樟木、乌樟、瑶人柴、栳樟、臭樟、樟脑树

分布：江西、台湾、福建、浙江、江苏、安徽、湖南、湖北、广东、海南、广西、云南、贵州、四川

【植物学特征与生境】

常绿乔木；枝、叶、树皮、木材及根芳香。叶革质，互生，卵状椭圆形，先端急尖，基部宽楔形至近圆形，全缘，上面绿色或黄绿色，有光泽，下面黄绿色或灰绿色，晦暗。圆锥花序腋生，花小，绿白色或带黄色。核果卵状球形或近球形，成熟时呈紫黑色。花期3~5月，果熟期10~11月。

喜光，稍耐阴；喜温暖湿润气候，耐寒性不强，对土壤要求不严，较耐水湿，但当移植时要注意保持土壤湿度，水涝容易导致烂根缺氧而死；不耐干旱、瘠薄和盐碱土。深根性，能抗风。萌芽力强，耐修剪。生长速度中等，有很强的吸烟滞尘、抗海潮风及耐烟尘和抗有毒气体能力。

【栽培技术要点】

以播种繁殖为主。种子一般于10月下旬开始成熟，成熟后要及时采摘，并随采随处理。从立春至惊蛰都可播种，每667m²用种子10~15 kg。一般采用条播，行距为20~25 cm，定苗株距为4~6 cm。也可采用撒播。出苗后及时进行中耕、除草、灌溉、施肥、培土、防虫、治病等一系列幼苗抚育管理工作。用一年生或多年生苗木造林，一般在山区或丘陵地带的红壤、黄壤等地栽植。常见病害有白粉病和黑斑病；主要虫害有樟叶蜂、樟梢卷叶蛾、樟天牛等。

【主要芳香成分】

水蒸气蒸馏法提取的樟树叶的得油率在0.16%~4.52%之间。樟树叶精油有不同的化学型，水蒸气蒸馏法提取的芳樟型樟树叶精油的主要成分为：芳樟醇（52.60%~98.52%）；樟脑型樟树叶精油的主要成分为：樟脑（37.36%~92.93%）；1,8-桉叶油素型樟树叶精油的主要成分为：1,8-桉叶油素（36.79%~90.93%）；龙脑型樟树叶精油的主要成分为：龙脑（74.42%~81.78%）；异橙花叔醇型樟树叶精油的主要成分为：异橙花叔醇或橙花叔醇（19.80%~57.67%）等。云南西双版纳产樟树新鲜叶精油的主要成分为：香叶醛（40.68%）、橙花醛（29.18%）、樟脑（9.22%）等（程必强等，1997）。湖南湘潭产樟树嫩叶精油的主要成分为：可巴烯（28.55%）、石竹烯（25.81%）、α-石竹烯（12.69%）、δ-愈创木烯（5.45%）、3,7-二甲基-2,6-壬二烯-1-醇（5.36%）等（吴学文等，2011）。水蒸气蒸馏和乙醚萃取法提取的云南昆明产樟树新鲜叶的得油率为1.73%，精油主要成分为：L-芳樟醇（45.90%）、樟脑（28.50%）等（张云梅等，2008）。

【营养与功效】

叶含挥发油，主要成分樟脑有通窍、杀虫、止痒、辟秽的功效。

【食用方法】

嫩叶洗净，热水烫洗后，用油盐调味食用。

白花酸藤果

紫金牛科酸藤子属

学名：*Embelia ribes* Burm.f.

别名：白花酸藤子、牛脾蕊、牛尾藤、小种楠藤、公羊板仔、碎米果、水林果、黑头果、枪子果

分布：贵州、广东、云南、广西、福建、台湾、江西

【植物学特征与生境】

攀援灌木或藤本，长3～9 m；枝条无毛，老枝有明显的皮孔。叶片坚纸质，倒卵状椭圆形或长圆状椭圆形，顶端钝渐尖，基部楔形或圆形，长5～10 cm，宽约3.5 cm，全缘，两面无毛，背面有时被薄粉；叶柄长5～10 mm，两侧具狭翅。圆锥花序，顶生，长5～15 cm；花梗长1.5 mm以上；小苞片钻形或三角形；花5数，萼片三角形，具腺点；花瓣淡绿色或白色，分离，椭圆形或长圆形。果球形或卵形，直径3～4 mm，红色或深紫色，无毛，干时具皱纹或隆起的腺点。花期1～7月，果期5～12月。

喜湿热环境。

【栽培技术要点】

种子繁殖。生于海拔50～2000 m的林内、林缘或路边。

【主要芳香成分】

水蒸气蒸馏法提取的广西南宁产白花酸藤果叶精油的主要成分依次为：棕榈酸（21.33%）、亚麻酸（8.90%）、己烯酮（7.50%）、辛烷（7.16%）、庚醛（6.02%）、壬醛（3.69%）、辛烯醛（2.96%）、2-庚烯（2.70%）、1-辛烯-3-醇（2.05%）、柠檬醛（2.01%）、六氢法呢基丙酮（1.92%）、柳酸甲酯（1.89%）、丁子香烯（1.83%）、亚油酸（1.73%）、香叶基丙酮（1.72%）、9,12,15-十八碳三烯酸（1.59%）、2-正戊基呋喃（1.57%）、己烯醇（1.37%）、甲庚酮（1.36%）、2-癸烯酮（1.34%）、十五酮（1.34%）、α-麝子油烯（1.32%）、十一烷酮（1.31%）、正十二烷酸（1.14%）、2-壬烯酮（1.05%）、紫罗兰酮（1.04%）、芫荽醇（1.02%）、α-松油醇（1.01%）等（凌中华等，2011）。

【营养与功效】

叶含挥发油和三萜类成分，主要为齐墩果烷型成分。

【食用方法】

嫩茎叶用来煮鱼或鸡，味鲜，稍有酸味，也可生食。

小花琉璃草

紫草科琉璃草属
学名：*Cynoglossum lanceolatum* Forsk.
分布：西南、华南、华东及河南、陕西、甘肃

【植物学特征与生境】

多年生草本，高20～90 cm。茎直立，由中部或下部分枝，基部密生硬毛。基生叶及茎下部叶具柄，长圆状披针形，长8～14 cm，宽约3 cm，先端尖，基部渐狭，上面被具基盘的硬毛及稠密的伏毛，下面密生短柔毛；茎中部叶无柄或具短柄，披针形，长4～7 cm，宽约1 cm，茎上部叶极小。花序顶生及腋生，分枝钝角叉状分开，无苞片，果期延长呈总状；花梗长1～1.5 mm；花萼长1～1.5 mm，裂片卵形；花冠淡蓝色，钟状。小坚果卵球形。花果期4～9月。

生海拔300～2800 m丘陵、山坡草地及路边。

【栽培技术要点】

尚未见人工栽培。

【主要芳香成分】

水蒸气蒸馏法提取的四川都江堰产小花琉璃草茎叶精油的主要成分依次为：茴香脑(62.00%)、爱草醚(3.96%)、小茴香酮(3.31%)、对-甲氧基-苯甲醛(3.05%)、异茴香脑(1.92%)、十四烷(1.30%)、2,6,10,14-四甲基十六烷(1.10%)等(张援虎等，1996)。

【营养与功效】

每100 g嫩茎叶含蛋白质2.7 g，维生素A 1.24 mg，维生素C 2 mg；钙1223 mg，磷48 mg，铁2.7 mg。有清热解毒、利尿消肿、活血的功效。

【食用方法】

开花前采摘嫩茎叶，洗净，放锅中加适量水，煮至软化后捞起，挤干水，炒食，味鲜美可口。

紫萁

紫萁科紫萁属

学名：*Osmunda japonica* Thunb.

别名：猫耳蕨、月亮薹、老虎蕨、紫萁贯众、高脚贯众、薇菜

分布：山东以南各省区

【植物学特征与生境】

多年生草本，高50～80 cm。根状茎短粗。叶簇生，直立；叶片为三角广卵形，长30～50 cm，宽25～40 cm，顶部一回羽状，其下为二回羽状；羽片3～5对，对生，长圆形；叶为纸质，干后为棕绿色。孢子叶（能育叶）同营养叶等高，羽片和小羽片均短缩，小羽片变成线形。

喜温暖阴湿环境，不耐旱，忌强光，在林下遮阴处生长良好。

【栽培技术要点】

栽植宜在春、秋两季进行，以9月下旬至11月上旬为好。选择15年以上的粗6 cm、长15 cm以上的根状茎在栽植前1～2天分散，间隔采挖。平畦开沟栽植，在1 m宽的畦上开3条栽植沟，沟宽20 cm，深20 cm，施入腐熟的有机肥与土拌匀，按株距30 cm将根状茎的叶基顶部向上，平放于沟底，填土压实，盖土至根状茎顶部厚约2 cm，浇水后盖草或地膜。生长期中及时除草、追肥、浇水。露地栽植的宜每隔两畦种植1行玉米之类的高秆作物遮荫。幼叶长度达15～18 cm时可采收，采收时用手折断，不能用刀割取。

【主要芳香成分】

顶空固相微萃取法提取的紫萁地上部分精油的主要成分依次为：2,3-二氢噻吩（17.91%）、2-异氰酸基-2-甲基丙烷（15.63%）、乙酸（8.34%）、2-(乙烯氧基)-丙烷（6.93%）、2-环己烯-1,4-二酮（4.31%）、棕榈酸（4.04%）、1-碘代十八烷（3.91%）、(E)-1,2,3-三甲基-4-丙基萘（3.20%）、6,10,14-三甲基-2-十五烷酮（3.17%）、十七烷（3.11%）、甲氧基-戊基肟（2.76%）、2,5-二氢-1H-吡咯（2.38%）、2-(对-甲苯)-对-二甲苯（1.90%）、(4-乙酰苯酚)甲苯（1.81%）、4,4,7a-三甲基-5,6,7,7a-四氢-2(4H)-苯并呋喃酮（1.77%）、六甲基环三硅醚类（1.50%）、十六烷（1.47%）、邻苯二甲酸丁基异己酯（1.28%）、噻吩（1.23%）、壬醛（1.16%）、1,2-苯二羧酸单（2-乙基己基）酯（1.16%）、邻苯二甲酸二丁酯（1.12%）、2,6,10,14-四甲基十六烷（1.03%）等（刘为广等，2011）。

【营养与功效】

嫩叶富含蛋白质、铁、钙、硒等17种人体所需的元素。有清热解毒、祛瘀止血的功效。

【食用方法】

尚未展开伸直的卷曲的嫩叶将叶柄撕为2片，用开水焯至半熟，再用清水浸泡3 d，并常换水，漂去苦味后可凉拌、炒食。或将嫩叶用沸水焯7～8 min，捞起晾晒，搓揉4～5次，干燥制成薇菜干，食用时用开水泡发后清水洗净，切断，可凉拌、炒、爆、烩，制作多种菜肴，质地脆嫩，食味鲜美。

角蒿

紫葳科角蒿属

学名：*Incarvillea sinensis* Lam.

别名：透骨草、莪蒿、萝蒿、冰耘草、大一枝蒿、羊角蒿、羊角透骨草、羊角草

分布：东北、河北、河南、山东、山西、陕西、宁夏、青海、内蒙古、甘肃、四川、云南、西藏

【植物学特征与生境】

一年生至多年生草本，具分枝的茎，高达80 cm；根近木质而分枝。叶互生，不聚生于茎的基部，2~3回羽状细裂，形态多变异，长4~6 cm，小叶不规则细裂，末回裂片线状披针形，具细齿或全缘。顶生总状花序，疏散，长达20 cm；花梗长1~5 mm；小苞片绿色，线形，长3~5 mm。花萼钟状，绿色带紫红色，萼齿钻状；花冠淡玫瑰色或粉红色，有时带紫色，钟状漏斗形。蒴果淡绿色，细圆柱形，长3.5~5.5 cm。种子扁圆形，细小，四周具透明的膜质翅。花期5~9月，果期10~11月。

耐干旱，不耐水湿。喜湿润的砂质壤土。

【栽培技术要点】

种子自播繁殖。播种穴播、条播均可，播种后覆盖塑料薄膜，及时喷水，保证基质湿润，出苗后即可揭开塑料薄膜。移栽前的1~2周施用1次氮肥。当苗长至10 cm高时，松土除草，松土时要与苗有一定间距，约4 cm，以免损伤吸收根，松土也不能太深，苗高25 cm后不再松土。及时剔除杂草。翌春初施尿素，用量180 kg/hm^2。

【主要芳香成分】

同时蒸馏萃取装置提取的辽宁锦州产角蒿茎叶的得油率为1.06%，精油主要成分依次为：依兰烯（6.84%）、长叶酸（5.44%）、5-甲基-3-(1-亚甲基)-环己烯（5.42%）、1,2-二甲氧基-4-(2-丙烯基)-苯（5.23%）、2,6-二甲基-二环庚-2-烯（4.32%）、桉叶油素（3.03%）、6,10,14-三甲基-2-十五烷酮（2.98%）、长叶烯（2.78%）、苄醇（2.67%）、苯乙基醇（2.66%）、8,8-二甲基-1,5-环十一二酸（2.48%）、3,5-二甲氧基-甲苯（2.25%）、十六烷酸（2.24%）、2-甲氧基-4-乙烯基苯酚（2.21%）、苯乙醛（2.08%）、1-甲基-4-(5-甲基)-环己烯（1.84%）、4-甲基-1-(1-甲基)-3-环己烯-1-醇（1.79%）、十六醛（1.71%）、1,2,3-三甲氧基-5-甲基-苯（1.70%）、苯并环庚烯（1.58%）、2-莰酮（1.47%）、1-辛烯-3-醇（1.40%）、冰片（1.35%）、2-戊基-呋喃（1.34%）、石竹烯（1.24%）、5-(2-丙基)-1,3-苯二氧杂环戊烯（1.23%）、丁香酚（1.16%）、p-(2-甲代烯丙基)-酚（1.15%）、3-己烯-1-醇（1.13%）、2,4-二甲基-呋喃（1.07%）、石竹烯氧化物（1.00%）等（侯冬岩等，2002）。

【营养与功效】

全草入药，有祛风除湿、活血止痛、解毒的功效。

【食用方法】

嫩叶洗净，用沸水烫过去涩味后，调味食用。

第四章　食花类芳香蔬菜

百合

百合科百合属
学名：*Lilium brownii* var. *viridulum* Baker
别名：博多百合、白花百合
分布：河北、山西、河南、陕西、湖北、江西、安徽、浙江

【植物学特征与生境】

多年生草本球根植物。鳞茎球形，径2.0~4.5 cm，鳞片披针形，长1.8~4 cm，宽0.8~1.4 cm，白色。地上茎可高达2 m。叶散生，倒披针形至倒卵形，长7~15 cm，宽1~2 cm，先端渐尖，基部渐狭，全缘，无毛。花单生或几朵排成近伞形；花梗长3~10 cm，稍弯；苞片披针形，长3~9 cm，宽0.6~1.8 cm；花喇叭形，有香气，乳白色，外面稍带紫色，长13~18 cm；外轮花被片宽2~4.3 cm，先端尖；内轮花被片宽3.4~5 cm；柱头3裂。蒴果矩圆形，长4.5~6 cm，宽约3.5 cm，有棱，具多数种子。花期5~6月，果期9~10月。

喜花荫环境，既耐寒也耐热。适宜栽植在半阴地，具有丰富腐殖质，土层深厚的轻松沙壤土，并排水良好的土壤中。

【栽培技术要点】

可采用鳞片繁殖、子球繁殖和珠芽繁殖。选择排水、保水性能良好的疏松土壤和通风好的场所栽种，忌连作。秋季栽植，栽种深度约3倍于鳞茎的高度。生长期注意松土除草。春季生长初期及蕾期各施肥2次，加少量磷钾肥。夏季高温干燥天气应适当浇水。采花者花后减少水分供应。入秋后植株枯萎，挖出鳞茎重新栽种或贮藏催芽，进行室内促成栽培。主要病害有立枯病、软腐病、病毒病；主要虫害有蚜虫。

【主要芳香成分】

水蒸气蒸馏法提取的百合花的得油率为5.43%，超临界萃取的湖南龙山产百合花的得油率为2.92%。同时蒸馏-萃取装置提取的辽宁抚顺产百合花精油的主要成分依次为：邻苯二甲酸二异丁酯（59.13%）、十二酸（12.41%）、十四烯酸（6.03%）、邻苯二甲酸二丁酯（4.19%）、2-十四醇（4.09%）、1,3-二甲基苯（1.62%）、2-十七醇（1.44%）、癸烯-4（1.27%）、壬醛（1.20%）、1-十三醇（1.01%）等（回瑞华等，2003）。

【营养与功效】

花有润肺止咳、养阴清热、清心安神的功效。

【食用方法】

花可以和鲍鱼炖食；与木耳、银耳、鸡蛋煮食；也可做汤、煮粥等。注意要选用食用百合品种的花。

韭菜

百合科葱属
学名：*Allium tuberosum* Rottl.ex Spreng.
别名：韭、起阳草、草钟乳
分布：全国各地均有栽培

【植物学特征与生境】

多年生草本，茎叶有异臭。鳞茎狭圆锥形。叶基生，扁平，狭线形，长15 cm～30 cm，宽1.5～6 mm。花茎长30～50 cm，顶生伞形花序，具20～40朵花；总苞片膜状，宿存；花被基部稍合生，白色，长圆状披针形，长5～7 mm。蒴果倒卵形，有三棱。种子6，黑色。花期7～8月，果期8～9月。

对温度适应范围广，喜冷凉气候，耐低温，能抵抗霜害。对干旱有一定的抵抗能力。对土壤适应能力较强，各种土壤均可栽培。

【栽培技术要点】

可以直播和育苗。东北各省多用直播，其他地区以育苗为主。苗床选择中性沙壤土，精细整地，春秋均可播种。长江以南四季均可露地栽培；长江以北冬季休眠。南方用高畦栽植，华北用平畦，东北多采用垄栽。株高18～20 cm为适宜定植的生理苗龄。定植期应避开高温雨季。从第二年开始抽薹，开花，结子，一般选择3～4年生韭菜采种。采种田与生长田应定期轮换，连年采种长势难恢复。

【主要芳香成分】

水蒸气蒸馏法提取的韭菜新鲜花精油的主要成分依次为：甲基丙基三硫醚（12.90%）、十三酮-2（10.50%）、二甲基二硫醚（7.89%）、2-甲基-2-戊烯醛（6.59%）、二甲基三硫醚（6.00%）、二丙基三硫醚（5.90%）、甲基丙烯基三硫醚（5.20%）、甲基丙基二硫醚（4.60%）、丙基丙烯基三硫醚（4.00%）、十一酮-2（2.49%）、甲基丙烯基二硫醚（2.40%）、顺式-丙基丙烯基二硫醚（2.40%）、二甲基四硫醚（1.51%）、二丙基二硫醚（1.30%）、反式-丙基丙烯基二硫醚（1.26%）等（王鸿梅等，2002）。

【营养与功效】

韭花富含钙、磷、铁、胡萝卜素、核黄素、抗坏血酸等有益健康的成分。有生津开胃、增强食欲、促进消化的功效。

【食用方法】

花多制成花酱食用，也可干制后用于调味料。

细叶韭

百合科葱属

学名：*Allium tenuissimum* Linn.

别名：细丝韭、丝葱、野韭菜、摘蒙

分布：黑龙江、吉林、辽宁、山东、河北、山西、内蒙古、陕西、甘肃、四川、宁夏、河南、江苏、浙江

【植物学特征与生境】

鳞茎数枚聚生，近圆柱状；鳞茎外皮紫褐色、黑褐色至灰黑色，膜质，常顶端不规则地破裂，内皮带紫红色，膜质。叶半圆柱状至近圆柱状，与花葶近等长，粗0.3～1 mm，光滑。花葶圆柱状，具细纵棱，光滑，高10～35 cm，粗0.5～1 mm，下部被叶鞘；总苞单侧开裂，宿存；伞形花序半球状或近扫帚状；小花梗近等长，长0.5～1.5 cm，具纵棱，光滑，基部无小苞片；花白色或淡红色，稀为紫红色；外轮花被片卵状矩圆形至阔卵状矩圆形，内轮的倒卵状矩圆形。花果期7～9月。耐瘠薄、耐干旱，耐寒冷。

【栽培技术要点】

多为野生，极少栽培。可进行种子繁殖和分株繁殖。种子发芽时间长，从浸种催芽到出苗需26～30 d。一年生植株只进行营养生长，不进行生殖，宜在苗圃进行育苗。植株分蘖能力强，应注意栽植不宜过密，过几年后进行分株繁殖。

【主要芳香成分】

乙醇浸提后再用乙醚萃取的方法提取的陕西佳县产细叶韭花精油的主要成分依次为：亚油酸（8.04%）、二十五烷（6.35%）、二十六烷（5.03%）、十六酸乙酯（4.76%）、二十三烷（4.34%）、γ-谷甾醇（4.04%）、十六酸（4.03%）、亚油酸乙酯（3.29%）、17-三十五烯（3.22%）、二十九醇（3.03%）、3,7,11,15-四甲基-1,3-十六二烯（2.90%）、十八醛（2.73%）、生育酚（β,γ二种异构体）（2.68%）、3β-羟基-5-烯-麦角甾烷（2.36%）、二十九烷（2.34%）、维生素（2.22%）、二十七烷（2.10%）、十九酸（1.93%）、十九酸乙酯（1.78%）、植物醇（1.74%）、十六酸丙三醇酯（1.71%）、十八酸乙酯（1.38%）、二十四烷（1.29%）、11-环戊基-二十一烷（1.28%）、2,4-二甲基噻吩（1.06%）等（穆启运，2001）。

【营养与功效】

花含挥发油，还含有糖、氨基酸、蛋白质、酚类、有机酸、皂甙、黄酮类、蒽醌类、甾体、三萜类、生物碱、香豆素及内酯类等物质，其中糖与粗脂肪的含量较高。有补肾壮阳、解毒的功效。

【食用方法】

花干制或制酱后可作调料，放入热油中炸后用于拌凉菜香气四溢。

黄花菜

百合科萱草属

学名：*Hemerocallis citrina* Baroni

别名：金针菜、一日百合、忘忧草、萱草、柠檬萱草

分布：甘肃、陕西、河北、山西、山东及以南各省区

【植物学特征与生境】

多年生草本。常具肉质根。叶基生，狭长。花葶高于叶，上部分枝。花大，花数多，可达30朵以上，花被漏斗状，上部6裂；雄蕊6。蒴果室背开裂；种子黑色，有光泽。花期6～8月，果期8～9月。

地上部不耐寒，遇霜枯死。短缩茎和根在严寒地区能在土中安全过冬。根系发达，耐旱力较强。在阳光充足的地方，植株生长茂盛。对土壤的适应性很广，能生长在瘠薄土壤中，从酸性的红壤土到弱碱性土都可生长。但以土质疏松，土层深厚处其根系发育旺盛。

【栽培技术要点】

可采用分株繁殖、种子繁殖和组织培养繁殖。一般用分株繁殖。用种子繁殖生长势强，栽培容易。一般平地、肥地、分蘖强的品种，每667 m^2栽1600丛为宜；坡地、瘦地、分蘖力较弱的品种，每667 m^2栽1800～2000丛为宜。生长期间注意中耕蓄水，保墒防旱。需肥量较大，要早施苗肥、重施薹肥、补施蕾肥。冬季地上部全部枯萎后可割去叶片。栽后第4年进入盛产期，8～15年产量高而稳定，15年后产量下降。采收以即将开放的花蕾为好，采摘应在13～15时进行。

【主要芳香成分】

水蒸气蒸馏法提取的黄花菜干燥花的得油率为0.47%。云南昆明产黄花菜新鲜花精油的主要成分依次为：橙花叔醇（35.46%）、苯乙腈（11.10%）、丁酸金合欢酯（10.39%）、芳樟醇（9.19%）、α-金合欢烯（9.19%）、二十三烷（6.68%）、反-β-罗勒烯（3.36%）、2,6-二特丁基对甲酚（3.09%）、吲哚（2.52%）、金合欢醇（1.86%）、二十一烷（1.45%）、α-香柠檬烯（1.23%）、邻苯二甲酸二丁酯（1.00%）等；干燥花精油的主要成分依次为：2-呋喃甲醇（35.59%）、棕榈酸（11.96%）、α-侧柏烯（11.85%）、3,3-二甲基丁酸（4.54%）、7-辛烯-4-醇（3.29%）、二十一烷（2.52%）、2-壬醛（2.26%）、香荆芥酚（2.23%）、壬醇（1.30%）、2,6-二特丁基对甲酚（1.18%）、乙酸-2-呋喃甲醇酯（1.09%）、α-松油醇（1.09%）、β-苯乙醇（1.06%）等（王鹏，1994）。甘肃庆阳产黄花菜干燥花精油的主要成分为：3-呋喃甲醇（76.17%）等（虎玉森等，2010）。

【营养与功效】

花蕾入药，有利湿热、宽胸膈的功效。

【食用方法】

新鲜花蕾焯水后，放入冷水中浸泡8 h后食用或晒干后食用，可烧、拌、炒、煮、炝、腌、扒、煎、炖、焖、蒸、做汤、做馅、做粥，也可作火锅料。

藿香

唇形科藿香属

学名：*Agastache rugosus*（Fisch.et Meyer）Kuntze.

别名：茴藿香、川藿香、苏藿香、野藿香、土藿香、山茴香、家茴香、拉拉香、猫巴蒿

分布：全国各地

【植物学特征与生境】

多年生草本；茎直立，高0.5~1.5 m，四棱形，上部被极短的柔毛，下部无毛。叶纸质，心状卵形至长圆状披针形，长4.5~11 cm，宽3.0~6.5 cm，基部心形，边缘具粗齿，橄榄绿色，被微柔毛及腺点。轮伞花序多花，组成顶生，长5~12 cm，圆筒形穗状花序；苞叶长5 mm，宽1~2 mm，被腺质微柔毛及黄色小腺点，多少染成淡紫色或紫红色；花冠淡紫蓝色，外面被微柔毛。成熟小坚果卵状长圆形，长约1.8 mm，宽约1.1 mm，腹面具棱，顶端具短硬毛，褐色。花期6~9月，果期9~11月。

喜温暖湿润的气候，有一定的耐寒性。对土壤要求不严，一般土壤均可生长，以砂质壤土为好。

【栽培技术要点】

以种子繁殖。选择排水良好的沙质土壤或壤土地，每667 m²施厩肥2500 kg左右，翻入地里耕平做畦。气温在13~18℃范围，10 d左右出苗。苗高6~10 cm间苗，条播按株距10~15 cm留苗。穴播的每穴留苗3~4株，经常松土锄草。苗高25~30 cm时培土，结合施肥，一般6~8月施2~3次，以人粪尿或充分腐熟的粪肥为主，每次酌施稀薄的人畜粪水1000 kg左右，也可每667 m²施硫酸铵10~13 kg，施后浇水。病害主要有褐斑病；虫害主要有银蚊夜蛾，豆毒蛾及黄腹灯蛾，叶跳甲，蟋蟀等为害。

【主要芳香成分】

水蒸气蒸馏法提取的藿香花的得油率在1.00%~2.35%之间，陕南秦巴山区产藿香新鲜花精油的主要成分依次为：油酸（10.62%）、α-紫罗兰酮（9.97%）、石竹烯（8.69%）、番松烯（7.33%）、亚油酸乙酯（6.65%）、十六碳酸（6.43%）、α-亚麻酸（2.18%）、乙酸乙酯（1.92%）、3-辛醇（1.78%）、3-叔丁基-4-羟基茴香醚（1.71%）、3-辛烯（1.71%）、2-甲基丁酸芳樟酯（1.68%）、胆固醇（1.68%）、亚油酸（1.67%）、α-水芹烯（1.64%）、2,5-二甲-1,3-己二烯（1.62%）、沉香螺醇（1.59%）、α-蒎烯（1.56%）、里哪基-3-甲基丁酸酯（1.46%）、棕榈酸（1.21%）、α-杜松醇（1.18%）、反式没药烯环氧化物（1.12%）、乙基苯（1.04%）等（雷迎等，2010）。湖北巴东产盛花期花序精油的主要成分依次为：甲基胡椒酚（88.43%）、d-柠檬烯（3.51%）、十氢-7-甲基-3-甲烯基-4-（1-甲基乙基）-1H-环戊基[1,3]环丙基[1,2]苯（2.74%）、丁香烯（2.48%）等（杨得坡等，2000）。

【营养与功效】

有疏风解表，透疹，止痉的功效。

【食用方法】

新鲜嫩花序洗净可蘸酱生食或作调料。

裂叶荆芥

唇形科裂叶荆芥属

学名：*Schizonepeta tenuifolia*（Benth.）Brig.

别名：香荆芥、假苏、鼠蓂、鼠实、小茴香、姜芥、稳齿菜、四棱杆蒿、荆芥

分布：黑龙江、辽宁、河北、河南、山西、陕西、甘肃、青海、四川、贵州、江苏、浙江、江西、湖北、福建、云南

【植物学特征与生境】

一年生草本，高达1m。茎多分枝。叶指状三裂，裂片披针形，中间较大，两侧较小，全缘。轮伞花序疏散，组成顶生间断穗状花序；苞片叶状，小苞片线形。花萼管状钟形，被灰色柔毛；花冠紫色。小坚果褐色，长圆状三棱形，被瘤点。花期7~9月，果期8~10月。

适应性强，喜温暖，也较耐热，耐阴，耐贫瘠，耐旱而不耐渍。

【栽培技术要点】

用种子繁殖，直播或育苗移栽。一般夏季直播而春播采用育苗移栽。幼苗期应经常浇水，成株后忌水涝。春播者，当年8~9月采收；夏播者，当年10月采收；秋播者，翌年5~6月收获。

【主要芳香成分】

水蒸气蒸馏法提取的裂叶荆芥花穗或花的得油率在0.61%~1.69%之间。湖北红安产裂叶荆芥花穗精油的主要成分依次为：（+）-胡薄荷酮（31.36%）、薄荷酮（14.51%）、（E,E）-5,7-十二碳二烯（5.08%）、α-蛇麻烯（5.00%）、柠檬油精（4.50%）、薄荷呋喃（2.95%）、乙基-（E）-9-十六碳烯酯（2.78%）、α-菖蒲二烯（2.47%）、异胡薄荷酮（2.29%）、（E）-β-金合欢烯（2.19%）、乙酸-1-辛烯基酯（2.15%）、2-十一碳烯醛（1.96%）、（-）-胡薄荷酮（1.90%）、亚油酸乙酯（1.73%）、顺式-对-薄荷-2,8-二烯-1-醇（1.53%）等（谢练武等，2009）。山东蒙山产裂叶荆芥干燥花穗精油的主要成分为：长叶薄荷酮（49.55%）、异薄荷酮（33.26%）、3,5-二甲基-2-环己烯-1-酮（5.06%）等（于萍等，2002）。

【营养与功效】

花穗含挥发油、芹黄素-7-O-葡萄糖苷、藤黄菌素-7-O-葡萄糖苷及橙皮苷等黄酮类化合物。花穗为常用中药，多用于发表，有疏风解表，透疹，止痉的功效。

【食用方法】

幼嫩花序洗净，去梗、花萼，切碎，做调料与菜食用。

阳荷

姜科姜属

学名：*Zingiber striolatum* Diels

别名：白蘘荷、野蘘荷

分布：四川、贵州、广西、湖北、湖南、江西、广东

【植物学特征与生境】

多年生草本，株高1~1.5m。叶片披针形，长25~35cm，宽3~6cm。总花梗长1~2cm，被2~3枚鳞片；花序近卵形，苞片红色，宽卵形或椭圆形，被疏柔毛；花萼膜质；花冠管白色，裂片长圆状披针形，白色或稍带黄色，有紫褐色条纹；唇瓣倒卵形，浅紫色。蒴果熟时开裂成3瓣，内果皮红色。种子黑色，被白色假种皮。花期7~9月，果期9~11月。

适应性强，耐涝耐干旱，耐热耐寒性强，对气候要求不严。

【栽培技术要点】

一般用地下茎繁殖。将地下茎掘起，按每块具有2~3个芽割开，作为播种材料。在地上部凋萎后到地下茎萌发前的11月至翌年2月均可种植。按行距70cm，株距50cm开挖定植穴，种植穴直径40cm，深26cm，穴中放入基肥，将切开的地下茎平放穴内，芽朝上，稍镇压。生育期中追肥主要有3次，第一次在地下茎出土13~16cm时；第二次是在5月叶鞘完全展开时；6月再追施一次。中耕宜浅。冬季地上部枯萎，需要覆膜保温。

【主要芳香成分】

水蒸气蒸馏法提取的云南西畴产阳荷新鲜花的得油率为2.61%，精油主要成分依次为：柠檬烯（26.70%）、4-异丙基-2-环己烯-1-酮（11.31%）、α-石竹烯（5.33%）、磷酸三丁酯（4.73%）、β-蒎烯（4.29%）、紫苏醛（4.15%）、α-蒎烯（3.68%）、律草烯氧化物（3.21%）、对-聚伞花烃（1.85%）、顺-1-甲基-4-异丙基-2-环己烯-1-醇（1.78%）、桃金娘烯醇（1.72%）、对-异丙基苯甲醇（1.71%）、松油-4-醇（1.55%）、β-橙椒烯（1.36%）、对-异丙基苯甲醛（1.32%）、α-水芹烯（1.26%）、反香芹醇（1.20%）、石竹烯氧化物（1.04%）、β-石竹烯（1.02%）等（王军民等，2012）。

【营养与功效】

花有祛风止痛、清肿解毒、止咳平喘、化积健胃的功效。

【食用方法】

嫩花茎洗净，用沸水烫至半熟或在火上烤至半熟，切碎，加调料凉拌食用；也可炒食、炖肉、炖鸡、炖猪心肺食用。对胃病、消化不良有食疗功效。

迷迭香

唇形科迷迭香属

学名：*Rosmarinus officinalis* Linn.

别名：油安草

分布：云南、新疆、贵州、广西、北京等地有栽培

【植物学特征与生境】

多年生常绿灌木，高达2m。茎及老枝圆柱形，皮层暗灰色，不规则的纵裂，块状剥落，幼枝四棱形，密被白色星状细绒毛。叶常常在枝上丛生，具极短的柄或无柄，叶片线形，长1～2.5cm，宽1～2mm，先端钝，基部渐狭，全缘，向背面卷曲，革质，上面稍具光泽，近无毛，下面密被白色的星状绒毛。花近无梗，对生，少数聚集在短枝的顶端组成总状花序；苞片小，具柄；花萼卵状钟形，外面密被白色星状绒毛及腺体；花冠蓝紫色，长不及1cm，外被疏短柔毛；花盘平顶。花期11月。

喜温暖气候，但高温期生长缓慢，较能耐旱。生长期要有充足的阳光，避免高温多湿。

【栽培技术要点】

可以种子繁殖，但发芽缓慢且发芽率低。以扦插繁殖为主，在50格穴盘内装培养土，取顶芽扦插。扦插前在基部蘸生根粉，插后放在荫凉的地方大约一个月后即可移植。以富含砂质、排水良好土壤为宜，平整好的土地按株行距开穴，施少量底肥，在底肥上覆盖薄土，移栽株行距为40×40cm，每667 m²种植4000～4300株。移栽后要浇足定根水。栽种季节在南方一年四季均可，春秋季最佳。栽后5 d浇第二次水。待苗成活后，可减少浇水。发现死苗要及时补栽。在种植后开始生长时要剪去顶端，侧芽萌发后再剪2～3次，每次修剪时不要剪超过枝条长度的一半，剪掉过多和老化的枯枝叶。采收须戴手套并穿长袖服装防止伤口所流出的汁液粘到皮肤。

【主要芳香成分】

水蒸气蒸馏法提取的迷迭香鲜花的得油率为0.66%，广西产迷迭香花精油的主要成分依次为：1,8-桉叶油素（27.65%）、α-蒎烯（17.58%）、莰烯（13.19%）、樟脑（11.97%）、龙脑（8.48%）、乙酸龙脑酯（4.29%）、α-松油烯（3.70%）、α-水芹烯（2.03%）、马鞭草烯酮（1.70%）、α-松油醇（1.24%）、1-松油烯-4-醇（1.23%）、β-蒎烯（1.13%）、β-月桂烯（1.02%）等（郭伊娜等，2007）。

【营养与功效】

花有消除胃气胀、增强记忆力、提神醒脑、减轻头痛症状的作用，对伤风、腹胀、肥胖等亦很有功效。

【食用方法】

鲜花可凉拌沙拉、点缀料理、赋香添味。

刺槐

豆科刺槐属

学名：*Robinia pseudoacacia* Linn.

别名：洋槐、贵州刺槐、刺儿槐、槐树、德国槐、黑洋槐树

分布：全国各地

【植物学特征与生境】

落叶乔木，高10～25 m。树皮灰黑褐色，纵裂；枝具托叶性针刺，小枝灰褐色。奇数羽状复叶，互生，具9～19小叶；叶柄长1～3 cm，被短柔毛，小叶片卵形或卵状长圆形，长2.5～5 cm，宽1.5～3 cm，全缘，表面绿色，背面灰绿色。总状花序腋生，比叶短，花序轴黄褐色，被疏短毛；花梗长8～13 mm；萼钟状，5齿裂；花冠白色，芳香，旗瓣近圆形，翼瓣倒卵状长圆形，龙骨瓣向内弯。荚果扁平，线状长圆形，长3～11 cm，褐色，光滑。含3～10粒种子，二瓣裂。花期5月，果期8～9月。

强阳性树种，适应较干燥而凉爽的气候。对土壤要求不严，石灰性、酸性及轻盐碱土均能正常生长，但以肥沃、深厚、湿润而排水量好的冲积沙质壤土生长最佳。具有抗盐碱能力。

【栽培技术要点】

于造林前一个季节整地，深耕25 cm以上，结合整地每公顷施有机肥37500～75000 kg，化肥400 kg。春、秋季造林皆可。带干栽植可在芽苞刚裂开露绿时进行。栽植深度比苗木原根颈高2～5 cm，放苗入栽植穴，根系要舒展，栽后踩实并立即浇水。也可在秋季落叶后至土壤上冻期间截干造林。留干高度1～3 cm，埋土高出根颈2～3 cm。如遇干旱或土壤水分较少，在栽培后立即灌水。一般每年浇水2～3次，雨季前1～2次，越冬前1次。修枝时间一般在生长季节进行。一般在6～7月份施2次肥，每株每次追尿素、磷肥各0.05 kg。

【主要芳香成分】

水蒸气蒸馏法提取的刺槐新鲜花的得油率为0.10%～0.30%，贵州遵义产刺槐花精油的主要成分依次为：苯酚（30.18%）、苯乙醇（15.09%）、6,10,14-三甲基-2-十五烷酮（8.16%）、3,7-二甲基-1,6-辛二烯-3-醇（6.26%）、2-氨基苯甲酸甲酯（5.44%）、邻苯二甲酸二异丁基酯（2.89%）、棕榈酸（2.87%）、苯甲醇（2.45%）、2-甲氧基-苯酚（2.24%）、α,α,4-三甲基-3-环己烯-1-甲醇（1.56%）、1,1,2,2-四氯乙烷（1.40%）、苯乙醛（1.30%）、3-辛酮（1.20%）、2-氨基-2,4,6-环庚三烯-1-酮（1.16%）、苯甲醛（1.01%）等（张素英等，2008）。甘肃兰州产刺槐新鲜花精油的主要成分为：十六烷酸（8.93%）、6,10,14-三甲基-2-十五烷酮（7.56%）、苯乙醇（5.83%）、乙酸乙酯（5.09%）等（李兆琳等，1993）。

【营养与功效】

花含挥发油、刀豆酸、黄酮类；还含有丰富的蛋白质、脂肪、碳水化合物、多种维生素和矿物质。有明显降血脂的作用，能减少血管通透性而起止血作用。

【食用方法】

采摘花序，取花蕾或花，生食味甜，但有小毒，不宜多食。花沸水烫过后，用清水漂洗去苦味，可与米饭或面粉混拌蒸食，也可凉拌、炒食、蒸、炸或做馅。

葛

豆科葛属
学名：*Pueraria lobata* (Willd.) Ohwi
别名：野葛、葛藤
分布：除新疆、青海及西藏外、几乎遍及全国

【植物学特征与生境】

落叶性多年生草质缠绕藤本，茎长达10 m，常铺于地面或缠于它物而向上生长。块根肥厚，富含淀粉。三出羽状复叶。总状花序腋生，花两性，蝶形花冠，蓝紫色或紫红色，有香气；花萼钟状，披针形。荚果条形，扁平，密生黄色长硬毛。种子卵形而扁，红褐色，有光泽。花果期8～11月。

喜生于温暖潮湿而向阳的地方，不择土质，以富含有机质肥沃湿润的土壤生长最好。

【栽培技术要点】

在平坦地块种植宜采用高畦栽培。可扦插繁殖、压条繁殖和种子繁殖。多采用压条繁殖，7～8月份，选生长良好，无病虫害的粗壮老长蔓，自叶节处，每隔1～2节呈波状弯曲压入土中。生根前保持土壤湿润，清除杂草，生根后于第2年萌发前，自生根节间切断，连根挖起，按行距1.5 m，株距0.8～1 m移栽。除草要坚持"除早、除小、除净"，每年追肥3次。畦上搭架，苗高30 cm时引蔓上架，尽量减少藤与地面的接触。生长盛期控制茎藤的生长，藤长1.5 m以上时及时打顶，每株留3～4根主藤外，剪除多余的侧蔓、枯藤和病残枝。

【主要芳香成分】

水蒸气蒸馏法提取的河北易县产葛花的得油率为0.07%，精油主要成分依次为：六氢金合欢基丙酮（15.89%）、十六酸甲酯（3.86%）、酸二丁酯（2.14%）、十六酸（1.73%）、2,6-二异丁基对甲酚（1.58%）等（王淑惠等，2002）。

【营养与功效】

新鲜花含挥发油，还含有尼泊尔鸢尾黄酮、葛花异黄酮、染料木素、大豆素、槲皮素、葛花甙、鹰嘴豆芽素A、刺芒柄花素、芒柄花甙、降紫香甙、槐花二醇、槐花皂甙Ⅲ、β-谷甾醇、β-谷甾醇-3-O-β-D-葡萄糖等成分。有解酒醒脾的功效，治伤酒发热烦渴，不思饮食，呕逆吐酸，吐血，肠风下血。

【食用方法】

花可炒食或做汤等。

合欢

豆科合欢属

学名：*Albizia julibrissin* Durazz.

别名：芙蓉树、绒花树、蓉花树、马缨树、马缨花、夜关门、夜合槐、夜合

分布：东北至华南及西南各省区

【植物学特征与生境】

落叶乔木，高可达16 m。树冠开展；小枝有棱角，嫩枝、花序和叶轴被绒毛或短柔毛。托叶线状披针形，较小叶小，早落；二回羽状复叶，总叶柄近基部及最顶一对羽片着生处各有1枚腺体；羽片4～20对；小叶10～30对，线形至长圆形，长6～12 mm，宽1～4 mm，向上偏斜，先端有小尖头，有缘毛。头状花序于枝顶排成圆锥花序；花粉红色；花萼管状，长3 mm；花冠长8 mm，裂片三角形，长1.5 mm。荚果带状，长9～15 cm，宽1.5～2.5 cm。花期6～7月，果期8～10月。

喜光，喜温暖湿润和阳光充足环境，适应性强，耐干旱瘠薄，不耐水涝和严寒，宜在肥沃，排水良好的砂质壤土中生长。

【栽培技术要点】

常用播种繁殖，9～10月采种，干藏至翌年春播。育苗期及时修剪侧枝，保证主干通直。生长期中耕除草2～3次，冬季于树干周围开沟施肥1次。

【主要芳香成分】

水蒸气蒸馏法提取的江苏产合欢干燥花序精油的主要成分依次为：二十一烷（24.76%）、植酮（22.978%）、二十八烷（16.12%）、二十四烷（8.44%）、棕榈酸甲酯（6.69%）、邻苯二甲酸二异丁酯（5.23%）、反亚油酸甲酯（3.64%）、2,6-二叔丁基对甲苯酚（2.65%）、邻苯二甲酸二丁酯（2.32%）、11,14,17-二十碳三烯酸甲酯（1.56%）、二十七烷（1.55%）、3-乙酰氧基-7,8-环氧羊毛甾烷-11-醇（1.36%）、2,2'-亚甲基-基-双（4-甲基-6-叔丁基苯酚）（1.11%）等（王一卓等，2014）。

【营养与功效】

花含挥发油，入药有安神活血、消肿解毒的功效。

【食用方法】

花蕾或初开的花称"合欢米"，可用于合欢花蒸猪肝等肉类菜肴。

白刺花

豆科槐属

学名：*Sophora davidii*（Franch.）Skeels

别名：铁马胡烧、狼牙槐、狼牙刺、马蹄针、马鞭采、白刻针、苦刺

分布：华北、陕西、甘肃、河南、江苏、浙江、湖北、湖南、广西、四川、贵州、云南、西藏

【植物学特征与生境】

灌木或小乔木，高1~2 m，有时3~4 m。不育枝末端明显变成刺，有时分叉。羽状复叶；托叶钻状，部分变成刺；小叶5~9对，形态多变，一般为椭圆状卵形或倒卵状长圆形，长10~15 mm。总状花序着生于小枝顶端；花小，长约15 mm，较少；花萼钟状，稍歪斜，蓝紫色，萼齿5，圆三角形；花冠白色或淡黄色，有时旗瓣稍带红紫色，旗瓣倒卵状长圆形，翼瓣与旗瓣等长，单侧生，倒卵状长圆形。荚果非典型串珠状，稍压扁，长6~8 cm，宽6~7 mm，有种子3~5粒。种子卵球形，深褐色。花期3~8月，果期6~10月。

喜温暖湿润和阳光充足的环境，耐寒冷、耐瘠薄，但怕积水，稍耐半阴，不耐阴。对土壤要求不严。

【栽培技术要点】

习性强健，管理粗放，但在疏松肥沃、排水良好的沙质土壤中更好。萌发力较强，而且耐修剪，栽培中应注意修剪整形。繁殖可用播种、分株、根插等方法。主要有天牛、蚂蚁危害树干。

【主要芳香成分】

水蒸气蒸馏法提取的云南曲靖产白刺花晾干花的得油率为0.22%，精油主要成分依次为：棕榈酸（11.98%）、棕榈酸甲酯（11.17%）、亚油酸甲酯（10.82%）、亚油酸（8.42%）、亚麻酸甲酯（8.01%）、正二十九烷（4.44%）、正二十四烷（4.01%）、硬脂酸（3.58%）、硬脂酸甲酯（3.55%）、亚麻酸乙酯（2.61%）、正三十烷（1.58%）、正二十烷酸甲酯（1.34%）、正二十六烷（1.12%）等（李贵军等，2013）。

【营养与功效】

花具有清热解毒、凉血消肿的功效。

【食用方法】

花是传统的风味野菜，云南产区群众喜采摘花蕾浸泡后当菜食用。花蕾及花洗净后用沸水浸烫，再用清水浸泡，并多次换水除去苦味后即可食用。通常与豆豉或鸡蛋炒食，味清香微苦。

槐

豆科槐属

学名：*Sophora japonica* Linn.

别名：国槐、槐树、守宫槐、槐花木、槐花树、豆槐、金药树

分布：于我国辽宁以南各省区

【植物学特征与生境】

乔木，高达25 m；树皮灰褐色，具纵裂纹。当年生枝绿色，无毛。羽状复叶长达25 cm；叶柄基部膨大，包裹着芽；托叶形状多变，有卵形、叶状、线形或钻状，早落；小叶4~7对，对生或近互生，纸质，卵状披针形或卵状长圆形；小托叶2枚，钻状。圆锥花序顶生，常呈金字塔形，长达30 cm；小苞片2枚，形似小托叶；花萼浅钟状，萼齿5，圆形或钝三角形；花冠白色或淡黄色，旗瓣近圆形，有紫色脉纹，翼瓣卵状长圆形，龙骨瓣阔卵状长圆形。荚果串珠状，种子排列较紧密，具肉质果皮，成熟后不开裂。种子卵球形，淡黄绿色，干后黑褐色。花期7~8月，果期8~10月。

中等喜光，喜温凉气候和深厚、排水良好的沙质土壤，但在高温多湿或石灰性、酸性及轻盐碱土上均能正常生长。耐毒气。

【栽培技术要点】

一般用播种繁殖。10月采种后可秋播；也可将种子干藏第二年春播。播种按行距70 cm条播，每667 m²需种子10 kg。定苗时株距10~15 cm。在第二年将一年生苗挖起按40 cm×60 cm的株行距移栽，秋季落叶后在土面处截去主干并施肥越冬；第三年春注意水肥管理、除草及去掉多余的萌蘖，只留1生长旺盛的萌芽作为主干进行培养，入秋后停止施肥灌水。第四年则按1 m的距离进行移栽，并选留3个侧枝做主干以培养树冠。

【主要芳香成分】

水蒸气蒸馏法提取的槐树花的得油率在0.26%~0.41%之间；超临界萃取法提取的新鲜花的得油率为2.30%。水蒸气蒸馏法提取的河南产槐树干燥花蕾（槐米）精油的主要成分依次为：8-十七碳烯（26.36%）、[S-(R*,S*)]-5-(1,5-二甲基-4-己烯基)-2-甲基-1,3-环己二烯（12.09%）、石竹烯（11.97%）、2-甲氧基-3-(2-丙烯基)苯酚（8.46%）、(E)-7,11-二甲基-3-亚甲基-1,6,10-十二碳三烯（8.24%）、1-(1,5-二甲基-4-己烯基)-4-甲苯（7.18%）、[S-(R*,S*)]-3-(1,5-二甲基-4-己烯基)-6-亚甲基环己烯（6.29%）、环氧石竹烯（5.30%）、环十六烷（1.14%）、1-甲氧基-4-(1-丙烯基)苯（1.10%）等（杨海霞等，2010）。江苏产槐树干燥花及花蕾精油的主要成分为：十六酸（13.92%）、5-甲基糠醛（10.18%）、呋喃甲醛（9.21%）、三十二烷（6.55%）、2-甲氧基-4-(2-丙烯基)-苯酚（6.22%）等（陈屹等，2008）。河南郑州产槐树花精油的主要成分为：6,10,14-三甲基-2-十五烷酮（18.05%）、3,7,11-三甲基-2,6,10-十二碳三烯-1-醇（11.56%）、3-甲基吡啶（6.46%）、2-氨基苯甲酸甲酯（5.64%）、二十七烷（5.04%）等（贾春晓等，2004）。

【营养与功效】

每100 g新鲜花含蛋白质3.1 g，脂肪0.7 g；维生素A 0.04 mg，维生素B_1 0.04 mg，维生素B_2 0.18 mg，维生素B_5 6.6 mg，维生素C 66 mg；钙83 mg，磷69 mg，铁3.5 mg。花蕾有清热解毒、消肿利喉的功效。

【食用方法】

花可煎、炒、烧、烩、蒸、做馅。

紫藤

豆科紫藤属

学名：*Wisteria sinensis*（Smis）Sweet

别名：朱藤、藤萝、绞藤、紫金藤、藤花、葛藤、豆藤、招藤

分布：山东、河北、河南、山西、陕西、浙江、湖北、湖南、四川、广东、广西、贵州、云南、甘肃、内蒙古、辽宁

【植物学特征与生境】

多年生木藤本。树皮灰褐色至暗黑色，枝上叶痕呈明显的圆形凸起。单数羽状复叶，互生，小叶7～13枚，卵状椭圆形或卵状披针形。大型总状花序下垂；花萼钟状；花冠蝶形，淡紫色，微芳香。荚果长条形，扁而坚硬，长10～20 cm，密生褐色短柔毛。花期4～5月，果期8～9月。

喜阳光充足环境，略耐阴，较耐寒。对气候和土壤适应性很强，喜深厚、肥沃、排水良好、疏松的土壤，有一定的抗旱能力，又耐水湿及瘠薄土壤。

【栽培技术要点】

可用播种、扦插、压条、嫁接、分蘖等方法繁殖。播种在翌年春季进行，播种前应进行浸种催芽，点播，实生苗需要经过4～5年的培养才能开花。主要繁殖方法是扦插，于早春新叶开放前进行，通常采用头年的成熟枝条作插穗，也可选用健壮的三、四年生硬枝进行。压条育苗，从春到夏均可进行。嫁接多用于新的优良品种。种苗多在冬末和初春时进行定植。

【主要芳香成分】

水蒸气蒸馏法提取的紫藤花的得油率在0.24%～0.95%之间，山东曲阜产紫藤新鲜花精油的主要成分依次为：龙涎香精内酯（18.21%）、里哪醇（11.57%）、α-松油醇（10.58%）、7,8-二羟基香豆素（7.88%）、2,3-二氢-苯并呋喃（7.40%）、吲哚（6.87%）、苯丙酮（4.74%）、7-十三酮（2.99%）、苯甲酸苄酯（2.84%）、异丁香酚甲醚（2.01%）、十六碳酸甲酯（2.00%）、氨茴酸甲酯（1.92%）、6-甲基-2-庚酮（1.89%）、6-甲基-5-庚烯-2-酮（1.73%）、丁子香酚（1.68%）、苯丙醇（1.65%）、3-甲基-2-丁烯-1-醇-乙酸酯（1.32%）、二苯并呋喃（1.21%）、香叶醇（1.07%）、2-甲基-5-十一酮（1.07%）等（李峰等，2002）。甘肃兰州产紫藤新鲜花精油的主要成分为：十六酸甲酯（8.81%）、十六烷酸（8.79%）、二十三烷（8.55%）、(E,E,E)-3,7,11,15-四甲基-十六-1,3,6,10,14-五烯（6.91%）等（李兆琳等，1992）。

【营养与功效】

花含挥发油，并富含蛋白质、脂肪、碳水化合物、维生素、矿物质等成分。入药有利小便、解毒驱虫、止吐泻的功效。

【食用方法】

采摘开放的花朵食用，漂洗后可炒食、煮粥、做馅；华北居民多用紫藤的花朵混以白糖，面粉，加工成藤萝糕点，为风味小吃。

南瓜

葫芦科南瓜属

学名：*Cucurbita moschata*（Duch.）Poiret

别名：番瓜、番蒲、倭瓜、北瓜、饭瓜、东瓜、番南瓜

分布：全国各地均有栽培

【植物学特征与生境】

一年蔓生草本。茎长达数米，节处生根，粗壮，有棱沟，被短硬毛，卷须分3～4叉。单叶互生，叶片心形或宽卵形，5浅裂有5角，稍柔软，长15～30 cm，两面密被茸毛，沿边缘及叶面上常有白斑，边缘有不规则的锯齿。花单生，雌雄同株异花。雄花花托短；花萼裂片线形，顶端扩大成叶状；花冠钟状，黄色，5中裂。雌花花萼裂显著，叶状，子房圆形或椭圆形。瓠果，扁球形、壶形、圆柱形等，表面有纵沟和隆起，光滑或有瘤状突起，呈橙黄至橙红色不等。果柄有棱槽，瓜蒂扩大成喇叭状。种子卵形或椭圆形，长1.5～2 cm，灰白色或黄白色，边缘薄。花期5～7月，果期7～9月。

喜温暖，能耐干旱和瘠薄，不耐寒，须于无霜季节栽培，适应性强，对土质要求不严，无论山坡平地，或零星间隙，都可种植。属短日照作物，在10～12h的短日照下很快通过光照阶段。

【栽培技术要点】

北方多露地直播或育苗。直播行距1.4～2.1 m，株距50～60 cm，每穴播2～3粒种子。定植期，早熟在4月中、下旬；普通栽培在4月中、上旬。将苗带土块植入穴中，随即浇水，水渗后，覆土。注意栽植不宜过深，以子叶露出地面为宜。结合锄草进行中耕，由浅入深。注意不要牵动秧苗土块，以免伤根。定植后到伸蔓前如果墒情好，一般不需要灌水。一般在真叶出现5～6片时，进行摘顶。摘顶后，按有效空间，留3～4条侧蔓，其余侧枝均应去掉。主要虫害有蚜虫。

【主要芳香成分】

顶空固相微萃取法提取的河南开封产'甜面大南瓜'新鲜雄花挥发油的主要成分依次为：α-佛手柑油烯（25.09%）、β-荜澄茄烯（24.50%）、β-波旁烯（7.58%）、壬醛（5.00%）、十三烷（3.05%）、(-)-β-荜澄茄烯（2.72%）、石竹烯（2.12%）、1,2,4a,5,6,8a-六氢-4,7-二甲基-1-(1-甲基乙基)-萘（1.69%）、丁羟甲苯（1.69%）、二环香叶烯（1.68%）、β-倍半菲兰烯（1.57%）、2-异丙基-5-甲基-9-亚甲基-二环[4.4.0]十-1-烯（1.54%）、(-)-香叶烯D（1.49%）、邻苯二甲酸二异丁酯（1.46%）、(E)-β-金合欢烯（1.43%）、邻苯二甲酸异丁基壬酯（1.39%）、十五烷（1.22%）、斯巴醇（1.08%）、植酮（1.06%）、α-古芸烯（1.01%）等；雌花挥发油的主要成分依次为：β-荜澄茄烯（16.73%）、丁羟甲苯（13.12%）、壬醛（8.81%）、苯乙醛（6.80%）、邻苯二甲酸二丁酯（6.79%）、α-佛手柑油烯（6.24%）、2-苯基巴豆醛（6.02%）、邻苯二甲酸异丁基壬酯（4.64%）、癸醛（4.44%）、植酮（4.19%）、2-甲基丁醛（3.90%）、二十一烷（3.69%）、苯甲醛（3.01%）、棕榈酸甲酯（2.35%）、十五烷（2.10%）、十四烷（1.62%）等（李昌勤等，2012）。

【营养与功效】

花含挥发油，还含有芸香甙和大量胡萝卜素。有清利湿热、消肿散瘀、抗癌防癌等功效，常作强身保健食品。

【食用方法】

中午之前采摘花，开水烫过，切碎拌食，可清炒或煮汤，或制羹或煮粥。可将瘦猪肉等馅料装入南瓜花中，蘸淀粉、面粉、鸡蛋加水合成面糊后在热油中煎食。

鸡蛋花

夹竹桃科鸡蛋花属

学名：*Plumeria rubra* var. *acutifolia* Bailey
别名：缅栀子、鹿角树、蛋黄花、擂捶花、大季花、鸭脚木
分布：广东、广西、云南、福建等省区有栽培

【植物学特征与生境】

落叶小乔木；喜温暖气候，不耐严寒。全株有乳汁，枝条肥厚，稍带肉质，无毛。叶互生，厚纸质，长圆状倒披针形，长14～40 cm，宽6～11 cm，常聚集于枝上部，具长柄。全线，无锯齿，接触地面的茎节处生根。聚伞花序顶生，花序无毛；花冠漏斗状，裂片狭长倒卵形，比花冠筒长1倍。花冠外面白色，内面黄色，5数。雄蕊5，生于冠筒基部。蓇葖果双生，长圆形或线状披针形，长10～20 cm。种子长圆形，扁平，顶端具膜质翅。花期5～10月，果期7～12月。

喜光，喜湿热气候；耐干旱，喜生于石灰岩山地。对土壤要求不严。

【栽培技术要点】

扦插繁殖极易成活，一般在5月中下旬进行。从分枝的基部剪取枝条长20～30 cm，放在阴凉通风处2～3 d，使伤口结一层保护膜再扦插。选含腐殖质较多的疏松土壤种植，栽种后浇透水，15 d内遮阴避强光。夏秋两季注意浇水，遇雨注意及时排水。6～11月每隔10 d左右施1次腐熟液肥，浓度为15%。

【主要芳香成分】

水蒸气蒸馏法提取的鸡蛋花干燥花的得油率为0.11%～0.15%。广西南宁产鸡蛋花新鲜花精油的主要成分依次为：苯甲酸香叶酯（23.34%）、十六酸（11.21%）、二-羟基苯甲酸甲基酯（10.76%）、苦橙油醇（6.91%）、十四烷酸（6.02%）、苄基苯甲酸酯（5.87%）、橙花叔醇（3.57%）、3,7,11-三甲基-1,6,10-十二碳三烯-3-醇（3.22%）、3,7,11-三甲基,2,6,10-十二碳三烯-1-醇（1.93%）、正二十三烷（1.81%）等（张丽霞等，2010）。连续蒸馏萃取法提取的广东广州产鸡蛋花新鲜花精油的主要成分为：肉桂酸甲酯（27.61%）、芳樟醇（8.52%）、β-蒎烯（5.79%）、橙花醇（5.27%）等（谢赤军等，1992）。大孔树脂法吸附的鸡蛋花新鲜花头香的主要成分依次为：芳樟醇（38.97%）、橙花叔醇（14.27%）、苯甲酸甲酯（7.29%）、香叶醇（4.28%）、三环$[3.2.1.0^{1,5}]$辛烷（2.97%）、萘（2.30%）、苯甲醛（2.24%）、水杨酸甲酯（1.41%）、柠檬醛（1.30%）、苯甲酸苯甲酯（1.10%）等（朱亮锋等，1993）。

【营养与功效】

花含鸡蛋花酸、甙类及挥发油。有清热解毒、润肺止咳的功效。

【食用方法】

花瓣配党参炖鸡，清润可口，男女老少皆宜。

蘘荷

姜科姜属

学名：*Zingiber mioga*（Thunb.）Rosc.

别名：野姜、猴姜、瓣姜、嘉草、阳藿、阳荷、山姜、观音花、野老姜、莲花姜、茗荷

分布：安徽、江苏、湖南、江西、浙江、贵州、四川、广东、广西

【植物学特征与生境】

多年生草本，株高0.5～1 m。地下有匍匐茎，抽生肉质根。叶互生，披针状椭圆形或线状披针形，长20～37 cm，宽4～6 cm。穗状花序椭圆形；总花梗被长圆形鳞片状鞘；苞片覆瓦状排列，椭圆形，红绿色，具紫脉；花萼长一侧开裂；花冠管较萼为长，裂片披针形，淡黄色；唇瓣卵形，中部黄色，边缘白色。果实为蒴果，紫红色，倒卵形，熟时裂成3瓣。种子圆球形，黑色，被白色假种皮。花期8～10月。

喜温怕寒，喜阳光充足，怕干旱，但也不耐水涝，对土质不甚选择。

【栽培技术要点】

一般用地下茎繁殖。将地下茎掘起，按每块具有2～3个芽割开，作为播种材料。以冬初种植为好，按行距70 cm，株距50 cm开挖定植穴，将地下茎平放穴内，芽朝上，稍镇压。生育期中追肥3次。中耕宜浅，以免损伤地下茎。冬季地上部枯萎，需要覆膜进行保温。

【主要芳香成分】

水蒸气蒸馏法提取的贵州安顺产蘘荷新鲜花穗的得油率为0.10%，精油主要成分依次为：β-水芹烯（34.96%）、α-葎草烯（13.09%）、β-榄香烯（7.31%）、（-）-β-榄香烯（6.83%）、β-蒎烯（6.50%）、α-水芹烯（6.07%）、α-蒎烯（3.87%）、β-石竹烯（3.18%）、吉玛烯B（2.84%）、月桂烯（2.72%）、α-杜松醇（2.26%）、反式-β-罗勒烯（1.49%）、γ-萜品烯（1.23%）等（吕晴等，2004）。

【营养与功效】

每100 g嫩茎和花穗含蛋白质12.4 g，脂肪2.2 g，纤维素28.1 g，维生素A和维生素C共95.85 mg，还含有碳水化合物和多种矿物质。

【食用方法】

花蕾未出现前的嫩花茎用沸水烫至半熟，切碎，用姜、青椒、盐等稍腌，挤去水分，加调料凉拌；可直接炒、烧、炝、烧汤、作配料；也可盐渍、酱腌。

姜花

姜科姜花属

学名：*Hedychium coronarium* Koen.

别名：蝴蝶花、白蝴蝶、白草果、白姜花、夜寒苏

分布：广东、台湾、湖南、广西、云南、四川、海南

【植物学特征与生境】

陆生或附生草本，株高1～2 m，丛生，地下有肥大的根茎。茎直立，叶无柄，叶片矩圆状或披针形，长20～50 cm，宽3～12 cm，先端渐尖，绿色，叶背疏被短柔毛，叶基部有茸毛。茎顶着生棒槌形穗状花序，花序由绿色苞片组成，每一苞片内可先后生出2～3朵白色蝴蝶形花朵，花序从下至上，花朵依次开放。极少见到结实。

喜高温多湿，生性强健。生育期适宜温度约22～28℃。

【栽培技术要点】

通常采用分株繁殖，一般在春季挖取地下根茎，分成数蔸，每蔸皆带芽2～3枚，穴植时施足底肥。土壤以富含有机质的疏松、排水良好的砂质壤土为佳。生育期间可追肥，以腐熟人粪尿为主。中耕除草2～3次。在田间花谢后及时剪除穗状花序，以减少营养消耗，促进根茎萌发新株。植株病虫害少。

【主要芳香成分】

不同状态、不同方法提取的姜花花的得油率在0.42%～0.84%之间。连续蒸馏萃取法提取的广东广州产姜花新鲜花精油的主要成分依次为：香叶烯醇（19.02%）、顺式-石竹烯（19.02%）、芳樟醇（6.59%）、烷烃（5.81%）、β-萜品醇（3.17%）、苯甲酸苯甲酯（2.95%）、2-甲氧基-4-（1-丙烯基）苯酚（2.88%）、β-木罗烯（2.52%）、癸烷（2.50%）、2,6-二叔丁基-4-甲基苯酚（2.35%）、萘（2.28%）、甲基萘（1.68%）、壬烷（1.57%）、苯甲酸（1.51%）、(Z)-β-法尼烯（1.35%）、α-蒎烯（1.12%）、α-萜品醇（1.00%）等（戴素贤等，1991）。树脂吸附收集的广东广州产姜花新鲜花头香的主要成分依次为：芳樟醇（29.90%）、1,8-桉叶油素（23.13%）、β-罗勒烯（14.62%）、苯甲酸甲酯（6.13%）、3-（4,8-二甲基-3,7-壬二烯基）呋喃（2.25%）、β-月桂烯（1.42%）等（朱亮锋等，1993）。

【营养与功效】

花可入药，有祛风散寒、解表发汗的功效。

【食用方法】

花苞可炖肉食，花瓣作菜肴的配料，可做汤、炒食。

玫瑰茄

锦葵科木槿属

学名：*Hibiscus sabdariffa* Linn.
别名：山茄、洛神花、洛神葵、山茄子
分布：广东、广西、云南、福建、台湾

【植物物学特征与生境】

一年生直立草本，高达2 m，茎淡紫色，无毛。叶异型，下部的叶卵形，不分裂，上部的叶掌状3深裂，裂片披针形，长2～8 cm，宽5～15 mm，具锯齿，先端钝或渐尖，基部圆形至宽楔形，两面均无毛；叶柄长2～8 cm；托叶线形，长约1 cm。花单生于叶腋，近无梗；小苞片8～12，红色，肉质，披针形，长5～10 m，宽2～3 mm；花萼杯状，淡紫色，裂片5；花黄色，内面基部深红色，直径6～7 cm。蒴果卵球形，直径约1.5 cm。果爿5；种子肾形，无毛。花期夏秋间。

喜温暖湿润气候，耐瘠、耐旱，适应性强。

【栽培技术要点】

管理粗放。可进行穴播，每穴3～5粒种子，行距60 cm×60 cm，每667 m²植1800株。播种后5～7 d即出苗，出苗后15 d左右，结合补苗，进行施肥，以促进苗期生长。根系发达，茎秆粗壮，中期结合除草适当培土，以防倒伏。

【主要芳香成分】

水蒸气蒸馏法提取的玫瑰茄花精油主要成分依次为：邻苯二甲酸二丁酯（8.56%）、4-乙基-苯甲醛（4.80%）、油酸甲酯（4.77%）、2,4-二甲基苯酚（4.00%）、2-甲基-苯酚（2.69%）、2-乙基-苯酚（2.64%）、1-乙基-4-甲氧基苯（2.38%）、苯乙醛（2.13%）、2,6-二甲基苯酚（2.00%）、2-乙基-6-甲基-苯酚（1.93%）、3-乙基-苯酚（1.51%）、3,4-二甲基苯酚（1.40%）、2-甲氧基苯酚（1.33%）、2-甲氧基-4-甲基苯酚（1.17%）、5-甲基-2-呋喃甲醛（1.16%）、1-甲基环辛烯（1.09%）等（董莎莎等，2009）。

【营养与功效】

花富含蛋白质、有机酸、维生素C、多种氨基酸、接骨木三糖苷、柠檬酸、花青素、多元酚、呋喃醛、羟甲基呋喃醛和人体所需的矿物质，如铁、钙、磷等。有清热解暑、养颜、消斑、解酒等功效。

【食用方法】

嫩花洗净，加水煮熟，冷却后制成果酱。新鲜花萼可用于制果馅饼、果冻和酸味饮料。

木槿

锦葵科木槿属

学名：*Hibiscus syriacus* Linn.

别名：白槿花、灯盏花、朝开暮落花、木棉、荆条、喇叭花

分布：台湾、福建、广东、广西、云南、贵州、四川、湖南、湖北、安徽、江西、浙江、江苏、山东、河北、河南、陕西

【植物学特征与生境】

落叶灌木，高3～4 m。茎多分枝，灰褐色。叶互生，菱状卵圆形，长4～7 cm，宽2～4 cm；3裂，先端渐尖，基部阔楔形，边缘具不规则粗疏齿，三出脉，叶柄长1～2.5 cm；托叶线形，早落。花单生于叶腋，小苞片6～7，线形，被星状毛；萼钟形，5裂，外被星状毛；花冠钟形，花瓣5片或重瓣，有淡紫、白、红等色。蒴果卵圆至长卵形，长约2 cm，密生星状绒毛；种子稍扁，黑色，外被白色长柔毛。花期7～10月，果期9～12月。

喜温暖湿润和阳光充足环境，抗寒性较强，耐干旱，耐湿，稍耐阴，耐瘠薄土壤，宜肥沃、疏松的沙质壤土。

【栽培技术要点】

常用扦插和播种繁殖。扦插于春季发芽前，剪取枝条长20～25 cm，插于沙床，约30 d生根。播种于春季进行，播后约20 d发芽。移植宜在落叶后进行。生长期保持土壤湿润。春季萌芽前施肥1次，6～10月开花期施磷肥2次。通过修剪来控制株形和树姿。常见病害为叶斑病和锈病，虫害有蚜虫、粉虱和金龟子。

【主要芳香成分】

水蒸气蒸馏法提取的江西赣州产木槿干燥花的得油率为0.11%，精油主要成分依次为：十三烷酸（59.08%）、(Z,Z)-亚油酸（6.13%）、油酸（4.04%）、二十一烷（3.18%）、二十九烷（2.99%）、十八烷酸（2.78%）、豆蔻酸（2.17%）、珠光脂酸（2.06%）、邻苯二甲酸丁基-2-异丁酯（2.01%）、棕榈酸（1.60%）等（蔡定建等，2009）。

【营养与功效】

每100 g鲜花含蛋白质1.3 g，脂肪0.1 g，碳水化合物2.8 g，维生素B_5 1 mg，钙12 mg，磷36 mg，铁0.9 mg，还含有皂苷和多种黏液质。花有清热解毒的功效。

【食用方法】

可用花瓣做汤、做炒食的配料，也可煮粥。

菜蓟

菊科菜蓟属

学名：*Cynara scolymus* Linn.

别名：朝鲜蓟、法国百合、洋蓟、洋百合

分布：上海、浙江、湖南、云南、北京等地有栽培

【植物学特征与生境】

多年生草本，高达2 m。茎粗壮，直立，有条棱，茎枝被蛛丝毛。叶大形，基生叶莲座状；下部茎叶全形长椭圆形或宽披针形，长约1 m，宽约50 cm，二回羽状全裂，下部渐窄，有长叶柄；中部及上部茎叶渐小，无柄或沿茎梢下延，最上部及接头状花序下部的叶长椭圆形或线形，长达5 cm；全部叶质地薄，草质，上面绿色，无毛，下面灰白色，被绒毛，二回裂片顶端。头状花序极大，生分枝顶端，植株含多数头状花序；总苞多层，覆瓦状排列，硬革质；小花紫红色，花冠长4.5 cm，裂片长9 mm。瘦果长椭圆形，4棱，顶端截形，无果缘。冠毛白色，多层。花果期7月。

喜温凉气候。

【栽培技术要点】

种子繁殖：3月下旬至4月上旬将浸种、催芽露白的种子以7 cm×7 cm的株行距点播，覆盖薄膜或稻草保温，40～45 d后，幼苗有5～6片真叶时定植。分株繁殖：10月上旬选择健壮的母株挖出其分蘖，大的分蘖直接植于大田，小分蘖可按15 cm见方栽于苗床培育，冬前用塑料薄膜覆盖防冻，第二年4月下旬带土挖起植于大田。定植前重施底肥，生殖生长初期至整个花蕾采收期，水分要始终保持均衡足量供给。主茎可见豆粒般大小花蕾初期，重施1次追肥，每次花蕾采收前7 d左右追施一次花蕾肥，同时辅以根外追肥。长江以南地区可露地越冬，以北地区要进行越冬保护。采收以花苞鳞状苞片排列紧密抱合成拳状、花瓣未开展、未出现紫色时为宜。

【主要芳香成分】

固相微萃取法提取的菜蓟花蕾苞片挥发油的主要成分依次为：4(14),11-桉叶二烯（70.03%）、石竹烯（10.21%）、(Z,Z,Z)-9,12,15-十八碳三烯-1-醇（4.74%）、氧（2.74%）、1-十五烯（1.54%）、9-重氮芴（1.31%）、9,12-十八碳二酰基氯化物（1.19%）等；花蕾精油的主要成分依次为：4(14),11-桉叶二烯（47.62%）、4-十八烷基吗啉（17.61%）、3-羟基丙酸环丁烷硼酸酯（7.24%）、石竹烯（5.35%）、2,6-二叔丁基-4-仲丁基苯酚（4.58%）、N,N-二甲基-1-十五烷胺（3.07%）、十七烷（2.01%）、氧（1.90%）、芴-4-羧酸或9H-芴-4-羧酸（1.58%）、十六烷（1.06%）等（白雪等，2008）。

【营养与功效】

含有菜蓟素、天门冬酰胺以及黄酮类化合物等，是一种高营养价值的名贵保健蔬菜，被誉为"蔬菜之皇"。经常食用具有保护肝肾、增强肝脏排毒、促进消化、改善血液循环、防止动脉硬化、保护心血管的功效。

【食用方法】

食用肉质花托和总苞片基部的肉质部分，可煮食、炒食、炸食、生食或掺入面食等，有特殊的清香味。

红花

菊科红花属

学名：*Carthamus tinctorius* Linn.

别名：草红花、红花草、红蓝花、刺红花、菊红花、杜红花、川红花、红花菜、红花尾子

分布：黑龙江、吉林、辽宁、河北、山西、内蒙古、陕西、甘肃、青海、山东、浙江、贵州、四川、西藏、新疆

【植物学特征与生境】

一年生草本，高20～150 cm。茎直立，上部分枝。中下部茎叶披针形或长椭圆形，向上的叶渐小；全部叶质地坚硬，革质。头状花序多数，在茎枝顶端排成伞房花序，为苞叶所围绕，苞片椭圆形或卵状披针形；总苞卵形；总苞片4层。小花红色、桔红色。瘦果倒卵形，乳白色，有4棱，棱在果顶伸出。花果期5～8月。

喜欢冷凉干爽，阳光充足的环境，抗旱、抗寒，抗盐碱性强，对土壤要求不严。

【栽培技术要点】

忌连作。10月中、下旬播种，行距33 cm，株距16～26 cm，深3～7 cm，播后覆土压实。按株距16～26 cm定苗。花期需保持土壤湿润，天旱应灌水，遇雨量增加，要及时排水。定苗前后第一次追肥，轻施提苗，孕蕾期第二次追肥。在3月上旬进行培土。抽茎后掐去顶芽，促使分枝增多。易发生炭疽病、枯萎病。

【主要芳香成分】

水蒸气蒸馏法提取的红花干燥花的得油率在0.02%～1.77%之间。新疆吉木萨尔产盛花期红花花精油的主要成分依次为：(E)-2-(9-十八烯基氧基)-二醇(31.45%)、9H-9-甲基-9-丁基-芴(21.81%)、荧蒽(12.73%)、5-乙基(9.61%)、二十五烷(7.60%)等；河南新乡产盛花期红花花精油的主要成分为：二十五烷(14.80%)、十六烷酸十六烷酯(14.49%)、三环[10,2,2,2^{5,8}]十八-5,7,12,14,15,17-环己烯(14.48%)、十氢化-4a-甲基-1-亚甲基-7-(1-甲基乙烯基)萘(13.92%)、荧蒽(10.53%)等(郭美丽等，1996)。

【营养与功效】

花含挥发油、红花苷、新红花苷、红花醌苷、红花多糖、红花素及红花黄素等成分。有通经活络、散瘀止痛的功效。

【食用方法】

花冠由黄色变红色时选择晴天露水未干的早晨采摘鲜花鲜用或晒干备用，可作配料入菜肴炒食、炖食。

菊花

菊科菊属

学名：*Dendranthema morifolium* (Ramat.) Tzvel.

别名：有寿客、金英、黄花、节花、鞠、金菊、秋菊、家菊、真菊、药菊、甘菊、节华、甜菊花

分布：全国各地均有栽培

【植物学特征与生境】

多年生草本，高60～150 cm。茎直立，分枝或不分枝，被柔毛。叶卵形至披针形，长5～15 cm，羽状浅裂或半裂，有短柄，叶下面被白色短柔毛。头状花序直径2.5～20 cm，大小不一。总苞片多层，外层外面被柔毛。舌状花颜色各种。管状花黄色。

喜凉爽、较耐寒，生长适温18～21℃，地下根茎耐旱，最忌积涝，喜地势高、土层深厚、富含腐殖质、疏松肥沃、排水良好的壤土。短日照植物，在每天14.5h的长日照下进行营养生长，每天12h以上的黑暗与10℃的夜温适于花芽发育。

【栽培技术要点】

可以种子繁殖和无性繁殖，无性繁殖法有分根、扦插、分枝、压条等。分根繁殖：将选好的种菊用肥料盖好，翌年发出新芽时便可进行分株移栽，分株时将全根挖出，菊苗分开，每株苗均带有白根，将过长的根以及苗的顶端切掉，根保留6～7 cm，地上保留16 cm，可按穴距40 cm×30 cm挖穴，每穴栽1～2株。扦插繁殖：扦插时间根据品种特性和各地气候条件来定。截取无病虫害、健壮的新枝作为扦插条，插条长10～13 cm，将插条下端5～7 cm内的叶子全部摘去，将插条插入5～7 cm深，顶端露出土面3 cm左右，浇透水，覆盖一层稻草，约20 d生根。压条繁殖：在阴雨天进行。第一次在7月上旬前后，先把菊花枝条压倒，每隔10 cm用湿泥盖实，打去梢头，使叶腋处抽出新枝，第二次在7月下旬前后，把新抽的枝压倒，方法同第一次，并追施腐熟的人粪尿一次，在8月下旬打顶。

【主要芳香成分】

水蒸气蒸馏法提取的菊花花序的得油率在0.11%～1.62%之间。菊花品种很多，不同品种、不同产地菊花花精油的成分差异很大。江苏南京产'金陵春梦'菊花盛花期新鲜花冠精油的主要成分为：龙脑（16.64%）、樟脑（9.60%）、乙酸冰片酯（5.90%）、2,2-二甲基-3-乙烯基-二环[2.2.2]庚烷（5.59%）等；'金陵圆黄'新鲜花冠精油的主要成分为：樟脑（38.16%）、对-薄荷-1-烯-8-醇（12.77%）、4-萜品烯醇（12.07%）等（王伟等，2008）。浙江桐乡产黄菊花精油的主要成分为：六甲基苯（29.80%）、二十三烷（7.91%）、二十七烷（5.86%）等；四川产川菊花精油的主要成分为：α-芹子烯（17.90%）、α-金合欢烯（15.10%）、樟脑（7.09%）等；河南产金菊花精油的主要成分为：没药醇氧化物A（28.60%）、樟脑（16.10%）等；河南产怀菊花精油的主要成分为：没药醇氧化物A（29.80%）、樟脑（11.30%）、蓝桉醇（5.18%）等；安徽产贡菊花精油的主要成分为：2,6,6-三甲基-双环(3.1.1)-庚-2-烯-4-醇-乙酯（28.80%）、α-芹子烯（8.47%）、n-十六酸（5.06%）等；浙江桐乡产'杭白菊'盛开的花精油的主要成分为：蓝桉醇（5.43%）、异香橙烯环氧化物（5.21%）、5,8,11,14-二碳四炔酸（5.01%）等（李福高等，2008）。浙江桐乡产'早小洋菊'花精油的主要成分为：桧脑（11.96%）、香橙烯氧化物（8.83%）、大根香叶酮（7.65%）、6-异丙烯基-4a,8-二甲基-1,2,3,5,6,7,8,8a-八氢化萘-2-醇（6.83%）、二表雪松烯-1-氧化物（5.51%）、顺式-9,17-十八烷二烯醛（5.43%）等（郭巧生等，2008）。安徽歙县产'早贡菊'花精油的主要成分为：马鞭草烯醇乙酯（32.13%）、α-姜黄烯（8.28%）、β-倍半水芹烯（5.74%）等（王亚君等，2008）。

【营养与功效】

花含有挥发油、胆碱等成分。有疏风清热、泻火解毒、活血止痛、降血压等功效。

【食用方法】

菊花在菜肴中的应用非常广泛，可鲜用，也可干制后使用。热炒、冷盘、火锅、沙拉、做汤等均可，如由菊花与猪肉、牛肉一同炒制而成的菊花肉片、与鱼肉一同煮制的菊花鲈鱼羹，清心爽口，补而不腻，荤中有素。将菊花花瓣与面粉、鸡蛋、白糖等和成面团，再通过炸蒸等方式烹饪制作点心，此外还可以配制菊花馅，做粥等。

野菊

菊科菊属

学名：*Dendranthema indicum* (Linn.) Des Moul.

别名：菊花脑、野黄菊、路边菊、疟疾草、苦薏、路边黄、山菊花、黄菊仔

分布：东北、华北、华中、华南、西南

【植物学特征与生境】

多年生草本，高30~100 cm。根系发达，有地下匍匐茎，分枝性极强。茎纤细，半木质化，直立或铺散，被稀疏的毛。叶互生，卵圆形或长卵圆形，长2~6 cm，宽1~2.5 cm，叶绿色，叶缘具粗大的复锯齿或二回羽状深裂，叶基稍收缩成叶柄，具窄翼，绿色或带淡紫色。叶腋处秋季抽生侧枝。头状花序着生于枝顶，花序直径1.5~2.5 cm。果实为瘦果，长1.5~1.8 mm。种子小，灰褐色。花期10~11月，果期12月。

耐寒，忌高温，北方冬季宿根可露地越冬；南方可露地越冬。种子在4℃以上就能发芽，幼苗生长适温为15~20℃。短日照植物。对土壤适应性强，耐瘠薄和干旱，忌涝。

【栽培技术要点】

可种子繁殖、分株繁殖、扦插繁殖。种子繁殖于2月上旬至3月上旬撒播，播前先灌水，水渗下后播种，覆细土0.5~1 cm。也可条播。幼苗2~3片真叶时间苗，株距15 cm。分株繁殖在早春发芽前进行，将老株挖出，分为数株，分别栽植。栽后及时浇水。扦插繁殖可在整个生长季节进行，但以5~6月扦插成活率高。选取长约5~6cm的嫩梢，摘去基部2~3叶后，把嫩梢扦插于苗床，深度为嫩梢的1/2。定植后，或苗期浇一次稀薄人粪尿液。播种或移植后浇一次水，在生长期间要求经常保持田间湿润，一般每采收一次结合追肥浇一次透水。田间杂草及时除掉。病虫害较少发生。

【主要芳香成分】

水蒸气蒸馏法提取的野菊花的得油率差异很大，在0.06%~6.10%之间。四川产野菊干燥花精油的主要成分为：棕榈酸（7.90%）、樟脑（7.55%）、龙脑（7.00%）等（李晓波，2010）。江苏产野菊干燥头状花序精油的主要成分为：龙脑（26.90%）、乙酸龙脑酯（18.60%）、大根香叶烯D（6.06%）、α-倍半菲兰烯（6.06%）、Z-反式-α-香柠檬醇（5.37%）、（1S,2R,4R）-2,4-二异丙烯基-1-乙烯基-(-)-环己烷（5.24%）等（吕琳等，2007）。安徽黄山产野菊干燥花精油的主要成分为：红没药醇氧化物A（17.89%）、β-檀香醇（14.44%）、樟脑（11.60%）、石竹烯氧化物（6.74%）、γ-古芸烯环氧化合物（5.82%）等（官艳丽等，2007）。云南产野菊花序精油的主要成分为：樟脑（19.01%）、4-甲基-1-(1-甲基乙基)-双环[3.1.0]-己-3-酮（12.97%）、龙脑（8.59%）、桉叶油素（7.28%）、石竹烯氧化物（5.95%）等（王丽丽等，2006）。辽宁千山产野菊干燥花序精油的要成分为：1,7,7-三甲基-双环[2.2.1]庚-2-酮（24.44%）、桉叶油素（19.40%）、2,6,6-三甲基-双环[2.2.1]庚-2-烯-4-醇-乙酸（6.79%）、莰烯（5.53%）等（回瑞华等，2006）。江西湖口产野菊花精油的主要成分为：石竹烯氧化物（25.96%）、α-红没药醇（11.90%）、蓝桉醇（11.62%）等（陈晓辉等，2005）。广西宜宾产野菊干燥花序精油的主要成分为：醋酸异龙脑酯（46.00%）、樟脑（32.16%）等（张永明等，2002）。超临界CO_2萃取法提取的野菊花的得油率在3.00%~9.65%之间。

【营养与功效】

花有清热解毒、疏风、明目、降血压等功效。

【食用方法】

花瓣可炒食、做汤、做粥，也可蘸面糊、鸡蛋后炸食。

蜡梅

蜡梅科蜡梅属

学名：*Chimonanthus praecox*（Linn.）Link

别名：素心蜡梅、荷花蜡梅、馨口蜡梅、腊梅、梅花、黄梅、干枝梅、臭蜡梅、铁筷子

分布：山东、江苏、安徽、浙江、福建、江西、湖南、湖北、河南、陕西、四川、贵州、云南、广西、广东

【植物学特征与生境】

落叶灌木，高达4 m。幼枝四方形，老枝近圆柱形。叶片纸质至近革质，椭圆形、卵圆形、椭圆状卵形至卵状披针形，长5～20 cm，宽2～8 cm，先端渐尖，基部楔形、宽楔形或圆形，近全缘，上面有硬毛、粗糙，下面光滑。花单生叶腋，芳香。花期11月至翌年2月，果期6月。

喜光，亦略耐阴，较耐寒，耐干旱，忌水湿，但仍以湿润土壤为好，最宜浓厚肥沃、排水良好的沙壤土。

【栽培技术要点】

主要用嫁接、分株繁殖。砧木可用实生苗或野蜡梅。切接、靠接均可。为促进多发枝并获得良好的树形，在嫁接成活后就应注意摘心和整形。一般是在每长出3对芽后，就摘心一次。行重剪，花谢后及时修剪，每枝留15～20 cm长。移栽时，须在冬、春带土进行。分株繁殖在3～4月叶芽刚萌动时进行，在母株四周挖开土壤，将土掏出，用利刃劈开株丛，使劈下部分带1～3个枝干及较完整的根系，然后重新栽植。

【主要芳香成分】

微波辅助水蒸气蒸馏法提取的蜡梅新鲜花的得油率为0.62%。山东济南产蜡梅花精油的主要成分依次为：α-法呢烯（9.83%）、大根香叶烯D（9.69%）、石竹烯（8.70%）、β-榄香烯（7.25%）、α-杜松烯（4.14%）、大根香叶烯B（4.12%）、β-榄香醇（3.84%）、δ-杜松烯（3.76%）、氧化石竹烯（3.28%）、（E）-2,6-辛二烯-1-醇-3,7-二甲基乙酸酯（3.09%）、β-波旁烯（3.04%）、1-羟基-1,7-二甲基-4-异丙基-2,7-环十二烯（2.70%）、木罗醇（2.56%）、里哪醇（2.08%）、β-法呢烯（1.68%）、α-丁子香烯（1.64%）、（E）-3,7,11-三甲基-1,6,10-十二烷基二烯酸（1.51%）、1-乙基-1-甲基-2,4-二-（1-异丙基）环己烷（1.30%）、γ-榄香烯（1.12%）、古巴烯（1.11%）、香叶醇（1.09%）等（江婷等，2005）。同时蒸馏萃取法提取的重庆沙坪坝产'红心'蜡梅新鲜花精油的主要成分为：榄香醇（16.17%）、τ-榄香烯（12.76%）、β-荜澄茄烯（11.50%）等；'素心'蜡梅鲜花精油的主要成分为：τ-木罗烯（18.13）、τ-榄香烯（13.64%）、L-乙酸龙脑酯（8.58%）、tau-杜松醇（7.77%）、β-荜澄茄烯（6.59%）等。（李正国等，2008）。

【营养与功效】

花含挥发油、吲哚、胡萝卜素等成分。有疏风散寒、化湿止痛、解暑生津的功效。

【食用方法】

花可入菜，有较好的食疗作用；也可作蜜饯和甜点馅料。

春兰

兰科兰属

学名：*Cymbidium goeringii*（Rchb.f.）Rchb.f.

别名：兰草、兰花、山兰、草兰、朵朵香

分布：陕西、甘肃、江苏、安徽、浙江、江西、福建、台湾、河南、湖北、湖南、广东、广西、四川、贵州、云南

【植物学特征与生境】

多年生草本植物。根肉质肥大，无根毛。具有假鳞茎，外包有叶鞘，常多个假鳞茎连在一起，成排同时存在。叶线形或剑形，革质，直立或下垂，花单生或成总状花序，花梗上着生多数苞片。花两性，具芳香；花冠由3枚萼片与3枚花瓣及蕊柱组成；上2枚花瓣直立，肉质较厚，先端向内卷曲，俗称捧；下面1枚为唇瓣，较大；花茎直立，高约10～20 cm；花单朵，少数两朵；花浅黄绿色，通常在萼片及花瓣上有紫褐色的条纹和斑块。花期2～3月份。果实成熟后为褐色，种子细小呈粉末状。

半阴性植物。喜凉爽、湿润和通风透风，忌酷热、干燥和阳光直晒。要求土壤排水良好、含腐殖质丰富、呈微酸性。一般生长适温为15～25℃。

【栽培技术要点】

栽培地点要求通风好，具遮阴设施。常用遮阳网和薄膜防雨遮阴，春夏要求较好的遮阴，秋冬给予充足阳光。忌日光直射或暴晒。春季和夏秋季生长旺盛期可多施肥，从3月下旬～9月下旬，每周施肥1次，浓度宜淡。秋冬季生长缓慢，应少施肥，每半月施肥1次。浇水数量视气温高低，光线强弱和植株生长状况而定。冬季温度低，湿度大则少浇，夏季植株生长旺盛，气温高应多浇；夏季忌阵雨冲淋，须用薄膜挡雨。浇水以清晨为宜。

【主要芳香成分】

固相微萃取法提取的贵州产野生春兰新鲜花挥发油的主要成分依次为：橙花叔醇（52.87%）、1,9-癸二炔（39.40%）、β-金合欢烯（4.89%）、E,E-α-金合欢烯（2.85%）等（方永杰等，2013）。

【营养与功效】

花有理气宽中、明目健胃、发汗利尿的功效。

【食用方法】

采摘开放的花供食，也可作菜肴配料，色泽淡嫩，味清香鲜爽。

建兰

兰科兰属

学名：*Cymbidium ensifolium*（Linn.）Sw.

别名：四季兰、燕草、秋兰、八月兰、官兰

分布：安徽、浙江、江西、福建、台湾、湖南、海南、广东、广西、四川、贵州、云南

【植物学特征与生境】

地生植物。根长圆柱状，簇生，肥厚。假鳞茎卵球形，长1.5～2.5 cm，宽1～1.5 cm，包藏于叶基之内。叶2～6枚，带形，有光泽，长30～60 cm，宽1～2.5 cm。花葶从假鳞茎基部发出，直立，长20～35 cm或更长，但一般短于叶；总状花序具3～13朵花；花苞片除最下面的1枚长可达1.5～2 cm外，其余的长5～8 mm；花梗和子房长2～3 cm；花常有香气，色泽变化较大，通常为浅黄绿色而具紫斑；萼片近狭长圆形或狭椭圆形；花瓣狭椭圆形或狭卵状椭圆形，近平展；唇瓣近卵形。蒴果狭椭圆形，长5～6 cm，宽约2 cm。花期通常为6～10月。

喜温暖湿润和半阴环境，耐寒性差，越冬温度不低于3℃，怕强光直射，不耐水涝和干旱，宜疏松肥沃和排水良好的腐叶土。

【栽培技术要点】

常用分株繁殖。在春、秋季均可进行，将密集的假鳞茎丛株，用刀切开分栽，每丛至少3筒。将根部适当修整后盆栽。一般2～3年分株1次。土壤保持湿润，但不能多浇水。切不可根部积水。夏季要向叶片多喷水。生长期每半月施肥1次，肥液绝对不能沾污叶片。盛夏高温强光时，设置遮阴设施，严防大雨冲淋，冬季放室内养护，以免冻伤叶片。常有炭疽病，黑斑病和介壳虫危害。

【主要芳香成分】

顶空固相微萃取法提取的广东广州产建兰原生种花香气的主要成分为：十六酸（20.87%）、4-十八烷基对氧氮己环（7.10%）、5-乙基-3,12-二氧代三环[4.4.2.0^{1,6}]十二烷-4-酮（6.94%）、十八酸（6.84%）、肉豆蔻酸异丙酯（6.51%）、9-十八烯酸（6.26%）等；'铁骨素'建兰花香气的主要成分为：十六酸（18.67%）、肉豆蔻酸异丙酯（13.15%）、9-十八碳烯酸（8.24%）、壬醛（7.80%）、十八酸（5.52%）、癸醛（5.36%）等；'金丝凤尾素'建兰花香气的主要成分为：3-氧代-2-（2-戊烯基）-环戊烷酸甲酯（19.19%）、5-乙基-3,12-二氧代三环[4.4.2.0^{1,6}]十二烷-4-酮（14.87%）、十六酸（8.82%）、12-氧杂三环[4.4.3.0^{1,6}]十三烷-3,11-二酮（8.02%）、3-氧代-2-（2-戊烯）-环戊烷酸甲酯（7.59%）等（刘运权等，2011）。北京产'小桃红'建兰花香气的主要成分为：茉莉酸甲酯（21.56%）、茉莉酮酸甲酯（19.63%）、金合欢醇（10.71%）、4,7,10,13,16,19-二十二碳六烯酸甲酯（9.20%）、反-3-氧代-2-（顺-2-戊烯基）-环戊乙酸甲酯（8.40%）、丁二酸-甲基-双（1-甲基丙基）酯（6.86%）、己二酸二异丁酯（2.28%）、丁二酸二异丁酯（1.97%）、苯甲酸苄酯（1.90%）、2-甲基-3-羟基-2,4,4-三甲基丙酸戊酯（1.83%）、3-氧代-2-（2-戊炔基）-环戊基乙酸甲酯（1.73%）、丙酸-2-甲基-1-（1,1-二甲基乙基）-2-甲基-1,3-二丙酯（1.69%）、酞酸二丁酯（1.63%）、1-甲基-4-（5-甲基-1-亚甲基-4-己烯）-环己烯（1.47%）、2,2,4-三甲基-1,3-戊二醇二异丁酸酯（1.05%）等（杨慧君等，2011）。

【营养与功效】

花有理气宽中、明目健胃、发汗利尿的功效。

【食用方法】

采摘开放的花供食，也可作菜肴配料。

臭牡丹

马鞭草科大青属

学名：*Clerodendrum bungei* Steud.

别名：臭茉莉、臭八宝、大红袍、矮桐子、臭梧桐、大红花、臭珠桐、臭枫根

分布：华北、西北、西南及江苏、安徽、浙江、江西、湖南、湖北、广西

【植物学特征与生境】

灌木，高1~2 m，植株有臭味。花序轴、叶柄密被褐色、黄褐色或紫色脱落性的柔毛；小枝近圆形，皮孔显著。叶片纸质，宽卵形或卵形，长8~20 cm，宽5~15 cm，顶端尖或渐尖，基部宽楔形、截形或心形，边缘具粗或细锯齿；叶柄长4~17 cm。伞房状聚伞花序顶生，密集；苞片叶状，披针形或卵状披针形，长约3 cm，小苞片披针形，长约1.8 cm；花萼钟状，长2~6 mm；花冠淡红色、红色或紫红色。核果近球形，径0.6~1.2 cm，成熟时蓝黑色。花果期5~11月。

喜温暖潮湿、半阴环境，对土壤要求不严。生长适温为18~22℃，越冬温度8~12℃。

【栽培技术要点】

主要用分株繁殖，也可用根插和播种繁殖。分株：在秋、冬季落叶后至春季萌芽前，挖取地上萌蘖株分栽即行。根插：梅雨季节将横走的根蘖切下，截成15 cm左右的短节，插于沙土中，插后1~2周生根，按穴距30 cm栽入土中，覆土踩紧。出苗后适当浇水、施肥。播种：9~10月采种，冬季沙藏，翌春播种，播后2~3周发芽。生长期要控制根蘖扩展。保持土壤湿润，5~6月可施肥1次，并随时修剪过多的萌蘖苗。冬季将干枯的地上部割除，减少病虫危害。常有锈病和灰霉病危害；虫害有叶甲和刺蛾危害。

【主要芳香成分】

水蒸气蒸馏法提取的广东广州产臭牡丹新鲜花精油的主要成分依次为：芳樟醇（27.79%）、乙酸-1-乙氧基乙酯（17.64%）、7-辛烯-4-醇（14.06%）、2-羟基苯甲酸甲酯（3.05%）、1,8-桉叶油素（2.41%）、反式-氧化芳樟醇（呋喃型）(1.84%)、反式-氧化芳樟醇（吡喃型）(1.66%)、6,10-二甲基-5,9-十一碳二烯-2-酮（1.40%）、十六醛（1.37%）、苯甲酸苯甲酯（1.34%）、6-甲基-5-庚烯-2-酮（1.30%）、1-乙氧基戊烷（1.13%）等（朱亮锋等，1993）。广西玉林产臭牡丹花精油的主要成分依次为：棕榈酸（29.52%）、亚油酸（15.26%）、二十七烷（9.27%）、叶绿醇（8.99%）、二十三烷（4.80%）、十八烷酸（3.84%）、十九烷（2.45%）、二十六烷（1.82%）、1,4,5-二溴-五十四烷（1.55%）等（李培源等，2010）。

【营养与功效】

每100 g花含维生素A微量，维生素B_1 0.06 mg，维生素B_2 0.33 mg，维生素C 11.33 mg。

【食用方法】

嫩花洗净，沸水烫，撒盐揉，用清水漂洗，煮粥或配荤素炒食。

牡丹

毛茛科芍药属

学名：*Paeonia suffruticosa* Andr.

别名：花王、木芍药、洛阳花、谷雨花、鹿韭、白两金、国色天香、宝贵花、鼠姑、丹皮、吴牡丹

分布：华北、华中、西北

【植物学特征与生境】

落叶灌木。茎高达2 m；分枝短而粗。叶通常为二回三出复叶；顶生小叶宽卵形；侧生小叶狭卵形或长圆状卵形。花单生枝顶，直径10～17 cm；苞片5，长椭圆形，大小不等；萼片5，绿色，宽卵形；花瓣5，或为重瓣，玫瑰色、红紫色、粉红色至白色，倒卵形。蓇葖长圆形。花期5月，果期6月。

喜温凉气候，较耐寒，不耐湿热；耐旱，不耐水渍。强酸性土壤、盐碱地、黏土、低湿地及树荫下不宜种植。

【栽培技术要点】

8月下旬至11月中旬均可播种，以9月中、下旬为佳。播种前先将种子用45℃的温水浸泡24 h后沥水晾干，穴播或条播，苗畦宽1.2～2 m。穴播按行距30 cm、株距20 cm，呈品字形挖沟，穴深10 cm左右，每穴施入适量基肥，播种20粒，覆约3 cm厚的细土，压实整平。条播按行距25 cm、播幅宽10～20 cm，横向开6 cm深的播种沟。播后在畦面加盖茅草。第二年2月下旬至3月上旬出苗，出苗前揭除盖草，如遇干旱及时浇水。在秋季落叶后移栽2年生种苗。按行、株距50 cm×30 cm、深20～30 cm挖坑，每坑栽壮苗1株或细苗2～3株，栽植后浇足定根水。移栽第二年春季出芽后开始中耕、除草培土，每年3～4次。4～5月间，选择晴天，扒开根际周围的泥土，露出根蔸，让其接受光照。2～3 d后结合中耕除草，再培土施肥。每年开春化冻、开花以后和入冬前各施肥1次。施肥一般结合培土进行。生长期遇干旱，可在早晨或傍晚浇水。雨季应及时清沟排水。

【精油含量和主要成分】

水蒸气蒸馏法提取的山东菏泽产牡丹鲜花精油的主要成分依次为：4-甲基-8-羟基喹啉（18.95%）、3-甲基-十七烷（18.24%）、二十烷（8.79%）、5-乙基四氢化-a,a,5-三甲基-2-呋喃甲醇（5.60%）、6,10,14-三甲基-2-十五烷酮（5.29%）、3,7-二甲基-2,6-辛二烯-1-醇（4.96%）、3,3-二甲基-双环[2,2,1]-庚烷-2-酮（4.04%）、1-丁基-2-丙基环戊烷（3.81%）、[1aR-（1aα,4α,4aβ,7β,7aβ,7bα）十氢化-1,1,4,7-四甲基,1H-环丙（E）甘菊薁环-4-醇（3.23%）、十四烷（3.20%）、3-十六炔（2.05%）、2,6-二甲基十七烷（1.73%）、十九烷（1.65%）、3,7-二甲基,（E）2,6-辛二烯-1-醇（1.63%）、9,17-十八二烯醛（1.48%）、（E）-1,4-十一二烯（1.45%）、双环[2,2,1],庚-2-醇（1.24%）等（刘建华等，1999）。河南洛阳产'和平粉'牡丹鲜花精油的主要成分依次为：苯乙醇（74.13%）、丁基化羟基甲苯（8.84%）、二十三烷（3.66%）、二十五烷（1.93%）、十七烷（1.00%）等（周海梅等，2008）。

【营养与功效】

花含挥发油、黄芪苷，可入药，用于调经活血。

【食用方法】

花可炸、烧、煎或做汤等。和肉共烩制成"肉汁牡丹"；用面粉裹后油炸食用，鲜香诱人；做银耳汤时，撒些牡丹花瓣，色艳香浓；此外，牡丹熘鱼片、牡丹爆鸭脯等也是时令佳肴。

玉兰

木兰科木兰属

学名：*Magnolia denudata* Desr.

别名：辛夷、白玉兰、白兰花、迎春花、应春花、望春花、木兰、玉堂春、紫玉兰

分布：浙江、安徽、江西、湖南、贵州、广东、广西

【植物学特征与生境】

落叶乔木，高达15 m；枝广展成宽阔的树冠；树皮深灰色，粗糙开裂；冬芽及花梗密被灰黄色长绢毛。单叶互生，具短柄，叶片倒卵形至卵状矩圆形，先端阔而突尖，基部宽楔形，上面有光泽，下面被柔毛。花先叶开放，大型，白色，钟状，有香气。聚合果，圆筒状，淡褐色，具白色皮孔。种子斜卵形或宽卵形，侧扁。花期3~4月，果期6~9月。

喜光照充足、湿润的环境，略耐半阴。耐寒性较强。喜肥沃、温暖、排水良好，富含腐殖质的中性或偏酸性土壤，在弱碱性土上也能生长。有一定的耐旱能力，怕积水。

【栽培技术要点】

以种子繁殖为主，亦可分株、扦插和嫁接繁殖，其中嫁接繁殖可合并到砧穗组合苗木的培育，通常4~5年生的嫁接苗可定植。在华北及东北南部可露地越冬，花的发育对温度较为敏感，在冬季温暖处花期可以大大提前。土壤过湿或积水容易导致烂根，故不能栽植于低洼之处。不耐移植。

【主要芳香成分】

水蒸气蒸馏法提取的玉兰花蕾或花的得油率在0.32%~4.50%之间。北京产玉兰白色鲜花精油的主要成分依次为：十五烷（16.82%）、β-蒎烯（10.19%）、月桂烯（9.50%）、大根香叶烯D（9.45%）、香桧烯（5.36%）、桉树脑（5.11%）、正庚醛（4.05%）、蒎烯（3.24%）、二十一烷（2.44%）、达乌卡-5,8-二烯（2.36%）、石竹烯（2.33%）、4-蒈烯（1.56%）、柠檬烯（1.55%）、β-罗勒烯（1.49%）、十九烷（1.31%）、壬醛（1.03%）等；紫色花精油的主要成分依次为：桉树脑（17.57%）、香桧烯（8.94%）、正庚醛（8.26%）、月桂烯（7.33%）、β-蒎烯（7.06%）、柠檬烯（5.31%）、十五烷（5.27%）、蒎烯（3.19%）、α-松油醇（2.76%）、二十三烷（2.12%）、大根香叶烯D（1.88%）、二十一烷（1.51%）、壬醛（1.32%）、二十五烷（1.26%）等（张永欣等，2011）。浙江杭州产玉兰花精油的主要成分为：香桧烯（26.71%）、桉树脑（16.10%）、β-蒎烯（15.28%）、β-月桂烯（11.19%）、D-柠檬烯（11.05%）、α-蒎烯（9.74%）等（王妍等，2009）。

【营养与功效】

花含挥发油、芳香苷。有散风寒、通鼻窍的功效。

【食用方法】

花瓣厚而清香，可作主料或配料，与肉、禽、鱼、蛋等配置菜肴；用面裹油煎或糖渍，亦可制作糕点。

桂花

木犀科木犀属
学名：*Osmanthus fragrans* (Thunb.) Lour.
别名：岩桂、金粟、九里香、木犀、丹桂
分布：四川、云南、贵州、广西、湖南、湖北、浙江、江西、福建

【植物学特征与生境】

多年生长绿灌木或小乔木植物，株高可达12 m，树皮灰色。树冠圆形，枝叶繁茂。叶有柄，对生，长椭圆形，边缘有细锯齿，革质，深绿色。聚伞花序由5～9朵小花组成，簇生于叶腋，有细梗而簇生，芳香馥郁。花小，黄白色，具浓香。核果椭圆形，紫黑色。花期9～10月，通常可连续开花两次，前后相隔17 d。

适宜于温暖的亚热带气候地区生长，喜光，湿润，不耐干旱，稍耐阴，土壤以肥沃，排水良好，中性或微酸性的砂质土壤为宜。

【栽培技术要点】

繁殖采用播种、嫁接、压条、扦插方法。当年10月秋播或翌年春播，实生苗始花期较晚，且不易保持品种原有性状。压条繁殖，用于繁殖良种。嫁接繁殖是常用的方法，多用女贞、小叶女贞、小蜡、水蜡、流苏和白蜡等树种作砧木，靠接或切接。扦插繁殖多在6月中旬至8月下旬进行。移植常在秋季花后或春季进行，大苗需带土球，种植穴多施基肥。病虫害有枯斑病、枯枝病、桂花叶蜂、柑橘粉虱、蚱蝉等。

【主要芳香成分】

水蒸气蒸馏法提取的不同品种桂花花的得油率在0.76%～1.26%之间。福建浦城产丹桂新鲜花精油的主要成分依次为：α-柏木烯（20.18%）、α-蒎烯（17.08%）、柏木醇（10.70%）、3-甲氧基戊烷（6.03%）、丙酸（5.49%）、β-柏木烯（4.78%）、柠檬烯（4.69%）、芳樟醇（2.64%）、蒈烯（2.36%）、榄香烯（1.72%）、2,6,10,15-四甲基十七烷（1.15%）、莰烯（1.14%）、环十二烷基甲醇（1.11%）、樟脑（1.11%）、邻苯二甲酸二异丁酯（1.08%）、3-甲基-2-丁醇（1.03%）、二十八烷（1.03%）、长叶烯（1.01%）等；小叶丹桂新鲜花精油的主要成分为：氧化石竹烯（10.04%）、4,4-二甲基环辛烯（9.51%）、3,7,11,15-四甲基十六醇（7.02%）等（徐文斌等，2010）。江苏产桂花花精油主要成分为：邻苯二甲酸单（2-乙基-己）酯（26.51%）、邻苯二甲酸（2-甲基丙）酯（21.91%）、邻苯二甲基二丁酯（15.13%）、3-甲基-2-丁醇（13.26%）等（徐继明等，2007）。大孔树脂吸附法收集的广东广州产丹桂新鲜花头香的主要成分为：芳樟醇（25.70%）、β-紫罗兰酮（17.09%）、（E）-β-罗勒烯（9.90%）、反式-氧化芳樟醇（呋喃型）（7.50%）等（朱亮锋等，1993）。

【营养与功效】

花含挥发油，入药有散寒、破结、化痰、生津的功效。

【食用方法】

桂花香浓而甜，使用范围很广，采鲜花食用或加工食品，可制桂花膏，蜜饯、糕点、元宵等食品，也可以腌制。

女贞

木犀科女贞属

学名：*Ligustrum lucidum* Ait.

别名：女桢、蜡树、青蜡树、大叶蜡树、白蜡树、桢木、大叶女贞、冬青、水腊树、惜树

分布：长江以南至华南、西南各省区、西北至陕西、甘肃

【植物学特征与生境】

常绿灌林或乔木，高6～10 m。枝条开展，无毛，有皮孔。叶对生，卵形、宽卵形、椭圆形或卵状披针形，长6～12 cm，宽4～6 cm，先端渐尖，基部阔楔形，全缘，无毛；叶柄长1～2 cm。圆锥花序顶生，长12～20 cm，无毛；花萼4裂；花冠白色，钟状，4裂，花冠筒与花萼近等长。浆果状核果，长圆形或长椭圆形，蓝天紫色。花期6～7月，果期10～12月。

适应性强，喜光，稍耐阴。喜温暖湿润气候，稍耐寒。不耐干旱和瘠薄，适生于肥沃深厚、湿润的微酸性至微碱性土壤。根系发达。萌蘖、萌芽力均强，耐修剪。抗二氧化硫和氟化氢。

【栽培技术要点】

多用播种繁殖。冬季剪取果穗，捋下果实浸水搓去果皮稍晾，将种子混在净沙中低温湿藏，待早春播种。条播行距15～20 cm，每667 m²播种量7.5～10 kg，覆土厚度1～1.5 cm，一般4月中旬开始发芽出苗，苗出齐后及时间苗。小苗分栽后再培养2～3年，当苗高1.5～2 m即可移植。造林的株距以3 m×3 m为宜。绿篱栽植则株距以40～50 cm为宜。若用扦插繁殖，春季三月份是最好的季节，成活率高。

【主要芳香成分】

水蒸气蒸馏法提取的女贞花的得油率为0.07%。陕西西安产女贞花精油的主要成分依次为：乙二醇二乙醚（10.41%）、4-羟基-1,3-二亚戊烷（8.64%）、1-甲基联苯（8.13%）、倍半萜乙酯（6.81%）、麝子油醇（6.43%）、11-二十三碳烯（5.98%）、三十二烷（5.55%）、二十七烷（5.31%）、苯甲酸苄酯（4.74%）、(Z)-7-十六碳烯（4.26%）、苯甲醇（4.04%）、3,7-二甲基-3-羟基-2,6-辛二烯（3.04%）、2-甲氧基苯甲酯（2.69%）、1-甲氧基-4-（1-丙烯基）苯（2.52%）、环二十四烷（2.01%）、1,3,5-三甲氧基苯（1.59%）、3-甲酯-5-乙烯基吡啶（1.16%）等（杨静等，2006）。湖南吉首产女贞新鲜花精油的主要成分为：苯乙醇（39.58%）、芳樟醇（14.16%）、1,2-苯二甲酸二丁酯（11.35%）等（姚祖凤等，1999）。

【营养与功效】

每100 g嫩花含维生素A 0.062 mg，维生素B_1 0.016 mg，维生素B_2 0.01 mg，维生素C 30.15 mg。

【食用方法】

采摘初开的白色嫩花，用清水漂洗后，可掺入饭中煮熟食用或做菜，也可加配料、调料炒食。

茉莉花

木犀科素馨属

学名：*Jasminum sambac*（Linn.）Ait.

别名：末利、抹利、没利、末丽、茶叶花、胭脂花、夜娇娇、紫茉莉、小花茉莉、茉莉

分布：广东、广西、云南、四川、福建、江苏、浙江、台湾等省区有栽培

【植物学特征与生境】

多年生常绿灌木，枝条细长，略呈藤本状，高0.5～3 m。小枝有棱角，有时有毛。单叶对生，薄纸质，光亮，阔卵形或椭圆形，全缘，绿色或深绿色，叶脉明显，叶面微皱，叶柄短而向上弯曲，有短柔毛。顶生或腋生，聚伞花序，有花3～9朵，花冠白色，极芳香，花期6～10月，由初夏至晚秋开花不绝。一般不结实。

喜光，稍耐阴。喜温暖湿润的气候，能耐暑热，不耐寒。长日照植物，光照越强，根系越发达，植株生长健壮。

【栽培技术要点】

采用扦插、压条和分株繁殖。扦插于4～10月进行，剪取一、二年生枝条，将其截成10 cm长插穗，每段有节2个，斜插入粗沙作的插床，3～5 cm深，喷水并覆盖塑料膜，适当蔽荫。一般先发芽长叶，60 d后生根。压条可选用较长枝条，在15 cm处的节下轻轻刻伤，埋在泥沙各半的盆中，经常喷水保湿，2～3周后生根，2个月后剪离母体，另行栽植。分株可在3～4月份进行，将根际萌发的新枝带部分根系剪离母株另行栽培，并适当遮阴缓苗。生长期间坚持施用有机液肥，同时辅以磷、钾肥。应注意排水。常见虫害为红蜘蛛，介壳虫，蚜虫等。

【主要芳香成分】

水蒸气蒸馏法提取的茉莉花花的得油率在0.02%～0.30%之间。同时蒸馏萃取法提取的茉莉花花的得油率为5.35%。重庆产双瓣茉莉新鲜盛开花精油的主要成分为：苯甲酸顺-3-己烯酯（30.50%）、乙酸苯甲酯（29.42%）、芳樟醇（20.10%）、α-法呢烯（15.33%）、水杨酸苯甲酯（8.23%）、苯甲酸甲酯（7.80%）、吲哚（6.52%）、苯甲酸环己酯（5.29%）等（刘建军等，2011）。云南引种的食用茉莉花精油的主要成分为：芳樟醇（33.50%）、乙酸-顺-3-己烯酯（15.48%）、杜松醇（7.37%）、α-紫穗槐烯（6.09%）、橙花醇（5.17%）等（王海琴等，2006）。多孔树脂吸附法提取的福建福州产茉莉花不同季节采收新鲜花头香的主要成分为：芳樟醇（17.99%～21.62%）、乙酸苯甲酯（6.51%～9.87%）、顺-氧化芳樟醇（6.17%～6.64%）、反-氧化芳樟醇（5.11%～5.80%）等（郭友嘉等，1994）。

【营养与功效】

鲜花含挥发油，入药有理气、开郁、辟秽、和中的功效。

【食用方法】

鲜茉莉花可用于烹调饮食中，芳香四溢，美化食品，唤人食欲，令人喜爱。茉莉花粥，茉莉玫瑰粥，茉莉虾仁，茉莉海参，茉莉仔鸽，茉莉菊鸡，茉莉花烩海参，茉莉花琵琶豆腐，茉莉花烤膳片，茉莉烩牛尾，番茄茉莉腰花等，撒花成菜、成汤，别具风味。茉莉花作为原料制成各种保健食品。

迎春花

木犀科素馨属

学名：*Jasminum nudiflorum* Lindl.

别名：清明花、金腰带、小黄花、黄梅、金梅

分布：甘肃、陕西、四川、云南、西藏

【植物学特征与生境】

落叶灌木，直立或匍匐，高0.3～5 m，枝条下垂。枝稍扭曲，光滑无毛，小枝四棱形，棱上多少具狭翼。叶对生，三出复叶，小枝基部常具单叶；叶轴具狭翼，叶柄长3～10 mm，无毛；小叶片卵形、长卵形或椭圆形，狭椭圆形，基部楔形，叶缘反卷；顶生小叶片较大，长1～3 cm，宽0.3～1.1 cm，无柄或基部延伸成短柄，侧生小叶片长0.6～2.3 cm，宽0.2～11 cm，无柄；单叶为卵形或椭圆形，有时近圆形，长0.7～2.2 cm，宽0.4～1.3 cm。花单生于去年生小枝的叶腋，稀生于小枝顶端；苞片小叶状，披针形、卵形或椭圆形；花萼绿色，裂片5～6枚，窄披针形；花冠黄色，径2～2.5 cm，长圆形或椭圆形。花期6月。

喜温暖而湿润的气候，喜阳光，稍耐阴、耐寒、耐旱、怕涝，不择土壤。

【栽培技术要点】

选疏松肥沃和排水良好的沙质土。以扦插繁殖为主，也可用压条、分株繁殖。扦插时选1年生枝条，剪成15 cm长，在整好的苗床内灌透水，水渗后即可扦插。也可扦插后灌透水。扦插在春、夏、秋三季均可进行，剪取半木质化的枝条12～15 cm长，插入沙土中，保持湿润，约15 d生根。压条，将较长的枝条浅埋于沙土中，40～50 d后生根，翌年春季与母株分离移栽。分株，可在春季芽萌动时进行。春季移植时地上枝干截除一部分，需带宿土。生根后分栽。在生长过程中，土壤不能积水和过分干旱，开花前后适当施肥2～3次。秋、冬季应修剪整形。常发生叶斑病和枯枝病；虫害有蚜虫和大蓑蛾危害。

【主要芳香成分】

顶空固相微萃取法提取的河南开封产迎春花阴干花挥发油的主要成分依次为：十五烷（15.02%）、4-亚硝酸基-苯磺酸（4-溴甲基-2-金刚烷基）酯（14.98%）、亚油酸（14.48%）、2,3,7-三甲基-癸烷（6.06%）、十六烷（5.96%）、十四烷（5.06%）、苯乙醇（5.02%）、苯甲醇（3.32%）、2-甲基-8-正丙基-十二烷（3.30%）、棕榈酸（2.36%）、十七烷（2.05%）、6,10,14-三甲基-2-十五烷酮（2.04%）、2,6-二甲基-十七烷（1.64%）、二十一烷（1.62%）、2-甲基-十五烷（1.58%）、壬醛（1.50%）、2-丙烯基-环己烷（1.45%）、2,6,10-三甲基-十二烷（1.41%）、(E)-4-(2,6,6-三甲基-1-环己-1-烯基)-3-丁烯-2-酮（1.32%）、2,6,10-三甲基-十四烷（1.29%）、3-甲基-十四烷（1.15%）等（康文艺等，2009）。

【营养与功效】

花含有挥发油，有解热利尿、解毒的功效。

【食用方法】

采摘开放的花，清水洗净，沸水烫过，去苦涩味后，拌食，食味佳。

栀子

茜草科栀子属

学名：*Gardenia jasminoides* Ellis

别名：黄栀子、水横枝、黄果子、黄叶下、山黄枝、大红栀、白蝉、山栀子、水栀子

分布：山东、江苏、安徽、湖南、江西、福建、台湾、浙江、四川、湖北、广东、香港、广西、海南、贵州、云南

【植物学特征与生境】

常绿灌木。高1.5m以上。小枝绿色。叶对生，革质，宽披针形至倒卵圆形，先端和基部钝尖，全缘，上面亮绿色而有光泽。花大，白色，顶生或腋生，有短梗，极芳香，花冠基部筒状，旋转状排列，裂片6枚，肉质。果实卵形，有5～8纵棱；种子扁平，球形，外被有黄色黏质物。花期5～7月，果熟期9～11月。

喜温暖、湿润气候，喜光，耐阴，不耐寒。喜疏松、排水良好、肥沃的酸性土。萌芽力、萌蘖力均强，耐修剪。具有较强的抗烟尘和有害气体的能力。

【栽培技术要点】

以扦插和分株繁殖为主，也可播种。扦插在梅雨季节进行，约20余天可生根。分株在3～4月选择阴天进行，将整株带土挖起，并将株丛切开，按株丛大小可分成2～6丛，分栽养护。移栽在初夏时带土球进行，第一次要浇透水，应勤浇水，多施薄肥。在夏季高温和早春通风不良时易发生介壳虫、红蜘蛛、煤烟病等。

【主要芳香成分】

水蒸气蒸馏法提取的栀子花的得油率在0.04%～2.13%之间。湖北产栀子鲜花精油的主要成分依次为：芳樟醇（17.92%）、2,4-二甲基-2-戊醇（13.74%）、茉莉内酯（9.11%）、惕各酸顺-3-己烯酯（6.54%）、乙酸乙酯（4.96%）、二(2-乙基己基)邻苯二甲酸（4.42%）、α-松油醇（3.14%）、顺己烯基苯甲酸（2.45%）、β-甲基苯乙醇（2.15%）、α-法尼烯（1.85%）、香叶醇（1.61%）、邻苯二甲酸二乙酯（1.55%）、顺-3-己烯基乙酸（1.49%）、愈创木醇（1.46%）、二十五(碳)烷（1.43%）、芳樟醇氧化物（1.40%）、苯甲酸苄酯（1.22%）、苯酸苄酯（1.22%）、邻苯二甲酸二丁酯（1.19%）、双花醇（1.10%）等（张银华等，1999）。

【营养与功效】

花含挥发油。有泻火除烦、清热解毒、利尿、凉血止血的功效。

【食用方法】

开放的花瓣去杂洗净，放入沸水中焯过，捞出沥水后凉拌，或切成碎末放入鸡蛋中炒食或与小竹笋炒食；也可与猪瘦肉等做汤，或用面粉、蛋汁、清水调制成面糊，放进油锅中热炸至金黄色食用。

月季花

蔷薇科蔷薇属

学名：*Rosa chinensis* Jacq.

别名：四季蔷薇、月月红、月月花、月季、墨红、珠墨双辉（品种名）

分布：全国各地均有栽培

【植物学特征与生境】

直立灌木，高1～2 m，小枝粗壮，有短粗的钩状皮刺或无刺，无毛。小叶3～5，叶片长2～6 cm，宽1～3 cm；边缘有锐锯齿，两面近无毛，顶生小叶有柄，侧生小叶近无柄，总叶柄较长，有散生皮刺和腺毛；托叶贴生叶柄，边缘常有腺毛。花少数集生稀单生，直径4～5 cm，花梗长2～6 cm；萼片卵形，先端尾状渐尖，边缘常有羽状裂片，花瓣重瓣至半重瓣，红色、粉红色至白色，先端有凹陷，基部楔形。果卵形或梨形，红色，萼片脱落。花期4～10月，果期7～11月。

喜温光、怕炎热、忌阴暗潮湿。生长适温12～17℃，气温低于5℃或高于30℃生长停滞、花芽不分化。

【栽培技术要点】

选向阳、通风良好、排灌方便的地块，以土壤疏松肥沃、透气性好、微酸性为宜。深翻30 cm以上，施有机肥。作畦高30 cm，宽1.2 m，留沟道30 cm。于3月份休眠期内带土定植。选择枝芽健壮、根系良好；嫁接口完好、无砧芽；绑带完整、无病虫害的大小苗分别定植。两行栽植，株距40 cm，行距50～60 cm。挖穴栽种，定植后遍浇透水。基肥要足，追肥要准，适宜时期为早春或晚秋、花谢时和修剪前后，施肥次数要多，浓度要稀。浇水要见干见湿。整树修剪的适宜时间是接近发芽或接近休眠时，晴天随时修剪枯枝和病株。

【主要芳香成分】

水蒸气蒸馏法提取的月季花新鲜花的得油率为0.12%。超临界CO_2萃取法提取的月季花新鲜花的得油率为1.98%，浙江杭州产'墨红'月季花新鲜花精油的主要成分依次为：香叶醇（17.70%）、丁子香基甲基醚（12.90%）、香茅醇（12.50%）、1,2,3-三甲氧基苯（8.40%）、1-十七碳烯（5.20%）、3,7,10-三甲基-2,6,10-十一碳烯-1-醇（5.10%）、苯乙醇（2.80%）、1,5-二乙烯基-3-甲基-2-异丙基烯基环己烷（2.60%）、异丁子香酚（2.60%）、苯甲酸苄酯（1.80%）、2-乙酸苯乙酯（1.60%）、苯甲醇（1.50%）、4-乙烯基-α,α,4-三甲基-3-(1-甲基乙烯基)环己基甲醇（1.20%）等（张骊等，1996）。石油醚浸提法提取的月季花的得油率在0.14%～1.52%之间。XAD-4树脂吸附法提取的'墨红'月季花新鲜花头香的得油率为0.02%，主要成分为：香叶醇（34.36%）、香茅醇（13.69%）、1-十九烯（11.86%）、苯乙醇（10.95%）、苯甲醇（7.46%）、十九烷（5.77%）等（张正居等，1991）。

【营养与功效】

花含挥发油、蛋白质、碳水化合物、维生素、矿物质等成分。有活血调经的功效。

【食用方法】

将开放的花采摘后洗净，可煮食或炒食。

玫瑰

蔷薇科蔷薇属

学名：***Rosa. rugosa* Thunb.**

别名：徘徊花、笔头花、湖花、刺玫花

分布：全国各地

【植物学特征与生境】

直立灌木，高可达2 m；茎粗壮，丛生；小枝密被绒毛，并有针刺和腺毛和淡黄色的皮刺。小叶5~9，连叶柄长5~13 cm；小叶片椭圆形或椭圆状倒卵形，长1.5~4.5 cm，宽1~2.5 cm，先端急尖或圆钝，基部圆形或宽楔形，边缘有尖锐锯齿，上面深绿色，无毛，下面灰绿色；叶柄和叶轴密被绒毛和腺毛；托叶大部贴生于叶柄，离生部分卵形，边缘有带腺锯齿。花单生于叶腋，或数朵簇生，直径4~5.5 cm；苞片卵形；萼片卵状披针形；花瓣倒卵形，重瓣至半重瓣，芳香，紫红色至白色。果扁球形，砖红色，肉质，平滑，萼片宿存。花期5~6月，果期8~9月。

喜阳光充足，耐寒、耐旱、怕涝，对土壤的酸碱度要求不严格，喜排水良好、疏松肥沃的壤土或轻壤土，在粘壤土中生长不良。生长的适宜温度为20 ℃~25 ℃。

【栽培技术要点】

可采用播种、扦插、分株、嫁接等方法进行繁殖，以分株法和扦插法为主。分株可于春季或秋季进行，选取生长健壮的植株连根掘取，从根部将植株分割成数株，分别栽植即可。一般3~4年进行一次分根。扦插春、秋两季均可进行，硬枝、嫩枝均可作插穗。在2~3月植株发芽前，选取2年生健壮枝，截成15 cm作插穗，下端涂泥浆，插入插床中。1个月左右生根，然后及时移栽养护。也可于12月份结合冬季修剪进行冬插。单瓣玫瑰可用种子繁殖。当10月种子成熟时，及时采收播种，或将种子沙藏至第二年春播种。在秋季落叶后至春季萌芽前均可栽植，栽植前在穴内施入适量有机肥，深度以根距地面15 cm为宜，栽后浇1次透水。于花前、花后、入冬前施肥，炎夏或春旱时20~30 d浇1次水。

【主要芳香成分】

水蒸气蒸馏法提取的玫瑰花的得油率一般在0.02%~0.08%之间。山东平阴产平阴玫瑰花瓣精油的主要成分依次为：香茅醇（49.03%）、香叶醇（10.29%）、丁香酚甲醚（4.51%）、芳樟醇（3.43%）、香茅醇乙酸酯（2.57%）、γ-衣兰油烯（2.06%）、2-十三酮（1.94%）、十七烷（1.42%）、松油醇（1.37%）、法尼醇（1.20%）等（黄朝情等，2011）。吉林产'白玫瑰'新鲜花精油的主要成分依次为：β-苯乙醇（86.53%）、丁香酚（4.75%）、香叶醇（2.40%）等（杨文胜等，1992）。

【营养与功效】

花中含有丰富的维生素A、C、B、E、K，以及单宁酸，有理气、活血、收敛等功效。能改善内分泌失调，促进血液循环，美容、调经、利尿，缓和肠胃神经、防皱纹、防冻伤。

【食用方法】

花瓣与糖混合可以制成各种甜点，也可以制成玫瑰玻璃肉、玫瑰豆腐、玫瑰香蕉等菜肴，可作多种菜肴的辅料，也可以煮粥。干制后可以泡茶。

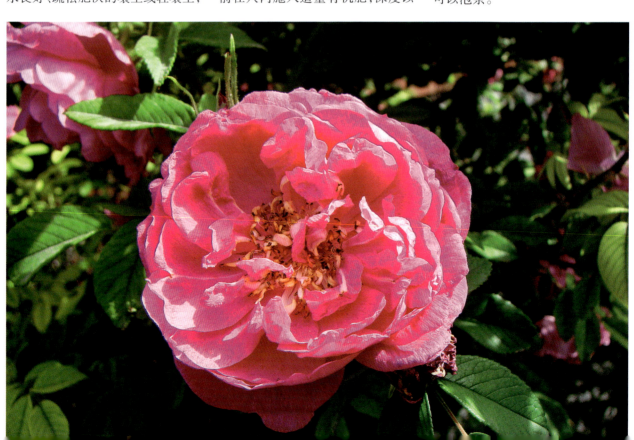

桃

蔷薇科桃属

学名：*Amygdalus persica* Linn.

分布：全国各地均有栽培

【植物学特征与生境】

乔木，高3～8 m；树冠宽广；树皮暗红褐色，老时粗糙呈鳞片状；小枝细长，无毛，有光泽，绿色，向阳处转变成红色，具小皮孔；冬芽圆锥形，常2～3个簇生，中间为叶芽，两侧为花芽。叶片披针形，长7～15 cm，宽2～3.5 cm，先端渐尖，基部宽楔形，上面无毛，叶边具锯齿；叶柄粗壮，长1～2 cm，常具1至数枚腺体。花单生，先于叶开放，直径2.5～3.5 cm；萼筒钟形，绿色而具红色斑点；萼片卵形至长圆形，顶端圆钝；花瓣长圆状椭圆形至宽倒卵形，粉红色，罕为白色。果实形状和大小均有变异，卵形、宽椭圆形或扁圆形，色泽变化由淡绿白色至橙黄色，常在向阳面具红晕，果梗短而深入果洼；果肉白色、浅绿白色、黄色、橙黄色或红色；核大，椭圆形或近圆形；种仁味苦，稀味甜。花期3～4月，果实成熟期因品种而异，通常为8～9月。

对温度的适应范围较广，耐干旱，喜光，对土壤的要求不严，但以排水良好、通透性强的沙质壤土最为适宜。

【栽培技术要点】

忌重茬，选地势较高、土壤透气性好的地块。每667 m² 定植80～200株。挖沟或穴施底肥，一般667 m² 施有机肥3000～5000 kg，磷肥50 kg，和土混匀。栽植定干，喷石硫合剂，浇足定植水，覆盖地膜。当新梢长到100 cm以上时，开始追施尿素，每株1～15 g为宜，半月1次。6月下旬至7月上旬，叶面喷施0.3%尿素能促进花芽分化。虽耐旱，但需充足的水分。灌水一般在萌芽前，开花后，秋季一般不灌水，冬初灌水1次。整枝时，有空间的新梢长到25 cm时摘心，主梢长到60 cm时再摘心，促发二次枝、三次枝。及时抹掉、疏除过密枝、芽。落叶后深施基肥，浇封冻水。冬剪只疏过密枝，不短截，春季复剪时短截。冬季树体喷波美3～5度的石硫合剂。生长季节防治蚜虫、细菌性穿孔病、红蜘蛛等病虫害。

【主要芳香成分】

顶空固相微萃取法提取的河南开封产'白碧桃'花挥发油的主要成分依次为：十八（碳）-9-烯酸（58.69%）、正十六酸（18.76%）、(Z,Z)-9,12-十八碳二烯酸（6.38%）、2-羟基-1-(羟甲基)乙酯（1.64%）、苯甲醛（1.11%）等；花蕾挥发油的主要成分依次为：(Z)-9-十八酸-2-羟基乙酯（43.62%）、顺-9-十六碳烯醛（3.76%）、苯甲醛（3.69%）、1,3,12-十九碳三烯（2.95%）、十五烷（2.92%）、十八（碳）-9-烯酸（2.65%）、1,13-十四烷二烯（1.83%）、6,10,14-三甲基-2-五癸酮（1.55%）、壬醛（1.20%）、正十六酸（1.18%）等（康文艺等，2010）。

【营养与功效】

花有泻下通便、利水消肿、疏通经络、滋润皮肤的药用价值。

【食用方法】

可用桃花制作成桃花蟹黄烩芙蓉、桃香烹牛蛙、桃花煮鲜鱼等时令佳肴。

青花菜

十字花科芸薹属

学名：*Brassica oleracea* Linn.var.*botrytis* Linn.

别名：花菜、西兰花、茎椰菜、绿茶花

分布：全国各地均有栽培

【植物学特征与生境】

二年生草本，高60～90 cm，被粉霜。茎直立、粗壮，有分枝。基生叶及下部叶长圆形至椭圆形，长2～3.5 cm，灰绿色，顶端圆形，开展，不卷心，全缘或具细牙齿，有时叶片下延，具数个小裂片，并成翅状；叶柄长2～3 cm；茎中上部叶较小且无柄，长圆形至披针形，抱茎。茎顶端有1个由总花梗、花梗和未发育的花芽密集成的乳白色肉质头状体；总状花序顶生及腋生；花淡黄色，后变成白色或绿色。长角果圆柱形。种子宽椭圆形，棕色。花期4月，果期5月。

长势强健，耐热性、抗寒性较强。喜温暖冷凉气候，生长发育适宜温度为日平均18～20℃，花球发育适宜温度在15～18℃。

【栽培技术要点】

主要用种子育苗繁殖，每66.7 m² 播种量是50 g，苗龄25～30 d、4～5片真叶时可定植。窄畦高厢栽培，畦宽120 cm，沟宽40 cm，每畦栽2行，株行距50 cm×50 cm，条施或穴施基肥，浅栽，栽后浇定根水2～3次。定植成活后要勤施薄肥促壮苗，保持土壤湿润，及时中耕、除草、培土。

【主要芳香成分】

吹扫捕集法提取的花椰菜新鲜花蕾挥发油的主要成分依次为：乙醛（4400.0μg·g^{-1}）、二甲基二硫醚（1290.0μg·g^{-1}）、已醛（931.0μg·g^{-1}）、甲基环戊烷（559.0μg·g^{-1}）、已烷（408.0μg·g^{-1}）、甲基戊烷异构体（216.0μg·g^{-1}）、已烯醛（205.0μg·g^{-1}）、二甲基戊烷（191.0μg·g^{-1}）、二甲基三硫醚（187.0μg·g^{-1}）、环己烷（173.0μg·g^{-1}）、乙酸乙酯（114.0μg·g^{-1}）、二甲基硫醚（110.0μg·g^{-1}）等（何洪巨等，2005）。

【营养与功效】

是常用蔬菜之一，营养比一般蔬菜丰富。每100 g新鲜菜花含蛋白质2.1 g，脂肪0.2 g，碳水化合物4.6 g，膳食纤维1.2 g，维生素A 5μg，胡萝卜素30μg，硫胺素0.03 mg，核黄素0.08 mg，尼克酸0.6 mg，维生素C 61 mg，维生素E 0.43 mg，钙23 mg，磷47 mg，钾200 mg，钠31.6 mg，镁18 mg，铁1.1 mg，锌0.38 mg，硒0.73μg，铜0.05 mg，锰0.17 mg。有清热解渴，利尿通便之功效。

【食用方法】

食用部分为短缩、肥嫩的花蕾、花枝、花轴等聚合而成的花球，可凉拌、清炒、荤炒、做汤、腌渍。

薹菜

十字花科芸薹属

学名：*Brassica campestris* Linn.ssp.*chinensis* Makino var.*tai-tsai* Hort

别名：菜心、芸苔菜、油菜薹

分布：全国各地均有栽培

【植物学特征与生境】

一年生草本，主根不发达，须根多，根群分布在表土层3～10 cm，根的再生力强。茎短缩，绿色。叶片宽卵圆形至椭圆形，黄绿色至深绿色，叶缘波状，基部有裂片，有的叶翼延伸，叶脉明显；叶柄狭长，绿色或浅绿色。花薹具节，绿色或紫红色，薹叶卵圆或披针形，有短柄或无柄。花黄色，总状花序，开花授粉后，子房伸长为长角果，每荚果含种子10～20粒。种子细小，圆形，褐色或黑褐色，千粒重1.3～1.7克。

种子发芽适温为25～30℃，叶片生长的适温为20～25℃，菜薹形成的适温为15～20℃。喜充足阳光，对土壤适应性广。

【栽培技术要点】

选择保水保肥力强、有机质多的壤土或沙壤土为宜。采用苗床撒播育苗，每667 m²播种量为400～500 g，真叶展开后及时间去过密的苗。根系分布浅，吸收能力弱，生长全过程要保持土壤湿润，多次追肥。有4～5片真叶时可定植，早、中熟品种的定植密度为13 cm×16 cm，晚熟品种的定植密度为18 cm×22 cm。适宜采收期为花薹同叶片顶部同高、先端花蕾初开时，只采收主薹的品种基部只留1～2片叶即可，采收侧薹的基部要多留1～2片叶。

【主要芳香成分】

顶空固相微萃取法提取江苏南京产春、秋两个季节栽培的3个薹菜品种风味物质，春季栽培的'花叶'薹菜的主要成分为：2-己烯醛（21.10%）、(E)-2-丁烯酸二乙酯（10.96%）、苯丙腈（8.59%）、1-丁烯-4-异硫氰酸酯（6.92%）、3,4-二甲基-1-吡咯（5.13%）、2,3-二甲基-1-戊烯（5.03%）等；秋季栽培的'花叶'薹菜的主要成分为：2,4-己二烯-1-醇（17.80%）、3,4-二甲基-1-吡咯（12.43%）、(E)-2-丁烯酸二乙酯（11.09%）、4-戊烯-1-醇（6.66%）等。春季栽培的'京研'薹菜的主要成分为：2-环己烯-1-醇（26.22%）、苯丙腈（11.98%）、2-苯乙基异硫氰酸酯（9.60%）、(E)-2-丁烯酸二乙酯（9.08%）、1-丁烯-4-异硫氰酸酯（5.37%）、2,3-二甲基-1-戊烯（5.06%）等；秋季栽培的'京研'薹菜的主要成分为：2,4-己二烯-1-醇（24.91%）、2-己烯醛（8.31%）、(E)-2-丁烯酸二乙酯（8.28%）、2-甲基-5-己腈（8.04%）、3-己烯-1-醇（7.75%）等。春季栽培的'南京小叶'薹菜的主要成分为：2-己烯醛（20.88%）、1-丁烯-4-异硫氰酸酯（13.74%）、4H-3-(p-甲基苯胺基)-1-苯并硫吡喃-4-酮-1-氧化物（11.23%）、2-苯乙基异硫氰酸酯（11.05%）、(E)-2-丁烯酸二乙酯（9.49%）、苯丙腈（8.54%）等。秋季栽培的'南京小叶'薹菜的主要成分为：2,4-己二烯-1-醇（23.16%）、2-己烯醛（7.15%）、戊腈（6.79%）、1-丁烯-4-异硫氰酸酯（5.84%）、(E,E)-2,4-己二烯醛（5.62%）、3-己烯-1-醇（5.53%）、苯丙腈（5.29%）等（宋廷宇等，2010）。

【营养与功效】

花薹含有膳食纤维、大量胡萝卜素和维生素C。有降低血脂、解毒消肿、强身健体的功效。

【食用方法】

食用部位为花茎（薹），主要用作炒食，可素炒，也可荤炒，也是做汤的上等原料，还可用沸水烫过后凉拌。

石榴

石榴科石榴属
学名：*Punica granatum* Linn.
别名：安石榴、山力叶、丹若、若榴木、若榴、金罂
分布：全国各地

【植物学特征与生境】

落叶灌木或乔木，高3～10 m。枝顶常成尖锐长刺，幼枝具棱角，无毛，老枝近圆柱形。叶通常对生，纸质，矩圆状披针形，长2～9 cm，顶端短尖、钝尖或微凹，基部短尖至稍钝形，上面光亮；叶柄短。花大，1～5朵生枝顶，萼筒长2～3 cm，通常红色或淡黄色，裂片略外展，卵状三角形，长8～13 mm，外面近顶端有1黄绿色腺体，边缘有小乳突；花瓣通常大，红色、黄色或白色，长1.5～3 cm，宽1～2 cm，顶端圆形。浆果近球形，直径5～12 cm，通常为淡黄褐色或淡黄绿色，有时白色，稀暗紫色。种子多数，钝角形，红色至乳白色。

喜阳光充足和干燥环境，耐寒，耐干旱，不耐水涝，不耐阴，对土壤要求不严，以肥沃、疏松有营养的沙壤土最好。

【栽培技术要点】

常用扦插、分株和压条繁殖。扦插：春季选二年生枝条或夏季采用半木质化枝条扦插均可，插后15～20 d生根。分株：可在早春4月芽萌动时，挖取健壮根蘖苗分栽。压条：春、秋季均可进行，不必刻伤，芽萌动前用根部分蘖枝压入土中，经夏季生根后割离母株，秋季即成苗。露地栽培应选择光照充足、排水良好的场所。生长过程中，需勤除根蘖苗和剪除死枝、病枝、密枝和徒长枝，以利通风透光。需控制浇水，宜干不宜湿。生长期需摘心，促进花芽形成。主要病害有叶枯病和灰霉病；虫害有刺蛾，介壳虫和蚜虫危害。

【主要芳香成分】

水蒸气蒸馏法提取的安徽黄山产石榴干燥花精油的主要成分依次为：糠醛（30.90%）、棕榈酸（12.13%）、苯乙醛（10.04%）、亚油酸（9.49%）、红没药烯（2.97%）、戊酸苯乙酯（2.79%）、二十一烷（2.46%）、月桂烯（2.42%）、法呢醇（2.08%）、棕榈酸甲酯（1.74%）、苯乙醇（1.62%）、2,6,11,15-四甲基-十六烷烃（1.60%）、水杨酸甲酯（1.53%）、5-甲基呋喃醛（1.48%）、2,6-二叔丁基对甲苯酚（1.36%）等（陈志伟等，2013）。

【营养与功效】

花可入药，有清热、解毒、健胃、润肺、涩肠、止血等功效。

【食用方法】

将花中花蕊部分别去，花瓣用清水漂洗干净，放入沸水中烫至半熟，除去过多的苦涩味后捞出，再放清水中浸泡1～2 d，漂洗后可煎、煮、炒、凉拌。

莲

睡莲科莲属

学名：*Nelumbo nucifera* Gaertn.

别名：荷、荷花、芙蓉、水芙蓉、莲花、芙蕖、水华、水芸、泽芝、藕

分布：全国各地

【植物学特征与生境】

多年生水生草本；根状茎横生，肥厚，节间膨大，内有多数纵行通气孔道，节部缢缩，上生黑色鳞叶，下生须状不定根。叶圆形，盾状，直径25~90 cm，全缘稍呈波状，上面光滑，具白粉；叶柄粗壮，圆柱形，长1~2 m，中空。花梗和叶柄等长或稍长，也散生小刺；花直径10~20 cm，芳香；花瓣红色、粉红色或白色，矩圆状椭圆形至倒卵形，长5~10 cm，宽3~5 cm，由外向内渐小；花托直径5~10 cm。坚果椭圆形或卵形，果皮革质，坚硬，熟时黑褐色；种子卵形或椭圆形，种皮红色或白色。花期6~8月，果期8~10月。

喜光，不耐阴。喜热，喜湿怕干，喜相对稳定的静水。对土壤选择不严。

【栽培技术要点】

水生植物，湖沼、泽地、池塘均可栽培。池塘以水深0.3~1.2 m为宜，初植水位应在20~40 cm之间。要求湖塘的土层深厚，以富含有机质的肥沃黏土为宜，水流缓慢，水位稳定，水质无严重污染，适宜pH值为6.5。应选择顶芽完整、无病斑、无破损、生长健壮的藕种；种子种植应选粒大饱满的老熟莲子。生长前期只需浅水，中期满水，后期少水。每667 m²施用3000 kg有机肥和磷钾肥作为基肥，追肥的原则是苗期轻施，花蕾形成期重施，开花结果期勤施，开花期每隔20 d应施一次追肥。及时清除杂草，在栽种后20 d，立叶生长至3~5片后，应开始耕耘，翻动土表拔除杂草，每隔半月进行1次，一般耕耘3次。主要病害有腐烂病、褐斑病、黑斑病等；主要虫害有蚜虫、荷缢管蚜、梨青刺蛾和褐刺蛾、斜纹夜蛾、大蓑蛾、水蛆等。

【主要芳香成分】

树脂吸附法收集的广东惠州产莲新鲜花头香的主要成分依次为：十五烷（38.82%）、十七炔（13.78%）、1-十五烯（8.13%）、1-十七烯（7.82%）、十七烯异构体（6.93%）、十七烷（5.54%）、1,4-二甲氧基苯（4.41%）、β-石竹烯（3.21%）、十四烷（2.11%）、十六烷（1.47%）、十六烯异构体（1.00%）等（朱亮锋等，1993）。顶空固相微萃取法提取的'洪湖红莲'花挥发油的主要成分为：4-甲基-1-异丙基双环[3.1.0]己烷（15.87%）、十五烷（15.71%）等；'红万万'花挥发油的主要成分为：十五烷（24.41%）、萜品醇（8.40%）等；'红牡丹'花挥发油的主要成分为：十五烷（24.31%）、环癸烯（10.05%）等；'白万万'花挥发油的主要成分为：十五烷（34.81%）、环十五烷（14.06%）等；'黄牡丹'花挥发油的主要成分为：β-水芹烯（21.93%）、十五烷（16.09%）等（徐双双等，2011）。

【营养与功效】

花有祛风、化湿、活血消淤的功效。

【食用方法】

将花洗净揩干水分，在每两片荷花之间夹入豆沙馅，入蛋清糊中挂匀投入热油锅中，浸炸至色呈金黄且表面酥脆时，捞出沥油食用；花也可用于做粥、汤的配料。

量天尺

仙人掌科量天尺属

学名：*Hylocereus undatus* Britt.et Rose
别名：火龙果、龙骨花、霸王鞭、三角柱、三棱箭
分布：福建、广东、海南、台湾、广西

【植物学特征与生境】

攀援肉质灌木，长3～15 m，具气根。茎三棱柱形，多分枝，延伸，具3角或棱，棱常翅状，边缘波状或圆齿状，深绿色至淡蓝绿色，无毛，老枝边缘常胼胀状，淡褐色，骨质；小窠沿棱排列，每小窠具1～3根开展的硬刺；刺锥形，灰褐色至黑色。花大型，漏斗状，长25～30 cm，直径15～25 cm，于夜间开放，具香味；花托及花托筒密被淡绿色或黄绿色鳞片，鳞片卵状披针形至披针形；萼状花被片黄绿色，线形至线状披针形；瓣状花被片白色，长圆状倒披针形。浆果红色，长球形，长7～12 cm，直径5～10 cm，果脐小，果肉白色。种子倒卵形，黑色，种脐小。花期7～12月。

强健，喜温暖。宜半阴，在直射强阳光下植株发黄。生长适温25～35℃。对低温敏感，在5℃以下的条件下，茎节容易腐烂。喜含腐殖质较多的肥沃壤土。

【栽培技术要点】

多用扦插繁殖。在生长季节剪取生长充实或较老的茎节，插于沙床或直接插于土中。气温超过35℃时，应停止扦插。插条一般不可短于15 cm，切后需晾几天，待切口干燥后再插。1个月后生根，根长3～4 cm时可移栽。华南可露地栽培，最好植于墙垣或大树旁，以便攀援。生长季节需充分浇水，每半月追施腐熟液肥1次。冬季应节制浇水并停止施肥。

【主要芳香成分】

有机溶剂（无水乙醇）萃取法提取的量天尺干燥花精油的主要成分依次为：5-羟甲基糠醛（23.19%）、十六烷酸（7.77%）、亚油酸（7.49%）、α-亚麻酸（3.94%）、2-糠醛二乙醇缩醛（3.59%）、β-谷甾醇（3.08%）、糠醛（2.65%）、26,26-二甲基-5,24(28)-麦角甾二烯-3β-醇（1.91%）、2,3-二氢-3,5-二羟基-6-甲基-4H-吡喃-4-酮（1.88%）、7-己基二十二烷（1.75%）、丁二酸二乙酯（1.55%）、乙酸-麦角甾-5,24-二烯-3β-酯（1.46%）、菜油甾醇（1.37%）、二十五烷（1.25%）、亚油酸乙酯（1.15%）、十八烷酸（1.07%）等（郭璇华等，2008）。顶空固相微萃取法提取的广西百色产量天尺干燥花挥发油的主要成分依次为：(+)-雪松醇（15.89%）、2,6-二叔丁基对甲苯酚（10.08%）、苯二甲酸二异丁酯（9.94%）、2-甲基十七烷（9.56%）、[1R-(1R*,4Z,9S*)]-4,11,11-三甲基-8-亚甲基-二环[7.2.0]4-十一烯（5.02%）、1,1,3,3,5,5,7,7,9,9,11,11-十二甲基六硅氧烷（4.94%）、3,3',5,5'-四甲基联苯（3.77%）、八氢-7-甲基-3-亚甲基-4-异丙基-1H-环丙并[1,2]环戊并[1,3]苯（3.56%）、3,4-二乙基-1,1'-联苯（3.46%）、邻苯二甲酸二丁酯（3.22%）、2,6,10-三甲基十二烷（2.32%）、2,6,10-三甲基十五（碳）烷（2.21%）、2,4,6-三甲基-1-壬烯（2.10%）、2-甲基癸烷（1.72%）、十三烷（1.55%）、1-氯十二烷（1.50%）、1,2,3,5,6,8a-六氢-4,7-二甲基-1-异丙基萘（1.48%）、2-乙基-1-十二醇（1.43%）、十二甲基环六硅氧烷（1.33%）、檀紫三烯（1.15%）、1,2-二甲基-3-(1-甲乙烯基)环戊醇（1.00%）等（申利群等，2010）。

【营养与功效】

花入药，有清热润肺、止咳的功效。

【食用方法】

花朵硕大，鲜用或晒干食用，可炖汤，炖猪肉、猪肚或猪肺。

第五章　食果实、种子类芳香蔬菜

油豆角

豆科菜豆属

学名：*Phaseolus vulgaris* L.var.*chinensis* Hort.

别名：豆角、长角豆、带豆、裙带豆

分布：吉林、黑龙江主产，全国各地均有栽培

【植物学特征与生境】

一年生缠绕或近直立草本。茎被短柔毛或老时无毛。羽状复叶具3小叶；托叶披针形，长约4 mm；小叶宽卵形或卵状菱形，侧生的偏斜，长4～16 cm，宽2.5～11 cm，先端长渐尖，有细尖，基部圆形或宽楔形，全缘，被短柔毛。总状花序比叶短，有数朵生于花序顶部的花；花梗长5～8 mm；小苞片卵形；花萼杯状，上方的2枚裂片连合成一微凹的裂片；花冠白色、黄色、紫堇色或红色；旗瓣近方形，宽9～12 mm，翼瓣倒卵形，龙骨瓣长约1 cm，先端旋卷。荚果带形，稍弯曲，长10～15 cm，宽1～1.5 cm，略肿胀，通常无毛，顶有喙；种子4～6，长椭圆形或肾形，白色、褐色、蓝色或有花斑，种脐通常白色。花期春夏。

喜温暖气候，短日照植物，耐光能力强。

【栽培技术要点】

南方适宜春秋种植，春种2～5月，秋植8～9月。宜选择微酸性的沙壤土种植，起畦1.8 m，双行穴播种，每穴2粒，穴距20 cm，秋植可适当密植。清明前种植可施足基肥，将土杂肥2000 kg，磷肥25 kg，麸肥25 kg，充分堆沤腐熟后，起畦开沟埋于畦中，清明后种植少施基肥。齐苗后进行第一次叶面追肥，667 m² 施尿素2 kg；7 d后进行第二次叶面追肥，667 m² 施复合肥4～5 kg；开花结荚期追肥以条施复合肥为主，结合根外追肥，每次667 m² 施复合肥15 kg，钾肥3 kg，根外追肥每隔两周一次。苗期适当控制水分，开花结荚后注意淋水，晴天早、晚淋水，遇雨要排渍水。主要病害有叶斑病、枯萎病、锈病等，虫害主要有豇豆螟、潜叶蝇等。

【主要芳香成分】

顶空固相微萃取法提取的吉林长春产'白云峰'油豆角未成熟果实挥发油的主要成分依次为：2-己烯醛（40.01%）、3-辛酮（14.05%）、己醇（12.64%）、己醛（11.40%）、3-己烯-1-醇（2.54%）、棕榈酸（1.59%）、3-辛醇（1.47%）、1-辛烯-3-醇（1.41%）、反式-2-戊烯醛（1.33%）、反-2-壬烯醛（1.09%）等（王艳等，2014）。

【营养与功效】

含有较高的蛋白质，含有人体必需的18种氨基酸，特别是赖氨酸含量较高，还富含膳食纤维、多种维生素和矿物质。

【食用方法】

以幼嫩青荚为食用器官，可炒食、炖食、干煸，也可烫后凉拌或腌泡。不可生食，食用时要加热至熟透，否则会中毒。

大豆

豆科大豆属

学名：*Glycine max*（Linn.）Merr.

别名：毛豆、菜用大豆、青毛豆、黄豆、菽

分布：全国各地均有栽培

【植物学特征与生境】

一年生草本，高30～90 cm。茎粗壮，直立。叶通常具3小叶；托叶宽卵形，被黄色柔毛；叶柄长2～20 cm；小叶纸质，宽卵形、近圆形或椭圆状披针形，顶生一枚较大，长5～12 cm，宽2.5～8 cm，侧生小叶较小，斜卵形；小托叶钻针形，被黄褐色长硬毛。总状花序短的少花，长的多花；总花梗长10～35 mm或更长，植株下部的花有时单生或成对生于叶腋间；苞片披针形；小苞片披针形；花紫色、淡紫色或白色，旗瓣倒卵状近圆形，翼瓣篦状，龙骨瓣斜倒卵形。荚果肥大，长圆形，黄绿色；种子2～5颗，椭圆形、近球形、卵圆形至长圆形，淡绿、黄、褐和黑色等多样。花期6～7月，果期7～9月。

喜湿润，但又忌渍。喜土层深厚、肥沃、排水良好的土壤。

【栽培技术要点】

头年冬天深翻晒白，播种前10 d结合整地施足基肥，每667 m²施腐熟猪牛栏粪1000～1500 kg或商品有机肥100～150 kg，过磷酸钙25 kg。作深沟高畦，畦宽1.1～1.2 m。地温稳定大于12℃时即可播种，春播在3月中旬～4月中旬，秋播在7月下旬～8月中旬，播种前2～3 d先灌足水分。每畦种两行，穴播，株距22～25 cm，每穴4～5粒种子，667 m²用种量5～6 kg，覆土厚2 cm左右。播后两天内喷洒除草剂。4～5 d出苗后及时查苗、补播。苗期要经常注意松土锄草。真叶展开时施一次提苗肥，开花后15～20 d每667 m²施硫酸钾复合肥20 kg；始花期、盛花期和结荚期分别进行一次根外追肥，以喷施钼酸铵及磷酸二氢钾为主。开花结荚期应保持土壤湿润。主要虫害有斜纹夜蛾、甜菜夜蛾、蚜虫、蓟马、白粉虱及豆荚螟等；主要病害有立枯病、锈病、炭疽病等。

【主要芳香成分】

固相微萃取技术提取的江苏南京产'新大粒1号'大豆新鲜种子挥发油的主要成分依次为：己醛（20.06%）、（Z）-3-己烯醇（13.54%）、青叶醛（11.88%）、己醇（11.80%）、乙醇（7.62%）、（E）-2-己烯醇（6.14%）、正戊醇（4.11%）、（Z）-2-戊烯醇（3.97%）、1-戊烯-3-醇（3.30%）、1-戊烯-3-酮（2.37%）、1-辛烯-3-酮（2.18%）、（E）-2-戊烯醛（1.66%）、戊醛（1.55%）等（李大婧等，2011）。江苏产'苏99-8'大豆新鲜种子挥发油的主要成分依次为：乙醇（22.44%）、正己醛（18.66%）、（Z）-3-己烯醇（16.26%）、正己醇（8.83%）、（E）-2-己烯醛（4.63%）、1-（4-甲氧基苯基）-1-甲氧基丙烷（4.47%）、2-己烯醇（2.87%）、正戊醇（2.79%）、1-辛烯-3-酮（1.88%）、1-戊烯-3-醇（1.69%）、（Z）-2-戊烯醇（1.44%）、2-庚烯醛（1.34%）、1-戊烯-3-酮（1.19%）、（E）-2-戊烯醛（1.06%）等（李大婧等，2010）。

【营养与功效】

每100 g大豆种子含蛋白质36.3 g、脂肪18.4 g、糖25.3 g、钙367 mg、磷571 mg、铁11 mg、胡萝卜素0.4 mg、维生素B_1 0.79 mg、维生素B_2 0.25 mg、尼克酸2.1 mg；还含有人体所需的各种氨基酸，特别是赖氨酸、亮氨酸、苏氨酸等比较多。具有健脾宽中、润燥消水、清热解毒、益气的功效。

【食用方法】

新鲜未成熟豆荚煮熟后食用种子，或将未成熟种子制成罐头、速冻制品等食用。

番木瓜

番木瓜科番木瓜属

学名：*Carica papaya* Linn.

别名：木瓜、万寿果、番瓜、满山抛、树冬瓜、乳果、乳瓜

分布：广东、海南、福建、台湾、广西、云南、台湾、四川

【植物学特征与生境】

常绿软木质小乔木，高达8～10 m，具乳汁；茎不分枝，具螺旋状排列的托叶痕。叶大，聚生于茎顶端，近盾形，直径可达60 cm，通常5～9深裂，每裂片再为羽状分裂；叶柄中空，长达60～100 cm。植株有雄株、雌株和两性株，花单性或两性；雄花：排列成圆锥花序，长达1 m，下垂；无梗；花冠乳黄色，裂片5，披针形。雌花：单生或由数朵排列成伞房花序，着生叶腋内，萼片5；花冠裂片5，乳黄色或黄白色，长圆形或披针形。两性花：雄蕊5枚，花冠裂片长圆形。浆果肉质，成熟时橙黄色或黄色，长圆球形、倒卵状长圆球形、梨形或近圆球形，长10～30 cm或更长，果肉柔软多汁，味香甜；种子多数，卵球形，成熟时黑色，外种皮肉质，内种皮木质，具皱纹。花果期全年。

喜高温多湿，不耐寒，忌大风，忌积水。对土壤适应性较强，但以疏松肥沃的砂质壤土或壤土生长为好。适宜生长的温度是25～32℃。

【栽培技术要点】

种子繁殖，育苗移栽。10月中下旬至11月上旬播种，选择直径12 cm的塑料营养钵播种，播前种子在32～35℃催芽。育苗土选择充分腐熟、富含有机质床土。播前先浇透水，每钵播种2～3粒，覆1 cm厚沙土或火烧土。播种后保持土壤湿润，幼苗长出2～3片真叶时，适当减少水分。4～5片真叶时开始施肥，喷施0.2%的磷酸二氢钾和尿素，每周1次，轮换喷，连喷3次。炼苗前喷1次杀菌剂和杀虫剂。第2年3月，7～9片真叶，苗高20 cm左右时定植。每667 m²施鸡粪500～700 kg+石灰40～50 kg+钙镁磷肥100 kg+复合肥30 kg。拌匀后，整成高40～45 cm、宽1 m的高畦，株行距为1.5 m×2.4 m。栽后浇足定根水，用干稻草覆盖树盘。保持土壤湿润，雨季及时排水。注意除草，结合施肥适当培土3 cm左右。及时摘除侧芽和多余的花，每一叶腋留1～2个果，单株留果20～25个。进行人工授粉。主要病害有环斑花叶病、炭疽病、白粉病、根腐病等；主要虫害有红蜘蛛、蜗牛、桃蚜。

【主要芳香成分】

动态顶空密闭循环式吸附捕集法捕集的番木瓜新鲜果皮香气的主要成分依次为：乙酸正丁酯（38.81%）、α-蒎烯（30.72%）、9-正己基十七烷（8.96%）、2-新戊基丙烯醛（5.87%）、香树烯（3.63%）、2-甲基丁酸乙酯（2.66%）等；新鲜果肉香气的主要成分依次为：5-羟甲基-2-呋喃甲醛（82.89%）、3,5-二羟基-6-甲基-2,3-二氢-4-氢-吡喃-4-酮（14.80%）等（郑华等，2009）。

【营养与功效】

果肉营养丰富，有"百益之果""水果之皇""万寿瓜"之雅称，富含多种维生素，如B_1、B_2、C、烟酸，多种胡萝卜素类化合物，如隐黄质、β-胡萝卜素，以及多种酶，17种以上氨基酸及钙、铁等，还含有木瓜蛋白酶、番木瓜碱等。多吃可延年益寿。有健胃化积、驱虫消肿的功效。

【食用方法】

半成熟的果实经常被人们当作蔬菜食用。常见的有两种吃法，一种是用它来煮汤，清香微甜，十分鲜美；另一种吃法是将其切成细丝，放入醋、酱油、辣椒粉、味精等佐料凉拌生吃，清脆酸辣，略有回甜。

玉米

禾本科玉蜀黍属

学名：*Zea mays* Linn.

别名：包谷、珍珠米、玉米笋、玉茭、棒子、苞米、苞芦

分布：全国各地均有栽培。

【植物学特征与生境】

一年生高大草本，高1～4m，通常不分枝，基部各节具气生根，入土成支柱。叶鞘包杆，具横脉；单叶互生，叶片宽大，扁平，剑形或披针形，边缘呈波状皱折，中脉明显。花单性同株；雄花序出自茎顶，大形圆锥状；分枝长而多，含多数密集小穗，小穗有小花2朵，每小花有等长的颖2枚，膜质，卵形；雌花序着生于叶腋，圆柱状穗状花序，全部为多数叶状总苞所包；穗轴粗而肥厚，上面排列8～18列或更多列小穗；花柱丝状，极长，顶端常突出于总苞外。颖果略呈球形，成熟时，裸露于肥厚穗轴上，黄色或白色。花果期6～9月。

喜温，种子发芽的最适温度为25～30℃，拔节期日均18℃以上，从抽穗到开花日均26～27℃。在砂壤、壤土、黏土上均可生长。适宜的土壤pH为5～8，以PH6.5～7.0最适。耐盐碱能力差。

【栽培技术要点】

春播，一般采用大小行播种，大行行距60～80cm，小行行距33～40cm，株距16～18cm，穴播，每667m²用种量3～3.5kg。3叶期时间苗，6叶期时定苗，及时补苗，及时追肥，保持土壤湿润，雨季注意排水防涝。施肥前要松土除草，施肥后要培土，促进不定根生长，防止倒伏。玉米笋或甜玉米一般为单秆单穗，及时除去基部分蘖，除去细弱的雌穗，只保留1个雌穗。

【主要芳香成分】

顶空固相微萃取法提取的采自内蒙古的'四单19'玉米果实挥发油的主要成分依次为：壬醛（15.82%）、己醛（12.76%）、十六碳醛（8.39%）、庚醛（4.56%）、2-戊基呋喃（2.93%）、辛醛（2.92%）、十五烷（2.80%）、癸醛（2.74%）、6,10-二甲基-5,9-十一烷二烯-2-酮（2.45%）、十二烷（2.19%）、6-甲基-5-庚烯-2-酮（1.92%）、2-甲基萘（1.73%）、苯甲醛（1.60%）、2-辛烯醛（1.59%）、2-壬烯醛（1.48%）、己酸（1.45%）、2-庚烯醛（1.40%）、苯乙醛（1.00%）、2-庚酮（1.00%）等（崔丽静等，2011）。江苏南京产'京甜紫花糯2号'玉米乳熟期新鲜果实挥发油的主要成分依次为：乙醇（26.48%）、2-甲基呋喃（24.18%）、二甲基硫醚（9.54%）、3-羟基-2-丁酮（5.25%）、辛醛（3.84%）、3-甲基丁醇（3.32%）、庚醇（2.31%）、戊醇（1.58%）、乙酸乙酯（1.35%）、3-甲硫基丙醛（1.26%）、己醛（1.05%）等（刘春泉等，2010）。

【营养与功效】

每100g果实含纤维素2.9g，蛋白质4.0g，脂肪1.2g，碳水化合物22.8g，另含大量的镁等矿物质元素和维生素等。有减肥、利尿的功效。

【食用方法】

嫩果实可煮食、煮汤，籽粒尚未隆起的幼嫩果穗作为蔬菜食用，商品名为玉米笋，可炒食、炖食，也可煮熟后凉拌。

冬瓜

葫芦科冬瓜属

学名：*Benincasa hispida*（Thunb.）Cogn.

别名：白瓜、枕瓜

分布：全国各地均有栽培

【植物学特征与生境】

须根发达，茎蔓性，五棱，绿色，密被茸毛。叶掌状，5～7个浅裂，绿色，叶面叶背具茸毛，宽30～35 cm，长24～28 cm。叶柄明显，长14～18 cm，被茸毛。花多数为单性，个别品种为两性花。雄花萼片5个，近戟状，绿色，花瓣5片，椭圆形，黄色；雌花瓣与雄花相同，子房下位，形状因品种而不同，有长椭圆形、短椭圆形，绿色，密被茸毛，花柄较雄花柄短而粗，被茸毛。果实为瓠果，有扁圆形、短圆柱形与长圆柱形，绿色，被茸毛，茸毛随着果实成熟逐渐减少，被白色蜡粉或无。种子近椭圆形，浅黄白色。花期4～6月，果期6～8月。

喜温耐热。以在20～25℃时生长良好。大多数品种对日照要求不严格。喜肥沃、阳光充足的环境。

【栽培技术要点】

直播或育苗均可。栽种前施足基肥。生长发育期，分期合理追肥，适当灌溉。栽植密度一般每667 m² 定植1000株左右。一般在主蔓15～20节后引蔓上架。主要虫害有黄守瓜、瓜实蝇；主要病害有疫病、炭疽病和果实绵腐病。

【主要芳香成分】

固相微萃取法提取的甘肃产冬瓜新鲜果实挥发油的主要成分依次为：己醛（21.23%）、3-甲基戊烷（3.41%）、2,4,4-三乙基-1-己烯（3.36%）、3-十二烯醇（1.91%）、十七烷（1.58%）、花生酸（1.49%）、樟脑（1.48%）、癸醛（1.17%）、2-丁烯醇（1.12%）、甲酸辛酯（1.04%）等（杨敏，2010）。

【营养与功效】

每100 g鲜冬瓜中含蛋白质0.3 g，碳水化合物1.8 g，膳食纤维0.9 g，钾65 mg，钠0.2 mg，磷14 mg，镁5 mg，铁0.1 mg，抗坏血酸27 mg，维生素E 0.02 mg，核黄素0.01 mg，硫胺素0.01 mg，尼克酸0.2 mg；还含有钾、钠、钙、铁、锌、铜、磷、硒等矿质元素，属典型的高钾低钠型蔬菜；含有谷氨酸和天门冬氨酸等人体必需氨基酸，还含有腺嘌呤、β-谷甾醇等多种功能性成分。有利尿消肿、清热、止渴、解毒、减肥等作用。

【食用方法】

果实为我国南北常用蔬菜，质地清凉，水分多，味清淡，有消暑解热的功效。可切片炒食，也可切块与羊肉等炖食。还可以制成冬瓜干，脱水冬瓜和糖渍品等。

苦瓜

葫芦科苦瓜属

学名：*Momordica charantia* Linn.

别名：癞瓜、凉瓜、锦荔枝、癞葡萄

分布：全国各地均有栽培

【植物学特征与生境】

一年生攀援状柔弱草本，蔓长可达5 m。多分枝；茎、枝被柔毛。卷须纤细，不分歧。叶柄细，长4～6 cm；叶片轮廓卵状肾形或近圆形，膜质，长、宽均为4～12 cm，上面绿色，背面淡绿色，5～7深裂，裂片卵状长圆形，边缘具粗齿或有不规则小裂片，先端多半钝圆形，基部弯缺半圆形。雌雄同株。雄花：单生叶腋，花梗纤细，中部或下部具1绿色苞片，肾形或圆形；花萼裂片卵状披针形；花冠黄色，裂片倒卵形。雌花：单生，基部常具1苞片；子房纺锤形，密生瘤状突起。果实纺锤形或圆柱形，多瘤皱，长10～20 cm，成熟后橙黄色，由顶端3瓣裂。种子多数，长圆形，具红色假种皮。花期5～9月，果熟6～10月。

喜温，较耐热，不耐寒。属于短日性植物，但对光照长短的要求不严格，喜光不耐荫。喜湿不耐涝。耐肥而不耐瘠。

【栽培技术要点】

华北地区一般4月上旬阳畦育苗，4月下旬至5月上旬定植。高架栽培，行距0.7～0.8 m，株距0.2 m。6月下旬开始采收，9月上旬结束生长。长江流域各地，多在3月下旬至4月上旬播种，4月下旬定植。一般畦宽2.0～2.7 m，每畦2行，行距1.0～1.3 m，株距0.5～0.7 m；也有行距0.7～0.8 m，株距0.3～0.5 m。6月中旬初收，9月末收。华南地区可分春、夏、秋播，以春播为主。春播宜在薄膜大棚内营养钵育苗，大苗定植，可以提早收获。一般每667 m²施用腐熟猪牛粪等厩肥1000～1500 kg作基肥。苗期不耐肥，追肥宜薄施；结果开始要施足肥料，可用30%～35%人粪尿，每隔5～7 d施用一次；盛果期以后增施1～2次过磷酸钙，以延长采收期。

【主要芳香成分】

水蒸气蒸馏法提取的苦瓜果肉精油的主要成分依次为：十六碳酸（68.13%）、十六碳酸乙酯（8.43%）、十五碳-14-烯酸（3.77%）、十八碳酸（3.76%）、邻苯二甲酸二异丁酯（2.49%）、十八碳-9,17-二烯酸（2.35%）、十六碳-9-烯酸甲酯（1.13%）、3-苯基-2-丙烯酸（1.09%）、十八碳酸乙酯（1.09%）等（乐长高等，2003）。苦瓜新鲜果实精油的主要成分依次为：(SS)或(RR)-4-甲基-2,3-戊二醇（9.30%）、3-甲氧基-3-甲基-2-丁酮（8.27%）、2-己基-1-辛醇（7.50%）、1-丙氧基正己烷（6.24%）、邻癸基羟胺（6.07%）、1-烯丙基-环己烷-1,2-戊二醇（4.82%）、DL-2,3-丁二醇（3.82%）、1,3-反式-5-反式辛三烯（3.17%）、亚硫酸异丁基戊酯（2.93%）、RS-2,3-己二醇（2.32%）、3,3-二甲基正庚烷（2.08%）、草酸癸烯酯（1.25%）等（张银堂等，2010）。

【营养与功效】

苦瓜有着很高的营养价值，每100 g嫩瓜的可食部分含粗蛋白0.7～3.0 g，脂肪0.2 g，糖1.8～3.0 g，粗纤维1.7～2.5 g，钙18～20 mg，磷20～80 mg，铁0.6 mg，胡萝卜素0.08 mg，维生素B 0.7 mg，维生素C 56～160 mg。有清暑解渴、降血压、血脂、解毒、明目、补气益精等功效。

【食用方法】

果实为我国南部夏季主要蔬菜之一，果味苦稍甘。食用方法多样，以炒食为主，也可焯熟后凉拌、做汤等。

南瓜

葫芦科南瓜属
学名：*Cucurbita moschata*（Duch.）Poiret
别名：番瓜、番蒲、倭瓜、北瓜、饭瓜、东瓜、番南瓜
分布：全国各地均有栽培

【植物学特征与生境】

一年蔓生草本。茎长达数米，节处生根，粗壮，有棱沟，被短硬毛，卷须分3~4叉。单叶互生，叶片心形或宽卵形，5浅裂有5角，稍柔软，长15~30 cm，两面密被茸毛，沿边缘及叶面上常有白斑，边缘有不规则的锯齿。花单生，雌雄同株异花。雄花花托较短；花萼裂片线形，顶端扩大成叶状；花冠钟状，黄色，5中裂。雌花花萼裂显著，叶状，子房圆形或椭圆形。瓠果，扁球形、壶形、圆柱形等，表面有纵沟和隆起，光滑或有瘤状突起，呈橙黄至橙红色不等。果柄有棱槽，瓜蒂扩大成喇叭状。种子卵形或椭圆形，长1.5~2 cm，灰白色或黄白色，边缘薄。花期5~7月，果期7~9月。

喜温暖，能耐干旱和瘠薄，不耐寒，须于无霜季节栽培，适应性强，对土质要求不严，无论山坡平地，或零星间隙，都可种植。短日照作物，在10~12h的短日照下很快通过光照阶段。

【栽培技术要点】

北方多露地直播或育苗。直播行距1.4~2.1 m，株距50~60 cm，每穴播2~3粒种子。定植期，早熟在4月中、下旬；普通栽培在4月中、上旬。将苗带土块植入穴中，随即浇水，水渗后，覆土。注意栽植不宜过深，以子叶露出地面为宜。结合锄草进行中耕，由浅入深。定植后到伸蔓前如果墒情好，一般不需要灌水。一般在真叶出现5~6片时，进行摘顶。摘顶后，按有效空间，留3~4条侧蔓，其余侧枝均应去掉。主要虫害有蚜虫。

【主要芳香成分】

同时蒸馏萃取法提取的南瓜果实精油的主要成分依次为：醋酸冰片酯（21.23%）、樟脑（19.22%）、4-甲基苯酚（12.24%）、4,6,6-三甲基-双环[3.1.1]-3-庚烯-2-酮（6.19%）、龙脑（5.78%）、α,α,4-三甲基-3-环己烯-1-甲醇（5.61%）、樟树脑（4.46%）、反,顺-2,6-壬二烯-1-醇（4.01%）、3,7-二甲基-1,6-辛二烯-3-醇（3.51%）、1-壬醇（3.07%）、4-甲基-1-(1-甲乙基)-3-环己烯-1-醇（2.76%）、环辛基乙醇（2.74%）、壬醛（2.13%）、丁香烷（1.95%）、十五烷（1.21%）等（车瑞香等，2003）。顶空固相微萃取法提取的南瓜新鲜果实挥发油的主要成分依次为：己醛（24.70%）、1-己醇（15.89%）、3-己烯-1-醇（12.90%）、2-己烯醛（8.66%）、乙醇（4.83%）、2,4-二叔丁基苯酚（2.85%）、2,4-己二醛（2.26%）、1-戊醇（1.97%）、2-戊烯-1-醇（1.95%）、己酸（1.77%）、1-戊烯-3-醇（1.60%）等（李瑜，2010）。

【营养与功效】

每100 g果肉含蛋白质0.6 g，脂肪1 g。碳水化合物5.7 g，粗纤维1.1 g，灰分6 g，钙10 mg，磷32 mg，铁0.5 mg，胡萝卜素0.57 mg，核黄素0.04 mg，尼克酸0.7 mg，抗坏血酸5 mg；还含有瓜氨素、精氨酸、天门冬素、葫芦巴碱、腺嘌呤、葡萄糖、甘露醇、戊聚糖、果胶及多种微量元素等。有解毒、保护胃粘膜、帮助消化、降低血糖、消除致癌物质的功效。

【食用方法】

果实可炒、蒸、炖食，也可做汤、煮粥、做饼等。

西葫芦

葫芦科南瓜属

学名：*Cucurbita pepo* Linn.

别名：美洲南瓜、角瓜

分布：全国各地均有栽培

【植物学特征与生境】

一年生蔓生草本；茎有棱沟，有短刚毛和半透明的糙毛。叶柄粗壮，被短刚毛，长6～9 cm；叶片质硬，挺立，三角形或卵状三角形，先端锐尖，边缘有不规则的锐齿，基部心形，弯缺半圆形，上面深绿色，下面颜色较浅。雌雄同株。雄花单生；花梗粗壮，有棱角，长3～6 cm，被黄褐色短刚毛；花萼筒有明显5角，花萼裂片线状披针形；花冠黄色，常向基部渐狭呈钟状，分裂至近中部。雌花单生，子房卵形，1室。果梗粗壮，有明显的棱沟，果蒂变粗或稍扩大。果实形状因品种而异；种子多数，卵形，白色，边缘拱起而钝。

较耐寒而不耐高温，生长期最适宜温度为20～25℃，15℃以下生长缓慢，8℃以下停止生长。光照强度要求适中，较能耐弱光。喜湿润，不耐干旱。对土壤要求不严格，沙土、壤土、黏土均可栽培。

【栽培技术要点】

春播或秋播，春播为主。可露地、地面覆盖、保护地栽培。浸种4～6 h，再用1%高锰酸钾浸20～30 min。催芽温度25℃，芽长约1.5 cm时播种。播种前20～30 d按园土与腐熟的马粪或圈肥6∶4配好营养土，播种后覆土约2 cm。播种后约3～4 d出苗。出齐苗后适当降温，定植前8～10 d，降温炼苗，白天15～25℃，夜间6～8℃。具3～4片真叶的苗可定植。定植前施足基肥，每667 m² 施优质农家肥3000～5000 kg。整好地后，起成60～65 cm距离的垄，按株距40～50 cm定植。栽苗时坐水栽。缓苗后应追肥，并浇"催秧水"。应及时中耕松土，不施水肥，待第一个瓜长到10～12 cm后再浇水。结瓜后一般5～7 d浇水一次，以保持表土湿润为度，雨季则需排水。结瓜期顺水追肥2～3次。每次施用粪稀1000～1500 kg/667 m²，或碳酸铵10～15 kg/667 m²。

【主要芳香成分】

顶空固相微萃取法提取的山东莱芜产'硕丰'西葫芦果实挥发油的主要成分依次为：全-反式-2,3-二甲基-3-(3,7,12,16,20-五甲基-3,7,11,15,19-二十一五烯)-环氧甲烷（22.93%）、全反式三十碳六烯（20.91%）、(E,E)-2,4-癸二烯醛（18.08%）、邻苯二甲酸二乙酯（11.71%）、癸醛（2.00%）、壬醛（1.80%）、乙醇（1.65%）、苯并环庚三烯（1.63%）、乙二醛（1.47%）、反式-2-庚醛（1.15%）、环庚醇（1.09%）等（郝树芹等，2013）。

【营养与功效】

每100 g果实可食部分含蛋白质0.6～0.9 g，脂肪0.1～0.2 g，纤维素0.8～0.9 g，糖类2.5～3.3 g，胡萝卜素0.02～0.04 mg，维生素C 2.5～9.0 mg，钙22～29 mg；还含有一种干扰素的诱生剂，可刺激机体产生干扰素，提高免疫力，发挥抗病毒和肿瘤的作用。有清热利尿、除烦止渴、润肺止咳、消肿散结的功效。

【食用方法】

果实切片，可炒食，素炒、荤炒均可；沸水焯过后可凉拌；也可做馅、做汤或加到面糊里摊饼。不宜生食，烹调时不宜煮的过烂。

西瓜

葫芦科西瓜属

学名：*Citrullus lanatus*（Thunb.）Mansfeld

别名：寒瓜

分布：全国各地均有栽培

【植物学特征与生境】

一年生蔓生藤本；茎、枝粗壮，具明显的棱沟，被长柔毛。卷须较粗壮，2歧。叶片纸质，轮廓三角状卵形，带白绿色，长8～20 cm，宽5～15 cm，两面具短硬毛，3深裂，倒卵形、长圆状披针形或披针形，顶端急尖或渐尖，裂片又羽状或二重羽状浅裂或深裂，边缘波状或有疏齿，叶片基部心形。雌雄同株，雌、雄花均单生于叶腋。雄花：花梗长3～4 cm；花萼筒宽钟形，花萼裂片狭披针形；花冠淡黄色。雌花：花萼和花冠与雄花同；子房卵形。果实大型，近于球形或椭圆形，肉质，多汁，果皮光滑，色泽及纹饰各式。种子多数，卵形、黑色、红色，有时为白色、黄色、淡绿色或有斑纹，两面平滑。花果期夏季。

喜温、喜光、耐热、耐旱，根系强大。

【栽培技术要点】

选择背风向阳、排灌方便、土层深厚、有机质丰富的平地种植，忌连作。土壤深翻晾晒半个月，做成连畦带沟2.5 m，畦高20～40 cm的倾斜畦；在靠高畦一侧挖深25 cm、宽40 cm的沟，每667 m²沟施腐熟农家肥1000～1500 kg，三元复合肥25 kg、硼砂1.5～2 kg，硫酸镁4 kg，将肥料和回填土壤混匀。种子用55℃温水浸泡，不断搅动，当水温降至30℃后，继续浸泡5h，洗净种皮上的黏液播种。露地地膜覆盖的播种期在4月下旬，点播在地膜中间，每穴2～3粒，播种深度2 cm。3～4片叶时定苗，每667 m²留苗600～800株。慎施提苗肥，巧施伸蔓肥，重施膨瓜肥。雨后及时排水。蔓长40～50 cm时中耕除草。按双蔓式和三蔓式整枝，及早摘除其余侧蔓，选留主蔓上第二、三雌花结瓜，其余摘除。主蔓出藤后至第一朵雌花开放时，每隔3～4 d理蔓一次，使主蔓有序伸展。开花后不再理蔓。春种出现连续阴雨天气，可采取人工授粉。注意病虫害防治。

【主要芳香成分】

水蒸气蒸馏法提取的无籽西瓜干燥果皮的得油率为1.31%，超临界萃取的干燥果皮的得油率为1.60%。水蒸气蒸馏法提取的西瓜果皮精油主要成分依次为：十六烷酸（10.92%）、油酸（2.77%）、环己烷（1.43%）、(Z,Z)-9,12-十八二烯酸（1.39%）等（乐长高等，1999）。同时蒸馏-萃取法提取的辽宁鞍山产西瓜'打瓜'干燥果皮精油的主要成分依次为：异丙醇（15.84%）、亚油酸（8.52%）、1,3,11-三甲基环十四烷（5.98%）、十七烷（4.41%）、二十碳烷（2.55%）、苯甲酮（2.07%）、十六烷（2.03%）、十二烷（2.00%）、十八烷（1.94%）、己酸（1.92%）、十六酸甲酯（1.76%）、α-杜松醇（1.38%）、壬酸（1.32%）、2-甲氧基-4-乙烯基苯酚（1.28%）、2,6,10,14-四甲基十五烷（1.21%）等（郭华等，2009）。

【营养与功效】

每100 g果皮含总糖1.3 g，蛋白质3.38 g，鞣质2.97 g，钠506 mg，钙33 mg，铁2 mg，磷33 mg，锌0.4 mg，硼0.4 mg；还含多种氨基酸，以谷氨酸和赖氨酸含量较高。有清热、解渴、利尿的功效。

【食用方法】

作为蔬菜的食用部位为白色的内果皮，去掉瓜瓤和外果皮，切成薄片后可凉拌，也可素炒或和肉荤炒，做汤、炖肉等，还可腌渍后食用。

黄瓜

葫芦科甜瓜属

学名：*Cucumis sativus* Linn.
别名：王瓜、胡瓜、青瓜
分布：全国各地均有栽培

【植物学特征与生境】

一年生蔓生或攀援草本；茎、枝伸长，有棱沟，被白色的糙硬毛。卷须细，不分歧。叶柄稍粗糙，有糙硬毛，长10～20 cm；叶片宽卵状心形，膜质，长、宽均7～20 cm，两面甚粗糙，被糙硬毛，3～5个角或浅裂。雌雄同株。雄花：常数朵在叶腋簇生；花梗纤细；花萼筒狭钟状或近圆筒状，花萼裂片钻形；花冠黄白色，花冠裂片长圆状披针形，急尖。雌花：单生或稀簇生；花梗粗壮，被柔毛，长1～2 cm；子房纺锤形。果实为假果，长圆形或圆柱形，果面平滑或有棱、瘤、刺；长10～50 cm，嫩果白色至绿色，熟时黄绿色，表面粗糙，有具刺尖的瘤状突起或平滑。种子披针形，扁平，种皮黄白色。花果期夏季。

喜光，喜湿不耐涝，喜温，喜肥不耐肥。

【栽培技术要点】

一般保护地育苗，露地定植。定植适期为当地断霜后，旬平均气温18℃以上。栽植密度因品种和整枝方法不同而有很大差距，通常架黄瓜行距70～80 cm，株距16～33 cm；地爬瓜行距1.3～2.0 m，株距16 cm。适浅植，开沟灌水稳苗或植后灌水。追肥应分次进行，第一次追肥以迟效优质肥料为主，施肥量饼肥粪干等约100～200 kg/667 m²。大架黄瓜进行双蔓整枝，小架多单蔓整枝。地爬瓜多为单蔓整枝，满畦后摘顶。生产受多种病虫害的威胁，特别是霜霉病、枯萎病等危害较大。

【主要芳香成分】

同时蒸馏萃取法提取的黄瓜果实的得油率在0.60%～1.00%之间。水果黄瓜果实精油的主要成分依次为：十五烷（17.95%）、十六烷（12.19%）、2-庚烯呋喃（8.37%）、3-己基-1-环丙基-2-丙酮（5.96%）、十四烷（4.78%）、环苯基甲酸十三酯（4.47%）、1-壬酚-3-醇（3.94%）、丁羟基甲苯（3.77%）、苯乙醛（3.55%）、1-亚甲基-螺[4,4]壬烷（3.43%）、2,6-二甲基氮杂苯（3.04%）、4-己基苯酚（2.92%）、4-甲基-1,4-庚二烯（2.42%）、2-甲基-十四烷（2.42%）、2-甲基十五烷（2.14%）、3-甲硫基苯醛（1.96%）、3-环己烯-1-甲醛（1.95%）、3,7-二甲基-1,6-辛二烯-3-醇（1.79%）、4-甲基十五烷（1.60%）、2-甲基癸烷（1.49%）、6,9-二甲基-十四烷（1.27%）、2,3-辛二酮（1.04%）等（侯冬岩等，2006）。减压蒸馏-冷冻浓缩、微波-超声波萃取的黄瓜新鲜果实精油的主要成分依次为：(2E,6Z)-2,6-壬二醛（47.84%）、(E)-2-壬烯醛（17.21%）、(Z)-6-壬烯醛（12.02%）、(E)-6-壬烯醛（8.20%）、(E)-3-壬烯-1-醇（7.26%）、(E)-2-壬烯-1-醇（1.22%）、2,6-壬二烯-1-醇（1.13%）等（贡昊玺等，2008）。

【营养与功效】

每100 g可食部分含蛋白质0.8 g，脂肪0.2 g，膳食纤维0.5 g，碳水化合物2.4 g，胡萝卜素90 μg，视黄醇当量15 μg，硫胺素0.02 mg，核黄素0.03 mg，尼克酸0.2 mg，维生素C 9 mg，维生素E 0.46 mg；钠4.9 mg，钙24 mg，镁15 mg，铁0.5 mg，锰0.06 mg，锌0.18 mg，铜0.05 mg，磷24 mg，硒0.38 μg；还含有活性酶、木质素等。有清热止渴，利水消肿的功效。

【食用方法】

果实为主要蔬菜之一，可生食、凉拌、炒食、做汤。

女贞

木犀科女贞属

学名：*Ligustrum lucidum* Ait.

别名：女桢、蜡树、青蜡树、大叶蜡树、白蜡树、桢木、大叶女贞、冬青、水腊树、惜树

分布：长江以南至华南、西南各省区，西北至陕西、甘肃

【植物学特征与生境】

常绿灌林或乔木，高6～10 m。枝条开展，无毛，有皮孔。叶对生，卵形、宽卵形、椭圆形或卵状披针形，长6～12 cm，宽4～6 cm，先端渐尖，基部阔楔形，全缘，无毛；叶柄长1～2 cm。圆锥花序顶生，长12～20 cm，无毛；花萼4裂；花冠白色，钟状，4裂，花冠筒与花萼近等长。浆果状核果，长圆形或长椭圆形，蓝天紫色。花期6～7月，果期10～12月。

适应性强，喜光，稍耐阴。喜温暖湿润气候，稍耐寒。不耐干旱和瘠薄，适生于肥沃深厚、湿润的微酸性至微碱性土壤。根系发达。萌蘖、萌芽力均强，耐修剪。抗二氧化硫和氟化氢。

【栽培技术要点】

多用播种繁殖。冬季剪取果穗，捋下果实浸水搓去果皮稍晾，将种子混在净沙中低温湿藏，待早春播种。条播行距15～20 cm，每667 m²播种量7.5～10 kg，覆土厚度1～1.5 cm，一般4月中旬开始发芽出苗，苗出齐后及时间苗。小苗分栽后再培养2～3年，当苗高1.5～2 m即可移植。造林的株距以3 m×3 m为宜。绿篱栽植则株距以40～50 cm为宜。若用扦插繁殖，春季三月份是最好的季节，成活率高。

【主要芳香成分】

水蒸气蒸馏法提取的女贞果实的得油率在0.08%～3.00%之间。甘肃天水产女贞成熟果实精油的主要成分依次为：5-丁基十六烷（7.65%）、三苯甲醇（6.63%）、二十五烷（6.22%）、二苯甲酮（5.12%）、二十八烷（4.98%）、桉油精（4.95%）、1-氯二十七烷（4.79%）、二十六烷（4.47%）、2-甲基二十三烷（4.42%）、二十三烷（3.86%）、十八醛（3.63%）、二十七烷（3.34%）、苯甲醇（2.50%）、2-十七烯醛（2.45%）、2-甲基二十五烷（2.34%）、三十二烷（2.02%）、二十一烷（1.84%）、甲酸-1-甲基异丙酯（1.68%）、十六酸乙酯（1.59%）、N-苯基-1-萘胺（1.57%）、2-甲基-十八烷（1.52%）、二十烷（1.49%）、苯（1.35%）、1-溴二十二烷（1.10%）、十八烷（1.10%）、十八酸乙酯（1.09%）等（吕金顺，2005）。江苏南京产女贞干燥果实精油的主要成分为：反-石竹烯（9.71%）、6,10,11,14-四甲甚-三环[6.3.0.1E2,3]十一烯-l[7]（9.64%）、α-紫穗槐烯（9.00%）、α-荜澄茄油烯（8.42%）、δ-杜松醇（7.71%）、冰片烯（7.65%）、L-苧烯（7.42%）等（张菊珍，1993）。

【营养与功效】

果实含淀粉26.43%，果皮含有三萜类成分齐果酸约14%、乙酸齐墩果酸、熊果酸、甘露醇、葡萄糖、白桦酯醇、油胶、亚麻油酸、棕榈酸等成分。有补肝肾、强腰膝、明目乌发的功效。

【食用方法】

成熟果实蒸熟后晒干备用，可蒸鱼、炖肉、做汤。

番茄

茄科番茄属

学名：*Lycopersicon esculentum* Mill.

别名：西红柿、洋柿子、番柿

分布：全国各地均有栽培

【植物学特征与生境】

一年生或多年生草本，株高可达1.5~2 m。植株有矮性和蔓性两类，全体生黏质腺毛，有强烈气味。叶羽状复叶或羽状深裂，长10~40 cm，小叶极不规则，大小不等，常5~9枚，卵形或矩圆形，边缘有不规则锯齿或裂片。花序总梗长2~5 cm，常3~7朵花；花萼辐状，裂片披针形，果时宿存；花冠辐状，黄色。浆果扁球状或近球状，肉质而多汁液，红色、黄色或粉红色，光滑；种子扁平，有毛茸，灰黄色。花果期夏秋季。

喜温，不耐霜冻。茎、叶生长的适温20~25℃，结果期昼温25~28℃、夜温16~20℃为宜。对日照长短不敏感，如温度适宜四季均可栽培。对土壤的适应性较广，但耐涝力弱。

【栽培技术要点】

选择肥沃、保水、保肥力强的壤质土种植。每667 m²施腐熟的厩肥5000~6000 kg，过磷酸钙40~50 kg，氯化钾15 kg或草木灰80 kg，深耕20~25 cm，整平做畦。长江流域地区多采取深沟高畦栽培。当地下10 cm深处土温达10℃时可定植，地膜覆盖可提早一周移栽；夏秋季种植在8月上、中旬移苗。育苗60~90 d后移栽，栽培密度为每667 m² 2000~4000株，依品种的熟性、整枝方式而定。当植株第一花序开花后，需开始插架、绑蔓，结合绑蔓及时整枝。单杆整枝，留主干上2~3穗果；一杆半或双杆整枝留主干和第一侧枝花序结果，多余侧枝要抹去。主干或留果侧枝摘心时，在果穗上保留两片叶子。结果期对水肥要求较高，施肥后要浇水，保持畦面见干见湿。盛果期用0.4%的磷酸二氢钾进行叶面喷肥1~2次。此后每隔5~7 d浇1次水。

【主要芳香成分】

有机溶剂（石油醚）回流萃取法提取的番茄新鲜果实精油的主要成分依次为：棕榈酸（20.92%）、亚油酸（17.62%）、油酸乙酯（14.62%）、苯甲酸（13.59%）、棕榈酸乙酯（7.00%）、苯乙醛（3.69%）、亚油酸乙酯（2.48%）、糠醛（1.29%）、亚麻酸甲酯（1.02%）等（杨玉芳等，2010）。

【营养与功效】

每100 g可食用部分中含蛋白质0.9 g，脂肪0.2 g，膳食纤维0.5 g，碳水化合物3.5 g；胡萝卜素550 μg，视黄醇当量92 μg，硫胺素0.03 mg，核黄素0.03 mg，尼克酸0.6 mg，维生素19 mg，维生素E 0.57 mg，钾163 mg，钠5 mg，钙10 mg，镁9 mg，铁0.4 mg，锰0.08 mg，锌0.13 mg，铜0.06 mg，磷2 mg，硒0.15 μg；还含腺嘌呤、胆碱、番茄碱等成分。有清热止渴，养阴凉血的功效。

【食用方法】

果实是常用蔬菜，用于生食冷菜，用于热菜时可炒、炖和做汤。以它为原料的菜最常用的有"西红柿炒鸡蛋""西红柿炖牛肉""西红柿蛋汤"等。

樱桃番茄

茄科番茄属

学名：*Lycopersicon esculentum* var. *cerasiforme* Mill.

别名：圣女果、珍珠小番茄、迷你番茄

分布：全国各地均有栽培

【植物学特征与生境】

一年生或多年生草本，根系发达，再生能力强，侧根发生多。植株生长强健，有茎蔓自封顶的，品种较少；有无限生长的。株高2 m以上叶为奇数羽状复叶，小叶多而细，初生的一对子叶和几片真叶略小于普通番茄。果实鲜艳、有红、黄、绿等果色，单果重一般为10～30 g，果实以圆球形为主。种子比普通番茄小，心形密被茸毛，千粒重1.2～1.5 g。

喜温暖，较耐旱，不耐湿。

【栽培技术要点】

早春栽培12月中旬至1月上旬，早秋栽培6月下旬至7月中旬，秋冬栽培7月下旬至8月上旬播种。穴盘育苗，基质按照草炭：蛭石：珍珠岩=6:3:1配制。在55℃的水中搅拌浸种15～20 min，清水浸种5h，25～30℃催芽，80%种子露白播种。当幼苗长出4～6片真叶时定植。每畦实行双行定植，大行距80 cm，小行距60 cm，株距45～50 cm。定植时浇透定植水，冬季栽培在11月中下旬覆盖地膜。坐第一穗果前不浇水；结果期每7 d浇水1次；采收期减少浇水。每坐住1穗果时随水追1次肥。当30～40 cm高时应吊蔓。单杆整枝。用"座果灵"或防落素蘸花保果，每穗留果10～12个。常见的病害有灰霉病、晚疫病；虫害有蚜虫、白粉虱等。

【主要芳香成分】

顶空固相微萃取法提取陕西杨凌产5种樱桃番茄果实的香气成分，'红樱桃'的主要成分为：香叶基丙酮（5650.5 μg/kg）、正己醇（1903.9 μg/kg）、己醛（1393.2 μg/kg）、法尼基丙酮（1138.2 μg/kg）、反-2-己烯醛（899.3 μg/kg）、反,反-2,4-癸二烯醛（870.0 μg/kg）、β-紫罗酮（687.3 μg/kg）、6-甲基-5-庚烯-2-酮（671.2 μg/kg）等；'粉南'的主要成分为：香叶基丙酮（6001.0 μg/kg）、正己醇（2728.0 μg/kg）、反,反-2,4-癸二烯醛（1722.0 μg/kg）、己醛（1361.0 μg/kg）、顺-3-己烯醇（1266.0 μg/kg）、法尼基丙酮（1258.0 μg/kg）、6-甲基-5-庚烯-2-酮（1003.0 μg/kg）、β-紫罗酮（890.3 μg/kg）、（E）-柠檬醛（714.6 μg/kg）、反-2-己烯醛（565.7 μg/kg）、（3E,5Z）-6,10-二甲基-3,5,9-十一三烯-2-酮（525.8 μg/kg）等；'紫香玉'的主要成分为：香叶基丙酮（3693.0 μg/kg）、6-甲基-5-庚烯-2-酮（1721.0 μg/kg）、正己醇（1632.0 μg/kg）、反,反-2,4-癸二烯醛（1438.0 μg/kg）、（E）-柠檬醛（1108.0 μg/kg）、水杨酸乙酯（794.4 μg/kg）、（3E,5Z）-6,10-二甲基-3,5,9-十一三烯-2-酮（711.9 μg/kg）、顺-3-己烯醇（676.6 μg/kg）、棕榈酸乙酯（522.7 μg/kg）、法尼基丙酮（520.1 μg/kg）等；'金珠1号'的主要成分为：甲酸2-甲苯基甲酯（1235.0 μg/kg）、反,反-2,4-癸二烯醛（1135.0 μg/kg）、正己醇（859.4 μg/kg）、棕榈酸乙酯（692.5 μg/kg）、顺-3-己烯醇（678.1 μg/kg）、反-2-己烯醛（643.8 μg/kg）、邻苯二甲酸二异丁酯（501.5 μg/kg）等；'绿宝石'的主要成分为：2-异丁基噻唑（622.0 μg/kg）、棕榈酸乙酯（483.0 μg/kg）等（常培培等，2014）。

【营养与功效】

除了含有番茄的所有营养成分之外，其维生素含量是普通番茄的1.7倍；还含有谷胱甘肽和番茄红素等特殊物质；可促进人体的生长发育，增加人体抵抗力；维生素P的含量居果蔬之首，有保护皮肤，维护胃液正常分泌，促进红细胞生成的作用；美容、防晒效果也很好。

【食用方法】

果实生食、凉拌或做成色拉食用，常做配菜或拼盘的配料。

辣椒

茄科辣椒属

学名：*Capsicum annuum* Linn.

别名：海椒、辣子、辣角、番椒、甜椒、翻椒、菜椒、青椒、牛角椒、长辣椒、尖辣椒

分布：全国各地均有栽培

【植物学特征与生境】

多年生或一年生草本。高70~80 cm。茎直立，基部木质化，较坚韧，枝为双叉状分枝，也有三叉的。单叶互生，全缘，卵圆形，先端渐尖，叶面光滑，微具光泽。少数品种叶面密生茸毛。花小，白色或绿白花，花瓣6片，基部合生；花着生于分枝叉点上，单生或簇生。果梗较粗壮，俯垂；果实长指状，顶端渐尖且常弯曲，未成熟时绿色，成熟后成红色、橙色或紫红色，味辣。种子短肾形，稍大，扁平微皱，略具光泽，色淡如黄白色；种皮较厚实。花期6~8月。

能耐高温，也能耐低温。较耐旱，不耐积水。

【栽培技术要点】

分直播与育苗移栽两种方式。清明前后，在垄上开浅沟，条行直播，稀撒种子，盖土1 cm厚，以不见种子为度。真叶在2~3片时，间苗一次，7~8片叶时，按株距15~16 cm定苗。须多次施肥。重施磷、钾肥作基肥，每667 m²施过磷酸钙25~50 kg，杂肥2500 kg，混匀腐熟，再窝施或沟施。苗期少施氮肥，蕾期适当增加施肥量。一般定植后要浇足"定植水"；缓苗发根时要适当控制水分；盛果期要充足供给水分。夏季高温期要夜灌降温保苗，多雨季节要及时排水防涝。主要病害有病毒病、炭疽病、枯萎病等；害虫有蚜虫、钻心虫和黄茶螨等。

【主要芳香成分】

水蒸气蒸馏法法提取的辣椒果实的得油率在0.10%~2.60%之间。贵州贵阳产'遵椒1号'辣椒果实精油的主要成分为：油酸甲酯（49.48%）、2-乙基丙烷（23.90%）、11,14-二烯二十酸甲酯（13.36%）、十三酸甲酯（6.62%）等；'遵椒2号'的主要成分为：油酸甲酯（20.80%）、十四醛（14.26%）、2-乙基丙烷（11.20%）、2,4a,5,6,7,8,9,9a八-氢-3,5,5三-甲基-9-甲烯基苯并环庚烯（7.44%）、亚油酸甲酯（6.07%）、十六酸酸甲酯（5.64%）等；'天宇3号'的主要成分为：α-紫穗槐烯（33.63%）、2-乙基丙烷（25.18%）、油酸甲酯（5.56%）等；'大方线椒'的主要成分为：油酸甲酯（38.19%）、2-乙基丙烷（29.29%）、11,14-二烯二十酸甲酯（10.47%）等；'独山皱椒'的主要成分为：油酸甲酯（52.02%）、十三酸甲酯（6.35%）、2-乙基丙烷（6.00%）等；'党武辣椒'的主要成分为：十四醛（22.96%）、亚油醛（14.20%）、油酸甲酯（12.99%）、2-乙基丙烷（9.82%）等（张恩让等，2009）。

【营养与功效】

每100 g果实含蛋白质1 g，脂肪0.2 g，碳水化合物5.4 g，膳食纤维1.4 g，维生素A 0.057 mg，胡萝卜素0.34 mg，维生素B_1 0.03 mg，维生素B_2 0.03 mg，烟酸0.9 mg，叶酸0.26 μg，维生素C 72 mg，维生素E 0.59 mg，钙14 mg，磷20 mg，钾142 mg，钠33 mg，镁12 mg，铁0.8 mg，锌0.19 mg，硒0.38 μg；此外还含有只有辣椒才有的辣椒素和辣椒红素等成分。具温中散寒，健胃消食，活血消肿的功效。

【食用方法】

果实是南北常用蔬菜，品种多样，可制作多种菜肴，未成熟果实以炒食为主，也可作火锅料。辣味成熟果实多制成调味料食用。

无花果

桑科榕属

学名：*Ficus carica* Linn.

别名：文先果、天生子、圣果、天仙果、奶浆果、隐花果、明目果、映日果、蜜果

分布：全国各地

【植物学特征与生境】

落叶灌木或小乔木，株高3～9 m。有乳汁，多分枝，小枝粗壮，表面褐色。单叶互生，叶片大，厚革质，倒卵形或近圆形，3～5裂，少有不裂，先端钝，基部心形，边缘具波状齿，上面粗糙，下面生有短毛，具叶柄。隐头花序，单生叶腋，雌雄同花，小花白色，大多数着生于总花托的内壁上，花序托具短梗，梨形，肉质，成熟时紫红色，俗称无花果，为假果。花期4～6月，果期9～10月。

喜温暖、湿润和阳光充足的环境。

【栽培技术要点】

以土层深厚、肥沃、排水良好的砂质土壤或腐殖质壤土为好。主要采用扦插繁殖。适合清明前后栽植，栽植密度为2～3 m×3～4 m，每年秋季落叶后应施基肥一次，春夏果及秋果迅速膨大前各追施一次。5龄前幼树越冬要培土防寒，上部纸条包草防护。主要虫害为桑天牛。

【主要芳香成分】

超临界CO_2萃取法提取的河南登封产无花果干燥果实的得油率为3.36%～4.35%，精油主要成分依次为：十六酸（31.24%）、亚油酸（15.79%）、亚麻酸（7.86%）、糠醛（7.51%）、植醇（3.99%）、二十五烷（2.64%）、2-乙酰基吡咯（2.56%）、邻苯二甲酸二辛酯（2.47%）、苯乙醛（2.40%）、邻苯二甲酸二异丁酯（2.36%）、5-甲基糠醛（1.96%）、亚油酸乙酯（1.46%）、亚麻酸甲酯（1.39%）、β-大马酮（1.33%）、十八烷（1.04%）、十六酸甲酯（1.01%）等（张峻松等，2003）。

【营养与功效】

每100 g果实含蛋白质1.0 g，脂肪0.4 g，粗纤维1.9 g；维生素A 0.05 mg，维生素B_1 0.04 mg，维生素B_2 0.03 mg，维生素B_5 0.13 mg，维生素C 1.0 mg；钙0.9 mg，磷23 mg，铁0.4 mg。有健胃清肠、清热解毒的功效。

【食用方法】

成熟果实可鲜食，也可入菜肴，干制后可煲汤。

芡实

睡莲科芡属

学名：*Euryale ferox* Salisb.ex Konig et Sims

别名：芡、鸡头米、鸡头莲、鸡头荷、刺莲、刺莲藕、假莲藕、湖南根、黄实

分布：几乎分布全国

【植物学特征与生境】

一年生大型水生草本。沉水叶箭形或椭圆肾形，长4~10 cm，两面无刺；叶柄无刺；浮水叶革质，椭圆肾形至圆形，直径10~130 cm，盾状，全缘，下面带紫色，有短柔毛，两面在叶脉分枝处有锐刺；叶柄及花梗粗壮，长可达25 cm，皆有硬刺。花长约5 cm；萼片披针形，内面紫色，外面密生稍弯硬刺；花瓣披针形，紫红色，成数轮排列，向内渐变成雄蕊。浆果球形，污紫红色，外面密生硬刺；种子球形，黑色。花期7~8月，果期8~9月。

喜温暖水湿，不耐霜寒。生长期间需要全光照。

【栽培技术要点】

种子繁殖，可直播或育苗移栽。育苗：4月上旬浸种10多天后播种。播前5~7 d在田中挖2.0~2.5 m见方、深15~20 cm的育苗池。清整后灌水10 cm左右，等泥澄清沉实后将发芽的种子近水面放下，每池下种5 kg。育苗时水深随苗生长逐渐加至15 cm左右。假植：播种后1个月左右，当幼苗2~3片叶时可移苗假植。移苗前秧田灌水15 cm左右。带子起苗，洗净根上附泥，以35~50 cm见方的株行距移栽。把种子和"发芽茎"栽入土中，切忌埋没心叶。秧田水深由15 cm逐渐加深至30~40 cm。6月中、下旬叶直径达25~30 cm时定植，定植前按2~2.3 m见方的株行距开穴，深15~20 cm。清除杂草，施入适量基肥，待穴内泥水澄清后定植。深度以刚埋没根和地下茎高为度，一般7~10 d返青。查苗补缺。水深逐渐增加至70~100 cm。封行前结合耘田除草追肥3~5次，将穴边泥土向穴中推进壅根。主要有叶斑病、叶瘤病、莲缢管蚜、菱角萤叶甲、菱角紫叶蝉、斜纹夜蛾、食根金花虫、草鱼、椎实螺、水禽和水鼠等危害。

【主要芳香成分】

95%甲醇加热回流提取芡实种仁精油，减压浓缩后用石油醚萃取，上硅胶柱层析，用石油醚洗脱，得到精油Ⅰ和精油Ⅱ。精油Ⅰ的主要成分依次为：二十四烷（18.33%）、2,6,10,14-四甲基-十六烷（12.90%）、二十一烷（4.51%）、四十四烷（3.58%）、2,6,10,15,19,23-六甲基-二十四烷（2.87%）、二十烷（2.18%）、8-十七烯（2.17%）、十七烷（1.71%）、十五烷（1.61%）、二十烷（1.01%）等；精油Ⅱ的主要成分依次为：9-十八碳烯酸（28.97%）、十六酸（23.96%）、Z-9,12-十八碳二烯酸（18.83%）、2,6,10,14,18,22六甲基-2,6,10,15,19,23-二十四碳六烯（10.30%）、十八酸（3.73%）、9,12-十八碳二烯酸甲酯（2.38%）、3-(3,7,12,16,20-五甲基-3,7,11,15,19-二十一碳五烯)-2,2-二甲基环氧乙烷（1.69%）、十六酸甲酯（1.40%）、9-十八碳烯酸甲酯（1.24%）、9,12-十八碳二烯酸乙酯（1.18%）、9-二十二碳烯酸（1.04%）等（李美红等，2007）。

【营养与功效】

种子有固肾涩精、补脾的功效。

【食用方法】

新鲜种仁可生食，干燥种仁可煮食、作甜羹、粥或作菜肴配料。

中文索引

A

阿尔泰狗娃花	113
阿尔泰紫菀	113
阿加蕉	050
矮地瓜苗	066
矮糠	070
矮桐子	164,265
艾	116
艾草	135
艾蒿	116
艾叶	116
安吕草	123
安南菜	146
安南木	080
安石榴	278
凹肚珍珠	089

B

八宝茶	216
八角梧桐	165
八棱麻	112,180
八楞麻	112
八面风	112
八月兰	264
巴椒	233
芭蕉	050
芭蕉花	050
霸王鞭	280
霸王草	024
霸王树	048
白艾	116
白苞蒿	117
白背菜	127
白背三七	128
白背三七草	127
白菜	208
白草果	013,255
白蝉	272
白车轴草	090
白刺花	249
白地栗	049
白芳根	220
白瓜	285
白蒿	120,123
白合欢	097
白荷兰翘摇	090
白蝴蝶	013,255
白花艾	117
白花百合	036,239
白花败酱	058
白花菜	178
白花鬼针草	114
白花蒿	117,122
白花芥蓝	212
白花莲	027,183
白花首蓿	090
白花前胡	031,189
白花酸藤果	235
白花酸藤子	235
白花茵陈	074
白芨黄精	002
白姜花	013,255
白芥子	211
白金条	173
白槿花	257
白茎鸦葱	022,145
白刻针	249
白蜡树	269,291
白兰花	267
白簕	220
白两金	266
白蓼	159
白麻	172
白马骨	173
白莽肉	016
白毛七	103
白茅	010
白眉	020
白米蒿	117
白面姑	027,183
白母鸡	203
白染艮	121
白三七	034
白三叶草	090
白桑	201
白舌骨	027,183
白薯	228
白苏	085
白笋	044
白头菜	139
白头翁	020
白薇	020
白味莲	100
白细辛	023,163
白蘘荷	244
白茵陈	123
白玉兰	267
白子菜	127
白紫苏	085
百合	036,239
百花草	076
百里香	061
百子菜	127
百子草	127
败酱	058,059
败酱草	059,130,131,207
半边苏	081
瓣姜	102,254
瓣子葱	053
蚌壳草	088
棒槌草	076
棒子	284
包包菜	209
包菜	209
包袱草	017,108
包谷	284
包心菜	209
苞芦	284
苞米	284
薄荷	062,069
薄荷叶	062
宝贵花	266
北苍术	111
北瓜	252,287
北芪	009
北沙参	033,192
北五味子	169
笔管菜	003
笔管草	022,145
笔头花	274
荜拨子	099
蓽荠草	089
避暑藤	046,174
萹蓄	156
扁葱	055
扁黄草	045
扁叶葱	055
扁竹	156
扁竹蓼	156
遍地爬	024
遍地香	068
憋麻子	171
冰耘草	238
波罗果	199
播娘蒿	204
博多百合	036,239
博落	101
卜留克	034

C

菜葱	051
菜蓟	258
菜椒	294
菜藤	217
菜心	277
菜薰衣草	083
菜用大豆	282
苍术	111
糙叶田香草	226
草八角	226
草蒿	118,121
草红花	259
草兰	263
草钟乳	054,240
侧耳根	026,182
侧苋	217
叉花土三七	127
茶	202
茶树	170,202
茶叶	203
茶叶花	270
长角豆	281
长辣椒	294
长裂苦苣菜	130
长命草	167
长蕊石头花	205
长蕊丝石竹	205
长生景天	107
长叶黄精	002
长嘴老鹳草	168
朝鲜蓟	258
车过路	060
车轮菜	060
车前	060
车前菜	060
车前草	060
陈艾	116
赤参	075
赤苍藤	217
赤地利	161
赤胫散	157
赤术	111
赤苏	085
赤紫苏	085
臭八宝	164,265
臭菜	094
臭参	015
臭草	180

臭党参……………015		丹桂……………268	豆瓣还阳……………107
臭枫根…………164,265	**D**	丹皮……………266	豆瓣绿……………098
臭根草…………026,182	打卜子……………178	丹若……………278	豆瓣如意……………098
臭蒿……………118,123	打火草……………139	蛋黄花……………253	豆槐……………250
臭黄蒿……………118	打破碗花花………024	当道……………060	豆角……………281
臭荆芥……………081	大艾……………116	当陆……………203	豆藤……………251
臭蜡梅……………262	大白菜……………208	党参……………015	豆渣菜……………115
臭茉莉…………164,265	大柄菱……………099	刀芹……………193	独行虎…………082,104
臭牡丹…………164,265	大茶叶……………216	倒垂莲……………037	独活……………032
臭藤……………046,174	大刺儿菜……………124	倒扎草…………022,145	独角茅草…………022,145
臭梧……………165	大刺盖……………124	德国槐……………246	独蒜……………039
臭梧桐………164,165,265	大葱……………051	灯笼菜……………004	独摇草……………103
臭腥草…………026,182	大吊花……………059	灯笼草……………076	杜红花……………259
臭樟……………234	大豆……………282	灯笼花…………103,109	杜兰……………045
臭珠桐…………164,265	大肥牛……………127	灯盏花……………257	短梗五加……………218
除毒草……………227	大风草……………134	地菜……………206	短角淫羊藿……………223
川断……………006	大果榕……………199	地参…………007,065	对叉草……………114
川红花……………259	大红花…………164,265	地丁草…………082,104	对节莲……………023
川藿香…………067,243	大红袍…………164,265	地瓜……………200,228	对节蓬……………163
川椒……………233	大红栀……………272	地瓜儿…………007,065	对叶金钱……………068
川芎……………028,185	大茴香……………069	地瓜儿苗……007,065,066	对月草……………216
川续断……………006	大季花……………253	地管子……………004	对月莲…………023,163
吹气草……………137	大蓟……………124	地黄…………035,224	多花黄精……………002
垂盆草……………106	大椒……………233	地藿香……………074	多节墨角兰……………073
春菊……………140	大金钱草……………068	地薑……………061	多星韭……………052
春兰……………263	大金雀……………216	地椒……………061	朵朵香……………263
春夏枯……………076	大苦草……………162	地椒叶……………061	
椿……………155	大力子……………021	地角花……………061	**E**
椿花……………155	大木瓜……………199	地锦……………086	莪蒿……………238
椿树……………155	大青叶……………146	地锦草……………086	鹅不食草……………194
椿甜树……………155	大石榴……………199	地萝卜……………124	鹅肠菜……………214
椿芽……………155	大蒜……………039	地藕…………007,065	鹅耳伸筋……………214
椿芽树……………155	大头菜……………209	地髓…………035,224	鹅掌簕……………220
椿阳树……………155	大头葱……………051	地笋………007,065,066	恶实……………021
慈姑……………049	大头翁……………024	地笋子…………007,065	遏蓝菜……………207
慈菇……………049	大无花果……………199	地蜈蚣……………057	耳叶土三七……………127
刺儿槐……………246	大苋菜……………203	地苋菜……………141	二宝腾……………181
刺拐棒……………221	大蝎子草……………025	滇苦菜……………132	二色花藤……………181
刺红花……………259	大荨麻……………025	滇苦买菜……………130	
刺槐……………246	大叶艾……………116	滇苦荬菜……………132	**F**
刺棘……………124	大叶川芎……………029	点椒……………233	法国百合……………258
刺蓟菜……………124	大叶金钱草……………190	吊兰花……………045	番瓜………252,283,287
刺莲……………296	大叶金丝桃……………216	吊钟草……………227	番椒……………294
刺莲藕……………296	大叶蜡树…………269,291	吊钟花……………109	番萝卜……………030
刺玫花……………274	大叶牛心菜……………216	丁香萝卜……………030	番木瓜……………283
刺芹……………184	大叶女贞…………269,291	东北黄芪……………009	番南瓜…………252,287
刺五加……………221	大叶三七……………034	东北堇菜……………082	番蒲…………252,287
刺芫荽……………184	大叶石龙尾……………226	东方蓼……………158	番茄……………292
刺针草……………114	大一枝蒿……………238	东瓜……………252287	番茄……………228
葱……………051	大芫荽……………184	冬葱……………051	番柿……………292
葱蒜……………055	大泽兰……………148	冬瓜……………285	番薯……………228
葱头……………041	带豆……………281	冬青……………269291	蕃荷菜……………062
寸冬……………005	丹参……………075	豆瓣菜……098,106,205	翻椒……………294

繁缕 214	葛勒子秧 198	国槐 250	红椿 155
饭瓜 252,287	葛藤 008,091,247,251	国色天香 266	红葱头 051
芳草 092	梗草 017,108	过山龙 027,183	红凤菜 128
芳樟 234	公羊板仔 235		红根 075
防风七 101	公英草 137	**H**	红旱莲 216
放杖草 223	勾华 217	哈拉海 171	红禾麻 025
飞机草 146	沟露 027,183	蛤蒴 099	红花 259
飞来参 168	沟芹 193	蛤蟆草 060	红花艾 084
飞蓬 110	钩鱼竿 023,163	蛤蟆棵 166	红花菜 259
肺经草 223	狗肝菜 149	还阳草 107	红花草 259
费菜 107	狗屁藤 046,174	孩儿菊 148	红花尾子 259
痱子草 078	狗日草 078	海蚌含珠 088	红蓝花 259
分光草 096	狗肉香 064	海椒 294	红蓼 158
风吹草 227	狗肉香菜 064	海麻 105	红萝卜 030
风毛菊 112	狗贴耳 026,182	海南榕 200	红山药 228
风气藤 099	狗头七 129	海沙参 033,192	红薯 228
风须草 166	狗尾巴花 158	海蒜 055	红苏 085
佛顶珠 057	狗尾草 080,082	海州常山 165	红苕 228
佛耳草 068,139	狗牙瓣 106	寒瓜 289	红头草 147
芙蕖 279	狗牙草 106	汉葱 051	红土苓 001
芙蓉 279	姑姑英 137	汉中参 034	红正菜 128
芙蓉根 165	姑娘菜 217	旱莲草 133	红紫苏 085
芙蓉树 248	古钮菜 178	旱柳 230	泓泽兰 148
富贵菜 127	古钮子 178	旱芹 191	荭草 158
	谷茴香 187	旱芹菜 184	猴姜 102,254
G	谷雨花 266	蒿菜 140	猴獠刺 095
盖菜 212	鼓槌树 153	蒿子 121	后庭花 165
盖头花 024	栝楼 011	蒿子杆 140	胡薄荷 063
甘储 228	瓜蒌 011	禾掌勒 220	胡葱 041,053
甘蕉葵藤 050	瓜楼 011	合欢 248	胡瓜 290
甘菊 260	瓜米菜 167	合差草 089	胡椒薄荷 063
甘蓝 209	瓜子菜 167	和尚头 006	胡椒草 141
甘牛至 073	关门草 089	河芹 193	胡卢巴 092
甘薯 228	观音草 057	荷 279	胡芦巴 092
甘藷 228	观音茶 128	荷包草 229	胡萝卜 030
赶山虎 180	观音花 102,254	荷花 279	胡蒜 039
干鸡筋 223	观音苋 128	荷花蜡梅 262	胡荽 197
干枝梅 262	观音掌 048	荷兰薄荷 064	葫 039
刚前 223	官兰 264	荷兰芹 184	葫芦巴 092
缸儿菜 227	官前胡 031,189	鹤虱风 186	葫芦七 143
岗边菊 134	光瓣堇菜 104	黑薄荷 063	湖花 274
高脚贯众 237	光叶菝葜 001	黑蒿 121	湖南根 296
高茎蒿 120	广东刘寄奴 117	黑节苦草 162	湖南连翘 216
高丽花 078	龟甲竹 043	黑萝卜 021	蝴蝶花 013,255
糕仔树 105	龟叶草 078	黑头果 235	虎皮百合 037
藁板 029	鬼叉 115	黑薇 023,163	虎掌荨麻 025
藁本 029	鬼刺 115	黑洋槐树 246	护生菜 206
疙瘩白 209	鬼督邮 023,103,163	黑药黄 162	花薄荷 073
鸽蒴 099	鬼针 115	红背菜 128	花菜 276
割人藤 198	鬼针草 114	红背果 147	花古帽 147
革命菜 146	贵州刺槐 246	红背叶 147	花蝴蝶 157
葛 008,091,247	桂花 268	红茶 202	花椒 233
葛公菜 075			花商陆 203

花王……………………266	灰蒿……………………119	假柴胡…………………122	金疮小草………………076
华北鸦葱……………022,145	灰灰菜…………………154	假黄藤…………………217	金顶龙牙………………175
华九头狮子草…………149	灰藜……………………154	假蒟……………………099	金耳环…………………045
怀地黄……………035,224	灰绿蒿…………………119	假莲藕…………………296	金花草…………………090
怀庆地黄…………035,224	灰条菜…………………154	假毛敝草………………226	金菊……………………260
怀香……………………187	茴藿香……………067,243	假人参…………………168	金莙……………………198
槐………………………250	茴香……………………187	假苏…………065,069,244	金马蹄草………………229
槐花木…………………250	茴香子…………………187	假蒌……………………027,183	金梅……………………271
槐花树…………………250	昏沾藤……………046,174	假油柑…………………089	金钱草………068,194,229
槐树……………………246250	活血丹…………………068	假油树…………………089	金荞麦…………………161
黄鹌菜…………………125	火草花…………………024	假芫荽…………………184	金薯……………………228
黄百合…………………037	火葱……………………053	尖刀儿苗……………023,163	金丝蝴蝶………………216
黄草……………………045	火连草…………………106	尖辣椒…………………294	金粟……………………268
黄胆草…………………229	火龙果…………………280	尖叶苦菜………………132	金笋……………………030
黄豆………………………28	火焰……………………048	剪刀草…………………049	金锁匙…………………229
黄儿茶…………………170	火掌……………………048	见肿消……………062,203	金锁银开………………161
黄根……………………030	藿香……………067,243	建兰……………………264	金腰带…………………271
黄瓜……………………290		箭叶淫羊藿……………222	金药树…………………250
黄果子…………………272	**J**	将军草…………………059	金叶枇杷………………128
黄海棠…………………216	鸡菜……………………127	姜………………………012	金银花…………………181
黄蒿…………………118,204	鸡蛋花………………216,253	姜花…………………013,255	金银藤…………………181
黄花……………………260	鸡儿肠………………134,214	姜芥…………………065,244	金英……………………260
黄花败酱………………059	鸡骨柴…………………173	降龙草…………………216	金罂……………………278
黄花菜…………………242	鸡冠木…………………170	椒………………………233	金针菜…………………242
黄花草…………………137,204	鸡脚前胡………………031,189	椒草……………………098	金钟茵陈………………227
黄花地丁………………137	鸡矢藤……………046,174	椒蒿……………………119	锦荔枝…………………286
黄花蒿…………………118	鸡屎蔓……………046,174	椒样薄荷………………063	禁宫花…………………216
黄花苦菜………………059	鸡屎藤……………046,174	角瓜……………………288	禁生……………………045
黄花龙芽………………059	鸡苏……………………085	角蒿……………………238	茎椰菜…………………276
黄花曲草………………139	鸡头根………………002,003	角椒……………………233	茎用莴苣………………044
黄花香…………………059	鸡头荷…………………296	绞股蓝…………………100	荆芥…………065,069,244
黄鸡菜…………………003	鸡头黄精…………002,003	绞藤……………………251	荆条……………………257
黄脚鸡…………………004	鸡头莲…………………296	脚板蒿…………………122	景天三七………………107
黄芥子…………………211	鸡头米…………………296	藠头……………………038	九层塔…………………070
黄槿……………………105	鸡爪参…………………003	藠子……………………038	九里香…………………268
黄精…………………002,003	积雪草…………………190	接骨草……………062,180	九连环…………………229
黄菊仔…………………126,261	吉龙草…………………080	接长草…………………150	九牛草…………………120
黄连木…………………170	吉祥草…………………057	节花……………………260	九塔花…………………084
黄连芽…………………170	棘茎楤木………………219	节华……………………260	九头狮子草……………150
黄连祖…………………223	蕺菜………………026,182	节节花…………………184	九重楼…………………084
黄楝树…………………152,170	蕺草………………026,182	结球茴香………………188	韭…………………054,240
黄萝卜…………………030	蓟………………………124	截叶胡枝子……………093	韭菜………………054,240
黄梅…………………262,271	加力酸藤………………094	截叶铁扫帚……………093	韭葱……………………055
黄木连…………………170	加拿大蓬………………110	解暑藤……………046,174	酒壶花……………035,224
黄芪……………………009	家艾……………………116	芥………………………211	救荒本草………………225
黄耆……………………009	家薄荷…………………070	芥菜……………………211	救命草…………………003
黄实……………………296	家茴香……………067,243	芥兰……………………212	救牛草…………………216
黄水枝…………………101	家菊……………………260	芥蓝……………………212	救心草…………………107
黄香蒿…………………118	家麻……………………172	芥蓝菜…………………212	鞠………………………260
黄芽白…………………208	家桑……………………201	芥子……………………211	桔梗………………017,108
黄叶下…………………272	家茵陈…………………123	金不换…………………129	菊红花…………………259
黄栀子…………………272	嘉草………………102,254	金参……………………030	菊花……………………260
灰菜……………………154	假薄荷…………………064	金钗石斛………………045	菊花菜…………………140

菊花脑	126,261	辣蓼	159	辽堇菜	104	罗勒	070
菊三七	129	辣木	153	辽沙参	033,192	萝卜七	034
菊叶柴胡	122	辣子	294	辽五味子	169	萝蒿	238
菊叶三七	129	辣子草	026,136,182	裂叶荆芥	065,244	螺不草	229
苣荬菜	130,131	莱阳参	033,192	裂叶苣荬菜	130	洛神花	256
锯锯藤	176,198	莱阳沙参	033,192	林兰	045	洛神葵	256
锯锯子草	176	癞瓜	286	灵茵陈	227	洛阳花	266
卷丹	037	癞葡萄	286	铃当花	017,108	落得打	190
卷丹百合	037	兰	148	铃铛菜	004	落地金钱	229
卷心菜	209	兰布政	177	铃儿草	018	落藜	154
绢毛胡枝子	093	兰草	148,263	菱角菜	206	绿薄荷	064
		兰花	263	零陵香	070	绿茶	202
K		蓝布正	179	刘寄奴	120,227	绿茶花	276
楷木	170	蓝萼香茶菜	077	留兰香	064	绿花梗	017,108
楷树黄	170	郎耶菜	115	柳蒿	120	绿叶甘蓝	212
坎拐棒子	221	狼杷草	115	柳蒿菜	120	葎草	198
靠山竹	004	狼牙草	175	柳蒿芽	120		
空筒菜	112	狼牙刺	249	柳蓼	159	**M**	
口疮叶	141	狼牙槐	249	柳树	230	麻苦苣	132
扣子草	178	老虎姜	002,003	柳叶菜	119	麻杂草	205
扣子七	034	老虎蕨	237	柳叶蒿	120,120	马鞭采	249
苦菜	058,132,138	老虎潦	221	柳叶细辛	023,163	马鞭草	166,175
苦刺	249	老虎爪	032	柳枝	230	马鞭稍	166
苦豆	092	老母猪耳朵	021	六安茶	216	马鞭子	166
苦瓜	286	老牛筋	093	六角荷	017,108	马齿菜	167
苦蒿	118	栳樟	234	六月还阳	107	马齿草	167
苦苣菜	130,132	勒草	198	六月雪	122,173	马齿苋	167
苦苦菜	130,131,138	雷公菜	124	龙胆草	162	马兰	134
苦苦丁	137	雷公根	190	龙骨花	280	马兰头	134
苦楝树	152	雷骨伞	142	龙蒿	119	马蹄草	190
苦麻	172	擂捶花	253	龙须菜	042	马蹄金	229
苦马菜	132	稜角三七	078	龙须沙参	018	马蹄荸	099
苦木	152	冷饭团	001	龙芽草	175	马蹄叶	143
苦皮树	152	犁头草	207	龙珠草	089	马蹄针	249
苦荞麦	161	藜	154	菱	120	马苋菜	167
苦荞头	161	藜蒿	120	菱蒿	120	马缨花	248
苦树	152	鳢肠	133	芦巴子	092	马缨树	248
苦蒜	040	立柳	230	芦蒿	120	马郁草	073
苦檀木	152	连金钱	068	芦笋	042	马郁兰	073
苦薏	126,261	连钱草	068	芦子藤	099	马约兰草	073
苦斋	058	连翘	216	陆英	180	马月兰花	073
苦斋草	058	连竹	004	鹿肠	058	蚂蚁菜	167
		莲	279	鹿角树	253	麦冬	005
L		莲花	279	鹿韭	266	麦蒿	204
拉拉藤	198	莲花白	209	路边黄	126,175,261	麦门冬	005
拉拉香	067,243	莲花姜	102,254	路边姜	173	馒头草	141
拉文达香草	083	莲子草	133	路边荆	173	馒头榕	199
喇叭花	257	凉薄荷	069	路边菊	126,134,261	满坡香	074
腊梅	262,262	凉瓜	286	路边青	149,177	满山抛	283
蜡树	269,291	梁王茶	218	潞党参	015	满山香	082
辣薄荷	063	梁旺茶	218	轮叶党参	016	满天飞	024
辣椒	294	两色三七草	128	轮叶沙参	018	满天星	173,194
辣角	294	量天尺	280	罗汉菜	207	蔓菁	034

牻牛儿苗 168	明杨 231	粘毛蓼 160	攀倒甑 058
猫巴蒿 067,243	明叶菜 018	粘人草 114	盘菜 034
猫薄荷 069	茗 202	黏身草 114	螃蟹花 090
猫耳蕨 237	茗荷 102,254	鸟不宿 124	泡花桐 165
猫骨头 135	膜荚黄芪 009	鸟麻 089	泡火桐 165
猫蓟 124	膜荚黄耆 009	宁古黄芪 009	佩兰 148
猫头竹 043	抹利 270	柠檬香薄荷 072	蓬哈菜 141
毛败酱 058	末丽 270	柠檬香蜂草 072	蓬蒿 140
毛椿 155	末利 27	柠檬萱草 242	脾草 134
毛大丁草 020	茉莉 270	牛蒡 021	片红青 147
毛丁白头翁 020	茉莉花 270	牛扁 168	苹果榕 200
毛豆 282	墨菜 133	牛菜 021	苹蒿 121
毛罗勒 070	墨旱莲 133	牛耳朵 060,151	婆婆丁 137
毛尾薯 001	墨红 273	牛耳藤 217	婆婆蒿 204
毛叶地瓜儿苗 007,065,066	墨头草 133	牛角花 223	破铜钱 194
毛叶地笋 007,065	母猪藤 100	牛角椒 294	破血草 129
毛针草 114	牡丹 266	牛筋条 095	铺地锦 086
毛竹 043	牡蒿 122	牛奶果 200	匍行景天 106
茅苍术 111	木葱 051	牛奶奶 147	蒲公英 130,137
茅草细辛 022,145	木耳菜 130	牛皮冻 046,174	普通白菜 213
茅术 111	木瓜 283	牛脾蕊 235	
帽头菜 142	木瓜果 200	牛舌 060	**Q**
没利 270	木瓜榕 199	牛舌头 048	七叶参 100
玫瑰 274	木桂根雷 050	牛甜菜 060	七叶胆 100
玫瑰茄 256	木黄连 170	牛尾藤 235	齐头蒿 122
眉毛蒿 204	木蓟 124	牛膝 082	祁艾 116
眉眉蒿 204	木姜花 080,082	牛膝菊 136	荠 206
梅花 262	木槿 257	牛心菜 216	荠菜 206
美洲南瓜 228	木兰 267	牛至 074	荠荠菜 206
门冬薯 042	木棉 257	牛子 021	蕲艾 116
萌菜 058	木芍药 266	钮子七 034	企枝叶下珠 089
蒙古葱 056	木粟 096	疟疾草 126	起阳草 054,240
蒙古黄芪 009	木犀 268	疟疾草 261	气香草 070
蒙古韭 056	木羊乳 075	糯米菜 135	弃杖草 223
蒙古蒲公英 137	苜蓿 096	女兰 148	千金草 148
蒙山莴苣 138		女萎 004	千里香 061
迷迭香 071,245	**N**	女贞 269,291	千两金 223
迷你番茄 293	奶浆果 295	女桢 269,291	千年矮 173
米邦塔仙人掌 047	南薄荷 062		千年润 045
米蒿 204	南苍术 111	**O**	前胡 031,032,189
米米蒿 204	南瓜 252,287	欧百里香 061	钱麻 025
米曲 139	南鹤虱 186	欧芹 184	芡 296
密花小根蒜 040	南京白杨 231	欧石头花 205	芡实 296
密密蒿 204	南沙参 019,018	欧洲薄荷 063	枪头菜 111
蜜蜂草 081	南蛇筋藤 094	藕 279	枪子果 235
蜜蜂花 072	南石防风 031,189		荞麦三七 161
蜜果 295	南水杨梅 179	**P**	荞头 038
蜜角藤 181	南茼蒿 141	爬地香 020	芹菜 191
蜜枇杷 199	南竹 043	爬景天 106	秦椒 233
绵黄芪 009	脑樟 234	爬面虎 151	秦州庵闾子 117
绵芪 009	嫩茎莴苣 044	爬岩香 099	青薄荷 064
绵茵陈 123	泥胡菜 135	排毒菜 217	青菜 213
缅栀子 253	泥湖菜 135	排香草 081	青葱 053
明目果 295	泥鳅串 134	徘徊花 274	青瓜 290

青蒿	118,119,121,122	三加皮	220	山奇量	001	莳萝	191
青花菜	276	三角胡麻	084	山茄	256	守宫槐	250
青椒	294	三角柱	280	山茄子	256	守宫木	087
青蜡树	269,291	三棱草	112	山芹菜	195	菽	282
青麻	172	三棱箭	280	山扫帚菜	205	菽草翘摇	090
青毛豆	282	三七草	129	山苏子	077,081	疏毛龙牙草	175
青皮柳	230	三消草	090	山蒜	040	黍粘子	021
青蛇菜	149	三叶菜	015	山文竹	042	蜀椒	233
青笋	044	三叶草	195	山小菜	109	蜀芹	193
青杨	231	三叶鬼针草	114	山烟	035,224	鼠耳草	139
青叶碧玉	098	三叶五加	220	山药	228	鼠姑	266
清风藤	046,174	三叶泽兰	148	山遗量	001	鼠蘽	065,244
清明菜	139	三枝九叶草	222,223	山芋	228	鼠麹草	139
清明草	206	桑	201	山芝麻	227	鼠曲草	139
清明花	271	桑果	201	山栀子	272	鼠实	065,244
蜻蜓草	166	桑仁	201	山猪粪	001	鼠粘子	021
秋菊	260	桑实	201	珊瑚菜	033,192	术	111
秋兰	264	桑树	201	上党人参	016	树冬瓜	283
球葱	041	桑枣	201	尚帽子	142	树豌豆尖	087
球茎茴香	188	僧冠帽	017,108	少花龙葵	178	树仔菜	087
瞿麦	215	沙参	019	绍菜	208	双点獐牙菜	162
取麻菜	131	沙葱	056	蛇蒿	119	水艾	120
缺碗草	190	沙芥	206	蛇利草	023,163	水八角	226
裙带豆	281	山白菜	035,224	蛇藤	094	水薄荷	062,080,226
		山白杨	231	蛇头蓼	157	水波香	226
R		山薄荷	074,078	蛇总管	078	水风	022,145
人苋	088	山参	075	麝香菜	032	水芙蓉	279
仁丹草	062	山苍术	111	麝香草	061	水蛤	226
忍冬	181	山刺菜	111	神仙草	100	水焊菜	205
荏	085	山葱	056	肾叶橐吾	143	水蒿	120,120
日本茵陈	123	山当归	189	升阳菜	062	水横枝	272
日开夜闭	089	山捣臼	002	生菜	144	水红花子	158
绒蒿	123	山地瓜	016	生地	035,224	水胡椒	226
绒花树	248	山地果	177	生姜	012	水华	279
绒毛草	139	山独活	031,189	生笋	044	水黄花	216
绒球	135	山胡萝卜	016	省头草	070,148	水茴香	226
绒线草	023,163	山花椒	169	圣果	295	水荆芥	226
蓉花树	248	山黄枝	272	圣女果	293	水腊树	269,291
榕果	200	山茴香	067,243	虱子草	186	水辣蓼	159
柔毛路边青	179	山蓟	111	施州龙牙草	175	水蓼	158,159
柔毛水杨梅	179	山姜	002,012,102,254	湿地香薷	080	水林果	235
肉馄饨草	229	山蕉	050	十八缺	190	水萝卜	203
乳瓜	283	山金兜菜	151	十样景花	215	水马齿苋	106
乳果	283	山菊花	126,261	石刁柏	042	水蔓菁	225
乳苣	138	山苦瓜	198	石哈巴	078	水前胡	031,101,189
瑞草	057	山辣椒	216	石胡荽	194	水芹	193
若榴	278	山兰	263	石斛	045	水芹菜	193
若榴木	278	山力叶	278	石虎耳	151	水三七	129
		山萝卜	006,124,186,203	石灰菜	135	水生菜	205
S		山麻菜	205	石榴	278	水田芥	205
三白草	027,183	山马生菜	205	石三七	151	水香菜	080
三叉骨	223	山棉花	024	石遂	045	水香薷	080
三庚草	121	山牛蒡	021	食用仙人掌	047	水杨梅	177,179

水益母	062	提娄	007,065
水芸	279	蹄叶橐吾	143
水泽兰	148	天宝香蕉	050
水栀子	272	天胡荽	194
蒴藋	180	天蓼	158
丝葱	241	天荞麦	161
丝石竹	205	天生子	295
四大天王	103	天仙果	295
四季菜	117	天星草	194
四季葱	051	田边菊	134
四季兰	264	田波菜	060
四季蔷薇	273	田代氏大戟	086
四块瓦	103	田青仔	089
四棱草	162	田香草	226
四棱杆蒿	065,244	田油甘	089
四棱角	078	甜艾	116,117
四味参	016	甜菜	087
四香菜	064	甜根草	004
四叶参	016	甜椒	294
四叶七	103	甜菊花	260
四叶沙参	018	甜苦荬菜	132
四叶细辛	103	甜罗勒	070
松寿兰	057	甜墨角兰	073
松须菜	197	甜牛至	073
菘	208	甜薯	228
苏	085	铁称锤	078
苏薄荷	062	铁打杵	223
苏藿香	067,243	铁灯盏	190
素心蜡梅	262	铁丁角	078
酸蚂蚱菜	205	铁钉头	078
蒜	039	铁杆蒿	113
蒜头	039	铁角棱	078
蒜头葱	053	铁筷子	262
碎米果	235	铁棱角	078
碎叶冬青	173	铁菱角	223
穗状薰衣草	083	铁龙角	078
襄荷草	162	铁罗汉	129
襄荷莲	134	铁麻子	084
		铁马鞭	166
T		铁马胡烧	249
塔斗珍珠	089	铁扫帚	093
踏地香	020	铁色草	076
台参	015	铁扇子	201
台氏梁王茶	218	铁生姜	078
薹菜	277	铁五爪龙	198
太阳花	168	铁苋	088
泰国枸杞	087	铁苋菜	088
唐薯	228	铁线夏枯	076
塘边藕	027,183	通之草	062
桃	275	同序守宫木	087
桃花菜	080	茼蒿	140
藤花	251	桐花	105
藤萝	251	铜锤草	136

铜锣草	023,163	无梗五加	218
铜钱草	190,229	无花果	295
铜丝草	223	无心菜	205
透骨草	166,238	芜菁	034
透骨消	068,161	吴牡丹	266
土薄荷	062,064	蜈蚣草	225
土参	186	蜈蚣七	034
土柴胡	122	五行草	167
土当归	031,032,129	五加参	221
土茯苓	001	五加皮	221
土高丽参	168	五雷火	024
土茴香	187	五路叶白	027,183
土藿香	067,243	五梅子	169
土荆芥	069	五气朝阳草	179,225
土灵芝	003	五时合	089
土马鞭	166	五味子	169
土人参	030	五叶参	100
土三七	107,129	五爪龙	198
土细辛	023,150,163		
土香薷	074,081	**X**	
土茵陈	074	西藏三七草	130
兔儿草	136	西党	015
兔儿伞	142	西瓜	289
兔耳风	020	西红柿	292
兔子草	166	西葫芦	288
脱力草	175	西兰花	276
		西芹	191
W		西芎	029
万把钩	021	西洋菜	205
万年春	105	西洋芹	191
万年荞	161	蒺藜	207
万寿果	283	惜树	269,291
王瓜	290	细黄草	045
忘忧草	242	细绿藤	217
望春花	267	细丝韭	241
薇菜	237	细香葱	053
尾参	004	细叶百部	042
尾叶香茶菜	078	细叶蒿	118
萎蕤	004	细叶韭	241
葳藤	217	细叶婆婆纳	225
蔚香茶芎	029	细叶鸦葱	022,145
文先果	295	细叶沿阶草	005
稳齿菜	065,244	虾钳草	114
莴菜	044	蝦蟆衣	060
莴苣	144	狭叶艾	120
莴苣茎	044	狭叶青蒿	119
莴苣笋	044	狭叶薰衣草	083
莴笋	044	狭叶荨麻	171
倭瓜	252,287	霞草	205
卧茎景天	106	夏丹参	075
乌蔹	156	夏枯草	076
乌鸦子	218	仙巴掌	048
乌樟	234	仙鹤草	175

仙灵毗 …… 223	小黄花 …… 271	血参根 …… 075	药瓜 …… 011
仙灵脾 …… 223	小茴 …… 187	血当归 …… 129,157	药菊 …… 260
仙人掌 …… 048	小茴香 …… 065,187,244	血见愁 …… 088	药芹 …… 191
仙术 …… 111	小蓟 …… 130	血香菜 …… 064	药树 …… 170
苋陆 …… 203	小金钱 …… 229	血压草 …… 206	药王 …… 023,163
线齿草 …… 190	小金钱草 …… 229	薰衣草 …… 083	椰菜 …… 209
香艾 …… 116,119	小荆芥 …… 069		野艾 …… 116
香艾蒿 …… 120	小九龙盘 …… 057	**Y**	野坝子 …… 081
香艾菊 …… 119	小苦药 …… 100	鸭儿芹 …… 195	野白木香 …… 082
香薄荷 …… 064	小里草 …… 089	鸭脚艾 …… 117	野百里香 …… 061
香菜 …… 197	小马蹄草 …… 229	鸭脚板草 …… 195	野薄荷 …… 062,082
香草 …… 092	小马蹄金 …… 229	鸭脚当归 …… 032	野草香 …… 082
香茶菜 …… 078	小木瓜 …… 200	鸭脚木 …… 253	野慈姑 …… 049
香椿 …… 155	小木夏 …… 092	鸭脚前胡 …… 032	野葱 …… 056
香椿树 …… 155	小柠条 …… 095	牙蕉 …… 050	野当归 …… 032
香葱 …… 053	小蓬草 …… 110	牙蛀消 …… 023,163	野葛 …… 008,091,247
香豆 …… 092	小青蒿 …… 118	亚实基隆葱 …… 053	野狗芝麻 …… 082
香耳 …… 092	小人草 …… 089	亚洲薄荷 …… 062	野红花 …… 124
香蜂花 …… 072	小苏子 …… 081	胭脂花 …… 270	野胡萝卜 …… 186
香蒿 …… 121	小铜钱草 …… 229	胭脂麻 …… 058	野黄花 …… 059
香花菜 …… 064	小碗碗草 …… 229	岩川芎 …… 031,189	野黄菊 …… 126,261
香蕉 …… 050	小香 …… 187	岩风 …… 031,189	野茴香 …… 187
香荆芥 …… 065,244	小野芭蕉 …… 050	岩桂 …… 268	野藿香 …… 067,243
香蓼 …… 160	小叶薄荷 …… 070,074	岩青菜 …… 151	野鸡草 …… 093
香芹 …… 191,196	小叶胡枝子 …… 093	沿阶草 …… 005	野蓟 …… 124
香楸 …… 165	小叶锦鸡儿 …… 095	盐水面头果 …… 105	野姜 …… 102,254
香薷 …… 069,081	小叶柠条 …… 095	燕草 …… 264	野蕉 …… 050
香水兰 …… 148	小叶芹 …… 193	羊肝菜 …… 149	野芥菜 …… 204
香丝菜 …… 187	小叶万年青 …… 057	羊角草 …… 238	野堇菜 …… 104
香苏 …… 085	小叶杨 …… 231	羊角蒿 …… 238	野荆芥 …… 074
香菱 …… 197	小迎风草 …… 229	羊角透骨草 …… 238	野韭菜 …… 241
香牙蕉 …… 050	小元宝草 …… 229	羊奶参 …… 016	野菊 …… 126,261
香樟 …… 234	小泽兰 …… 148	羊奶草 …… 130	野苦菜 …… 130
蘘荷 …… 102,254	小种楠藤 …… 235	羊奶子 …… 145	野苦荬 …… 131
向阳花 …… 136	蝎子草 …… 025	羊乳 …… 016	野苦荬菜 …… 130
橡胶树 …… 200	邪蒿 …… 121,186,196	羊蹄草 …… 147	野辣椒 …… 178
逍遥竹 …… 023,163	薤 …… 038	阳荷 …… 102,244,254	野兰蒿 …… 121
小白菜 …… 213	薤白 …… 040	阳藿 …… 102,254	野老姜 …… 102,254
小白酒草 …… 110	心叶留兰香 …… 064	洋白菜 …… 209	野麻 …… 084,172
小百合 …… 042	心叶淫羊藿 …… 223	洋百合 …… 258	野麦 …… 215
小半边钱 …… 229	辛夷 …… 267	洋葱 …… 041	野棉花 …… 024
小薄荷 …… 069	馨口蜡梅 …… 262	洋大蒜 …… 055	野木耳菜 …… 146,147
小本蛇药草 …… 076	星宿草 …… 194	洋槐 …… 246	野木姜花 …… 082
小葱 …… 051	腥藤 …… 217	洋蓟 …… 258	野荞麦 …… 161
小灯盏 …… 229	杏叶沙参 …… 019	洋芹菜 …… 191	野芹 …… 059
小鹅菜 …… 131	芎穷 …… 028,185	洋柿子 …… 292	野芹菜 …… 031,189,193,195
小飞蓬 …… 110	熊胆树 …… 152	洋蒜 …… 055	野青菜 …… 146
小根菜 …… 040	熊掌草 …… 122	洋蒜苗 …… 055	野麝香草 …… 061
小根蒜 …… 040	徐长卿 …… 023,163	洋香菜 …… 184	野生地 …… 035,224
小果野芭蕉 …… 050	续断 …… 006	洋芫荽 …… 184	野生姜 …… 227
小果野蕉 …… 050	萱草 …… 242	养心草 …… 107	野蜀葵 …… 195
小花琉璃草 …… 236	雪里注 …… 095	瑶人柴 …… 234	野苏 …… 085
小花茉莉 …… 270	血参 …… 075	药百合 …… 037	野苏麻 …… 080

野苏子…………078	引线包…………114	圆麻…………172	珠仔草…………089
野苏子根…………075	隐花果…………295	月季…………273	诸葛菜…………034
野蒜…………040	樱桃番茄…………293	月季花…………273	猪拔草…………099
野天麻…………084	迎春花…………267,271	月亮草…………229	猪菜草…………080
野甜菜…………060	应春花…………267	月亮薹…………237	猪兜菜…………135
野茼蒿…………118,146	映日果…………295	月月红…………27	猪肝菜…………149
野香苏…………082	硬毛地瓜儿苗…………066	月月花…………273	猪母草…………167
野蘘荷…………244	硬毛地笋…………066	越南菜…………087	猪母耳…………203
野芝麻…………088	油安草…………071,245	芸苔…………213	猪尾巴…………145
野苎麻…………172	油菜…………213	芸苔菜…………277	猪牙草…………133
叶后珠…………089	油菜薹…………277	芸香…………092	猪殃殃…………176
叶里藏珠…………088	油豆角…………281		竹根七…………057
叶下红…………147	油甘草…………089	**Z**	竹节参…………034
叶下珠…………089	油蒿…………122	泽兰…………007,065,066	竹节草…………156,215
叶用莴苣…………144	油樟…………234	泽蓼…………159	竹节三七…………034
叶子单…………015	有寿客…………260	泽蒜…………040	竹叶草…………156
叶子藤…………099	右纳…………105	泽芝…………279	竹叶青…………057
夜叉头…………115	右转藤…………181	摘蒙…………241	竹叶细辛…………023,163
夜关门…………093,248	鱼草…………060	斩龙剑…………225	逐乌…………075
夜寒苏…………013,014,255	鱼鳞草…………026,182,194	章柳…………203	苎麻…………172
夜合…………248	鱼香…………064	獐耳草…………163	苎仔…………172
夜合草…………089	鱼香菜…………064,082	獐牙菜…………162	追风草…………225
夜合槐…………248	鱼香草…………062,064,081,082	樟…………234	追风七…………179,225
夜合珍珠…………089	鱼腥草…………026,182	樟木…………234	追骨风…………139,165
夜娇娇…………270	鱼眼草…………141	樟脑草…………069	子风藤…………181
夜息花…………062	虞蓼…………159	樟脑树…………234	紫斑风铃草…………109
夜息香…………062	羽叶金合欢…………094	樟树…………234	紫背菜…………128
一百针…………221	羽衣甘蓝…………210	掌叶梁王茶…………218	紫背天葵…………128
一包针…………114	雨点草…………194	掌叶蝎子草…………025	紫丹参…………075
一点红…………146,147	雨伞菜…………142	朝开暮落花…………257	紫地丁…………082,104
一朵云…………232	玉参…………004	招藤…………251	紫花地丁…………082,104
一日百合…………242	玉葱…………041	昭和草…………146	紫花苜蓿…………096
一支箭…………020	玉芙蓉…………048	爪老鼠…………139	紫花前胡…………032
一支香…………225	玉寒舒…………014	爪子参…………003	紫花青叶胆…………162
一枝箭…………023,163	玉馄饨…………229	折耳根…………026,182	紫花山莴苣…………138
一枝香…………023,163	玉菱…………284	针尾凤…………148	紫金藤…………251
衣扣草…………178	玉兰…………267	珍珠草…………089,136	紫茉莉…………270
宜兴百合…………037	玉米…………284	珍珠米…………284	紫苜蓿…………096
益母艾…………084	玉米笋…………284	珍珠小番茄…………293	紫其…………237
益母草…………084	玉枇杷…………128	真菊…………260	紫萁贯众…………237
益母蒿…………084	玉堂春…………267	桢木…………269,291	紫人参…………168
因尘…………123	玉爪金龙…………100	枕瓜…………285	紫苏…………085
因陈…………123	玉枕薯…………228	枕头草…………206	紫藤…………251
阴地蕨…………232	玉竹…………004	栀子…………272	紫香蒿…………119
阴行草…………227	鸳鸯藤…………181	止血菜…………088	紫玉兰…………267
阴阳草…………089	元麻…………172	痣草…………178	粽子菜…………206
茵陈…………123	芫荽…………197	中黄草…………045	邹叶石龙尾…………226
茵陈蒿…………121,123	圆白菜…………209	皱苏…………085	走胆草…………162
银合欢…………097	圆瓣姜花…………014	朱薯…………228	走马风…………180
银藤…………181	圆菜头…………034	朱藤…………251	钻骨风…………099
银线草…………103	圆葱…………041	珠葱…………051	
淫羊藿…………223	圆根…………034	珠墨双辉（品种名）…………273	

拉丁文索引

A

Acacia pennata ········ 094
Acalypha australis ········ 088
Acanthopanax senticosus ········ 221
Acanthopanax sessiliflorus ········ 218
Acanthopanax trifoliatus ········ 220
Adenophora stricta ········ 019
Adenophora tetraphylla ········ 018
Agastache rugosus ········ 067,243
Agrimonia pilosa ········ 175
Albizia julibrissin ········ 248
Allium ascalonicum ········ 053
Allium cepa ········ 041
Allium chinense ········ 038
Allium fistulosum ········ 051
Allium macrostemon ········ 040
Allium mongolicum ········ 056
Allium porrum ········ 055
Allium sativum ········ 039
Allium tenuissimum ········ 241
Allium tuberosum ········ 240,054
Allium wallichii ········ 052
Amygdalus persica ········ 275
Anemone hupehensis ········ 024
Apium graveolens ········ 191
Aralia echinocaulis ········ 219
Arctium lappa ········ 021
Artemisia annua ········ 118
Artemisia argyi ········ 116
Artemisia capillaris ········ 123
Artemisia carvifolia ········ 121
Artemisia dracunculus ········ 119
Artemisia integrifolia ········ 120
Artemisia japonica ········ 122
Artemisia lactiflora ········ 117
Artemisia selengensis ········ 120
Asparagus officinalis ········ 042
Astragalus membranaceus ········ 009
Atractylodes lancea ········ 111

B

Benincasa hispida ········ 285
Bidens pilosa ········ 114
Bidens tripartita ········ 115
Boehmeria nivea ········ 172
Botrychium ternatum ········ 232
Brassica alboglabra ········ 212
Brassica campestris ········ 213
Brassica campestris ssp. *chinensis* var. *tai-tsai* ········ 277
Brassica juncea ········ 211
Brassica oleracea ········ 209
Brassica oleracea var. *acephala* ········ 210
Brassica oleracea var. *botrytis* ········ 276
Brassica pekinensis ········ 208
Brassica rapa ········ 034

C

Camellia sinensis ········ 202
Campanula punctate ········ 109
Capsella bursa-pastoris ········ 206
Capsicum annuum ········ 294
Caragana microphylla ········ 095
Carica papaya ········ 283
Carthamus tinctorius ········ 259
Centella asiatica ········ 190
Chenopodium album ········ 154
Chimonanthus praecox ········ 262
Chirita eburnea ········ 151
Chloranthus japonicus ········ 103
Chrysanthemum coronarium ········ 140
Chrysanthemum segetum ········ 141
Cinnamomum camphora ········ 234
Cirsium japonicum ········ 124
Citrullus lanatus ········ 289
Clerodendrum bungei ········ 164,265
Clerodendrum trichotomum ········ 165
Codonopsis lanceolata ········ 016
Codonopsis pilosula ········ 015
Conyza canadensis ········ 110
Coriandrum sativum ········ 197
Crassocephalum crepidioides ········ 146
Cryptotaenia japonica ········ 195
Cucumis sativus ········ 290
Cucurbita moschata ········ 287, 252
Cucurbita pepo ········ 288
Cymbidium ensifolium ········ 264
Cymbidium goeringii ········ 263
Cynanchum paniculatum ········ 023,163
Cynara scolymus ········ 258
Cynoglossum lanceolatum ········ 236

D

Daucus carota ········ 186
Daucus carota var. *sativa* ········ 030
Dendranthema indicum ········ 126,261
Dendranthema morifolium ········ 260
Dendrobium nobile ········ 045
Descurainia sophia ········ 204
Dianthus superbus ········ 215
Dichondra repens ········ 229
Dichrocephala auriculata ········ 141
Dicliptera chinensis ········ 149
Dipsacus asperoides ········ 006

E

Eclipta prostrata ········ 133
Elsholtzia ciliata ········ 081

Elsholtzia communis ···· 080	*Gypsophila oldhamiana* ···· 205	*Lilium brownii* var. *viridulum* ···· 036,239
Elsholtzia cypriani ···· 082	**H**	*Lilium lancifolium* ···· 037
Elsholtzia k achinensis ···· 080	*Hedychium coronarium* ···· 013,255	*Limnophila rugosa* ···· 226
Embelia ribes ···· 35	*Hedychium forrestii* ···· 014	*Lonicera japonica* ···· 181
Emilia sonchifolia ···· 147	*Hemerocallis citrina* ···· 242	*Lycopersicon esculentum* ···· 292
Epimedium brevicornum ···· 223	*Hemistepta lyrata* ···· 135	*Lycopersicon esculentum* var.
Epimedium sagittatum ···· 222	*Heteropappus altaicus* ···· 113	*cerasiforme* ···· 293
Erodium stephanianum ···· 168	*Hibiscus sabdariffa* ···· 256	*Lycopus lucidus* ···· 007,065
Eryngium foetidum ···· 184	*Hibiscus syriacus* ···· 257	*Lycopus lucidus* var. *hirtus* ···· 066
Erythropalum scandens ···· 217	*Hibiscus tiliaceus* ···· *105*	**M**
Eupatorium fortunei ···· 148	*Houttuynia cordata* ···· 026,182	*Magnolia denudata* ···· 267
Euphorbia humifusa ···· 086	*Humulus scandens* ···· 198	*Medicago sativa* ···· 096
Euryale ferox ···· 296	*Hydrocotyle sibthorpioides* ···· 194	*Melissa officinalis* ···· 072
F	*Hylocereus undatus* ···· 280	*Mentha haplocalyx* ···· 062
Fagopyrum dibotrys ···· 161	*Hypericum ascyron* ···· 216	*Mentha piperita* ···· 063
Ficus auriculata ···· 199	**I**	*Mentha spicata* ···· 064
Ficus carica ···· 295	*Imperata cylindrica* ···· 010	*Momordica charantia* ···· 286
Ficus oligodon ···· 200	*Incarvillea sinensis* ···· 238	*Moringa oleifera* ···· 153
Foeniculum vulgare ···· 187	*Ipomoea batatas* ···· 228	*Morus alba* ···· 201
Foeniculum vulgare var. *azoricun* ···188	**J**	*Mulgedium tataricum* ···· 138
G	*Jasminum nudiflorum* ···· 271	*Musa acuminata* ···· 050
Galinsoga parviflora ···· 136	*Jasminum sambac* ···· 270	**N**
Galium aparine var. *tenerum* ···· 176	**K**	*Nasturtium officinale* ···· 205
Gardenia jasminoides ···· 272	*Kalimeris indica* ···· 134	*Nelumbo nucifera* ···· 279
Gerbera piloselloides ···· 020	**L**	*Nepeta cataria* ···· 069
Geum aleppicum ···· 177	*Lactuca sativa* ···· 144	*Nothopanax delavayi* ···· 218
Geum japonicum var. *chinense* ···· 179	*Lactuca sativa* var. *angustana* ···· 044	**O**
Girardinia diversifolia ···· 025	*Lavandula angustiolia* ···· 083	*Ocimum basilicum* ···· 070
Glechoma longituba ···· 068	*Leonurus artemisia* ···· 084	*Oenanthe javanica* ···· 193
Glehnia littoralis ···· 033,192	*Lespedeza cuneata* ···· 093	*Ophiopogon japonicum* ···· 005
Glycine max ···· 282	*Leucaena leucocephala* ···· 097	*Opuntia milpa* ···· 047
Gnaphalium affine ···· 139	*Libanotis seseloides* ···· 196	*Opuntia stricta* var. *dillenii* ···· 048
Gynostemma pentaphyllum ···· 100	*Ligularia fischeri* ···· 143	*Origanum marjorana* ···· 073
Gynura bicolor ···· 128	*Ligusticum chuanxiong* ···· 028,185	*Origanum vulgare* ···· 074
Gynura cusimbua ···· 130	*Ligusticum sinense* ···· 029	*Osmanthus fragrans* ···· 268
Gynura divaricata ···· 127	*Ligustrum lucidum* ···· 291,269	*Osmunda japonica* ···· 237
Gynura japonica ···· 129		

P

Paederia scandens ········· 174, 046
Paeonia suffruticosa ············· 266
Panax pseudo-ginseng var. *japonicus* ····· 034
Patrinia scabiosaefolia ············ 059
Patrinia villosa ············· 058
Peperomia tetraphylla ············ 098
Perilla frutescens ············· 085
Peristrophe japonica ············ 150
Peucedanum decursiva ············ 032
Peucedanum praeruptorum ····· 031,189
Phaseolus vulgaris var. *chinensis* ···· 281
Phyllanthus urinaria ············ 089
Phyllostachys heterocycla ············ 043
Phytolacca acinosa ············ 203
Picrasma quassioides ············ 152
Piper sarmentosum ············ 099
Pistacia chinensis ············· 170
Plantago asiatica ············· 060
Platycodon grandiflorus ······· 017,108
Plumeria rubra var. *acutifolia* ····· 253
Polygonatum cyrtonema ············ 002
Polygonatum odoratum ············ 004
Polygonatum sibiricum ············ 003
Polygonum aviculare ············ 156
Polygonum hydropiper ············ 159
Polygonum orientale ············ 158
Polygonum runcinatum var. *sinense*
············· 157
Polygonum viscosum ············· 160
Populus simonii ············· 231
Portulaca oleracea ············· 167
Prunella vulgaris ············· 076
Pueraria lobata ········ 008,091,247
Punica granatum ············· 278

R

Rabdosia amethystoides ············ 078
Rabdosia excisa ············· 078
Rabdosia japonica var. *galaucocalyx*
············· 077
Rehmannia glutinosa ········ 035, 224
Reineckia carnea ············· 057
Robinia pseudoacacia ············ 246
Rosa chinensis ············· 273
Rosa rugosa ············· 274
Rosmarinus officinalis ········· 071,245

S

Sagittaria trifolia var. *sinensis* ····· 049
Salix matsudana ············· 230
Salvia miltiorrhiza ············· 075
Sambucus chinensis ············· 180
Sauropus androgynus ············ 087
Saururus chinensis ········· 027,183
Saussurea japonica ············· 112
Schisandra chinensis ············ 169
Schizonepeta tenuifolia ········ 065,244
Scorzonera albicaulis ········· 022, 145
Sedum aizoon ············· 107
Sedum sarmentosum ············ 106
Serissa serissoides ············· 173
Siphonostegia chinensis ············ 227
Smilax glabra ············· 001
Solanum photeinocarpum ············ 178
Sonchus arvensis ············· 131
Sonchus brachyotus ············ 130
Sonchus oleraceus ············· 132
Sophora davidii ············· 249
Sophora japonica ············· 250
Stellaria media ············· 214
Swertia bimaculata ············· 162
Syneilesis aconitifolia ············· 142

T

Taraxacum mongolicum ············ 137
Thlaspi arvense ············· 207
Thymus mongolicus ············· 061
Tiarella polyphylla ············· 101
Toona sinensis ············· 155
Trichosanthes kirilowii ············· 011
Trifolium repens ············· 090
Trigonella foenum-graecum ········ 092

U

Urtica angustifolia ············· 171

V

Verbena officinalis ············· 166
Veronica linariifolia subsp. *dilatata*
············· 225
Viola mandshurica ············· 082
Viola philippica ············· 104

W

Wisteria sinensis ············· 251

Y

Youngin japonica ············· 125

Z

Zanthoxylum bungeanum ············ 233
Zea mays ············· 284
Zingiber mioga ············· 102,254
Zingiber officinale ············· 012
Zingiber striolatum ············· 244

图书在版编目(CIP)数据

芳香蔬菜 / 王羽梅主编. -- 武汉：华中科技大学出版社，2018.9
ISBN 978-7-5680-4384-7

Ⅰ.①芳… Ⅱ.①王… Ⅲ.①蔬菜园艺 Ⅳ.①S63

中国版本图书馆CIP数据核字(2018)第157757号

芳香蔬菜
Fangxiang Shucai

王羽梅　主编

出版发行：华中科技大学出版社（中国·武汉）　电话：（027）81321913	
地　　址：武汉市东湖新技术开发区华工科技园（邮编：430223）	
出 版 人：阮海洪	

策划编辑：王　斌	责任监印：朱　玢
责任编辑：吴文静	装帧设计：百彤文化

印　　刷：深圳当纳利印刷有限公司
开　　本：787 mm×1092 mm　1/16
印　　张：20
字　　数：480千字
版　　次：2018年9月第1版　第1次印刷
定　　价：268.00元（USD 53.99）

投稿热线：13710471075　　342855430@qq.com
本书若有印装质量问题，请向出版社营销中心调换
全国免费服务热线：400-6679-118　竭诚为您服务
版权所有　侵权必究